GOTTFRIED BREM (HG.)

DER LIPIZZANER

im Spiegel der Wissenschaft

ÖSTERREICHISCHE AKADEMIE DER WISSENSCHAFTEN
MATHEMATISCH-NATURWISSENSCHAFTLICHE KLASSE

Der Lipizzaner

im Spiegel der Wissenschaft

Herausgegeben von
GOTTFRIED BREM

Verlag der
Österreichischen Akademie
der Wissenschaften

Wien 2012

Vorgelegt von k. M. Gottfried Brem in der Sitzung am 12. November 2009

Umschlagbild:
Archiv Boiselle
(Conversano Sessana - 13, geb. 12. 06. 2001 in Piber)

ISBN 978-3-7001-6917-8

2., überarbeitete Auflage
Copyright © 2012 by
Österreichische Akademie der Wissenschaften
Wien

Druck und Bindung: fgb • freiburger graphische betriebe

http://hw.oeaw.ac.at/6917-8
http://verlag.oeaw.ac.at

Der Lipizzaner
im Spiegel
der Wissenschaft

Herausgeber:

Gottfried Brem (wM ÖAW)

Institut für Tierzucht und Genetik
Veterinärmedizinische Universität Wien
Veterinärplatz 1, A-1210 Wien
>gottfried.brem@vetmeduni.ac.at<

Autoren (alphabetisch):

Roland Achmann, Imre Bodó, Gottfried Brem, Ino Čurik,
Max Dobretsberger, Peter Dovč, Thomas Druml, Franc Habe,
Atjan Hop, Tatjana Kavar, Constanze Lackner, Sándor Lazáry, Eliane Marti,
Monika Seltenhammer, Lászlo Szabára, Johann Sölkner,
Zsuzsa Tóth, Barbara Wallner, Peter Zechner

Inhalt

GOTTFRIED BREM

Vorwort und Einleitung

Dieses Buch ist dem Lipizzaner – der ältesten Kulturpferderasse der Welt – und seiner neueren wissenschaftlichen Analyse gewidmet. Pferde haben seit ihrer Domestikation eine entscheidende Rolle im Aufbau und in der Ausprägung unserer Kultur gespielt – ob als Nahrungslieferanten, Transport- und Fortbewegungsmittel, als kriegsentscheidende Waffe, als Arbeitstier, als Repräsentationsobjekt mit Kultcharakter oder als Ausdrucksmittel eines Lebensstils. Mehr noch: Über all diese Funktionen hinaus war die Beziehung zum Pferd immer auch eine emotionale, und das Pferd ein Symbol für Schönheit, Freiheit, Kraft und Macht.

Vor etwa 5500 Jahren begann in der südosteuropäischen und sibirischen Waldsteppe und in Mitteleuropa mit der Überführung des Pferdes in den Hausstand die Domestikation des Pferdes. Mit dem Entstehen der ersten Hochkulturen und deren schriftlichen und bildlichen Dokumentationen um 1500 Jahre v. Chr. kann der Einsatz als Zugtier und als Reitpferd dokumentiert werden. Das erste schriftlichen Zeugnis wird auf das 14. Jahrhundert v. Chr. datiert. Es ist das Werk des nordsyrischen Stallmeisters und Pferdetrainers Kikkuli, in dem u.a. ausführlich die Zucht, Haltung, Fütterung und das Training von Pferden, die vor dem Streitwagen eingesetzt werden, beschrieben wurde. Etwa tausend Jahre später erschienen die Werke von Xenophon, einem Schüler von Sokrates. „Über die Reitkunst" (Peri hippikes) dokumentiert zugleich auch den Wechsel des Interesses vom Pferd als Zugtier des Streitwagens hin zum Reitpferd in der Schlacht. Das Werk enthält dementsprechend eingehende Anweisungen für den Kauf und die Pflege von Pferden, sowie über die Schulung des Reiters bis hin zum Reiterkampf (Hipparchikos „Über die Pflichten eines Reitanführers"). Die Hippologie ist die Wissenschaft vom Pferd oder auch die wissenschaftliche Pferdekunde. Der Begriff ist aus dem Griechischen Wort für Pferd „Hippos" abgeleitet. Xenophon gilt als erster abendländischer Hippologe.

Am Ende des Mittelalters wurde um 1434 die erste bekannte zentraleuropäische Abhandlung über die Reitkunst von Eduard I., König von Portugal verfasst („Livro da ensinança de bem cavalgar toda sela"). In den bedeutenden Reitschulen der Renaissance gehörte das Studium der Pferdewissenschaft und der Pferdeheilkunde zur praktischen Reitausbildung in der Reitbahn dazu. Die erste Reitakademie gründete Grisone 1532 in Neapel. Die 1733 von François Robichon de la Guérinière (1688–1751), dem größten Reitmeister der Barockzeit veröffentlichte „Ecole de Cavalerie" (Schule der Reitkunst), befaßte sich bereits detailliert mit Fragen der Haltung, Pflege, Fütterung und medizinischen Betreuung von Pferden, Reitkunst oder gründlicher Anweisung zur Kenntnis der Pferde, deren Erziehung, Unterhaltung, Abrichtung, nach ihrem verschiedenen Gebrauch und Bestimmung.

Im späten 18.Jahrhundert übernahm dann die neue Fachdisziplin der Veterinärmedizin an den ersten Universitäten die Lehre der Pferdeheilkunde. Das Wissen um die Heilung kranker Tiere wurde zwar bereits seit der Antike gesammelt und mündlich weitergegeben, aber erst im absolutistischen Frankreich entstand 1762 in Lyon die erste tiermedizinische Schule. Auch die Geschichte unserer Veterinärmedizinischen Universität Wien reicht bis ins 18. Jahrhundert zurück. Am 24. März 1765 erfolgte ihre Gründung durch Kaiserin Maria Theresia und einer der Gründe für die Etablierung der Vetmeduni als dem Militär zugeordnete „K.u.K. Pferde-Cur- und Operationsschule" war der große Bedarf an gesunden Pferden für die Kriegsführung. Heutzutage gibt es an diversen universitären Bildungsstätten auch eigene Studiengänge für Pferdewissenschaften.

Wien und die Lipizzaner teilen seit über 450 Jahren eine wechselhafte prunkvolle Geschichte. Seit dieser Zeit wird in der Spanischen Reitschule in Wien die klassische Reitkunst gepflegt. Hier ist die einzige Stätte der Welt, an der die Reitkunst der „Hohen Schule" in ihrer klassischen Form bis auf den heutigen Tag gepflegt wird.

1580 wurde durch Erzherzog Karl II. von Innerösterreich das „Dörffl Lipitza" im slowenischen Karst erworben und das „K&K Hofgestüt" zu Lipica gegründet. Dies geschah, weil Pferdeimporte für den kaiserlichen Pferdebestand zu unsicher und zu verlustreich und damit zu teuer wurden.

Über Lipizzaner gab und gibt es neben einer umfangreichen historischen und belletristischen Literatur natürlich auch naturwissenschaftliche Publikationen. Oberst Hans Handler kam zu dem Schluß: Klassische Reitkunst sei Kunst und Wissenschaft (Oulehla, Mazakarini und Brabec d'Ipra, 1986).

Im vorliegenden Buch wird auch über die Historische Herkunft der Rasse und Entwicklung der Lipizzaner-gestüte, die Lipizzaner Hengststämme und Stutenfamilien sowie die staatlichen Lipizzaner und ihre Zuchtziele berichtet. Hier war es ein Glücksfall, dass es gelang, mit Herrn Dr. Thomas Druml einen hervorragenden Hippologen einzubinden, der sich insbesondere um die Abfassung des historischen und entwicklungsgeschicht-lichen Teils verdient gemacht hat.

Das Hauptaugenmerk des Buches ist die Zusammenstellung der Ergebnisse wissenschaftlicher Untersu-chungen, die im Rahmen eines von der EU geförderten „Inco-Copernicus" Projektes erarbeitet worden sind. Beim „Inco-Copernicus" Programm der EU handelte es sich um die Förderung und Unterstützung von Pro-jekten für die Zusammenarbeit mit den Staaten Mittel- und Osteuropas sowie den Staaten der früheren Sowjet-union, das vorwiegend der Förderung der Forschung in diesen Ländern dienen sollte. Durch die Initiative von Prof. Bodó aus Budapest, damals Präsident von LIF (Lipizzan International Federation), kam es zur Bildung des Konsortiums, das dieses Projekt durchgeführt hat.

Das Projekt mit der Nr. 1083 und dem offiziellen Titel „Analyse der genetischen Variabilität der Lipizza-ner-Rasse mittels molekular- und zytogenetischer Methoden (Analysis of the genetic diversity of the Lipizzan horse breed by molecular- and zytogenetic methods)" wurde als Auftragnehmerin vom Ludwig Boltzmann Institut für immuno-, zyto- und molekulargenetische Forschung (Kontraktnummer: IC15-CT96-0904, DG 12 – CDPE) unter der wissenschaftlichen Projektleitung von O.Univ.-Prof. Dipl.-Ing. Dr. Drs.h.c. Gottfried Brem durchgeführt.

Im Projekt wurden die folgenden Partner und ihre Arbeitsgruppen koordiniert:
- Prof. Dr. Imre Bodó, Department für Tierzucht, Universität für Veterinärmedizinische Wissenschaften, Bu-dapest, Ungarn
- Prof. Dr. Franc Habe und Prof. Dr. Peter Dovč, Biotechnologische Fakultät, Zootechnisches Department, Universität Ljubljana, Slowenien
- Dr. Eliane Marti und Prof. Sándor Lazáry, Abteilung für Immungenetik, Institut für Tierzucht, Universität Bern, Schweiz
- LIF (Lipizzan International Federation) Kloosterweide, Sint Ulriks Kapelle, Belgien
- Prof. Dr. Gottfried Brem, Institut für Tierzucht und Genetik, Universität für Veterinärmedizin, Wien, Österreich.

Das Projekt wurde am 1.2.1997 gestartet und endete offiziell am 30.1.2000, aber die gestarteten Arbeiten wurden auch nach der Förderung durch die EU fortgesetzt. Weitere österreichische Arbeiten zum Gesamtpro-jekt wurden außerdem durch einen Finanzierungsbeitrag des Bundesministeriums für Land- und Forstwirt-schaft, Umwelt und Wasserwirtschaft unterstützt.

Die Zielstellung des Projektes war eine umfassende Analyse und Dokumentation der in der Lipizzaner-Ras-se (noch) vorhandenen genetischen Variabilität mit Hilfe zyto- und molekulargenetischer Methoden als Grundlage für zukünftige Zucht- und Anpaarungsentscheidungen und beinhaltete auch die Erhebung und Ausarbeitung aller verfügbaren einschlägigen wissenschaftlichen Literatur über die Lipizzaner.

Die Lipizzaner sind ein Kulturgut ersten Ranges und werden außer in Piber (Österreich) und Lipica (Slowe-nien) auch in den Staatsgestüten von Đakovo (Kroatien), Monterotondo (Italien), Fogaras (Rumänien), Topoľčianky (Slowakei) und Szilvásvárad (Ungarn) gezüchtet.

Die Pferde all dieser Gestüte gehen zum größten Teil auf die Gründerpopulation des kaiserlichen Hofgestüts Lipica, welches 1580 von Erzherzog Karl II gegründet wurde, zurück. Im Rahmen des EU-Projektes besuchte ein Team von Wissenschaftern aus Österreich, der Schweiz, Slowenien und Ungarn in den Jahren 1998 und 1999 alle genannten Gestüte. Alle Pferde der Zuchtherden (insgesamt 586) wurden detailliert vermessen, die Gestüts-bücher wurden kontrolliert und Blut für genetische und serologische Untersuchungen entnommen.

Die wissenschaftlichen Ziele waren die Erhebung und Untersuchung von DNA-Markern, polymorphen Systemen, morphologischen Parametern, Messungen, Photographien, Pedigree Daten, Gesundheitsstatus und

Leistungsparametern einschließlich der Reproduktion zur exakten Beschreibung der Rasse sowie die Schaffung von Grundlagen für gemeinsame Programme zur Erhaltungszucht.

Folgende Gestüte und Einrichtungen wurden während des Projektes von den Mitarbeiterinnen und Mitarbeitern besucht: Szilvásvárad – Ungarn (27.–30.05.1997), Lipica – Slowenien (20.–26.06.1997), Đakovo – Kroatien (14.–17.07.1997), Beclean – Rumänien (7.–9.9.1997), Simbata de Jos/ Fogaras – Rumänien (10.–12.9.1997), Topolčianky – Slowakei (8.–11.10.1997), Monterotondo – Italien (17.–20.5.1998) Piber – Österreich (1.–4.6.1998), Spanische Hofreitschule – Österreich (6.–9.7.1998) und Kladruby und Slatinany – Tschechien (14.–17.7.1998). Dabei wurden in Piber und der Spanischen Hofreitschule 153, in Lipica 69, in Topolčianky 42, in Simbata de Jos 90, in Beclean 28, in Szilvásvárad 77, in Đakovo 64 und in Monterotondo 63 Lipizzaner aufgenommen. Außerdem wurden in Kladruby und Slatiňany 66 Kladruber mit einbezogen. Es wurden Blutproben zur Isolation und Analyse von DNA und für die Untersuchung biochemischer Parameter gewonnen, Gestütsbücher eingesehen und Daten ausgetauscht sowie Lipizzaner-Pferde vermessen, photographiert und beurteilt.

An der Universität für Bodenkultur wurde aus den originalen Stutbüchern und verschiedenen Quellen der vollständige Stammbaum aller in das Projekt einbezogenen Pferde bis zu den heute als Gründertiere der Rasse geltenden Pferden neapolitanischen, spanischen, und arabischen Ursprungs aus dem 18. Jahrhundert rekonstruiert. Mit bis zu 32 Generationen bekannter Abstammung wurde somit der kompletteste Stammbaum aller Pferderassen weltweit erstellt. Lediglich vom Englischen Vollblut sind ähnlich komplette Aufzeichnungen vorhanden. Eine entscheidende Quelle für die Stammbäume jener Pferde, welche um 1900 auf gräflichen Gestüten (z.B. Janković oder Eltz) gehalten wurden, sind die Bücher eines ehemaligen Gestütsdirektors, welche die Antragsteller gemeinsam bearbeitet haben.

Neben den morphologischen und genealogischen Daten wurden aus den Blutproben auch genetische Marker („Mikrosatelliten") analysiert und somit die einzigartige Möglichkeit geschaffen, den Prozess der Differenzierung innerhalb von Populationen über evolutionär sehr kurzfristige Zeiträume auf drei verschiedenen Ebenen nachzuvollziehen und die Effekte der Inzucht, welche in geschlossenen Populationen unvermeidlich ist, zu studieren. Ein großer Teil der statistischen Analysen der Daten aus dem Copernicus-Projekt erfolgte durch die Arbeitsgruppe Sölkner in Kooperation mit Čurik. Wesentliche wissenschaftliche Erkenntnisse waren die große Übereinstimmung der genealogischen und genetischen Differenzierung zwischen den Gestüten, ein recht geringer Einfluss der Inzucht auf die Körperentwicklung und konkrete Hinweise auf eine Genregion, die einen Einfluss auf allergische Reaktionen gegenüber Schimmelpilzen im Heu hat. Praktische Vorschläge zur Minimierung der Inzucht durch gelenkten Austausch von Zuchttieren zwischen Gestüten wurden vorgelegt.

Während einer der Copernicus-Missionen im Sommerquartier der Lipizzaner der Wiener Hofreitschule entstand zusammen mit Dr. Monika Seltenhammer ein neuer Forschungsansatz. Seltenhammer arbeitete an einem Vergleich des menschlichen Melanoms zu jenem des Pferdes. Besonders beim Schimmel treten Melanome sehr häufig auf, sind aber relativ gutartig. Es entstand die Idee, die Genetik des Melanoms beim Schimmel näher zu untersuchen und auch mit dem Prozess des Ergrauens (Schimmel werden dunkel geboren und verlieren im Verlauf der Zeit Pigment aus den Haaren) in Zusammenhang zu bringen. Erstmalig wurde bei Tieren eine objektive Farbmessung mit einem Chromameter durchgeführt. Die Ergebnisse zeigen eine starke genetische Komponente sowohl der Schimmelwerdung als auch der Melanombildung und einen relativ engen genetischen Zusammenhang.

Aus den molekulargenetischen Analysen (DNA-Mikrosatelliten und mtDNA) von 586 Lipizzanern und 66 Kladrubern wurde deutlich, dass die Lipizzaner eine relativ homogene Population darstellen, die sich aber deutlich von den ihnen nahe stehenden Kladrubern unterscheidet. Eine stärkere genetische Differenzierung zwischen Lipizzanerpopulationen wäre überraschend gewesen, weil alle untersuchten Gestüte Beziehungen zur ‚Urpopulation' in Lipica aufweisen. Zu dem ist es in der Zuchtgeschichte des Lipizzaners immer wieder zur Zusammenführung einzelner Populationen bzw. zum Austausch von Zuchttieren zwischen Gestüten gekommen. Dieser ‚Genfluss' trägt dazu bei, dass genetische Unterschiede zwischen Populationen fortdauernd nivelliert werden.

Trotz der relativen genetischen Homogenität der Lipizzanerrasse lassen sich zwischen manchen Gestüten auch stärkere Differenzierungen nachweisen. Genetisch relativ ähnlich sind sich die Gestüte Lipica, Monterotondo und Piber bzw. die rumänischen Gestüte Beclean und Fogaras. Die rumänischen Lipizzaner setzen sich jedoch deutlich von den restlichen Gestüten ab. Dies könnte vor allem daran liegen, dass in Rumänien häufiger auf Stutenlinien zurückgegriffen wurde, welche in den anderen Gestüten nicht zur Zucht eingesetzt wurden. Inwieweit die Stellung der rumänischen Gestüte im Hinblick auf die Gesamtdiversität des Lipizzaners besonders zu bewerten ist, sollte diskutiert werden.

Hinsichtlich der genetischen Diversität gibt es keine auffallenden Unterschiede zwischen den untersuchten Lipizzanergestüten. Lipizzaner weisen trotz der vergleichsweise geringen Populationsgröße keine geringere Alleldiversität oder Heterozygotie auf als andere Pferderassen. Die molekulargenetischen Daten lassen nicht erkennen, dass Verwandtschaftspaarung im großen Ausmaß stattfindet. Zytogenetische Untersuchungen ergaben ebenfalls keinen Hinweis auf auffällige Aberrationen.

Der Europäischen Union, dem Schweizer Nationalfond, dem Schweizer Bundesamt für Forschung und Technologie, dem Ministerium für Wissenschaft und Technologie der Republik Slowenien, dem Österreichischen Austauschdienst, dem österreichischen Lebensministerium, der Ludwig-Boltzmann-Gesellschaft und der Veterinärmedizinischen Universität Wien sei an dieser Stelle im eigenem und im Namen aller Beteiligten sehr herzlich gedankt für die finanzielle Unterstützung und Förderung des Projektes. Den Leitern der Gestüte wird von uns allen insbesondere gedankt für ihre Kooperation und Gastfreundschaft, die Bereitstellung ihrer Pferde und Gestütsarchive und ihrer MitarbeiterInnen für die Hilfe bei der Arbeit mit und an den Pferden. Den beteiligten Universitäten sei herzlich für all die gewährte Unterstützung und Hilfe bei der Durchführung des Projektes gedankt. Als Herausgeber danke ich meiner Sekretärin Frau Bettina Klimmer für ihre aufopferungsvolle Hilfe bei den Korrekturarbeiten. Besonders möchte ich mich bei Herrn Hans Brabenetz bedanken, der uns bereitwillig mit unzähligen Fotos aus seinem Archiv ausgeholfen hat.

Weiterhin gilt der Dank des Herausgebers und der Mitautoren und der Mitautorin dem Verlag.

Abschließend sei mit einem Hinweis auf die Webseite des Verbandes der Lipizzanerzüchter in Österreich ein Zitat von Mohammed wiedergegeben:

Als Gott das Pferd erschaffen hatte, sprach er zu dem prächtigen Geschöpf: „Dich habe ich gemacht ohne gleichen. Alle Schätze dieser Welt liegen zwischen deinen Augen. Auf der Erde sollst du glücklich sein, und vorgezogen werden allen übrigen Geschöpfen, denn dir soll die Liebe werden des Herrn der Erde. Du sollst fliegen ohne Flügel und siegen ohne Schwert."

Wien, Weihnachten 2009   Gottfried Brem

GOTTFRIED BREM

Vorwort zur 2. Auflage

Autorenschaft, Verlag und Herausgeber freuen sich, die zweite Auflage des gemeinsamen Werkes „Der Lipizzaner im Spiegel der Wissenschaft" vorlegen zu können. Die Entstehung der ersten Auflage war geprägt durch breit angelegte und intensive wissenschaftliche Untersuchungen und Analysen, die dann in einem zeitaufwändigen und nicht einfachen Prozess zu einem Buch zusammengefügt wurden. Dieser Prozess war letzten Endes davon geleitet, es sei besser, ein Buch mit möglichen Unzulänglichkeiten herauszubringen, als ein perfektes Buch anzustreben, das dann vor lauter Perfektionismus nicht erscheint.

Der über zehn jährigen Gestehungsgeschichte der ersten Auflage folgt nun überraschend nach knapp bereits eineinhalb Jahren die zweite Auflage. Der pragmatische Grund ist, dass die erste Auflage zu unserer Freude relativ schnell vergriffen war und offensichtlich anhaltend Nachfrage nach dem Werk besteht. In dieser zweiten Auflage wurden neben orthographischen und anderen technischen Korrekturen auch einige inhaltliche Ergänzungen zum besseren Verständnis vorgenommen. Für dabei immer noch übersehene Unzulänglichkeiten bitte ich um Entschuldigung.

Pferde haben seit ihrer Übernahme in den Haustierstand eine entscheidende emotionale Rolle als Symbol für Schönheit, Freiheit, Kraft und Macht gespielt, aber die Domestikation des Pferdes ist nach wie vor von offenen Fragen geprägt und liegt noch im Verborgenen. Gegenwärtig hoffen wir mehr denn je auf Erkenntnisse molekularbiologischer Untersuchungen, um genauere Einblicke in die Domestikationsgeschichte des Pferdes zu erlangen. Nach aufwändigen Y- chromosomalen Analysen ist es meiner Mitarbeiterin Barbara Wallner gelungen, erstmals zumindest zwei Haplotypenlinien bei Lipizzanerhengsten molekulargenetisch zu differenzieren und paternalen Linien zuzuordnen. Durch die Sequenzierung des gesamten Genoms von Conversano Sessana – 13 (Titelbild) und zwei Lipizzanern hoffen wir, diese Differenzierung noch weiter vorantreiben zu können. Die Ergebnisse dieser Arbeiten sind noch nicht abgeschlossen und konnten deshalb noch keinen Eingang in die vorliegende zweite Auflage finden.

Als Herausgeber danke ich allen Mitautorinnen und Mitautoren, die sich an der Überarbeitung des Textes beteiligt haben. Besonders hervorheben und herzlich danken möchte ich Herrn Dr. Thomas Druml und Dr. Max Dobretsberger für ihre stete Bereitschaft, mir immer mit Rat und Tat zur Seite zustehen. Ohne die arbeitssaufwändige und umsichtige Einfügung der Korrekturen direkt in Adobe InDesign CS5.5 durch meine Sekretärin Frau Bettina Klimmer wäre die rasche Umsetzung nicht möglich gewesen. Sie hat auch mit großer Geduld und Zuverlässigkeit die Hauptlast getragen bei der Umgestaltung des Literaturverzeichnisses sowie der Auflistung der Bildnachweise und Anhänge, gebührt ihr herzlicher Dank. Nicht zuletzt danke ich dem Verlag der Österreichischen Akademie der Wissenschaften und dem Präsidenten der ÖAW, Herrn Prof. Dr. Helmut Denk für die allzeit gewährte Unterstützung und Hilfe.

Ich wünsche allen Leserinnen und Lesern und den Freunden der Lipizzaner viel Genuss und Freude bei der Lektüre.

Wien, Weihnachten 2012

Gottfried Brem

Abb. I. Pluto Presciana aus Piber, Foto Slawik

KAPITEL 1

THOMAS DRUML

Historische Herkunft der Rasse

EINLEITUNG

1.1 SPANISCHE PFERDE

Jedes Zeitalter ist charakterisiert durch einen eigenen Pferdetyp. So war das 19. Jahrhundert geprägt durch das englische Vollblut und unsere Zeit durch das warmblütige Sportpferdemodell. Von der Renaissance bis ins Zeitalter der Aufklärung war ganz Europa vom Typ des spanischen Pferdes dominiert. Pferde spanischer Herkunft beeinflussten das Hofzeremoniell der europäischen Fürstenhöfe. Zahlreiche Hofgestüte wurden gegründet, deren einziger Zweck es war, Repräsentationspferde zu züchten.

Die Bedeutung dieser Pferde im Barockzeitalter wird in Kunstwerken damaliger Zeit, wie z. B. Gemälden der Künstler Velásquez, Van Dyke und El Grecco ersichtlich, welche die Vorliebe der Herrscher zeigen, sich hoch zu Roß porträtieren zu lassen (Abb. 1). Diese extravaganten Pferde sind als Zeichen des Barocks zu sehen, gleichzusetzen mit den Prachtbauten und dem aufwändigen Hofstaat der einzelnen Herrscher (Baum, 1991). Unbelebte wie belebte Natur, in diesem speziellen Fall Pferde, werden zu formbarer Masse, völlig dem Willen des Menschen unterworfen. Im Barock ist das Zentrum dieser „Gewalt" nicht der Mensch im Allgemeinen, sondern allein der Regent oder dessen Dynastie. Diesem ist das Pferd nicht nur sinnbildlich als einzelnes Individuum untertan, sondern es wird unter seiner „allgegenwärtigen" Hand auch dessen Äußeres, dessen Erscheinung zu einem Kunstwerk geformt. Der in der Lipizzanerliteratur gebräuchliche Begriff „Prunkrösser der Habsburger" weist genau auf diesen Sachverhalt hin.

Abb. 1. Die Herrscherportraits von Velázquez waren Ausdruck der monarchistischen Macht in Spanien. Interessanterweise entstanden sie zur Zeit einer wirtschaftlichen und politischen Krise (Könemann)

Conde Duque de Olivares zu Pferd, um1633, Velazquez

Abb. 2. Bamberger Reiter, dargestellt ist der mittelalterliche Pferdetypus des Zelters (Tiergarten Schönbrunn).

Abb. 3. Der Gattamelata, erstes Reiterstandbild der Renaissance von Donatello (Tiergarten Schönbrunn).

Im Mittelalter war im europäischen Raum die Kultur rund um das Pferd nicht besonders ausgeprägt. Das Pferd hatte den Stellenwert eines Transportmittels und eines Kriegspferdes. Die Grundgangarten in der damaligen Reitweise waren Schritt, Trab, Paß und Tölt (Abb. 2). Der Galopp war – zumindest für Frauen und Priester – eine unübliche Gangart. Charakteristisch für diese Zeit war der Tölt, eine sehr bequeme und geschätzte Reisegangart (Otte, 1994).

Mit Beginn der Neuzeit unterlagen der Stellenwert des Pferdes und seine Verwendungen einer andauernden Wandlung, von einem nach heutigen Gesichtspunkten mangelhaft ausgebildeten Kriegs- und Transportpferd hin zum repräsentativen Prunkpferd.

Mit Donatello und Verrochio am künstlerischen Sektor (Abb. 3) und Grisone, Carracciola und Pignatelli am hippologischen, kam es in der Renaissance in Italien zu einer Wiederentdeckung der Reitkunst und des Genres des Reiterdenkmales (Otte, 1994).

Im frühen 16. Jahrhundert kam es in Neapel und Sizilien zu einer Verbindung, die sich in der Geschichte der Reitkunst als einmalig fruchtbar erweisen sollte: nämlich jene der neapolitanischen Zureiter, die durch die Vermittlung der Byzantiner das fast 2000 Jahre vorher von Xenophon ausgearbeitete Lehrsystem geerbt hatten und der Ankunft der unvergleichlichen iberischen Pferde in Süditalien. Diese iberischen Pferde waren die besten, die es damals gab, Pferde die von Generationen spanischer oder portugiesischer Reiter in Bezug auf zwei sich ergänzende Disziplinen vorbereitet worden waren: den Stierkampf und den Krieg der „Reconquista". Das Ergebnis war die „Ecole Neapolitaine" (Neapolitanische Schule), der „gemeinsame Stamm" der modernen Reitkunst, die Quelle aus welcher die Kunstreiter der Neuzeit, von La Broue und Pluvinel angefangen, schöpften.

Dieses Aufkommen zweier seit der Antike vergessener Traditionen künden das Entstehen eines neuen Herrschergefühls an. „Zur Pracht und bei Aufzügen zeichnet es sich [das iberische Pferd, Anm. D. Verf.] durch seinen Stolz, seinen Adel und seinen Anstand aus, und als Soldatenpferd empfiehlt es sich an dem Tag einer Schlacht durch seinen Mut und seine Gelehrigkeit." (Guérinière, 1733, S. 62). Diese zwei Aspekte, Schulpferd und Kriegspferd, sind in der Literatur vermischt bzw. unklar differenziert. Im 16. Jahrhundert stand die Kampfreitkunst noch in einem gewissen Bezug zur Realität. Die damals führenden

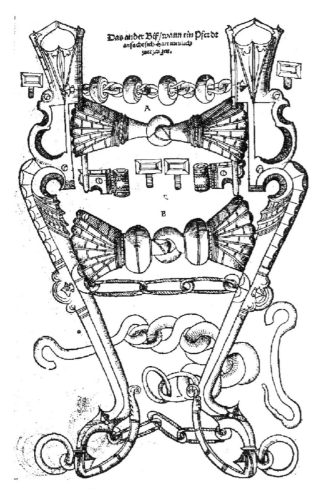

Abb. 4. Gebisszäumung nach Grisone
(Archiv Druml).

Abb. 5. Reitanleitung nach Grisone
(Archiv Druml).

Reitmeister Grisone, Carracciola und Pignatelli, deren Reitlehren hart und militärisch waren, wandten scharfe Gebisse und relativ grobe Methoden zur „Abrichtung" von Pferden an (Abb. 4 und 5). Ziel dieser Lehren waren einwandfreies „Funktionieren" des Pferdes, und somit maximale Sicherheit für den Reiter im Kampf.

Ab dem 17. Jahrhundert entwickelte sich diese Kampfreiterei zu einer, in gewisser Weise manierierten Kunstform um ihrer selbst Willen (Pluvinel, 1627). Parallel zu dieser Entwicklung wurde diese neue „Kunstreiterei" zu einem Zeichen für das Selbstverständnis des Adels (Abb. 6).

Für den Siegeszug des iberischen Pferdes in Europa gab es zwei Voraussetzungen:
1. Die Wiederbelebung der Reitkünste in der Neuzeit
2. Die immense Rolle, die Spanien in Europa spielte.

„Die spanische Monarchie ist das erste Beispiel eines modernen Großstaates, ..." wobei es zu einer

Abb. 6. Reitunterricht für den Adel gehörte schon von Kindesalter an zum Tagesablauf. Gemälde von Velázquez „Prinz Balthasar Carlos in der Reitschule" um 1636 (Könemann).

„Zerschlagung der feudalen Kräfte" kam, wodurch die Bildung einer absolutistischen Regierungsform ermöglicht wurde (Mieck, 1994, S. 28). Die politische und gesellschaftliche Stellung und Wertschätzung Spaniens manifestierte sich in verschiedenen Bereichen: „Erzherzog Maximilian brachte im Jahre 1552 erstmalig eine größere Anzahl spanischer Pferde mit nach Österreich. Er hatte mehrere Jahre in Spanien verbracht, eine Spanierin zur Frau und führte am Hof spanisches Zeremoniell ein." (Nürnberg, 1993, S. 223). Österreich war durch die habsburgische Heiratspolitik aufs engste mit der spanischen Geschichte verknüpft. Karl V., Sohn von Philipp I., König von Castillien und der aragonischen Prinzessin Johanna der Wahnsinnigen, wurde 1506 Alleinherrscher der österreichischen Erblande, 1516 König von Spanien und 1520 zum deutschen Kaiser gekrönt. Somit war er Herrscher eines Weltreiches und Begründer des spanischen Imperiums (Abb. 7). Die Habsburger traten als große Importeure von spanischen Pferden auf, und bauten sich mit diesen eigene Gestützuchten auf. Kladruby, Enyed, Koptschan, Halbthurn, Lipica (aktuelle Schreibweise, vor 1919 wurde das Hofgestüt der Habsburger unter der Schreibweise Lipizza geführt) und Mezöhegyes wurden mit spanischem Pferdematerial gegründet. (Erdelyi, 1827).

El Escorial, erbaut zwischen 1563 - 1584

Abb. 7. El Escorial, ein machtbetonter Prunkbau aus der Zeit des späten 16. Jahrhunderts (Könemann).

1.1.1 Herkunft des Iberischen Pferdes

Über die Entwicklungsgeschichte des iberischen Pferdes existieren unterschiedliche Theorien. Außer Zweifel jedoch steht, daß es in der Antike auf der iberischen Halbinsel hervorragende Pferde gab, die in der damaligen Welt berühmt waren. Iberische Pferde galten als die schnellsten Pferde der Antike: „Oft sonder Empfängnis, trächtig allein vom wehenden Wind [Wind als Synonym für Schnelligkeit]" (Vergil). Schon die Römer legten dort Gestüte und Remonten-Depots an, um über bessere Pferde verfügen zu können (Edwards, 1988; Nissen, 1998). Nach dem Einfall der Vandalen (409) und der Westgoten (711) erfolgte die Eroberung der iberischen Halbinsel durch die Mauren (711), die in ihrer 700 Jahre langen Herrschaft deutliche Spuren in der Geschichte der Iberischen Halbinsel hinterließen.

Manche Autoren (Wrangel, 1908; Schiele, 1982; Flade, 1990) sind der Ansicht, daß daraus zwangsläufig ein Einfluß orientalischer bzw. arabischer Pferde in der spanischen Pferdezucht zu folgern ist. „In diese Zeit fiel die entscheidende Entwicklung des andalusischen Pferdes" ... „Von den Pferden der Karthager bereits orientalisch beeinflußt, durch die Araberhengste der Mauren veredelt, bildete sich eine Rasse, wie man sie bisher in Europa nicht kannte." (Schiele, 1982, S. 80). Demzufolge müßten iberische Pferde aus dieser Epoche einen stark arabisierten Typ aufweisen, was aber aus zeitgenössischen Darstellungen und Beschreibungen nicht ersichtlich ist. Im 20. Jh. war bis vor kurzem die Bezeichnung „Andalusier" durchaus noch üblich. Ein Andalusier stellt eigentlich ein in Andalusien gezogenes Pferd dar, demzufolge gab (und gibt) es in Spanien mehrere verschiedene Bezeichnungen für Pferdeschläge, die jedoch keinen Rassebegriff darstellen.

Nachfolgend wird eine Zusammenfassung des Exterieurs des damaligen Iberers wiedergegeben:

Ramsnase, runde bis abgeschlagene Kruppe, tiefer Schweifansatz, Braun und Falb als dominierende Farbe.

Von den Mauren wurden in Spanien die ersten Gestüte gegründet auf Basis der dortigen autochthonen Pferdeschläge, verkörpert durch Sorraia-ähnliche Pferde, ein in Portugal noch existierendes Wildpferd (Abb. 8).

Abb. 8. Sorraia Pferd, portugiesisches Wildpferd, wurde in den 1930er Jahren von Ruy d'Andrade wieder entdeckt und als ursprüngliches warmblütiges Urpferd der iberischen Halbinsel bezeichnet (Foto Hardy Oelke).

Wenn es in diesen Zuchten einen orientalischen Einfluß gegeben hat, dann durch das im Exterieur ähnliche Berberpferd. Diese von vielen Hippologen (Wrangel, 1908; Motloch, 1911; Lehrner, 1982; Schäfer, 2000; Nissen, 1998) geäußerte These findet sich bereits 1609 bei G. C. Löhneyssen, der sich auf eine Niederlage König Karls V. 1541 in Algerien bezieht. In dieser Zeit soll man „...in Spania gar schöne starke Pferde gezogen habe[n] (wie es dennoch heutiges Tages in Hispania geklagt wird/daß in demselben Zuge der Kern von den Rechten spanischen Pferden geblieben sey) nach mals hat man angefangen mit den morischen Pferden zu beschälen/ davon die Pferde also bastartiert, und hernach etwas kleiner worden als sie zuvor gewest." (Löhneyssen, 1729, S. 87).

Iberische Hippologen verwerfen die Theorie der Orientalisierung des spanischen Pferdes vollkommen und verweisen auf das Sorraia-Wildpferd als Urahne (Schäfer, 2000).

Die nächste geschichtliche Epoche Spaniens ist durch die „Reconquista" gezeichnet. In dieser Epoche kam es aufgrund der Kampfhandlungen zu einem Aufeinandertreffen zweier völlig verschiedener Reitkulturen und Pferdetypen. Nur durch eine Annäherung der Reitweise der Christlichen Ritter an die der Mauren, was auch einen leichteren Pferdetyp bedingte (das schwere Ritterpferd erwies sich als zu plump und langsam), wurde die Rückeroberung Spaniens durch das Abendland möglich. Mit dem Fall von Granada 1492 und der Vertreibung der Mauren endete der über 700 Jahre dauernde Kampf um die spanische Halbinsel: „Mit der Eroberung von Granada 1492 stellten sich vor allem die zahlreichen neugestifteten Klöster in Andalusien die Aufgabe, die Rasse durch Reinzucht zu äußerster Vollkommenheit zu bringen, zur höheren Ehre Gottes und um Spanien, dessen Stärke zu Lande weitgehend auf seiner Kavallerie beruhte, als führende katholische Macht Europas mit geeignetem Pferdematerial zu versehen." (Nissen, 1998, S. 35). Die Karthäusermönche gründeten Gestüte, welche bis 1830 erhalten blieben und dann im Laufe der Säkularisierung aufgelassen wurden. Speziell die Zucht der Karthäuser, der „Cartujano", ein bis in unsere Zeit erhaltener reingezüchteter Stamm des andalusischen Pferdes, wurde von den Mönchen wie ein Augapfel gehütet, verteidigt und in Kriegszeiten versteckt.

Im 16. Jahrhundert unterlag die spanische Pferdezucht einer massiven Förderung durch das Königshaus. So wurde diese Zeit zur qualitätsvollsten Periode in der Geschichte der Pferdezucht Spaniens.

Jene iberischen Pferde, welche unter anderen die Lipizzanerzucht begründeten, stammten aus dem 16., 17. und 18. Jahrhundert. In dieser Zeit herrschten die nachfolgend beschriebenen Typen des spanischen Pferdes vor.

1.1.1.1 Genetten

Sie stellen den ursprünglichen auf der Iberischen Halbinsel vorkommenden Reitpferdetyp dar. Michael von Erdelni bezeichnet „Genettpferde" als „echte Andalusier maurischer Herkunft" (Erdelyi, 1827, S. 69). In der älteren Literatur (Wrangel, 1908; Ackerl & Lehmann, 1942) werden Genetten als kleiner, südlicher Schlag beschrieben. Haller setzt die „Gineten" (moderne Schreibweise) direkt mit den autochthonen Sorraia-Pferden in Bezug (Haller, 2000). Er beschreibt sie als 135–150 cm große, sehr wendige und harte Pferde. Carracciola beschreibt ein unter maurischem Einfluß stehendes Pferd, welches leichter und etwas kleiner als der damals übliche Reitschlag gewesen sein soll (Nissen, 1999). In diesen Beschreibungen wird immer die geringere Größe gleichzeitig mit dem „maurischen" Einfluß betont. G. S. Winters von Adlersflügel bezeichnet 1687 in seinem Werk „Von der Stuterey oder Fohlenzucht" den Berber als „von Natur nicht groß", und empfiehlt daher nur größere Stuten mit Berberhengsten zu decken, um „schöne Mittel-Pferde zu bekommen" (Motloch, 1911). Diese Bemerkung fügt sich logisch in den Sachverhalt ein und zeigt, daß Genetten mit Berberpferden in engem Kontakt standen (Abb. 9).

Abb. 9. Eine Darstellung eines Berber Hengstes aus „Neue Methoden Pferde abzurichten" von William Cavendish, dem umstrittenen Reitmeister (Archiv Druml).

1.1.1.2 Villanos

Der Villano vereinte seiner Entstehungsgeschichte (siehe Reconquista) zufolge die Merkmale von Pferden der schweren Kavallerie mit denen der Genetten. Vor allem flandrische Ritterpferde, die regelmäßig auf den Pilgerfahrten nach Sant Jago della Compostella mitgebracht wurden, werden für die Entstehung dieses „leichten Kaltblutpferdes" verantwortlich gemacht. Die Gegend rund um Cordoba galt als Hochzuchtgebiet des Villanos, welche auch berühmt für die ausgefallenen Farben ihrer Pferde war. Das Merkmal der Tiger-Zeichnung wird auf diesen Pferdeschlag zurückgeführt. Häufig wird der Villano als „Bauernpferd" bezeichnet (Ackerl u. Lehmann, 1942; Loch zit. in Haller, 2000), Erdelyi beschreibt ihn als „mehr oder weniger veredeltes Landpferd" (Erdelyi, 1827, S.69). Eine Verwendung als landwirtschaftliches Arbeitspferd schließt eine Eignung zu anderen Zwecken nicht aus (Abb. 10).

Stierkampf auf dem Dorfe, 1812-1819, Francisco de Goya

Abb. 10. Stierkampf auf dem Dorfe, gemalt 1812–1819 von Goya, eine kritische Darstellung der spanischen Tauromachie (Könemann).

1.1.1.3 Spanisches Paradepferd

Dieser Pferdetyp war im 16. und 17. Jh. vor allem am Spanischen Hof vorherrschend. Die genaueste Beschreibung dieses „Paradepferdes" ist vom Hofmaler Diego Velázques überliefert. Phillipp II (1556–1598) wird für die Entstehung dieses Pferdetyps verantwortlich gemacht, da er entscheidende Schritte in dessen Zuchtgeschichte gesetzt hat. Es handelte sich bei diesem Pferd um ein Kreuzungsprodukt von Pferdeschlägen aus mehreren Zuchtgebieten Spaniens, wobei mit großem Fingerspitzengefühl ein wohlproportioniertes, ausreichend großes, auffällig gefärbtes, mit wallendem Langhaar versehenes, rittiges Pferd kreiert wurde. Die Zucht des „reinrassigen" Gineten war in den Hintergrund getreten und wurde nur mehr in wenigen privaten Gestüten fortgeführt (Karthäusermönche).

Philipp III von Spanien, um1620, von Bartolome Gonzalez

Abb. 11. Spanisches Paradepferd, Philipp III, 1620 von Bartolome Gonzalez, übermalt von Velásquez (Könemann).

Es war das Paradepferd, das den ausgezeichneten Ruf der Spanischen Pferde in Europa begründete und somit alle damaligen Pferdezuchten nachhaltig beeinflußte (Abb. 11).

1.1.1.4 „Caballo espagñol del tipo germánico"

[Übersetzung: span.; spanisches Pferd deutschen Typus (Lehrner, zit. in Haller, 2000);]

Unter Phillipp III. (1598–1621) zeichnete sich eine Wende in der spanischen Pferdezucht ab. In dieser Periode herrschte ein Bedürfnis nach größeren, eindrucksvolleren Pferden. Ein Aspekt dieses Richtungswandels war die steigende Bedeutung der Kutschen in dieser Zeit. Es folgten mehrere Importe von Europäischem Pferdematerial, vor allem dänischer, holländischer, holsteinischer und italienischer Pferde. Diese Pferde wiesen zwar einen gewissen Anteil spanischen Blutes auf, doch brachten sie auch viele andere Merkmale und Eigenschaften mit. Die folgende Kreuzungszucht führte zu einer Aufspaltung der zu diesem Zeitpunkt schon konsolidierten spanischen Zucht. Unproportioniertheit, schlechter Rücken und Fundament, geringere Härte und unkorrekte Gänge waren die Folge dieser Maßnahmen. Die aus heutiger Sicht „unkorrekten" Gänge entsprachen aber dem damaligen Zeitgeschmack. Um sogenannte „Glockenspielergänge" zu erzielen (Abb. 12), wurden Gewichte in den Fesselbeugen, die diese Bewegung provozieren und verstärken sollten, befestigt (Ridinger, 1760).

Dem Pferd werden die Bügel zinn Trottiren angeleget.
L'on met les boules au cheval pour troter.
Nº 5   262

Abb. 12. Ridinger, Glockenspielergänge, auch als Bügeln oder Schaufeln bezeichnet, gehörten zum Ideal der barocken Prunkpferde (Archiv Druml).

Das selbe Phänomen in der Pferdezucht trat nochmals unter Karl III. (1759–1788) auf, worauf die Spanische Pferdezucht laufend an Qualität und Bedeutung verlor.

Die Habsburgischen Importe von spanischen Pferden fielen in die Zeit von 1580–1802. Dem zufolge lassen sich die damals bezogenen Pferde vorwiegend in die Kategorie der „Paradepferde" und des „Caballo espagñol del tipo germánico" einordnen. Reingezogene Gineten, wie auch Berber waren sehr begehrt, stellten aber eine Rarität dar. Aufgrund der für diese Zeitspanne fehlenden Gestütsbücher von Lipica ist eine genaue Zuordnung der dort verwendeten Pferde nicht möglich. Die hier erfolgte Beschreibung stellt eine Ergänzung zu den nur mangelhaft vorhandenen Daten dar.

1.2 FREDRIKSBORGER

Die planmäßige Zucht des Fredriksborgers begann unter König Friedrich II. (1534 bis 1588) mit der Gründung des Gestüts zu Fredriksborg im Jahr 1562. Aufgrund der Säkularisierung gelangten die dänischen Könige zu ausgedehntem Landbesitz und hochwertigem Pferdematerial. Um dem Lebensstil dieser monarchistischen Epoche zu entsprechen, bedurfte es exzellenter und extravaganter Pferde. Jeder der folgenden dänischen Herrscher war auf die Pferdezucht äußerst bedacht und beeinflußte sie mit persönlichem Engagement. Der Mode der Zeit entsprechend wurden Zuchthengste spanischer und italienischer Herkunft angekauft. Die dänische Zucht erreichte noch unter Friedrich II. einen solchen Stand, daß sogar Philipp II. von Spanien Beschäler aus Dänemark für seine Gestüte in Cordoba importierte (Wrangel, 1908).

Ausschlaggebend für die dänische Pferdezucht waren die persönlichen Vorlieben der einzelnen Herrscher, welche in den Gestütspopulationen ihren Niederschlag fanden. Um 1608 bestanden 16 verschiedene Gestütsstämme. Gedeckt wurde mit polnischen, friesischen, lüneburgischen, schaumburgischen, englischen, türkischen, ägyptischen und marokkanischen Hengsten (Wrangel, 1908). Diese Vielfalt von Schlägen kam zustande, indem man bei deren Ankauf besonderen Wert auf „kuriose Farben" (Löhneyssen, 1729) legte. Bei der Zuteilung zu den verschiedenen Gestüten bzw. Stämmen ging man nach eingehender Prüfung nach Kriterien der Farbe vor (Wrangel, 1908). So entstanden mehrere Gestüte wie zum Beispiel Jägerspris, ein Gestüt mit englischen Pferden, wo man Schimmel und Falben züchtete. Roeskilde war ein reines Schimmelgestüt, in Vordingborg gab es einen Schimmel- und einen braunen Neapolitanerstamm, die mit englischen Hengsten veredelt wurden (Wrangel, 1908). 1660 zählte man in Dänemark auf zehn verschiedenen Gestüten insgesamt 123 Mutterstuten. Es erfolgten wiederholt Ankäufe von fremden Pferden, unter ihnen ein brauner türkischer Hengst, ein Geschenk des österreichischen Kaisers Leopold, der englische Paßgänger „Firefax", der vom König sehr geschätzt, drei Jahre lang Hauptbeschäler in einem der Gestüte war, und mehrere Hengste spanischer und neapolitanischer Herkunft (Nissen, 1998).

Um diese Zeit fielen im Gestüt Vordingborg, wo sich Schimmel und braune Neapolitanerstämme befanden, vereinzelt weißgeborene Fohlen, worauf man mit Ankauf von zwei weißen Hengsten aus Württemberg und dem Kurland als auch eines braungetigerten Spaniers reagierte (Nissen, 1998). Eine Zucht weißgeborener Pferde zu etablieren gelang jedoch erst 1673 Christian V. mit der Gründung des Gestüts Kroghdal. Hier deckten der weiße Oldenburger Hengst „Jomfruen", der Hengst „Porcellain", ein Tiger, und in den Folgejahren bis 1679 mehrere Tiger und noch ein Weißgeborener. Wenn man vergleichsweise zum selben Zeitpunkt den Stamm „Ranzou" (benannt nach dem Gründerhengst dieser Tigerlinie) betrachtet, wo zwei weiße Hengste, zwei Tiger und zwei „bunte" Hengste deckten, fällt auf, daß massive Bemühungen vorlagen, weißgeborene Pferde und Tiger zu züchten. Anscheinend übernahm Christian V. nach längerem Aufenthalt am Hofe Ludwig XIV dessen Vorliebe für getigerte Pferde (Nissen, 1998). Die Tiger waren Inbegriff des Zeitgeistes, und so durften sie auch am dänischen Hof nicht fehlen (Die Tigerfärbung in der autochthonen österreichischen Kaltblutrasse, dem „Noriker", leitet sich analog zu den dänischen Tigern, von autochthonen Pferden ab). Die Erzbischöfe von Salzburg führten im 17.Jahrhundert ebenfalls ein „barockes" Repräsentationsgestüt mit Hauptaugenmerk auf diese extravagante Fellzeichnung (Druml, 2006). Unter Christian VI. (1730 bis 1746) wurde die Tigerzucht weiter gefördert. Er erhielt 1741 den getigerten Hengst Papillon als Geschenk des Grafen Ferdinand Anton Danneskjold-Laurvig, seines Oberstallmeisters (Branderup, 1995). Gleichzeitig gab es am Lande mehrere Privatzuchten auf Fredriksborg'scher Grundlage, die vermehrt Tiger oder Schecken züchteten (Nissen,

1998). Weißgeborene Pferde erfreuten sich damals großer Popularität, so wurden die russischen Staatskarossen des Zaren von weißen Pferden gezogen. Neben dem Gestüt Kroghdal wurden auch in hannoveranischen Hofgestüt Memsen bei Hoya (bis 1803) weiße Pferde, sogenannte „Kakerlaken" gezüchtet (Nissen, 1998; Wrangel 1909). Berücksichtigt man die kleinen Populationsgrößen der weißen Pferde (1883: 18 Stuten) wird verständlicher, daß bei solchen Verhältnissen Probleme mit Inzucht und der Vatertierbeschaffung auftreten mußten. Bezüglich der Vatertiere half man sich durch den Austausch von Hengsten zwischen Kroghdal und Memsen. Dadurch wurde die Verwandtschaft dieser beiden Gestüte und die innerherdliche Verwandtschaft immer höher, woraus eine hochgradige Inzucht resultierte. Bis 1780 behielt man die Reinzucht in diesen Gestüten trotz Symptomen einer fortschreitenden Inzuchtdepression wie Fruchtbarkeitsstörungen, hohe Fohlensterblichkeit und sinkender Widerristhöhe bei (Wrangel, 1909). Danach versuchte man mit Kreuzungszucht diesen Problemen entgegen zu treten, was aber aufgrund von planlosem „Probieren" die Angelegenheit immer mehr verschlimmerte (Wrangel, 1909). Allgemein kann man den Versuch, weißgeborene Pferde zu züchten, als ein schwieriges Unterfangen bezeichnen. Weiße Pferde sind immer recht selten, weswegen sie damals hochgeschätzt waren. Die schlechte Fruchtbarkeitsrate kann von der kleinen Populationsgröße (daraus folgt die Inzuchtdepression), oder von der Tatsache, daß dominant homozygote weiße Pferde im embryonalen Stadium absterben, herrühren. Der Embryo stirbt im frühen Stadium der Trächtigkeit und wird entweder vom Körper resorbiert oder abgestoßen. Nur heterozygote Genotypen in Bezug auf Weißfärbigkeit und homozygot Rezessive (Färbige Pferde) sind lebensfähig (siehe auch Kap. 13).

1680 wurde die Kopenhagener Reitschule erbaut, welche nach dem Vorbild der spanischen Reitschule in Wien neben einer reiterlichen Perfektionierung auch eine Leistungsprüfung der Hengste ermöglichte (Ackerl u. Lehmann, 1942). Etwa ab 1690 begann die sogenannte „Reinzuchtperiode" in der dänischen Pferdezucht, die ungefähr hundert Jahre dauern sollte, und die den Weltruf der Fredriksborgschen Pferde begründete (Wrangel, 1909).

Durch die napoleonischen Kriege und die Regentschaft des geistesgestörten Christian VII. (1749 bis 1808) war das dänische Reich stark geschwächt, wodurch auch die glanzvolle Epoche der Fredriksborgschen Pferdezucht endete. Am Ausgang des 18. Jahrhunderts exportierte man eine große Anzahl dänischer Zuchtpferde, die im Ausland hochgeschätzt waren, wodurch aber in Folge die Fredriksborgsche Zucht ruiniert wurde. Im Jahr 1771 wurde eine große Pferdeauktion zur Füllung der leeren Staatskassen veranstaltet, wobei zahlreiche, äußerst wichtige Zuchtpferde verkauft wurden. Als Erwerber schienen unter anderen auch Österreicher auf, wobei der Hengst „Pluto" den Besitzer wechselte (Nissen, 1998). Dieser Hengst sollte im Hofgestüt Lipica eine der fünf klassischen Hengststämme begründen. Neben Pluto wurden auch andere Pferde aus Dänemark importiert. „Danese" (1718), „Sans Pareil" (Rappe, 1772, geboren 1766), „Junker" (Schimmel, 1772, geboren 1767), „Danese" (Rappe, 1808, geboren 1795). Zu erwähnen ist weiters die Fredriksborger Stute „Deflorata" (1767), welche eine Stutenlinie in Lipica begründete (Wrangel 1909).

Die besten Pferde Fredriksborgs waren verkauft, das weiße Gestüt drohte auszusterben, 1803 wurde die Reitschule geschlossen, nach der Schlacht von Waterloo (1815) wurde Europa von englischen Vollblütern überrannt und letztendlich wurde 1871 das traditionelle Gestüt aufgelöst.

Das Exterieur des klassischen Fredriksborger wird in der Literatur folgendermaßen beschrieben: „Das dänische Pferd ist für gewöhnlich leicht, aber schwer erziehbar, unter ihnen befinden sich die meisten Springer." [gemeint sind klassische Schulsprünge, Anm. d. Verf.]. Löhneyssen (1729) beschreibt den Fredriksborger als „vermögsame, schöne, starke Pferde". Wie eine Zusammenfassung der Exterieurbeurteilungen der verschiedenen Autoren liest sich eine kunsthistorische Abhandlung über das Reiterstandbild auf Schloß Amalienborg von De Friess. De Friess beschreibt das 1750 entstandene Standbild, nach Branderup (1995, S. 31) diente der Hengst Pluton (1748), der Vater des Lipizzaner Hengststammbegründers Pluto (1765), als Vorbild des Kunstwerkes) welches originalgetreu einen typischen Fredriksborger in der Passage zeigt, folgendermaßen: „Ein anatomisch fast fehlerfrei harmonisch gebautes Pferd mit einem nicht ganz mittelgroßen Ramskopf, gut verbunden mit einem hochaufgesetzten und getragenem, recht kräftigen Hals, schräg liegender Schulter und gerundetem Widerrist. Breite und tiefe Brust, Rücken von einer gewissen Länge, breite, kräftige bemuskelte Nierenpartie, Kruppe von einer mittleren Länge, breit, abschüssig und deutlich gespalten, tief angesetzter, doch gut getragener Schweif mit stark entwickeltem Haar, kräftiges Fundament." (Branderup, 1995, S. 12).

Abb. 13. Reiterstandbild Frederik V. in Kopenhagen (Privatarchiv Druml)

1.3 NEAPOLITANER

Als ein Produkt seiner Zeit war der Neapolitaner ebenso bedeutend wie das spanische Pferd. In der alten Literatur und auch in den Gestütslisten Lipica´s scheinen Spanier und Neapolitaner nebeneinander auf.

Neapel und Unteritalien „regnum utriusque siciliae" (Mieck, 1994, S. 95) kamen 1503 unter die Herrschaft Spaniens, welche bis 1713 währte. Danach fiel es an das Haus Habsburg und 1735 an die Dynastie der Bourbonen. Bis auf eine Zeitspanne von 1789 bis 1814 unter französischer Herrschaft blieb Neapel bis 1860 in der Hand der spanischen Bourbonen.

Abb. 14. Neapolitanertyp des 15. Jahrhunderts, Gemälde von Paolo Ucello, 1436, Reiterstandbild von John Hawkwood, Florenz (Taschen Verlag).

Anfang des 16. Jahrhunderts war Neapel die Stätte der Wiederentdeckung der Reitkunst (Abb. 14). Hier lehrten bedeutende Reitmeister wie Cessare Fiaschi, Pasquale Carracciola, Frederigo Grisone und Pignatelli die klassische Reitkunst und den Nahkampf zu Pferde. Aufgrund der Erfindung der Feuerwaffen änderte sich die Kampftechnik und damit verbunden, auch die Reiterei. Die Pferde mußten leichter, wendiger und insgesamt rittiger sein, um mit schnellen Manövern die Angriffe der Gegner zu parieren (Nissen, 1998). Somit verdrängten spanische Genetten das schwere plumpe Ritterpferd vergangener Tage (Wrangel, 1908). Löhneyssen (1729) unterschied 1609 drei verschiedene Schläge des Neapolitaners:

- Corsieri: große Pferde, die man für Zugdienste vor dem Wagen, „Carretten", verwendete. Die Population soll damals schon klein gewesen sein, da diese Pferde ausschließlich am Gestüt des Königs gehalten wurden. Für die neue Reitweise erwiesen sie sich als unbrauchbar, da, wenn man sie „zum Tummeln [gemeint ist Ausführen von versammelten Lektionen am Reitplatz, Anm. d. Verf.] abrichtet/werden sie gewaltig/denn es ist wohl nicht glaublich/was große Sterk sie haben." (Löhneyssen, 1729, S. 88)
- Genetten: (Siehe Kap. 1.1.).

- Da due selle: waren als mittelgroße, starke Pferde bekannt, welche in den Abruzzen hauptsächlich von Fürsten und Adeligen gezüchtet wurden.

1567 soll es laut Carracciola im Königreich Neapel 82 verschiedene Gestüte gegeben haben. Weiters berichtet er, daß zu dieser Zeit die Spanier eine Vorliebe für Rappen gehabt hätten (Nissen, 1998), welche den großen Anteil an schwarzen Pferden im Italien dieser Zeit erklärt. Die schwarze Decke wird im nachhinein als Charakteristikum Neapolitanischer Pferde anerkannt.

Im 16. Jahrhundert bestand in der Gegend von Mantua eine große Pferdezucht, die der Familie der Gonzagas gehörte. Das Pferdematerial bestand sowohl aus spanischen Gineten, als auch aus „Türken und Barbarn" (Löhneyssen, 1729, S. 88), insgesamt sollen diese Pferde leichter, graziler und gelehriger gewesen sein. Es sind Berichte über die frühesten, bekannten Pferderennen in diesem Gestüt überliefert. Der Englische Hof und somit die englische Pferdekultur standen in regen Beziehungen zu den Gonzagas.

Als Manifestation der Bedeutung dieses Gestütes und der Güte der Pferde entstanden die Fresken von den Gonzagapferden ausgeführt von Giulio Romano 1534 in der „camera dei cavalli" im Palazzo del Tè, in Mantua (Abb. 15). Diese heute noch erhaltenen Fresken stellen ein einzigartiges Phänomen in der Kunstgeschichte und der Ikonographie dar, da üblicherweise aus dieser Zeit ausschließlich Darstellungen von (gerittenen) Reithengsten und Anatomie- bzw. Bewegungsstudien von Pferden existieren, keinesfalls aber die Porträts von Zuchthengsten.

Abb. 15. Gonzaga Pferde, im Palazzo del Tè in Mantua. Einzigartige Portraits von Zuchthengsten und Stuten in der Kunstgeschichte. Diese unterstreichen die damals schon internationale Bedeutung der Pferdezucht der Gonzagas, welche schon zu dieser Zeit einen vollblütigen Pferdetypus züchteten, der berühmt für seine Rennleistung war (Archiv Druml).

Unter Karl V. erreichten die spanischen Pferde neapolitanischer Herkunft eine solche Popularität, daß es zu Importen von „Neapolitanern" in die spanischen Hofgestüte kam (Nissen, 1998). Zu Anfang des 17. Jahrhunderts bestanden 282 Gestüte im Süden Italiens, die vor allem von italienischen Adeligen unterhalten wurden (Wrangel, 1908). Um 1760 wurde in der neapolitanischen Provinz Campagna das Gestüt Persano gegründet. Dort kreuzte man spanische Stuten mit orientalischen Hengsten, was sehr edle und leistungsfähige Tiere hervorbrachte (Wrangel, 1908). 1764 wurde der Rapphengst „Pepoli" aus dem Gestüt des Grafen Sacramoso zu Zevia von der österreichischen Monarchie angekauft. Dieser Hengst sollte später den Generale-Generalismusstamm des Hofgestüts Kladruby in Böhmen begründen (Motloch, 1886). In dieser Gegend wurden die damals bekannten Polesinerpferde gezüchtet (Erdelyi, 1827). Charakteristisch waren großer Wuchs, hohe Aktion, Ramskopf und stolze Aufrichtung, verbunden mit charakteristischer Schwarzfärbung des Fells. Pepoli Typen kamen auch im Herzogtum Ferrara und im Gestüt Kartana, in der Toskana vor (Nissen, 1998). Auch befanden sich Gestüte in Verona, wie das des Grafen Canossa, bestehend aus Hengsten und Stuten neapolitanischer Herkunft (Erdelyi, 1827).

1774 wurde der Rapphengst „Conversano" durch den Fürsten Kaunitz auf Auftrag des Kaisers Josef II. vom Gestüt des Grafen Conversano gekauft (k.u.k. Oberstallmeisteramt 1880). Dieser, nach seinem Züchter benannte Hengst, begründete den gleichnamigen klassischen Hengststamm in der Lipizzanerzucht. Er gehörte der Neapolitanerrasse an und seine Abstammung geht teilweise auf Spanier zurück. Gezüchtet wurde dieser Hengst in der Gegend von Bari, im Gebiet von le murghie (Abb. 16), in Apulien, wo relativ karge Verhältnisse vorherrschten (Nissen, 1998).

Abb. 16. Heute existierende Nachfolgerasse der Zucht des Grafen Conversano, die sogenannten Murghesen im Süden Italiens (Archiv Druml).

In der Gegend um Rom bestand eine berühmte Rappzucht des Fürsten Chigi, die sogenannte Chigi-Rasse (Wrangel, 1908). Diese Pferde vereinten Größe, hochaufgesetzten Hals mit Ramsköpfen und enormer Knieaktion (spanischer Schritt). Verwendet wurden sie als Wagenpferde vor den Karossen der Päpste und Kirchenfürsten. Aufgrund dieses hohen, fast übertriebenen, langsam ausgeprägten Schrittes waren diese Pferde prädestiniert für einen Repräsentationszug geistlicher Fürsten (Ackerl u. Lehmann, 1942). Man unterschied zwei Typen in der Chigizucht, einen Karrosier Typ, genannt Negretto, und einen unedleren, eher dem Kaltblut nahestehenderen Typ, den Porcello. Ein Hengst im Negrettotyp, „Napoleone", wurde 1849 als Beschäler im Kladruber Gestüt eingesetzt (Nissen, 1998). Er wurde 1853 in Rom angekauft um ein Erlöschen der ersten (schwarzen) Sacramoso-Linie zu verhindern (Abb. 17 und 18). Nach drei Jahren Deckeinsatz wurde er wieder aus der Zucht genommen, da er plumpe Köpfe, zu hohes, feines Fundament und wenig erhabene Gänge vererbte. Er wird als „Römer", nicht als Neapolitaner im alten Typ beschrieben (Nürnberg, 1993, S. 234).

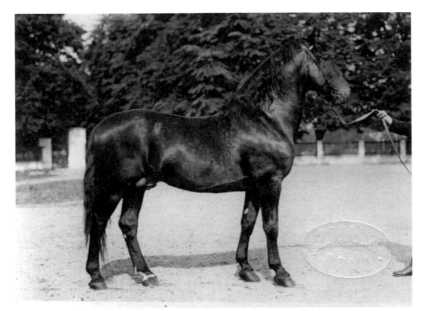

Sacramoso XXIX geb. 1920, M. 85-Napoleone Kladruber Hengst

Abb. 17. Schwarzer Kladruber Hengst Sacramoso XXIX, 1920, aus dem ehemaligen Hofgestüt Kladruby (Archiv Brabenetz).

Die eigentliche Hauptperiode der neapolitanischen bzw. italienischen Pferdezucht war das 16. und 17. Jahrhundert. „Seinerzeit [im 16. und 17. Jh., Anm. d. Verf.] galten die neapolitanischen Pferde als die besten der ganzen Halbinsel. Sie waren kräftiger als die spanische Genette und wurden bevorzugt für die Schulreiterei eingesetzt (Abb. 19). Sie vereinten Größe mit Grazie, Sanftmut mit Temperament und hatten Eigenschaften, die sie für den Wagen wie für die Manege qualifizierten." (Nürnberg, 1993, S. 12). Löhneyssen beschreibt die Neapolitaner als „gute Kriegs Rösse", die gewöhnlich „hitzige, störrische Köpf" haben, und daß man ihnen Zeit in der Ausbildung geben solle, also sie zu „ihren Jahren kommen lassen" soll. „Die neapolitanischen Bereiter nennen sie noch Fohlen "wenn sie schon sechs oder sieben Jahre alt sein", wodurch sie aber das Späterlernte um so besser beherrschen (Löhneyssen, 1729, S. 88).

Napoleone-Amelia

Rapp H., gez. 1885 in Kladrub, v. Napoleone a. d. Amelia, v. Sacramoso I.
Hauptbeschäler im k. u. k. Hofgestüte Kladrub.

Abb. 18. Schwarzer Kladruber Napoleone-Amelia, 1885, des späten 19. Jahrhunderts (Gassebner, 1896).

„In dem Kladruber tritt uns hauptsächlich das Pferd der Vergangenheit in seiner – nach heutigem Geschmack – ganzen Hässlichkeit entgegen, da nun der edle, orientalische Charakter, den ja auch das Vollblut trägt, überall als der Typus eines „schönen" Pferdes angesehen wird. Aber gerade sind die Kladruber, die altspanisches und altneapolitanisches Blut in sich vereinigen, besonders interessant.", so ein Zitat von Major Schoenbeck um die Jahrhundertwende (Gassebner 1898).

Abb. 19. Reiterstandbild von Cosimo I de Medici in Florenz, Giovanni de Bologna (Taschen Verlag).

Zu Anfang des 18. Jahrhunderts hatte, wie man den Rassebeschreibungen der einzelnen klassischen Reitmeister entnehmen kann, die neapolitanische Rasse an Zuchtwert verloren. Bereits 1627 schreibt Pluvinel über diese Pferde: „Aus Italia, wiewohl der rechte Stamme jetziger Zeit sehr verderbt und mit Bastarden vermengt ist." (Pluvinel, 1627, S. 14). Gueriniere bezeichnet die Neapolitaner als „größtentheils ungelehrig und folglich schwer abzurichten. Ihre Gestalt nimmt anfänglich nicht ein, denn gewöhnlich haben sie zu große Köpfe und zu dicke Hälse; ungeachtet dieser Fehler aber haben sie schöne Bewegungen und Stolz." (Guérinière, 1733, S. 63). Newcastle kritisiert dieselben als „schwerfällig, ohne Herz und Feuer und für den Wagen besser geeignet als für den Sattel" (zit. Ackerl u. Lehmann, 1942, S. 21). Ab Mitte des 19. Jahrhunderts muß man diese Rasse als ausgestorben betrachten.

Die für die Lipizzanerzucht wichtigen Tiere finden sich vor allem in den Hengststämmen wieder. Der größte Einfluß Neapolitanischer Pferde manifestiert sich im Gestüt Kladruby, in welchem der Typ des kalibrigen „Karossiers" nach neapolitanischen Vorbild weiterhin bevorzugt wird (Über die Wirkung und Bedeutung Neapolitanischer Pferde in der Zucht des Lipizzaners siehe Kap. 6).

1.4 KARSTPFERDE

Bisher handelte es sich bei den beschriebenen Rassen um „Kunstprodukte", die der jeweiligen „Mode" unterworfen waren. So beruhten die Rasse des Fredriksborger, dessen Betonung im Zuchtziel hauptsächlich in „exklusiven" Farben lag, und die des Neapolitaners, eines bevorzugt schwarzen Pferdes, dessen Stärken auch vor dem Wagen zur Geltung kamen, auf der Beeinflussung durch iberische Pferde.

Diese zwei Rassen, durch Kreuzungszucht hervorgegangen, unterlagen im Verwendungszweck einem gemeinsamen Ziel: Repräsentation als Prunk und Paradepferd, dem als Vorbereitung zu dieser Aufgabe die Ausbildung in der „Hohen Schule" vorausging. Die Abstammung vom iberischen Pferd und die gleiche Anforderung prägte aus einem ziemlich heterogenen Pferdematerial jedoch einen einheitlichen Typ (Motloch, 1886). Dieses Erscheinungsbild wird in der Gegenwart mit der Bezeichnung „Barockpferd" zusammengefaßt.

Abb. 20. Die sogenannten "San Marco Rösser" Venedig (Archiv Druml).

Im Gegensatz dazu muß man das Karstpferd als autochthonen Pferdeschlag bezeichnen. Geprägt von den kargen und unwirtlichen Verhältnissen im Karst, harten Aufzuchtbedingungen, oftmaligem Wassermangel und Futterknappheit in der Hitzeperiode, entwickelte sich dieser Pferdeschlag zu einer widerstandskräftigen und langlebigen Rasse, welche in jedem Jahrhundert geschätzt wurde. Die Beschreibung dieser Pferderasse ist problematisch, da es sich um eine ausgestorbene, „historische" Rasse handelt, welche laut bisheriger Meinung die autochthone Pferdebasis für den Lipizzaner bildete. Beleuchtet man diesen Sachverhalt aber etwas genauer, so scheint es unwahrscheinlich, dass man im 16. und 17. Jahrhundert teure Hengste und Stuten auf mühevollsten Wegen importierte, um diese dann mit einem Landpferdeschlag zu kreuzen. Noch dazu handelte es sich bei der Errichtung Lipicas um ein Hofgestüt, also eine höchst elitäre Angelegenheit (vgl. Kugler und Bihl 2002, Kap. 14). Der Grund für diese Annahme dürfte in der Interpretation der Bezeichnungen „Karster Hengste" und „Karster Stuten" gelegen haben. Der Name „Lipizzaner" existiert ausschließlich erst etwa seit dem I. Weltkrieg, vorher wurden diese Pferde unter dem Begriff „Karster Race" geführt (k.u.k. Oberstallmeisteramt1880).

Pferdezucht im Karstgebiet wurde schon von den Römern betrieben. Von Virgil gibt es Berichte über strenge Selektion von Hengsten und Stuten und die Standortwahl der Gestüte (Nürnberg, 1993). Da aus diesem Gebiet Gespannpferde für die römischen Wagenrennen rekrutiert wurden, kann man annehmen, daß diese Pferde, gleich wie die Pferde des Balkans orientalisch beinfluß waren. Ein Bestehen von Gestüten am Karst im Mittelalter wird durch Quellen belegt (k.u.k. Oberstallmeisteramt 1880). Karster Hengste wurden aufgrund ihrer Härte und ihres Mutes gerne von mittelalterlichen Rittern als Turnier- und Kriegspferde verwendet (Nürnberg, 1993). In der Literatur finden sich oft Angaben über Darstellungen des Karstpferdes in den Reiterstandbildern des „Colleone" in Venedig, von Verrocchio (1486), und des „Gattamelata" in Padua von Donatello (1447). Es findet sich jedoch keine Übereinstimmung bei den einzelnen Autoren. Ackerl u. Lehmann bezeichnen den „Gattamelata" als Darstellung eines Karstpferdes. Kunsthistorisch betrachtet orientierte sich der Künstler an den „San Marco Rössern" (Abb. 20) (römische Darstellungen, ursprünglich aber aus Griechenland stammend) und an dem Reiterstandbild des Marc Aurel (Abb. 21), und nicht an einem Karstpferdtypus.

Abb. 21. Reiterstandbild des Marc Aurel 173 n. C., Venedig (Taschen Verlag).

Das Standbild des „Colleone" ,1486 von Verrocchio geschaffen (Abb. 22.), wird von Nürnberg (1993) und Ackerl u. Lehmann (1942) als Abbildung eines Karstpferdes bezeichnet. Nissen (1998) beschreibt es aber als eine Abbildung nach Vorbild von Pferden die damals von den Veneziern aus Apulien (Gebiet le Murghie) rekrutiert wurden, woraus später die italienische Murghese-Rasse entstand (aus diesem Gebiet stammt der Gründerhengst Conversano).

Gleichzeitig wurden vor allem die kleineren Karstpferde als Saum- und Tragtiere verwendet. Durch diese Arbeit im felsigen Gelände entwickelte sich eine Gangmechanik mit guter Knieaktion.

1582 wurde von Erzherzog Karl das Gestüt zu Lipica errichtet, vor allem um über eine autonome Pferdeproduktion zu verfügen. Nebenbei existierten eine Anzahl anderer Gestüte in der Umgebung, was eine rege Pferdeproduktion am Karst aufzeigt (k.u.k. Oberstallmeisteramt 1880). Fugger bezeichnet in seinem Werk „Von der Gestüterei" (zit. Motloch, 1911) den Karst als einen für ein Gestüt geeigneten Ort. Löhneyssen erwähnt 1609 den Karst als Zuchtgebiet und zählt die dort gezogenen Pferde zu den türkischen Pferden. Er beschreibt sie als „zu der Arbeit und Kriegssachen sehr gut".

Abb. 22. Reiterstandbild des Bartolomeo Colleone in Venedig von Andrea del Verrochio (Tiergarten Schönbrunn).

Als man im 16. und 17. Jahrhundert die ersten spanischen Hengste nach Lipica brachte, war es ungewiß, ob sie den dortigen Bedingungen gewachsen sein würden. Aber mit der Zeit hatte sich aufgrund der Umwelt und Selektionsbedingungen ein harter und genügsamer Pferdetypus entwickelt. „Die zu Kleppern [ausrangierte Gestütspferde der Bediensteten; im Mittelalter verstand man darunter leichtere Reisepferde, ohne diese jedoch mit einer negativen Konnotation zu versehen; Anmerkung d. Verfassers] verwendeten Pferde sind meist Lipizzaner und als so ausdauernd bekannt, daß oft englische und andere ausländische Rassepferde bey Parforce-Jagden oder selbst in Feldlagern nicht dagegen auszuhalten im Stande waren" (Erdelyi, 1827, S.63), lautet ein Bericht über die außergewöhnliche Härte des Lipizzaners vor der sogenannten „Arabisierungswelle".

1.5 ARABER

Eine weitere Pferderasse, die maßgeblichen Einfluß auf die Lipizzanerzucht ausübte, war das arabische Pferd. Über die Geschichte des Arabers gibt es eine umfangreiche Literatur, auf die näher einzugehen den Umfang dieser Arbeit sprengen würde (siehe Flade, 1990; Schiele 1982).

Die Bedeutung des Arabers in Mittel- und Westeuropa setzte erst 200 Jahre später ein als die des spanischen Pferdes. Dennoch waren orientalische Pferde bzw. Araber bereits vorher in Europa bekannt, wobei unter dem Begriff orientalische Pferde, Tiere unterschiedlicher Herkunft subsummiert wurden. Diese damals exotischen Raritäten wurden bevorzugt als Repräsentationspferde und als Jagdpferde verwendet. Grisone (1573, S. 21) beschreibt orientalische Pferde folgendermaßen: „Zum Brauch adelicher Zier/wird der persischen [Landart, Anm. d. Verf.] der Vorzug von allen zugemessen: Lind in Fürung/adelich und artlich in Gang/der Tritt klein und behend/seinen Reuter der darob sitzt belustigend/wird mit kainer Kunst gelert/sondern allein von adelicher Natur eingepflanzt". Gueriniere (1733, S. 64) bezeichnet sie als „dauerhafte arbeitsame Champagne-Pferde bei weniger Nahrung", welche sich „weiter besser zu Läufern als zu Schulpferden" eignen.

Zusammenfassend ergibt sich Ende des 18. Jahrhunderts folgendes Bild von arabischen Pferden in Europa: Vereinzelt Importe arabischer Pferde an Herrschaftshöfen, wobei ihre Geländeeignung im Vordergrund stand, während sie für die Schulreiterei als wenig geeignet galten.

Abb. 23. Modell für Standbild von Napoleon III auf einem arabischen Pferdetypus. Links ist das von der Kaiserin abgelehnte Modell abgebildet und rechts das endgültige Modell, Emmanuel Fremiet 1860. Diese Bilderfolge ist hippologisch äußerst interessant, da dem Künstler anscheinend eine Lektion im Reitunterricht erteilt wurde: Senken der Hand, vom Steh- oder Spaltsitz zum modernen Sitz a la Guérinière, Senken des Kopfes – daher Wölbung des Pferdehalses im 3. Wirbel, Gewichtsaufnahme des li. Vorderbeins und tragender Rücken (G. Duby und J.-L. Daval (2006)).

Das Ende des 18. Jahrhunderts ist gekennzeichnet durch eine Umstrukturierung der Pferdezucht in ganz Europa, sowohl im organisatorischen Bereich als auch in der züchterischen Ausrichtung. In Österreich fielen in diese Zeit die Gründungen der Militärgestüte (Mezöhegyes 1785, Bábolna 1789, Radautz 1774, Piber 1798), um den erhöhten Remontenbedarf der Militärs zu decken. Gleichzeitig kam es zu Änderungen des Zuchtziels. Nicht mehr gefragt war das repräsentative Barockpferd mit hoher Aktion und Schuleignung, sondern ein wendiges hartes und schnelles Pferd. Diese Zuchtzieländerung war erstens durch eine neue Kriegsführung bedingt, zweitens spielte auch ein Wandel der Mentalität eine Rolle. An die Stelle der barocken Repräsentation der Herrschermacht trat die „bescheidenere" Geste des aufgeklärten Herrschers (Abb. 23). Mit der einsetzenden Industrialisierung wurde Zeit in allen Lebensgebieten zu einem bestimmenden Faktor. An der kunstvollen Schulreiterei, die jahrelange Ausbildung voraussetzt, verlor man das Interesse. Es kam zur Schließung mehrerer Barockreitschulen: Fredriksborg 1803, Liechtensteinische Winterreitschule in Wien um 1870. Außerdem entstand durch geänderte Kutschenbauweise und verbesserte Straßen, die erhöhte Geschwindigkeiten zuließen, ein Bedarf an einem schnelleren Pferdetyp (Motloch, 1911). Als Charakteristikum dieser Zeit sei auf die sogenannte „Jucker" Anspannung verwiesen, einen vierspännig gefahrenen Jagdwagen mit sogenannten „Juckerpferden", der als Mindestanforderung eine Strecke von 60 Kilometern in zwei Stunden zurücklegen mußte (Hecker, 1994). All diese nun geforderten Eigenschaften schienen den damaligen Züchtern durch die Einkreuzung von arabischen Vollblutpferden am ehesten erreichbar.

Wie bereits erwähnt, war es im 16. und 17. Jahrhundert üblich, Pferde unterschiedlichster Herkunft im Hinblick auf einige wenige Kriterien (im Extremen zum Beispiel Farbe) zu paaren. Reinzucht im engen Sinne stellte in Europa die Ausnahme dar. Noch im ausgehenden 18. Jahrhundert ließen sich viele Züchter von dem französischen Naturforscher Buffon leiten, der dafür plädierte: „Unbedingt Pferde aus den entgegengesetzten Klimaten zu mischen, ohne Rücksicht ob die mit den einheimischen zu mischenden Pferderassen zu sich edler als diese seien, wenn sie ihnen nur möglichst heterogen wären." (Zit. Buffon, Hecker, 1994, S. 14) Erst Johann Christof Justinus (1756–1824) griff auf die schon bei Aristoteles bekannte Konstanztheorie zurück, wonach innere und äußere Merkmale ausschließlich rassebedingt seien und für ihre Übertragung auf die Nachkommen das Alter und die Reinheit einer Rasse ausschlaggebend ist (Hecker, 1994). In seiner Arbeit „über die allgemeinen Grundsätze der Pferdezucht" hält Justinus 1815 folgende Ansprüche an die Zuchttiere fest:

- erwiesene Abkunft
- erwiesene Güte
- erwiesene Nachartung

Diese Überlegungen manifestierten sich in der Züchtungspraxis der Gestüte und bildeten die Grundlage für die ordnungsgemäße Führung von Gestütsbüchern (Hecker, 1994).

Die für eine Veredlungszucht notwendigen reinen Araber wurden in einigen Abständen aus dem originalen (Abb. 24) Zuchtgebiet angekauft. Die ersten arabischen Pferde, die in den Gestütsbüchern in Lipica erwähnt werden, sind Sultan 1768, Soliman 1760 und Morsu 1776.

ÜRMÉNY.

HALBBLUTGESTÜT SR. EXCELLENZ DES GRAFEN EMERICH HUNYADY.
TAJÁR (1811—1830) ORIGINAL-ARABISCHER SCHIMMELHENGST,
STAMMVATER DER ORIENTALISCH-UNGARISCHEN ZUCHT.

Abb. 24. Der original Araber Tajar, geb. 1830 (Wrangel, 1895).

Ein methodischer Einsatz des arabischen Blutes begann Anfang des 19. Jahrhunderts in der Absicht „die Formen des Lipizzanerkutschpferdes zu veredeln und seinem Gange mehr Schnelligkeit zu geben, das heißt dem Karster Pferde gleichzeitig auch den Charakter eines Reitpferdes zu verleihen" (Bilek, 1914, S. 2). Forciert wurde diese Idee vom damaligen Oberststallmeister Karl Graf Grünne, einem Kavalleriegeneral. Das bekannteste Pferd dieser Epoche war der 1810 geborene Originalaraberhengst und Linienbegründer Siglavy. Nach der Auflösung des Hofgestüts Koptschan im Jahre 1826 wurde das dortige arabische Pferdematerial nach Lipica und der schwere Wagenschlag (neapolitanische Rasse) nach Kladruby verlegt. Ab diesem Zeitpunkt war es die Aufgabe Lipizzas, einen leichten Wagen- und Reitschlag zu liefern, während sich Kladruby auf die Zucht eines großen, schweren und repräsentativen Wagenpferdes konzentrierte (Motloch, 1911).

Die hauptsächliche Schwierigkeit bei der Charakterisierung der zuvor beschriebenen Gründerrassen lag in der unzureichenden Quellenlage. Eine Vorstellung über das Exterieur dieser Pferde und der daraus entstandenen Lipizzaner war nur über spärliche historische Beschreibungen und zeitgenössische Darstellungen möglich.

Die Rolle des Arabers ist besser dokumentiert. Mit der Arbeit von Bilek (1914) „Über den Einfluß des arabischen Blutes bei Kreuzungen, mit besonderer Hinsicht auf das Lipizzanerpferd" liegt erstmals eine exakte, nachvollziehbare Exterieurbeschreibung vor. Auf diese Arbeit soll im Folgenden etwas näher eingegangen werden, da sie sowohl das Exterieur des Lipizzaners um 1900 als auch die Veränderungen durch den Arabereinfluß beschreibt.

Bilek (1914) bediente sich dabei folgender Vorgangsweise: Er unterteilt die untersuchten Pferde nach ihren Araberanteil in vier Gruppen. (Zur Berechnung des Araberanteiles wurden Pedigrees über sieben Generationen herangezogen.)

• Reine Karster, Pferde mit maximal 20 Prozent arabischen Blutes
• Gemischte Karster, Pferde mit 20 bis 40 Prozent arabischen Blutes
• Hocharabische Pferde, mit mehr als 40 Prozent arabischen Blutes
• Pferde mit Kladruber Einschlag.

Diese Pferde wurden einer Messung mit standardisierten Meßpunkten unterzogen und mit den Arabern aus den Gestüt Bábolna verglichen.

1.5.1 Einfluß des Arabers auf das Exterieur

Die durchschnittliche Widerristhöhe einer reinen Karsterstute betrug 151 Zentimeter Stockmaß, bei gemischten Karstern stieg die durchschnittliche Widerristhöhe auf 153,1 Zentimeter an. Dieser Größenunterschied ist bedingt durch das markante Hervortreten der Widerristpartie bei gemischten Karstern. Trotzdem kann der reine Karster aufgrund seiner mächtigeren Form, hochaufgesetzen Halses, größeren Kopf und muskulöserer Kruppe größer erscheinen als der arabisierte Typ (Nürnberg, 1993). Der in unserer Zeit so betonte Reitpferdepoint, hier der ausgeprägte Widerrist, ist für die Verwendung als Wagenpferd nicht notwendig. Genauso wirkt sich bei Verwendung eines klassischen Sattels (Barocksattel, iberischer Sattel und der daraus hervorgegangene Westernsattel) das Fehlen dieses Merkmales auf die Reiteignung als nicht hinderlich aus.

Bei hocharabisierten Stuten lag die durchschnittliche Widerristhöhe bei 150 Zentimeter. Im Vergleich dazu betrug die durchschnittliche Widerristhöhe bei arabischen Stuten in Bábolna 148,6 Zentimeter.

In Bezug auf einen weiteren Reitpferdepoint, Länge und Lage der Schulter, wurde diese von BILEK beim reinen Karster als kurz und steil beschrieben. Hier brachte eine Einkreuzung des Arabers keinerlei Verbesserung, im Gegenteil, nach BILEK (1914) liegt die Annahme nahe, „daß der Araber für die Verfeinerung und Verkürzung dieser Partie verantwortlich gemacht werden darf" (Bilek, 1914, S. 27). Als Beweis für diese These verweist er auf Darstellungen von Lipizzanern aus der Zeit vor den Einkreuzungen mit Arabern. Zusätzlich stützt sich diese Annahme auf die bessere Lage und Proportion der Schulter bei Kladrubisch gezogenen Pferden. Auch in diesem Fall ist die steile Schulter für ein Schulpferd nicht unbedingt als Fehler anzusehen, da sie in Kombination mit kurzem Ober- und Unterarm und langem Rohrbein für die charakteristische Aktion des Lipizzaners verantwortlich ist. Durch den Arabereinfluß erhoffte man sich einen flacheren, raumgreifenderen

Gang auch auf Kosten des eleganten, hohen Tritts. Morphologisch schlug sich das veränderte Gangbild bei gemischten Karstern in einer Verlängerung des Vorderarms und einer Verkürzung des Rohrbeines nieder.

Ein weiteres Charakteristikum des Lipizzaners ist sein langer Rücken. Bilek (1914) maß die Rücklänge vom höchsten Widerristpunkt bis zum Darmbeinwinkel, das heißt die Länge schloß die Lendenpartie mit ein. Nach den Ergebnissen liegen in diesem Merkmal die signifikantesten Unterschiede zwischen reinen und gemischten Karstern. So lag der Prozentanteil der Rückenlänge im Verhältnis zur Widerristhöhe bei Originalaraberhengsten bei 41,1 Prozent, bei reinen Karsterhengsten bei 52 Prozent. Bei beiden Rassen wurde ein Geschlechtsdimorphismus nachgewiesen: Stuten besitzen einen längeren Rücken als Hengste. Der Arabereinfluß bei den gemischten Karstern manifestierte sich in der Verkürzung der Rückenpartie und zwar nahezu proportional zum Genanteil.

Von besonderer Durchschlagkraft des Arabers wird in der Ausprägung des Kopfes und des Halses berichtet. Die charakteristischen Kopfformen des Arabischen Vollblutes dürfen als allgemein bekannt vorausgesetzt werden. Bilek (1914) zieht aus seinen Messungen den Schluß, daß „schon eine geringe Beimischung von Araberblut genügt, um sich im Kopfausdrucke sofort bemerkbar zu machen" (Bilek, 1914, S. 23). Im speziellen kommt der Arabische Charakter in einer Verkürzung des Kopfes, als auch in einer Verbreiterung der Ganaschen und Stirndimensionen zur Geltung. Die Ausprägung des Auges wird als lebendiger und feiner beschrieben, ebenso die Form und das Spiel der Ohren. Dieselben Phänomene werden aus allen anderen Arabischen Halbblutzuchten berichtet. In seiner Arbeit greift Bilek (1914) noch auf eine im letzten Jahrhundert übliche Einteilung der einzelnen Hengstlinien nach deren phänotypischen Merkmalen bezüglich Kopf- und Halsform zurück (vgl. Kap. 10). Nach derselben differenziert er auch die verschiedenen Halsformen, wobei bei Karster und Kladruber Familien der hoch aufgesetzte Hals dominiert, während bei arabisch beeinflußten Familien ein längerer, waagrechter, gestreckter Hals vorherrscht. Bei den gemischten Karstern erweist sich der Hals durch die eben angeführte Streckung als etwas länger und gerader in der Oberlinie. Eine Tendenz zum Hirschhals, die auf das Hochwerfen des Kopfes in der Bewegung zurückführt, wird gleichfalls als typisch erwähnt. Der Hals der reinen Karsters ist hingegen höher aufgesetzt und in einer konkaven, geschwungenen Form, die im Trab besonders gut zur Geltung kommt.

Die Kruppe wird beim Arabischen Vollblut als gerade und in horizontaler, linearer Verbindung mit dem Rücken beschrieben. Diese wird mit „besonderer Zähigkeit [vererbt, Anm. d. Verf.] und dasselbe gilt auch von der ungemein verlässlichen Erblichkeit des hohen Schweifaufsatzes" (Bilek, 1914, S. 42). Der reine Karster weist eine ovale, geneigte Kruppe auf, ein Merkmal, das wie bei den Spanischen Pferden mit der Eignung zur Schulreiterei (größere Versammlungsfähigkeit aufgrund stärkerer Neigung und Bemuskelung) in Verbindung zu setzen ist. Bei orientalisch beeinflussten Karstern ist die Kruppe flacher und steiler, was veranlasst, den Schweif höher zu tragen. Dieses Phänomen war laut Bilek (1914) schon vor der massiven Einkreuzungswelle in arabisch geprägten Hengstlinien evident.

Abb. II. Pferdewärter in Lipica um 1910
(Archiv Brabenetz)

KAPITEL 2

THOMAS DRUML und GOTTFRIED BREM

Historische Entwicklung der Lipizzanergestüte

Erhöhter Repräsentationsbedarf, bedingt durch eine absolutistische Herrschaftsform, machte ein „Herrschergestüt" zur Notwendigkeit. Durch die Gründung des Gestüts in Lipica 1580 wurde der Grundstein für eine Pferdezucht, die den Anforderungen des Hofes entsprach, gelegt.

Die Hengste, die in Lipica in den ersten zwei Jahrhunderten deckten, stammten hauptsächlich aus spanischen und italienischen Zuchten. Aufgrund der fehlenden Aufzeichnungen sind genaue Aussagen über die Zusammensetzung der damaligen Population nicht möglich. Bis Mitte des 18. Jahrhunderts existieren als „urkundliche" Belege nur diverse Rechnungen über den Ankauf spanischer Pferde.

Es ist davon auszugehen, daß Lipica ursprünglich als „wildes Gestüt" errichtet wurde (Abb. 1). Der Ausdruck „wildes Gestüt" bezeichnet eine extensive Zucht und Haltungsform, die von der Renaissance bis in das

Abb. 1. Cavendish, wildes Gestüt (Archiv Druml)

Barock üblich war. Es stellt eine Weiterentwicklung der herrschaftlichen „Thiergärten" dar. Die Stutenherde wurde ganzjährig, ohne Zufütterung, frei in einem größeren Areal gehalten, im Frühjahr wurde ein Deckhengst dazugegeben. Die Mutterstuten fohlten ohne fremde Hilfe im Freien ab, was meistens ohne größere Komplikationen vor sich ging. Stut- und Hengstfohlen wurden mit einem Jahr sortiert und in Jungpferdeherden eingeteilt. Ab dem 17. Jh. erfolgte eine Zufütterung von Rauh- und Kraftfutter, weil dadurch eine bessere Entwicklung gewährleistet wurde, und so die ab diesem Zeitpunkt bevorzugten größere Pferde lieferbar wurden [ab diesem Zeitpunkt gewinnen die Kutschen vermehrt an Bedeutung; Anmerkung d. Verf.]. Parallel zu dieser Entwicklung existierte in Spanien der Wunsch nach größeren Pferden, wodurch das „Caballo espagñol del tipo germánico" (siehe Kap. 1.1.1.4) entstand. Es gab einen Beschälerstall und einen Jungpferdestall, einen Anbindestall, der zur Zähmung der Jährlinge diente. Anfänglich waren diese „wilden" Gestüte in Holz erbaut, wie es von den Gestüten in Kladruby und Rif in Salzburg überliefert ist (Erdelyi, 1827; Motloch, 1911; Druml 2006). Die weitere Entwicklung erfolgte mehr oder weniger nahtlos, indem in den wilden Gestüten zahme Stutenherden integriert wurden, was auch die entsprechenden baulichen Veränderungen nach sich zog. Nach Erdelyi (1827) hatten sich die Gestüte Mezöhegyes und Lipica gegen Ende des 18.Jh. in der zuletzt genannten Form befunden (Abb. 2).

Abb. 2. Jungstuten in Lipica auf der Alp „Ville" im Jahr 1910 (Archiv Brabenetz).

Mit den 1810 von Graf Trauttmannsdorff durchgeführten Pferdezuchtreformen, die im wesentlichen in einer „Stammlinienzucht" resultierten (k.u.k. Oberststallmeisteramt, 1880), wurde in Lipica ein „geregelter" Gestütsbetrieb, der quasi heutigen Vorstellungen entspricht, aufgenommen. Diese „Stammlinienzucht" stellt die Pferdezucht „nach rationellen Grundsätzen" dar (k.u.k. Oberststallmeisteramt, 1880). Hauptcharakteristikum ist die Einteilung der Hengste nach Hengststämmen und die geregelte Anpaarung mit den Stutenfamilien. So deckten in einer Periode (4 Jahre) z.B. 3 Hengste der Stämme Neapolitano, Conversano, Favory, in der nächsten Periode 3 Hengste der Stämme Maestoso, Pluto und Siglavy. Dadurch wurde eine zu enge Blutführung vermieden (Lehrner, 1989). Diese Art der Stammlinienzucht ist praktisch mit der heute noch angewandten Zuchtmethodik identisch.

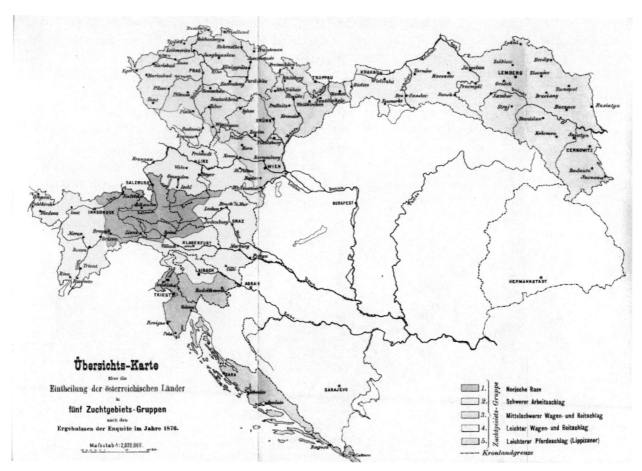

Abb. 3. Hippologische Karte der österr. Reichshälfte nach Gassebner, Einteilung nach Zuchtgebieten, welche bei der Pferdezucht Enquete 1876 beschlossen wurde (Gassebner).

In alter Literatur wird die für Lipica charakteristisch karge Vegetation hervorgehoben (k.u.k. OBERST-STALLMEISTERAMT, 1880; Motloch, 1886; Gassebner, 1898; Wrangel, 1908; Bilek, 1914). Wassermangel, Futterknappheit und felsige Weiden sind kennzeichnend für dieses Karstgestüt (Abb. 4). Diese Bedingungen stellten sich jedoch als äußerst förderlich für die Lipizzanerzucht heraus.

Abb. 4. Jungstutenherde im Karst, Lipica, Alpe „Ville" 1910 (Archiv Brabenetz).

Von der Gründung an wurde Lipica stark gefördert und die Pferdezucht forciert, wovon das ganze umliegende Gebiet profitierte. So gab es in Laibach eine Winterreitschule, die Familie Auersperg unterhielt mehrere Gestüte, ebenso die Valvasors, Großmärkte und Pferdehandel florierten.

1735 wurde die Hofreitschule in Wien eröffnet, in der ausschließlich Lipizzaner Verwendung finden sollten (k.u.k. Oberststallmeisteramt, 1880). Um 1768 zählte das Gestüt 150 Mutterstuten. Am Hof herrschte ein großer Bedarf an Gebrauchspferden, die größtenteils Lipizzanern waren. Diese wurden bevorzugt, da sie dem harten Stadtpflaster besser standhielten. ERDELYI (1827) berichtet von deren Härte und Leistungsvermögen im Staatsdienst.

Hinzuzufügen wäre, daß gegen Ende des 18. Jahrhunderts ein sehr hoher Bedarf an Soldatenpferden bestand. Aufgrund des siebenjährigen Krieges (1756 bis 1761) wurde der Pferdebestand stark reduziert. Als Folgewirkung entstanden die großen Militärgestüte im Südosten Altösterreichs (Abb. 5).

Abb. 5. Dragonerregiment im Feld. Die Kavallerie nutzte hauptsächlich den leichten vollblütigen Pferdetypus, das Radautzer Pferd erlangte zu dieser Zeit sogar Weltruf vergleichbar mit der Zucht der Ostpreussen im Hauptgestüt Trakehnen (Foto Bundesgestüt Piber).

Während der napoleonischen Kriege (1796 bis 1816) war das Gestüt Lipica mehrmals gezwungen, die Flucht zu ergreifen.

Die erste Flucht im März 1796 ging nach Stuhlweissenburg (Székesfehérvár/Ungarn). Die vollständige verlustfreie Rückkehr erfolgte im September 1798.

Die zweite Flucht im November 1805 endete in Diakovar (Slawonien, heutiges Kroatien), wo schon seit 1506 ein orientalisches Gestüt bestand. Nach einem Jahr Aufenthalt kehrten im Mai 1807 die Pferde nach Lipica zurück. Drei Hengste und einige Stuten blieben in Diakovar zurück und bildeten so den Grundstock für das 1854 entstandene Lipizzanergestüt Đakovo (neue Schreibweise).

Abb. 6. Die seit 1728 zu Lipica gehörende Zweigstelle Prestanek (Archiv Brabenetz)

Die dritte Flucht ging im Mai 1809 nach Petschka (ung. Pécska) nahe dem Militärgestüt Mezöhegyes. Dieser rund sechs Jahre dauernde Aufenthalt hatte Kümmerungsprozesse sowie negative Auswirkungen in der Fruchtbarkeit (1810 verwarfen 27 von 110 Mutterstuten) zur Folge. Die Ursache für diese Depression ist eher auf die kumulierte Stresseinwirkung durch die vorhergegangenen Fluchten auf die Zuchtstuten zurückzuführen, als auf die Umwelteinflüße des Gebiets um Mezöhegyes, wie in der Literatur seit 1880 behauptet wird (k.u.k. OBERSTSTALLMEISTERAMT, 1880; Nürnberg, 1998). Ebenso können bei einem Ortswechsel Fruchtbarkeitsstörungen dieses Ausmaßes durch eine Veränderung der unmittelbaren Keimflora bedingt sein.

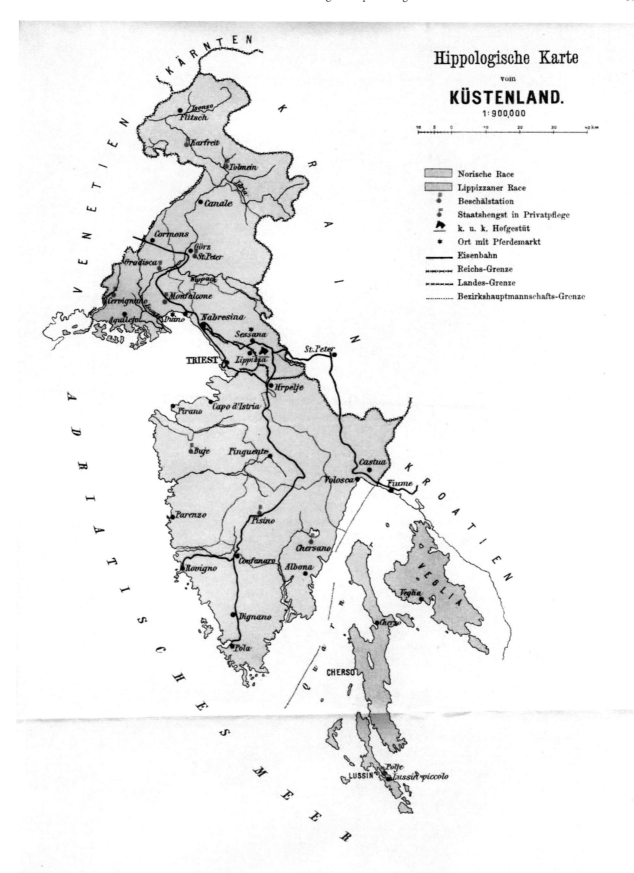

Abb. 7. Hippologische Karte des Küstenlandes Istrien (Gassebner).

Nach der 1815 erfolgten Rückkehr blieb ein Teil der Pferde in Ungarn und bildete den Anfang der ungarischen bzw. rumänischen Lipizzanerzucht.

Trotz der ungünstigen Verhältnisse verblieben die Pferde noch einige Zeit in Mezöhegyes bis man sich für eine Übersiedlung nach Fogaras im heutigen Rumänien entschied. 1874 trafen 137 Lipizzanerpferde aus der ungarischen Tiefebene im neugegründeten Gestüt Fogaras ein (Nürnberg, 1998).

Lipizza, 1910, Alpe Ville, Jungstutenherde an der Tränke

Abb. 8. Pferdeschwemme im Gestüt Lipica im Jahr 1910 (Archiv Brabenetz).

Am Ende der napoleonischen Kriege 1816 war Lipica völlig heruntergekommen, abgeholzt und zerstört. Während man sich darum bemühte, die Gebäude instand zu setzen, Wasserauffangbecken zu bauen und die Weiden urbar zu machen, gab es in Wien mehrere Versuche, das Gestüt zu verlegen und aufzulassen.

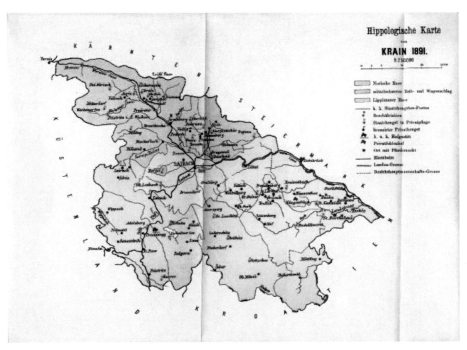

Abb. 9. Hippologische Karte von Krain (Gassebner).

1826 wurde das Hofgestüt in Koptschan aufgelöst. Der Wagenschlag wurde nach Kladrub (tschch. Kladru-by) (Abb. 10), der Reitschlag, im Besonderen aus Arabern bestehend, nach Lipica überstellt. In dieser Zeit be-ginnt das arabisch beeinflußte Lipizzanerpferd in der Landespferdezucht breiter wirksam zu werden. Es ent-standen gleich mehrere Privatgestüte mit Lipizzanern in Kroatien, Slawonien und Ungarn (Abb. 11) (Lehrner, 1982).

Abb. 10. Ein Kladruber Hengst des 19. Jahrhunderts, Generale Alba XII (ArchivBrabenetz).

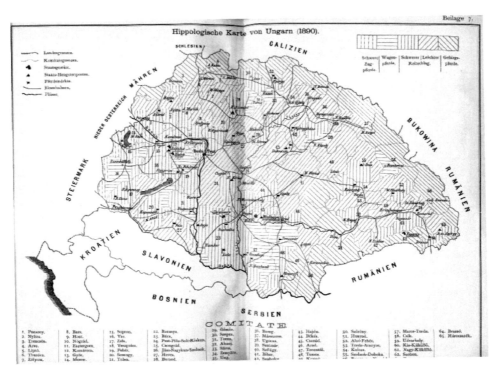

Abb. 11. Hippologische Karte von Ungarn (Wrangel)

Das Gestüt Terezovac (1700–1923) der Grafen Janković, auf spanischer Grundlage gezogen, wurde 1860 völlig auf Lipizzanerzucht umgestellt. Es erwies sich als eines der qualitätvollsten Privatgestüte. Im gleichen Familienbesitz befand sich das seit 1845 bestehende Gestüt Cabuna (1845–1922), welches gemeinsam mit Terezovac die kroatische Pferdezucht dominierte. Das Gestüt Vukovar (1868–1945) der Grafen Eltz, gegründet

1868, war sehr bekannt für seine Noniuszucht (Abb. 12), während im ungarischen Gestüt der Grafen Esterházy in Tata, kraftvolle und großrahmige Fahr-Lipizzaner Radantzer Herkunft gezüchtet wurden.

Abb. 12. Das Halbblutgestüt der Gräfin Eltz in Vukovar (Privatarchiv Hans Brabenetz).

Im Jahr 1885 wurden auf kaiserliche Anordnung die reinen Araber aus Lipica verlegt und die gemischten Karster reduziert, weil „sich [der reine Karster, Anm. d. Verf.] für die hohe Schule besser eigne" (Lehrner, 1982, S. 147). Nach Beendigung der Araber-Einkreuzungsperiode wurden die Produkte eines anderen Kreuzungsversuches beinahe vollständig aus dem Gestüt entfernt: Auf Initiative des Oberststallmeisters Rudolf Fürst Liechtenstein, einem passioniertem Jagdreiter, wurde eine Anzahl englischer Vollblutpferde eingekreuzt. Die auf diese Experimentierfreudigkeit (sogar Traber wurden eingesetzt) zurückgehenden Nachkommen wurden jedoch von den Reitern der Hofreitschule abgelehnt und ebenso wie die hocharabischen Pferde ausgemustert.

1912 wurde das damals ungarische Gestüt Fogaras aufgrund häufig auftretender Augenentzündungen bzw. Mondblindheit nach Bábolna verlegt. Zurück blieben drei Hengste und 22 Mutterstuten, die zusammen mit 16 aus der Landeszucht angekauften Stuten den Grundstein für das 1920 neu gegründete rumänische Staatsgestüt Fogaras darstellten (Nürnberg, 1993).

Am Anfang des I. Weltkrieges war das Gestüt Lipica zur vierten Flucht gezwungen. Das Zuchtmaterial, Dienstpferde und die vierjährigen Stuten wurden nach Laxenburg bei Wien, die restlichen Hengst- und Stutjahrgänge (Jungpferde) nach Kladruby überstellt. Während der Zeit in Laxenburg verendeten 31 Stuten und Fohlen, die Trächtigkeit sank von 80 auf 10 Prozent (Ursache vgl. dritte Flucht nach Mezöhegyes).

1920 mußten 107 Pferde aus Laxenburg an Italien übergeben werden, 37 Stutfohlen und Jährlinge wurden von den Tschechen beschlagnahmt, es verblieben 97 Pferde, die dem österreichischen Landwirtschaftsministerium zugeteilt und im Gestüt Piber untergebracht wurden.

In der Zwischenkriegszeit kam es zu wesentlichen Umstrukturierungen der einzelnen Gestüte. Lipica wurde italienisches Militärgestüt. Man versuchte, dem Lipizzaner die Eigenschaften eines Militärpferdes zu geben: deutlich hervortretender hoher Widerrist, damit gute Sattellage, und flachere, raumgreifendere Gänge. Diese Tendenz muss man in Verbindung mit dem neuaufkeimenden Turniersport sehen, welchen die Italiener bis 1933 international dominierten. Basierend auf den Methoden Federico Caprilli's, dem Erfinder des modernen Springstils, konnte sich die aus Offizieren bestehende Spring Equipe europaweit behaupten. Die Italiener benutzten hoch im Blut stehende Pferde, welche dressurmässig kaum ausgebildet waren und hauptsächlich im Gelände gelöst wurden. Da der Lipizzaner unter dem Sattel generell diffiziler zu kontrollieren ist, und mit seinem Format und Interieur nicht für die damaligen Springparcours geschaffen war, konnte sich diese Rasse im aufstrebenden Turniersport nicht behaupten. Innerhalb kurzer Zeit kehrte man nach diesem züchterisch mehr oder weniger erfolglosen Versuch zu einem klassischen Zuchtziel zurück (Lehrner, 1982, Nürnberg, 1998).

Abb. 13. Der Radautzer Pepiniere Maestoso II, geb. 1892 (Archiv Brabenetz).

In der Zwischenkriegszeit wurden in Piber, zu dessen Pferdebestand auch einige Lipizzanerpferde aus Radautz zählten (Abb. 13), welche zur Produktion von Beschälern für die dortige Landeszucht dienten, hauptsächlich die Zucht von englischen Halbblütern verfolgt; die Lipizzaner liefen nebenbei mit. In dieser Zeit tendierte der Lipizzaner zum Wirtschaftsmodell, das heißt rumpfiger, stärkeres Rohrbein, „futterdankbarer". Diesen gröberen Typus kann man auch aus zeitgenössischen Fotografien ersehen. In den Radautzer Stuten sieht NÜRNBERG (1993) eine zusätzliche Ursache für diese Erhöhung des Kalibers. Diese Art der Vernachlässigung war ursächlich mit einer eher geringen Wertschätzung der „Kaiserschimmel" in der Bevölkerung verbunden. Heute ist es die Aufgabe Pibers, die Hengste für die spanische Reitschule zu liefern. Die Lipizzaner Ungarns, aus Fogaras nach Bábolna verlegt, entwickelten sich in den fruchtbaren Ebenen vom kleinen drahtigen Gebirgspferd oder Juckertyp, zu einem größeren, mächtigeren Pferd mit Fahreignung. Erwähnenswert ist das Gestüt des Grafen Pallavicini (1888–1945), im Gebiet des jetzigen Gestüts Szilvásvárad, auf das einige ungarische Stutenfamilien zurückgehen.

In dem 1921 neu gegründeten tschechoslowakischen Staatsgestüt Topolčianky wurden neben anderen Rassen auch Lipizzaner für Wirtschaftszwecke gezüchtet.

Der II. Weltkrieg erwies sich als markanter Punkt in der Zuchtgeschichte der Lipizzaner, u.a. weil mehrere Gestüte wie Bábolna und Topolčianky zur Evakuierung gezwungen wurden, was Zerstreuung bzw. Verlust der Pferde bedeutete.

Abb. 14. Europakarte mit den Gestüten, schwarz sind die im COPERNICUS Projekt untersuchten Gestüte, rot die noch existierenden Lipizzaner Staatsgestüte, blau historisch mit dem Lipizzaner verbundene Gestüte heute andere Rassen führend oder aufgelöst (Graphik Druml).

Tab. 1. Auflistung der jetzt bestehenden Staatsgestüte mit Augenmerk auf die Pferdebestände um den I. und II. Weltkrieg, sowie heutiges Zuchtziel. Die Tabelle wurde anhand Literatur von Nürnberg, 1993; 1998, Oulehla et al. 1986; Lehrner 1982 erstellt.

Gestüt	gegr.	Pferdematerial	Zuchtziel
Lipica	1580	1920: 107 rückgestellte Pferde 1946: 11 Stuten aus Kutjevo 4 Stuten aus Italien 1946 insges. 60 Stuten	Großer reitbetonter Typ, flachere Gänge, Reiteigenschaften unter Wahrung des Rassetyps
Piber	1798 bzw. 1920	1920: 97 Pferde aus Lipica/Radautz 1946: Rückstellung dgl. + 10 Stuten aus Vukovar 1946 insg. 40 Stuten	Hauptaufgabe ist die Produktion der Hengste für die Spanische Reitschule/Wien. Reiteigenschaften und klassisch, barocker Typ
Monterotondo	1945	1946: 179 Pferde aus Lipica von Hostau rückgestellt	Konservierung der Hengst und Stutenlinien
Topolčianky	1921	1920: 30 Stuten und 1 Hengst aus Lipica, 2 Hengste aus Fogaras. 1945: 15 Hengste geb. 43/44 von Hostau, später 3 Hengste von Piber, Jugoslawien, Ungarn. 1946 insg. 30 Stuten	Früher als Arbeitspferd für die Landeszucht, jetzt Hauptaugenmerk auf Reit- und Fahreignung
Szilvásvárad	Ab 1952	1920: in Bábolna ~100 Pferde aus Fogaras. 1945: in Bábolna insg. 40 Stuten 1952: 20 Stuten + einen Teil der Pallavicinistuten, ab da Übersiedelung nach Szilvásvárad	Großer kräftiger Lipizzaner im Fahrtyp
Đakovo	1854	Vor 1920: Grundlage bestand aus Lipica 1960: Pferde aus Stancic und Kutjevo nach Đakovo verlegt	Ein kräftiges Arbeitspferd, auch als Sportpferd geeignet
Fogaras	1921	1920: 3 Hengste, 22 Stuten (ME,L), 16 Stuten aus der Landeszucht, 3 Hengste aus Topľcianky. 1945: insg. 50 Stuten weitere Gestüte: Dalnic 1955–61, Brebeni 1970–80	Ein hartes Zug und Arbeitspferd für die Landwirtschaft (um 1900 im Juckertyp stehend)
Beclean	1992	Alle farbigen Stuten und Hengste aus Fogaras zu einem Gestüt zusammengefaßt	Farbzucht (Sport und Arbeitspferd)

In den Jahren 1941/42 wurden Lipizzanerpferde aus Demir Kapija (Mazedonien), Lipica (Italien) und Kruschedol (Kroatien) sowie auf Anordnung des Reichslandwirtschaftsministeriums in das staatliche Gestüt von Hostau, Böhmen, gebracht. Dort wurden 300 Lipizzaner gezählt, ca. 100 der besten arabischen Pferde Europas, über 200 Warmblutpferde sowie 600 Pferde aus der Donsteppe und dem Kaukasus (Budjonny und Kabardiner), die alle aus den von deutschen Truppen besetzten Gebieten stammten.

Abb. 15. Hostauer Periode, Hengstdepot Debica, in Polen, 1943. li. Landbeschäler Kutjevaz-10 gezogen 1931 in Ljubicevo (Yug.) von Siglavy Kerze, re. Landbeschäler, gezogen 1940 in Piber von Neapolitano III, Fahrer Hubert Rudofsky, Gestütsleiter in Hostau (Archiv Brabenetz)

Der Initiator dieser Unternehmung, Gustav Rau, der „deutsche Oberlandstallmeister a.D." beschloß 1942 das Gestüt Piber nach Hostau zu evakuieren. Mit dieser Zusammenlegung der Gestüte wurde eine Basis für Blutzufuhr und Blutanschluß für die Lipizzanerzucht ermöglicht (die ursprünglich als Schutzmaßnahme gedachte Vorkehrung wirkte sich in einem Gestüt mit 500 Pferden genetisch betrachtet positiv aus).

Abb. 16. Schloß in Hostau, Sitz der Gestütsleitung (Archiv Brabenetz).

Es folgt ein Original Bericht des damaligen Leiters des Lipizzaner-Hauptgestüts Hostau, Oberstleutnant a.d. Hubert Rudofski, um ca. 1950 (Archiv Brabenetz).

„Schicksale der Lipizzanergestüte während der Kriegsjahre 1941-45

Alle im Donauraum befindlichen Pferde der Lipizzaner Rasse gehen zurück auf das im Jahre 1580 gegründete Hauptgestüt Lipizza bei Triest. Im ersten und zweiten Jahrhundert seines Bestehens wurde diese Rasse ausschliesslich für die Zwecke des Wiener Hofes gezüchtet. Der Lipizzaner, dessen Urahnen im spanischen Pferd zu suchen sind, das in folge seiner ausgesprochenen Schulpferdeeigenschaften auf allen Höfen Mitteleuropas Verwendung fand, hat sich dann später eine weitgehende Verbreitung in der Landespferdezucht gesichert, da man seine Gebrauchseigenschaften neben seiner besonderen Eignung als Schulpferd sehr schätzen lernte. Bei praktischer Mittelgrösse ist der Lipizzaner ein sehr hartes, ausdauerndes, gehfreudiges und sehr leichtfuttriges Pferd, sehr gelehrig, intelligent und fromm. Wenn der Lipizzaner neben den primitiven Kleinpferden zu den spätreifsten Rassen der Welt gehört, so erreicht er dafür ein sehr hohes Alter. Hengste, die in der Spanischen Reitschule noch mit 20 und 25 Jahren als Schulpferde und Lehrmeister ihren Dienst tun, sind keine Seltenheiten. So haben sich im Laufe des 18. und 19. Jahrhunderts viele Donauländer gefunden, die die Zucht der Lipizzaner in Staats- und Privatgestüten pflegten.

Im September 1939, bei Ausbruch des Krieges war der Stand der Lipizzanerzuchten ungefähr folgender:

1. *Das alte Karster Hauptgestüt Lipizza, Italien, mit 6 Hauptbeschälern, 60 Mutterstuten und den Fohlenjahrgängen*
2. *Das österreichische Bundesgestüt Piber, bei Köflach in der Steiermark, mit 3 Hauptbeschälern, 40 Mutterstuten und den Fohlenjahrgängen.*
3. *Das ungarische Staatsgestüt Bábolna, 4 Hengste, 40 Stuten und Fohlen.*
4. *Das tschechoslowakische Staatsgestüt Topolčianky, Slowakei, 2 Hengste, 30 Mutterstuten und Fohlen.*
5. *Fogaras, rumänisches Staatsgestüt mit 4 Hauptbeschälern, 50 Mutterstuten und Fohlen.*
6. *Die yugoslawischen Staatsgestüte Stancic, Kruschedol und das kgl. Privatgestüt Demir Kapjar, Macedonien, mit 6 Hauptbeschälern, 70 Mutterstuten und den Fohlenjahrgängen.*

Ausser diesen staatlichen Lipizzanerzuchtanstalten hatten besonders Ungarn (Graf Esterházy – Tata) und Kroatien (Gräfin Eltz, Vukovar u.a.) bedeutende Privatgestüte, in denen die Lipizzanerrasse besonders gepflegt wurde.

Im Laufe der Kriegsereignisse sah sich die Oberste deutsche Heeresleitung veranlasst, Evakuierungen einzelner Hauptgestüte durchzuführen, um das so wertvolle Zuchtmaterial zu retten und es so vor dem Zugriff feindlicher Truppen oder plündernder Partisanen zu schützen. Dazu kam noch die Verlegung des Hauptgestüts Piber, weil man dieses Territorium für die Aufzucht von Gebirgspferden (Tragtieren) als notwendig erachtete.

Als besonders geeignetes Objekt für die weitere Zucht und Aufzucht der Lipizzanerrasse wurde das österreichische und später tschechoslowakische Staatsgestüt Hostau, im Böhmerwald, Sudetengau, befunden, das schon von 1938 Heeresremonteamt war. Mit seinen 4 Vorwerken, 600 Hektar besten Koppeln und Wiesen und den grossen, geräumigen Stallungen und anderen neuzeitlichen Gestütseinrichtungen, konnte es leicht 500 Pferde aufnehmen.

Die ersten Lipizzaner die nach Hostau evakuiert wurden, waren 16 Stuten aus Kruschedol, Yugoslawien. Dazu kamen die Stuten und Fohlen aus Demir Kapjar, 44 an der Zahl, die nach Besetzung des Landes durch deutsche Truppen Ende April 1941 über Skopje-Belgrad-Agram in Marsch gesetzt wurden und Anfang Juli 1941 in Piber untergebracht wurden, wo sie bis zum Abtransport des Gestüts blieben. Im September 1942 erfolgte dann die Überführung sämtlicher Lipizzaner nach Hostau. Als Hauptbeschäler kamen mit: **Neapolitano III Sardinia, Pluto III Siglavy, Siglavy Ivanka,** und der Yugoslawe **Conversano Olga I.** Der Mutterstutenbestand von Piber betrug 34 mit ungefähr 80 Fohlen. Im Januar 1942 wurden aus den Privatgestüten Kroatiens 11 Stuten und mehrere Junghengste käuflich erworben. Als es sich als notwendig erwies, das italienische Hauptgestüt Lipizza seiner gefährdeten Lage wegen zu verlegen, wurde das gesamte Gestütsmaterial nach Hostau überführt. Unter den 173 Gestütspferden waren die 6 Hauptbeschäler: **Conversano Slatina II, Siglavy Slatina II, Maestoso Bellamira, Pluto Marina, Neapolitano Slavonia I** und **Favory Slava II.**

Abb. 17. Der Pepiniere Favory Slava II im Gestütswagen, Hostau 1944 (Archiv Brabenetz).

Die vier erstgenannten waren Original Karster, die beiden anderen wurden 1937 durch die italienische Gestütsverwaltung in Yugoslawien angekauft. Die Zahl der Mutterstuten betrug 64, den Rest bildeten 100 Hengst- und Stutfohlen aller Jahrgänge.

Im Zuge des Wiederaufbaus der Pferdezucht in Polen wurden im Jahr 1943 die beiden aus Yugoslawien stammenden Hengste **Favory Santa** und **Favory Blanca** sowie 36 Stuten nach Ostgalizien überführt, wo am Karpartenhang südlich Stryj, in Dembina eine neue Zuchtstätte für die Lipizzanerrasse gegründet wurde. Schon zur Zeit *der österreichisch Gestütsverwaltung wurden in Galizien stets 30-40 Lipizzanerhengste aus Radautz in der Landespferdezucht verwendet. Zum Zwecke der Veredelung und Neubelebung des uralten Lipizzanerblutes wurde – so wie es auch in Lipizza und anderen Gestüten immer wieder gehandhabt wurde – ein Teil der Lipizzanerstuten mit besonders geeigneten arabischen Vollbluthengsten gepaart. Einige Stuten fanden in Janow Podlaski in **Trypolis OX** ihren Partner, mehrere andere wurden in Hostau mit den dort wirkenden Hauptbeschälern **Miecznik OX** und **Lotnik OX** gedeckt. Während dieser Zuchtperiode wurden noch einige Hengste verwendet, die im Einvernehmen mit dem Leiter der Spanischen Hofreitschule (Oberstleutnant Podhajsky) dem Gestüt Hostau für eine oder zwei Deckperioden leihweise überlassen wurden. Es waren dies die drei Schulhengste: **Conversano Presciana, Favory Afrika** und **Pluto Bassowica**. Aus jugoslawischer Zucht deckten vereinzelt noch der Rappe **Neapolitano Erkelc** und **Conversano Primula**.*

Abb. 18. Rudofsky als Leiter des Landgestüts Debica, rechts der Hengst Lotnik OX, der 1945 nach Amerika ging, und links der Hengst Lartur-3 OX (Archiv Brabenetz)

Mit diesen auserlesenen Gestütshengsten und Stuten ergab sich eine zwar kurze, aber züchterisch einmalige Gelegenheit. Wenn auch die Böhmerwald Scholle weder den Karst noch die Alpenweiden von Piber oder das heisse Klima von Macedonien ganz ersetzen konnte, so gediehen die jungen Jahrgänge, soweit man überhaupt deren Entwicklung in der viel zu kurzen Zeitspanne überblicken konnte, trotz alledem sehr gut. Mehrere der in Hostau geborenen und aufgezogenen Lipizzanerhengste haben sich inzwischen als besonders geeignete Schulpferde erwiesen. Im Böhmerwald zur Welt gekommene Stutfohlen sind brave Mütter in der Piberer Herde geworden.

*Alle Gestütspferde verblieben bis zum Kriegsende in Hostau. Als der Zusammenbruch Deutschlands greifbar bevorstand und die Gefahr näher rückte, dass das unersetzliche Gestütsmaterial in bolschewistische Hände fiele, wurde durch ein Husarenstück deutscher Gestütsoffiziere das Gestüt Hostau der heranrückenden Amerikanischen Armee in die Hände gespielt. Am 15. Mai 1945 wurden unter dem Schutz amerikanischer Truppen sämtliche Hauptbeschäler, Mutterstuten und Fohlenjahrgänge über die nahe Landesgrenze nach Bayern gebracht. Unweit Furth i. W. folgte die Auflösung des grossen Transportes. Hier wurde das österreichische, jugoslawische und italienische Gestütsmaterial übernommen. 12 jugoslawische Stuten, einige Fohlen und der Hauptbeschäler **Neapolitano Slavonia I** kamen noch bis Mannsbach (Hessen), bald darauf ging dieser Hengst an Herzschlag ein. 1947 erfolgte die Rückgabe dieser Stuten an die jugoslawische Regierung. Vereinzelte Lipizzaner fanden noch den Weg nach Amerika. Das ehem. Hofgestüt Demir Kapjar, 30 Pferde an der Zahl, wurde von Österreich schon im Juni 1946 an Jugoslawien zurückgegeben. Im November 1947 ging das Karstergestüt mit ungefähr 100 Pferden nach Lipizza zurück. So gelangten trotz der langen Kriegswirren und des vollständigen Zusammenbruchs fast alle Lipizzaner wie durch ein Wunder wieder in ihre alte Heimat. Da Lipizza und seine Umgebung Jugoslawien zugespro-*

chen wurde, errichtete die italienische Gestütsverwaltung südlich von Rom eine neue Zuchtstätte. Teile der Lipizzaner die vorübergehend mehrere Jahre in Wimsbach, Oberösterreich untergebracht waren, wurden im Herbst 1952 auch nach Piber überstellt, so dass sich heute in der grünen Steiermark wieder das gesamte österreichische Lipizzaner-Zuchtmaterial befindet mit einem Bestand von 3 Hauptbeschälern, 40 Stuten und den Fohlenjahrgängen.

Die Spanische Hofreitschule in Wien konnte noch im Frühjahr 1945 den gesamten Bestand an Schulhengsten, Sätteln, Uniformen und die wertvollen Sammlungen nach Oberösterreich in Sicherheit bringen.

Privaten und Presse-Informationen zu Folge wird in allen Ländern, in denen vor dem Kriege der Lipizzaner gehalten wurde, diese Rasse weitergezüchtet. Mögen die vielen Wunden, die die lange Kriegs- und Nachkriegszeit auch dieser Rasse geschlagen hat, bald wieder ganz vernarben, damit diese dankbare Rasse neben allen anderen Pferderassen wieder den Platz einnehmen kann, der ihr zukommt.

Hubert Rudofski.

Eine spezielle Position in der Lipizzanerzucht nahmen die jugoslawischen Lipizzanergestüte ein. Kroatien, Slawonien, aber auch Bosnien und Serbien wiesen teils alle eigenständige Zuchten und Landeszuchten auf. Speziell Slavonien war neben der Nonius Zucht hauptsächlich ein Lipizzanergebiet, man schätzte noch um 1990 den Jugoslawischen Lipizzanerbestand auf ca. 40.000 Pferde. Das 20. Jahrhundert war eines der wechselhaftesten in der kroatischen Lipizzanerzucht. Abgesehen vom bischöflichen Gestüt Đakovo, welches eine kontinuierliche Zuchtgeschichte aufwies, wurde im staatlichen Pferdewesen einiges umstrukturiert, allerdings auch auf Kosten der grossen Privatgestüte. Die Gestüte der Grafschaften Eltz, Jankovich mussten nach dem I. Weltkrieg neuen staatlichen Interessen Folge leisten.

Tab. 2. Liste der kroatischen Gestüte bis 1975 (Ilancic 1975, Brabenetz, Druml)

Gestüt	Kurzbez.	Zeitraum	Beschreibung
Adolfov – Dvor		1866 – ca. 1914	
Armalijino Polje		1933 – 193?	
Betin – Dvor		1939 – 1944	
Brezik – pusta		189? – 1900	
Cabuna	CAB	1845 – 1922	Lipizzaner Gestüt Graf Aldar Jankovich
Cib		um 1925	Lipizzaner und englische Zucht des Herrn Dr. Dunderski
Daruvar	DAR	1070; 1711; 1938?	Lipizzaner Gestüt d. Herrn Tüköry
Djetkovac		um 1890 – 1919	
Donji Miholjac		1882 – 1944	
Đakovo	D	Ab 1506	Bischöfliches und staatliches Lipizzanergestüt, Lipizzanerzucht ab 1806
Ernestinivo		1933 – 1944	
Franjin Dvor		1925 – 1947	
Gladnos		1920 –, 1928 – 1959	
Gornji Miholjac		Pocetak i kraj 19. stoli	
Inocenc Dvor		1894 – 1945	Arabergestüt in Ilok, des ital. Fürsten Odescalchi
Izidorovac		1903 – 1938	
Jasinje		1959 – 1971	
Kapinci		1908 – 1945	Lipizzanergestüt des Herrn E. Freitag
Krndija		1947 – 1949	
Kutjevo	KUT	1946 – 1962	Hengstdepot und staatliches Lipizzanergestüt

Gestüt	Kurzbez.	Zeitraum	Beschreibung
Lipik	LIP	1938 – 1956	Staatliches Lipizzanergestüt, 1986 – 1992
Lug pusta		Kraj 19. stoli – 1921	Englisches Halbblutgestüt auf ungarischer Basis
Morija		1938 – 1941	
Nasice		1842 – ca. 1900	Hoch im Blut stehendes Halbblutgestüt des Grafen Ladislaus Pejacevich
Neteca		Druga polov 19. stoli – 1921	
Nustar		1850 – 1921	
Orahovica		1850 – 1919	
Orlovnjak	ORL	1917 – 1944	Lipizzanergestüt der Fam. Speiser, begann mit Ankäufen aus Terezovac, ab 1944 aufgegegangen in Österreich und Deutschland (über Hostau). Daneben Halbblut und Warmblutzucht
Osijek		1947 – 1960	Auch Esseg genannt, eventuell Lipizzanergestüt
Ovcara		1926 – 1944	
Podgorac		1850 – 1918	
Pusta Korija		1892 – 1918	
Retfala		Pocetak 19. stoli – kraj 19.stoli	
Rogovac		1891 – 1918	
Ruma		um 1800 – 1922	Lipizzanergestüt des Grafen Ladislaus Pejacevich
Selce		1892 – 1912	
Seles		1875 – 1944	Um 1928 12 Lipizzanerstuten im Typ Pluto (Ogrizek), Gestüt der Herrn Otto v. Pfeiffer.
Slavonska Pozega		1922 – 1955	
Sremski Karlovci		um 1900 – 1918	
Tenja		1884 – 1925	
Terezino polje		1860 – 1903	
Terezovac	TER	1700 – 1923	Lipizzaner Gestüt des Grafen Endre Jankovich
Valpovo		1810 – 1944	Halbblut- und Noniusgestüt des Grafen Rudolf Normann v. Ehrenfeld.
Virovitica		1810 – 1918	
Visnjevci		1895 – 1910	
Vocin		1890 – 1918	
Vrbik	VRB	1921 – 1947	Shagya-Araber- und Noniusgestüt des Gustav v. Reisner, später staatlich anerkannt.
Vukovar	VUK, E	1868 – 1945	Gestüt der Grafen Eltz (Lipizzaner, Nonius)

Mit der um 1920 einsetzenden Agrarreform wurden Teile der Großgrundbesitzungen aufgelöst und auf die örtlichen Bauern aufgeteilt. Man war insbesondere bestrebt die Landespferdezucht, sprich die Lipizzanerzucht, auf eine breite Basis zu stellen. Die Privatgestüte waren für den Staat schwer kontrollierbar, daher investierte man sehr viel in die aufstrebende bäuerliche Pferdezucht. Ein wesentlicher Faktor im kroatischen bzw. jugoslawischen Pferdewesen war M. Steinhausz, der „Gustav Rau des Südens". Dieser bewanderte Hippologe, Gründer und Leiter des staatlichen Gestüts Stancic, hinterlies eine Reihe an Buchpublikationen und war neben seines Lipizzaner Wissens vor allem als Nonius Fachmann bekannt.

Abb. 19. Ein Fünferspann aus Kroatien beim Turnier in Aachen, Fahrer ist Sekulic, der Leiter des Hengstdepots Kutjevo (Foto Cacic).

Tab. 3. Liste der Staatsgestüte des ehemaligen Jugoslawien mit Angaben zu den Pferden, welche die jeweilige Grundlage bildeten, sowie Beziehungsstrukturen der Gestüte untereinander.

Gestüt	Gegründet	Pferdebestand
Karadordjevo (Serbien)	1903	Pferde von Lipica und Đakovo, Kutjevo, Militärgestüt, Produktion von Fahrpferden für Jagden; Bestand ~10–25 Stuten
Stancic	1920 – 1936	1919 gegr. aus 11 Lipizzanerstuten und 18 Jankovičher Stuten, Hengste aus Jankovič
Demir Kapijar	1924 – 1959	1924 gegr. aus 4 Lipizzastuten, Zugang von Pferden aus Lipica, Piber und Vukovar Bis 1941 königlich-jugoslawisches Hofgestüt, dann Verlegung nach Hostau;
Lipik	1937 – 1956 1982 – 1992	1938 gegr. aus Pferden von Stancic; 1982 gegr. aus Pferden von Lipica
Vucijak	1946	Bosnisches Gestüt, leichtes Gebirgsarbeitspferd, Beschäler für die Landeszucht
Kutjevo	1946 – 1960	Gegr. aus Pferden von Stancic; 1949 15 Mutterstuten und 18 2-3jährige Stuten aus Lipica importiert; 1960 geht der ganze Bestand nach Đakovo
Đakovo	1954	Siehe Tabelle 2

In Kroatien listet Ilancic (1975) 48 Privatgestüte auf (Tab. 2) von denen die Hälfte schon um 1920, aufgrund der Kriegswirkungen und der Agrarreform aufgelöst wurden, und die andere Hälfte nach dem II. Weltkrieg, bzw. in der Nachkriegszeit, die durch die Motorisierung charakterisiert war, ebenfalls von der Bildfläche verschwand.

Tab. 4. Liste der restlichen in die Lipizzanerzucht involvierten Gestüte in Europa und der ehemaligen K.u.k. Monarchie (Brabenetz, Druml).

Gestüt	Kurzbez.	Zeitraum	Beschreibung
Andrássy	AND	?	Gestüt des Grafen Andrassy, diverse Gestüte in Ungarn ohne nähere Angaben.
Beclean	B	1980 –	Beclean, rumänisches staatliches Lipizzanergestüt, farbiges Gestüt
Bábolna	BA	1806 –	Bábolna, ungarisches staatliches Arabergestüt Lipizzanerzucht 1913 – 1951
Brebeni	BR	1970 – 1980	Brebeni, rumänisches Lipizzanergestüt
Demir Kapija	DK	1924 – 1959	Demir Kapijar, königliches Hofgestüt in Macedonien
Duschanovo		1924 – ?	Macedonisches Staatsgestüt mit Araber- und Bosniakenzucht
Fogaras	F	1874 – 1913	Fogaras, rumänisches staatliches Lipizzanergestüt
Havransko	HAV	?	Havransko, ehemaliges Lipizzanergestüt in Böhmen, keine genauen Informationen
Janov Podlawski	JP	1817 –	Janov Podlawski, polnisches staatliches Arabergestüt
Karadjordjevo	KA	(1903) 1946 –	Karadjordjevo, serbisches Staatsgestüt, Militärische Leitung
Kladruby	KLA	1562 –	Kladruby, tschechisches staatliches Kladrubergestüt
Koptschan	KOPT	– 1826	Koptschan, ehemals k. k. Hofgestüt in Ungarn
Lipica	L	1580 –	Lipica, slowenisches staatliches Lipizzanergestüt
Ljubicevo		1852 – 1945 ?	Serbisches Staatsgestüt mit Halbblut und Araberzucht, Hengstdepot mit Lipizzanern
Monterotondo	M	1947 –	Monterotondo, italienisches staatliches Lipizzanergestüt
Mansbach	MAN	1945 – 1947	Mansbach (Hessen), Quartier jugoslawischer Lipizzaner nach der Flucht aus Hostau.
Mezöhegyes	ME	1785 –	Mezöhegyes, Ungarisches Staatsgestüt
Mozsgó	MO		Mozsgó, Bezeichnung für das Biedermannsche Lipizzanergestüt
Piber	P	(1898) 1920 –	Piber, österreichisches staatliches Lipizzanergestüt seit 1920
Petrovo	PET	1919 – 1936	Petrovo, darunter wird das Staatsgestüt Stancic verstanden
Prónay	PRO		Gestüt des Baron Prónay, keine weiteren Informationen
Pusztaszer	PSZ	1888 – 1945	Pusztaszer, Bezeichnung für das Lipizzanergestüt des Grafen Pallavicini, Kistelek im Komitat Csongrad, seit 1844 umfangreiche Halbblutzucht, ab 1888 Beginn mit Lipizzanerzucht. Das Zuchtmaterial kam aus Lipizza, um 1928 ca. 32 Stuten, mehrere Luxuszüge an fremde Höfe verkauft.
Radautz	RAD	1792 – 1919	Radautz, ehemals Österr.Staatsgestüt, ab 1920 rumänisches Staatsgestüt
Sarajevo	SA	1885 – 1945	Ehemals Bosnisches Staatsgestüt Sarajevo auch Mrkonjicevo genannt, Araberzucht und Bosniaken, heute im bosnischen Staatsgestüt Borike weiterbestehend
Szilvásvárad	S	1952 –	Szilvásvárad, ungarisches staatliches Lipizzanergestüt, voriges Pallavicini Gestüt 1888 (Pustaszer)
Stancic	ST	1919 – 1938	Stancic, ehemals kroatisches Staatsgestüt
Todireni	TO		Todireni, ehemals rumänisches Gestüt
Topolčianky	T	1921 –	Topolčianky, slowakisches staatliches Lipizzanergestüt
Tata	TAT		Tata, Bezeichnung für das Lipizzanergestüt des Grafen Esterházy, Komitat Komarom, auch Shagya Herde.
Trauttmanns-dorff	TRA		Gestüt Trauttmannsdorff im 19. Jahrhundert, Bischofsteinitz im Egerland.
Vitazy	VIT		Vitazy
Vucijak	VUJ	1946 –	Vucijak, bosnisches Staatsgestüt Lipizzanerzucht
Wimsbach	WI	1945 – 1952	Wimsbach, Lipizzanerquartier nach 1945 in Oberösterreich
	YUG		Jugoslawische Gestützuchten

Die staatlichen Bemühungen um eine funktionierende Landespferdezucht in Kroatien (Abb. 20) begannen mit der Errichtung des Gestüts Stancic (teilweise auch Petrovo genannt) im Jahr 1919, einem ehemaligen staatlichen Fohlenhof nahe bei Zagreb. Die Gründerstuten dieses Gestüts setzten sich aus folgenden Pferden zusammen: 11 Original-Lipizzanerstuten aus Lipica über Kladruby angekauft, 11 Stuten aus dem Gestüt Cabuna des Grafen Aladár Jankovič, 8 Stuten aus dem Gestüt Terezovac des Grafen Endre Jankovič, 5 Stuten aus dem Eltzer Gestüt Vukovar und 18 Stuten aus den Gestüten Daruvár des Herrn Tüköry, Mozsgó des Herrn Biedermann, Szöllösgyörök des Grafen Tivadar Jankovič, und der Landesdomäne Bozjakovina. Einer der wichtigsten Gründerhengste dieses Gestüts war der aus dem österreichischen Staatsgestüt Radautz stammende Beschäler 372 Favory V-1, geboren 1910. Um 1938 wurde das Gestüt Stancic aufgrund des Ausbruchs der infektiösen Anämie aufgegeben und ca. 100 Pferde wurden gekeult. Die restliche Herde übersiedelte in die Zweigstelle Lipik, wo sie bis ins Jahr 1956 verblieb. Das Hengstdepot Kutjevo und die dort stationierte staatliche Reit- und Fahrschule erlangten internationale Anerkennung unter der Leitung von Hauptmann Sekulic (Abb. 19.). Die Hauptaufgabe dieses Hengstdepots war die Bereitstellung und Pflege der für die bäuerlichen Pferdezuchtgenossenschaften benötigten Landesbeschäler. Um 1939 zählte man dort 651 Hengste, davon 200 Nonius Hengste und 304 Lipizzanerhengste. Insgesamt waren 611 dieser Landbeschäler permanent in Privatpflege untergebracht, nur 44 kamen jährlich ins Depot zurück. Ab 1946 wurde in diesem Hengstdepot eine Gestütsherde integriert welche bis 1960 erhalten blieb. Die Bestände von Lipik und Kutjevo wurden nach deren Auflösung ins nunmehrige Staatsgestüt Đakovo integriert.

Abb. 20. Die Gestütszuchten des ehemaligen Jugoslawien (Graphik Druml).

Abb. III. Pluto Presciana aus Piber, Foto Slawik

KAPITEL 3

THOMAS DRUML

Die Lipizzaner Hengststämme und Stutenfamilien

3.1 DIE LIPIZZANER HENGSTSTÄMME

Die 8 in der Lipizzanerzucht geführten Hengststämme teilen sich in 6 „klassische" Hengststämme: Pluto, Neapolitano, Favory, Conversano, Maestoso, Siglavy, und zwei „nicht klassische" Hengststämme Incitato und Tulipan. Der Begriff „klassisch" bezieht sich auf die ursprüngliche Führung der Hengststämme im Hofgestüt Lipica. Die zwei nicht klassischen Stämme werden primär in Kroatien, Ungarn und Rumänien geführt (Oulehla, 1996).

3.1.1 Entstehung und Zweck von Hengststämmen

In der Pferdezucht wird großer Wert auf die Dokumentation der Abstammung gelegt. Dieses Phänomen tritt verstärkt ab Mitte des 18. Jh. auf. Die in der Lipizzanerzucht gebräuchliche Nomenklatur wird anhand folgender Beispiele erläutert.

Beispiel anhand des Hengstes „Conversano Zenta X-2" 1987

    Conversano = Hengststamm

    Zenta X-2   = die Mutter Zenta X-2

Beispiel anhand des Hengstes „Incitato XIII-2" 1991 (diese Nomenklatur ist in Ungarn und Rumänien üblich und stammt von der Kaiserlichen Militärgestüts Nomenklatur)

    Incitato   = Hengststamm

    XIII-2   = das zweite Fohlen vom Gestütbeschäler des Incitato XIII

Wird Incitato XIII-2 im Gestüt als neuer Pepinierehengst eingereiht, so bekäme er eine neue römische Nummer. Die römische Nummer bezeichnet die Reihenfolge der Hengste eines Stammes in demselben Gestüt. So war der Vater dieses Beispielhengstes, Incitato XIII, der 13. Pepinierehengst aus dem Incitato-Stamm im Gestüt Fogaras.

Aufgrund des bedeutenderen Einflusses von Hengsten in einer Population, kann innerhalb der Filialgeneration wesentlich schärfer und schneller in Hinblick auf den Vater selektiert werden. Begriffe wie die „Durchschlagskraft eines Vererbers" verdeutlichen, daß man bestrebt ist, gewisse Merkmale eines Ahnen, von denen man sich besonderen Nutzen verspricht, so stark in der Nachkommenschaft eines Hengstes zu bündeln, daß man davon ausgehen kann, daß diese Merkmale konstant weitervererbt werden. Man muß aber hinzufügen, daß die Vererbungssicherheit einzelner Hengste in enger Korrelation mit der Selektion und dem Zuchtziel innerhalb einer Population steht. Diese Ordnung nach Linien oder Stämmen existiert in nahezu allen Pferdezuchten (Löwe, 1988). Ein genetisch wenig relevanter Aspekt tritt im Y Chromosom zutage, das immer nur entlang der Hengste weitergegeben wird (siehe Kap. 18), und praktisch vom Stammbegründer abstammt (Bowling, 1996).

3.1.2 Die klassischen Hengststämme

Die phänotypische Beschreibung und Charakterisierung von einzelnen Stämmen oder Familien stellt eine bis in die Gegenwart reichende hippologische Tradition dar. Erdelyi erwähnt in der Lipizzanerzucht „Stammzuchten", aber ohne ihnen bestimmte Eigenschaften zuzuschreiben (Erdelyi, 1827). Gassebner überliefert als erster eine differenzierte Beschreibung der 5 Hengststämme, die er der „alten Race" (Gassebner, 1898, S. 82) zuordnet und des arabischen Stammes „Siglavy".

Die Bezeichnung „Hengststamm" ist in Verbindung mit der traditionellen k.k. Gestütsbranche zu sehen. Hier wurden Stämme als unverwandte und unabhängige Genealogien, die auf einzelne Importtiere zurückgehen, bezeichnet. Linien oder Zweige stellten die Struktur innerhalb dieser einzelnen Stämme dar. Nach mehr als hundertjähriger, moderner Zuchtgeschichte in geschlossenen Herdbüchern hat mittlerweile die Bezeichnung „Hengstlinie" den durchaus korrekten Begriff des „Hengststammes" abgelöst. Zwanzig Jahre später werden diese „Linienmerkmale" von BILEK (1914) beschrieben, veranschaulicht in Tabelle 1.

Tab.1. Morphologische Charakteristika der Lipizzanerhengststämme um die Jahrhundertwende

Hengstlinien	Kopfform	Halsform	Rücken	Sonstiges
Pluto	Gerader Kopf, ab der Nasenspitze gewölbt	Starker Hals, hoch aufgesetzt	Besonders lang	Neigung zum Senkrücken
Conversano	Kopf in der Stirn gewölbt	Feiner Hals, wenig hoch aufgesetzt	Eher kurz	
Favory	Sehr wenig gewölbt, Nasenspitze event. eingebogen	Feiner Hals, wenig hoch aufgesetzt	Eher kurz	Kleinere Pferde, aber korrekt
Neapolitano	Schwerer Kopf, im ganzen gewölbt	Starker Hals, hoch aufgesetzt	Eher kurz	Kleinere Pferde, aber korrekt
Maestoso	Sehr wenig gewölbt, Nasenspitze event. eingebogen	Mittelschwerer Hals, hoch aufgesetzt	Mittellang	
Siglavy	Gerader Kopf	Feiner, magerer Hals, lang und ausgestreckt	Kurzer Rücken	

In dieser Typisierung ist einerseits eine gewisse Orientierung an GASSEBNER (1898) ersichtlich, andererseits verzichtet BILEK (1914) auf Merkmale wie Ausprägung des Widerrist und Fundament.

KURUCZ (1985) und NÜRNBERG (1993) vermuten – wahrscheinlich aufgrund dieser beiden Quellen –, daß Unterschiede der einzelnen Stämme bis vor den I. Weltkrieg existierten (Abb. 2). Aus genetischer Sicht wäre aber auch um 1900 keine Determinierung durch die Hengststammbegründer zu erwarten gewesen, da deren Genanteil nur zu 3,13 % in den jeweiligen Hengstprobanden zur Wirkung käme. LÖWE (1988) betont, daß „die abstammungsmäßige Zugehörigkeit eines Vatertiers zu einer bestimmten Linie – im Gegensatz zu früherer Auffassung – über seinen Zucht- und Leistungswert nur wenig" aussagt (Löwe, 1988, S. 273). Heutzutage können die verschiedenen Hengststämme nur mehr als genealogische Linien betrachtet werden.

Der Aspekt der Unterscheidbarkeit der Hengststämme beschäftigt dennoch immer wieder die „Gemüter" von Hippologen, da er einen nicht unwesentlichen Teil hippologischen Erbes darstellt. In Pferdeskizzen von Emil Kotrba (Abb.1.) werden die markantesten Unterschiede in der typischen Kopfform der klassischen Lipizzaner Hengststämme um die Jahrhundertwende verdeutlicht.

In der Arbeit von KURUCZ (1985) über die „Lipizzanerstämme in den Donauländern" beschäftigt sich der Autor, unter anderem, mit einem Vergleich der einzelnen Kopfformen in den Gestüten Piber, Topolčianky und Szilvásvárad anhand der Bewertung von Lichtbildaufnahmen von insgesamt 142 Pferden. Die Grundlage für die Unterscheidung der verschiedenen Ausprägungen der Kopfform bildeten die Kopftypen der einzelnen Stämme nach NÜRNBERG (1993), ergänzt durch die Kopfformen der Hengststämme Incitato und Tulipan in Szilvásvárad (Abb. 2).

Die Einteilung der Kopfformen erfolgte in zwei Kategorien:
Kategorie I: Stufe 1–4 in einer Skala von 8; ist gleichzusetzen mit einer feinen Linienführung des Kopfes und gerader bis leicht gebogener Profillinie.
Kategorie II: Stufe 5–8; „klassische" Form mit zunehmend mehr gewölbter Profillinie.

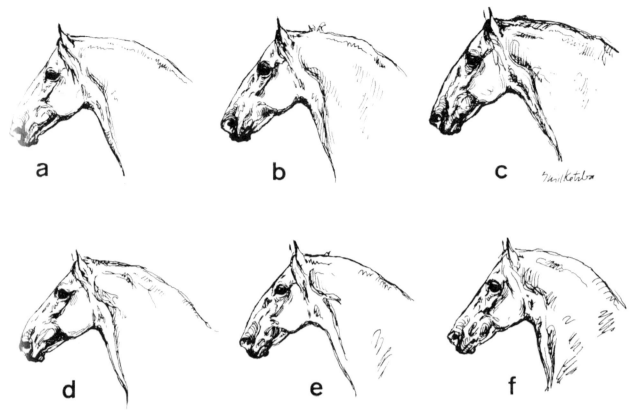

Abb. 1. Klassische Hengststämme um 1900 (nach Kotrba). Typische Kopfausbildung der sechs Klassischen Hengststämme um 1900 (Nürnberg 1993, S. 47).
a Pluto, b Neapolitano, c Conversano, d Maestoso, e Favory, f Siglavy.

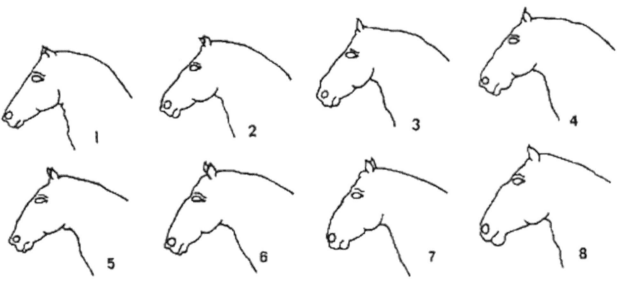

Abb. 2. Die Kopftypen der einzelnen Hengststämme
1 Siglavy, 2 Maestoso, 3 Pluto, 4 Neapolitano, 5 Favory, 6 Conversano, 7 Incitato, 8 Tulipan (Nürnberg, 1993, S. 176).

In den Gestüten Piber und Topoľčianky fallen jeweils über 90% der untersuchten Pferde (siehe Kap. 13) in die Kategorie I, in Szilvásvárad liegen die Anteile beider Kategorien auf etwa 50% verteilt. Bei der Untersuchung der Typvariation innerhalb der Stämme weisen nur die Pferde des Maestosostammes in Piber eine genaue Übereinstimmung (100%) mit der definierten Maestoso-Form (siehe Abb. 1 und 2) auf. Innerhalb aller anderen Stämmen und Gestüten tritt eine erhebliche Varianz bezüglich der Kopfformen auf (Nürnberg, 1993; nach Kurucz 1985).

3.1.3 Die nicht klassischen Hengststämme

Der Incitatostamm kam 1815 ins ungarische Gestut Mezöhegyes. Der Schimmelhengst Incitato sen. (Curioso – 532 Capelano) geb. 1802 im Gestüt des Grafen Bánffy wird in dieser Arbeit als Gründertier behandelt. Nach NÜRNBERG (1993) stammte dieser Hengst von einem Siebenbürger Hengst und mütterlicherseits von spanischen Ahnen ab. Als typisch werden der oft ramsnasige Kopf, hochgebogener Schwanenhals und erhabene Gänge bezeichnet. Dieser Stamm wird schon 1895 von WRANGEL als vom Aussterben bedroht bezeichnet, was in Folge 1993 von NÜRNBERG wiederholt erwähnt wird.

Der Tulipanstamm entstand aus dem 1860 im Gestüt Terezovac geborenen Rapphengst Tulipan. Um diese Zeit wurden in das, noch aus spanischen Stuten bestehende Gestüt, Hengste aus Lipica importiert. Aus diesen Kreuzungen entstammt unter anderen der Hengst Tulipan.

3.1.4 Verteilung der Hengststämme in der untersuchten Population

Die aktuelle Verteilung der Hengste in den einzelnen Gestüten wird anhand der Tabelle 2 erläutert.

Aus der Struktur dieser Tabelle ist die strikte Trennung der Gestüte nach klassischen und nicht klassischen Hengststämmen ersichtlich. Nicht klassische Hengststämme kommen ausschließlich in den Gestüten Đakovo, Szilvásvárad, Fogaras und Beclean vor. Zu Konzentrationen von Hengsten klassischer Stämme kommt es in den Gestüten Piber mit 72 Hengsten (die hohe Anzahl ist bedingt durch die 66 in der Spanischen Reitschule aufgestellten, zur Zeit der Untersuchung nicht in der Zucht stehenden Reithengste), Lipica mit 19 Hengsten und Monterotondo mit 14 Hengsten. Diese 3, als klassische Zuchtstätten der Lipizzaner bezeichneten Gestüte, weisen aus jedem klassischen Stamm zumindest ein Exemplar auf.

Tab. 2. Liste der im Projekt untersuchten Hengste mit Zuordnung zu den einzelnen Gestüten und Hengststämme.

	Gestüt / Stamm	L	P	M	T	D	S	F	B	Zahl Hengste/ Stamm	Anteil Stämme %
Klassische Stämme	Pluto	4	6	4	–	1	1	1	–	17	11,6
	Conversano	2	17	1	1	1	1	2	–	25	17,1
	Favory	3	9	2	1	2	–	1	–	18	12,3
	Neapolitano	7	11	1	2	–	–	2	1	24	16,4
	Siglavy	2	23	3	–	2	2	1	2	35	24
	Maestoso	1	6	3	1	7	1	1	–	20	13,7
	Zw. Summe	19	72	14	5	13	5	8	3	139	95,1
Nicht klass. Stämme	Incitato	–	–	–	–	–	1	–	1	2	1,5
	Tulipan	–	–	–	–	2	2	1	–	5	3,4
	Zw. Summe	–	–	–	–	2	3	1	1	6	4,9
total	Zahl Hengste/Gestüt	19	72	14	5	15	8	9	4	146	100

Das Gestüt Topolčianky fügt sich noch in die Reihe der „klassischen Gestüte" ein, da es keinen einzigen Hengst aus einen nicht klassischen Stamm stellt (insg. 5 Hengste aus 4 klassischen Stämmen). Aus nicht klassischen Stämmen werden in Szilvásvárad 3 Hengste, in Đakovo 2 Tiere und in Fogaras und Beclean jeweils, 1 Tier, eingesetzt.

Bei der Verteilung der einzelnen Hengststämmen dominiert anteilsmäßig der Siglavy-Stamm mit 24 %, gefolgt von der vom Conversano-Stamm mit 17,1 % und der dem Neapolitano-Stamm mit 16,4 %. Insgesamt macht der Anteil klassischer Hengststämme 95,1 % aus.

Der nicht klassische Incitato-Stamm stellt 1.5 % der Hengste (2 Tiere) und der Tulipan-Stamm 3.4 % (5 Tiere). Auf Wrangel zurückblickend kann man behaupten, daß sich die Situation der des Incitato-Stammes seit hundert Jahren kaum gebessert hat.

Diese Ergebnisse sind verzerrt, da von den 66 in Wien stationierten Hengsten (rund 50 % der Hengste der klassischen Linien) nur 2 Hengste als Zuchttiere deklariert werden können.

Mit einer Korrektur ergibt sich in Tabelle 3 folgendes Bild:

Tab. 3. Anteil der Hengststämme abzüglich der 66 Reithengste der Spanischen Reitschule in Wien

Linie	gesamt	%	% Tab 2.
Pluto	12	15	11,6
Conversano	8	10	17,1
Favory	10	11,3	12,3
Neapolitano	15	17,5	16,4
Siglavy	16	20	24
Maestoso	14	17,5	13,7
Zw.Summe	75	91,3	95,1
Incitato	2	2,5	1,5
Tulipan	5	6,2	3,4
Zw.Summe	7	8,7	4,9
Endsumme	**82**	**100**	**100**

Unter der Annahme, daß Hengste ohne Nachkommen keine Zuchtiere darstellen, erweisen sich die Hengststämme Neapolitano und Maestoso mit jeweils 17.5 %, und Siglavy mit 20 % als die dominierenden Stämme. Die prozentualen Anteile der Stämme Siglavy und Conversano sinken deutlich. Insgesamt stellen die Hengste klassischer Stämme 91,3 % aller Hengste.

3.2 DIE LIPIZZANER STUTENFAMILIEN

Die Stutenfamilien werden wie die Hengststämme eingeteilt in:

Klassische Stutenfamilien

Familien kroatischer Herkunft

Familien ungarischer Herkunft

Familien rumänischer Herkunft

eingeteilt. Doppel- und Mehrfachbenennungen der Stutenfamilien und unterschiedliche Traditionen der Dokumentation, vor allem der rumänischen und ungarischen Gestüte, erschwerten die Bestrebungen, genealogische Verbindungen zwischen den einzelnen Gestütszuchten herzustellen. Die von der „Lipizzan international federation (L.I.F.)" (1985 gegründet) heute anerkannten Stutenfamilien wurden im Auftrag des LIF von Atjan Hop aufwändigst recherchiert (siehe Kap. 10). Diese einheitliche Systematisierung war ein wesentlicher Punkt in der Rassenanerkennung der Lipizzanerpferde der Länder des ehemaligen Ostblocks. Nach der Einteilung der Stutenfamilien des L.I.F. wird auch in den folgenden Kapiteln vorgegangen.

In der Nomenklatur von Stuten gibt es zwei Vorgangsweisen, die anhand von Beispielen zweier Stuten erläutert werden.

Am Beispiel der Stute 834 Dubovina XXIV geb. 1983 in Lipica.

834 = Stutbuchnummer

Dubovina = Name der Stute; ist in diesem Fall gleich dem der Mutter

XXIV = Bei gleichnamiger Mutter wird die Tochter von der römischen. Zahl der Mutter ausgehend chronologisch weiter gezählt.

Die Namen der Töchter innerhalb einer Stutenfamilie können beliebig mit den in derselben Familie gebräuchlichen Namen getauscht werden.

Am Beispiel der Fogaraser Stute 669 Conversano XXVI-71 wird die Nomenklatur der ungarischen und rumänischen Lipizzanerzucht (Kaiserlichen Militärgestüts System) erklärt.

669 = Stutbuchnummer

Conversano XXVI-71 = Der 71. Nachkomme des Hengstes Conversano XXVI

3.2.1 Die klassischen Stutenfamilien

Die als „klassisch" bezeichneten Familien stammen aus dem 18. Jahrhundert. Phänotypische Charakterisierungen von Stutenfamilien sind in der Literatur keine bekannt. Drei klassische Familien stammen direkt aus dem Gestüt Lipica. Diese sind hervorgegangen aus den Gründerstuten Sardinia (geb. 1776), Spadiglia (geb. 1778), Argentina (geb. 1767), Stuten der „alten Karster Rasse" (L.I.F. 1994). 8 Familien stammen aus dem Hofgestüt Kladruby. Von drei dieser Gründerinnen, Rava (geb.1755), Almerina (geb. 1769), Africa (geb.1747), leiten sich die gleichnamigen Stutenstämme der Kladruberrasse ab. Der Stamm Deflorata wurde in Kladruby aus der gleichnamigen Fredricksborger Stute, geb. 1767 gegründet. Aus dem Hofgestüt Koptschan stammen die Familien Famosa (geb. 1773, auch Ivanka genannt), und Fistula (geb. 1771, auch Stornella genannt), aus der Gründerin Famosa leitet sich eine Stutenfamilie der Kladruberrasse ab. Die 4 arabisch geprägten Stutenfamilien Gidrane, Djebrin (Djebrin war ein Originalaraberhengst, der 1856 von Major Brudermann aus Syrien importiert wurde.), Mercurio und Theodorosta (wird von NÜRNBERG (1993) unter die Radautzer Familien gezählt) stammen je zur Hälfte aus Lipica und dem Militärgestüt Radautz. Deren Gründerinnen wurden in der Zeit zwischen 1806 und 1870 geboren.

3.2.1.1 Verteilung der Stuten klassischer Familien

In der Verteilung der einzelnen Familien (Tab. 4) ergibt sich ein deutlicher Unterschied zwischen den sogenannten „klassischen" Lipizzanergestüten Lipica, Piber und Monterotondo und den restlichen Gestüten. Begründet ist dieser Sachverhalt durch die unterschiedliche genetische Stutenbasis, auf der die Gründungen der einzelnen Gestützuchten erfolgten. Das slowakische Nationalgestüt Topoľčianky und das kroatische Gestüt Ðakovo nehmen eine Zwischenstellung im Hinblick auf das Verhältnis zwischen klassischen und nicht klassischen Stutenfamilien unter den Gestüten ein. Auffallend ist, daß einzig im Gestüt Topoľčianky die Kladruber Familie Rava mit 3 Stuten vertreten ist.

Das Gestüt Piber hat mit insgesamt 63 Stuten aus 14 klassischen Familien den größten Bestand, gefolgt vom Gestüt Monterotondo mit 44 Stuten aus 14 klassischen Familien, Lipica mit 35 Stuten aus 15 klassischen Familien und Topoľčianky mit 35 Stuten aus 9 klassischen Familien. Das ungarische Staatsgestüt Szilvásvárad weist eine einzige Stute aus dem Stamm Deflorata auf. Die größten Konzentrationen von Stuten innerhalb einer Familie treten im Gestüt Piber auf. Hier sind die Familien Bradamanta, die Familie Europa und die Familie Capriola mit jeweils 9 Stuten vertreten.

Tab. 4. Verteilung der Stuten Klassischer Stutenfamilien.

Familie	Geb./Gestüt	Gründerin	Geb./Gestüt	L	P	M	T	D	S	ges	%	G%
Sardinia	1770 L	–	–	3	3	3	5	–	–	14	3,3	0,06
Spadilgia	1778 L	–	–	2	–	2	1	2	–	7	1,7	0,01
Argentina	1767 L	–	–	1	–	5	–	–	–	6	1,4	0,51
Africa	1747 KLA	–	–	4	5	4	6	3	–	22	5,2	0
Alerina	1779 KLA	–	–	5	2	7	–	3	–	17	4	0,03
Bradamanta	1777 KLA	–	–	2	9	3	4	–	–	18	4,3	0,29
Englanderia	1773 KLA	–	–	2	4	1	–	1	–	8	1,9	0
Europa	1774 KLA	Musica VI	1818 L	2	9	1	–	–	–	12	2,9	0,46
Fistula	1771 KOPT	–	–	1	2	1	1	–	–	5	1,2	0,01
Famosa	1773 KOPT	Formosa VI	1818 KLA	–	1	6	–	–	–	7	1,7	0,01
Deflorata	1767 KLA/L	–	–	5	2	3	6	–	1	17	4,1	1,56
Ox Gidrane	1841 L	–	–	2	3	–	3	2	–	10	2,4	0,04
Djebrin	(1862) RAD	Sh III	1875 RAD	1	8	4	–	–	–	13	3,1	0,22
Mercurio	1806 RAD	53 Sh Abugress	1867 RAD	2	2	–	–	–	–	4	1	0,21
Theodorosta	1870 L	–	–	2	4	2	6	–	–	14	3,3	0,11
Capriola	1785 KLA	–	–	1	9	2	–	–	–	12	2,9	0,18
Rava	1755 KLA	Bat	v. 1908 (L)	–	–	–	3	–	–	3	0,7	0,08
Summe				35	63	44	35	11	1	189	45,1	3,9

Insgesamt stellen die 189 Stuten der klassischen Familien 45,1 % aller im Projekt einbezogenen Lipizzanerstuten dar. Die zahlenmäßig am stärksten vertretenen Familien sind Africa mit insgesamt 22 Stuten, Bradamanta mit 18 Stuten, Almerina mit 17 Stuten und Deflorata mit 17 Stuten; alle dieses Familien gehendie auf das Hofgestüt Kladrub zurückgehen. Die zahlenmäßig am geringsten vertretenen Familien sind Rava mit 3 Stuten, Mercurio mit 4 Stuten und Fistula mit 5 Stuten.

3.2.2 Stutenfamilien kroatischer Herkunft

Die Lipizzanerpferdezucht Kroatiens bzw. Ex-Yugoslawiens ist geprägt durch mehrere eigenständige Gestützuchten. Die Stutenfamilien des Gestüts Đakovo stammen zum überwiegenden Teil von Privatzuchten des 19. Jahrhunderts ab. Vier Familien (Nr. 1–4 in Tabelle 5) haben ihren Ursprung im Gestüt Vukovar des Grafen Eltz. Die Familie Rendes kam in den Jahren 1920 in das Gestüt Stancic und später um 1950 in das Gestüt Đakovo. Die Familien Hamad Flora, Eljien und Miss Wood kamen nach dem II. Weltkrieg in das Gestüt Piber. In den anderen Gestüten sind diese Familien ab den 70er Jahren in der Datei nicht mehr existent. Die 2 Familien Traviata und Margit (Nr. 6 u. 7, Tabelle 5) gehen aus dem Gestüt Terezovac des Grafen Janković hervor, die Familie Traviata kam um 1920 und die Familie Margit um 1960 nach Đakovo. Nur eine Familie stammt aus dem Gestüt Đakovo selbst, die Familie Munja, gegründet 1905.

Die Familie Hamad Flora (gegr. um 1850) geht auf das Militärgestüt Bábolna zurück. Die in der Pedigreedatei zurückverfolgbare Gründerstute dieser Familie ist die Arabische Vollblutstute Flora, geb. 1906 im Gestüt Vukovar. Aus dem gleichen Gestüt stammt eine weitere Stutenfamilie XX Miss Wood, gegründet von der 1890 geborenen Irischen Hunter-Stute Miss Wood.

Tab. 5. Verteilung der Stuten Kroatischer Familien.

Familie	Geb./Gestüt	Gründerin	Geb./Gestüt.	L	P	M	D	ges	%	G%
Rendes	vor 1847 VUK	–	–	–	–	–	13	13	3,1	0
Hamad Flora	vor 1850 BA	Ox Flora	1906 E	–	4	2	–	6	1,4	0,14
Eljen	1904 VUK	–	–	–	2	2	–	4	1	0,01
Miss Wood	1890 VUK	–	–	–	3	–	–	3	0,7	0,12
Traviata	vor 1913 TER	–	–	–	–	–	3	3	0,7	0,04
Mima	1898 DAR	Vanda	1898	–	–	–	4	4	1	0,11
Margit	vor 1902 TER	–	–	–	–	–	2	2	0,5	0,09
Munja	1905 D	–	–	3	–	–	4	7	1,7	0
Summe				3	9	4	26	189	10,1	0,51

3.2.2.1 Verteilung der Stuten kroatischer Familien

In der Datei konnten die 6 kroatischen Familien (Fruska, Alka, Karolina, Anemone, Ercel, Czirca; nach der Einteilung von OULEHLA 1996 und des L.I.F. 1994) nicht nachgewiesen werden (Tab.6). Tiere aus diesen Familien kommen nicht in der Referenzpopulation vor.

Bei 6 Familien von 8 in der Referenzpopulation untersuchten Familien, war die Gründerin in der Datei ident mit der Namensgeberin der Familie. Im Gestüt Đakovo werden 5 kroatische StutfStutenfamilien geführt. Interessant ist eine Verlagerung von 3 Familien aus demselben Gestüt in die Gestüte Piber und Monterotondo.

Tab. 6. In der Referenzpopulation nicht existierende kroatische Stutenfamilien
(nach Oulehla, 1996, L.I.F. 1994).

Nr.	Familie	Gründerin	Gegr./Gestüt	Wird/wurde geführt in:
5	Fruska	–	1857 Vukovar	USA (privat)
9	Alka	–	1898 Đakovo	Vucijak
10	Karolina	–	1885 Đakovo	Vucijak
12	Anemone	M XXXIX	~1860 ME	Vucijak
13	Ercel	–	~1880 Terezovac	Südafrika
14	Czirca	–	~1850 Terezovac	Südafrika

Demzufolge befinden sich in Piber 9 Stuten aus 3 kroatischen Familien und in Đakovo 26 Stuten aus 5 kroatischen Familien. In Lipica und Monterotondo befinden sich 4 bzw. 3 Stuten aus insgesamt 3 verschiedenen Familien.

Eine Konzentration von 13 Stuten ist in Đakovo innerhalb der Familie Rendes (Tab.5) ersichtlich. Diese stellt die dominierende Familie dar, gefolgt von der Familie Munja mit 7 Stuten und der Familie Hamad Flora mit 6 Stuten.

Insgesamt stellen die Stuten aus kroatischen Linien 10,1 % der gesamten Stutenbasis dar. Weiters reihen sich kroatische Familien in die klassischen Gestüte ein, wobei sie keinerlei Verbindung zu den ungarischen und rumänischen Gestüten herstellen.

3.2.3 Ungarische Stutenfamilien

Zur Entwicklung der ungarischen Lipizzanerpferdezucht siehe Kap. 2. Ebenso wie bei den kroatischen Stutenfamilien ist bezüglich der Gründerstuten ein Einfluß von privaten Zuchten ersichtlich. 4 Familien, Nr. 1–4 in Tabelle 7, stammen aus dem Militärgestüt Mezöhegyes und deren Gründerstuten wurden in der Zeit von 1782–1804 geboren. Aufgrund der Entstehungsgeschichte dieses Militärgestütes ist in der Namensbezeichnung gleichzeitig eine ungefähre Typbeschreibung der Gründerstuten überliefert. Bei der „Moldauerin" handelt es sich um ein im orientalischen Typ stehendes Tier, ebenso bei der „Magyar Kancar" („Ungarin"). Die Bezeichnung „Holsteinerin" weist auf einen Import hin. Holsteinsche Pferde standen zu dieser Zeit noch im Typ des „Caballo español del tipo germánico" (vgl. Kap.1.1.1.4). 2 Familien (Nr. 5 und 8) stammen aus Bábolna, geboren um 1910.

Zwei Gründerstuten Damar und Dinar gehen auf das Gestüt des Grafen Pallavicini zurück, beide geboren 1923. Die sogenannten „Pallavicini-Stuten" (siehe Tabelle 7) stellten einen charakteristischen Teil des Bestandes an ungarischen Stutenfamilien dar, deren Reste nach dem II. Weltkrieg vom Gestüt Bábolna übernommen wurden (Nürnberg, 1993). Im Gestüt Szilvásvárad wurden mehrere Stutenfamilien als „Pallavicini Stuten" geführt. „Zahlreiche Aufzeichnungen geben Hinweis darauf, daß, ohne dies zu vermerken, der national ungarisch orientierte Züchter, die aus den klassischen Zuchtgebieten (darunter auch Lipica) stammenden Stuten umgetauft habe" (Oulehla, 1998, S.32). Als reinrassige Lipizzanerpferde wurden diese Stutenfamilien (und auch alle restlichen Lipizzanerpferde aus dem Gestüt Szilvásvárad) erst 1985 anerkannt (Oulehla, 1998). Von den restlichen Familien stammt jeweils eine aus den Gestüten der Grafen Esterházy (Fam. Nr. 7), Janković (Fam. Nr. 6) und Biedermann (Fam. Nr. 9), deren Gründerinnen zwischen 1901 und 1913 geboren sind. Die Familie Nr. 6 Moszgó Perla kam nach dem II. Weltkrieg nach Szilvásvárad, die Familie 2052 Neapolitano Szerena (Nr. 7) kam um 1950 ins ungarische Staatsgestüt, ebenso die Familie Nr. 9 Toplica. Die Familie der Karst Parta, geb. 1943 (Fam. Nr. 13), stammt aus Lipica (Nürnberg, 1993).

Tab. 7. Verteilung der Stuten ungarischer Familien

	Familie	Geb/Gestüt	Gründerin	Geb/Gest	L	P	M	T	D	S	F	B	ges	%	G%
Ungarische Familien	542 Magyar Kanca	1790 ME	39 0 M	~1800 ME	–	1	–	–	–	4	–	–	5	1,2	0,00
	759 Moldauerin	1804 ME	41 M XIII	1907 F	–	–	–	–	–	12	–	–	12	2,8	0,12
	2064 Lepkés	–	134 Holsteinerin	1786 ME	–	–	–	–	–	2	–	–	2	0,5	0,00
	2070 Madar VI	ME	236 Moldauerin	1782 ME	–	3	–	–	–	15	–	–	18	4,3	0,00
	2038 N. Juci	1905 BA	89 Sh XVII	1910 BA	–	–	–	–	–	9	–	–	9	2,1	0,06
	502 Mozsgó Perla	1874 Ter	Nagyasszony	1901 TER	–	–	–	–	–	1	–	–	1	0,2	0,01
	2052 N. Szeréna	–	Sistiana	1910 TAT	–	–	–	–	–	4	–	–	4	1	0,05
	81 M. Sostenuta	1897 BA	35 Sh XVII	1906 BA	–	–	–	–	–	1	–	–	1	0,2	0,02
	Toplica	~1900	25 Siglavy	1913	–	–	–	–	–	3	–	–	3	0,7	0,05
	2214 Alpár	–	Dama	1923 PSZ	–	–	–	–	–	1	–	–	1	0,2	0,03
	Pallavicini Lepke	–	Dinar	1923 PSZ	–	–	–	–	–	6	–	–	6	1,4	0,01
	501 Karst Párta	1943 L	–	–	–	–	–	–	–	4	–	–	4	1	0,08
				Zwischensumme	–	4	–	–	3	59	–	–	66	15,6	0,43

3.2.3.1 Verteilung der ungarischen Stutenfamilien

In der Datei konnten 2 ungarische Familien, „Pallavicini Stuten" (nach der Einteilung von OULEHLA 1996 und des L.I.F. 1994) nicht nachgewiesen werden (Tab. 8).

Tab. 8. In der Referenzpopulation nicht existierende ungarische StutfStutenfamilien

Nr.	Familie	Gründerin	Gegr./Gestüt	Wird geführt in:
10	2222 Aljas	280 Galsár	Pallavicini PSZ	Szilvásvárad
13	2004 Anczi	Hazzard	Pallavicini PSZ	Schweden, Dänemark, (privat)

Ungarische Stutenfamilien stellen eine isolierte Population dar. Bis auf 2 Familien in Piber (2070 Madar VI, 3 Stuten; 542 Magyar Kancar, 1 Stute) und eine in Đakovo (Toplica, drei Stuten) existieren keine weiteren Verbindungen ungarischer Stutenfamilien zu anderen Gestüten. Im Gestüt Szilvásvárad werden 59 Stuten aus 12 Familien gehalten. Die ungarische Familie Toplica existiert nur in Đakovo.

Größere Zahlen von Stuten gibt es in der Familie 2070 Madar VI mit 18 Stuten (in Szilvásvárad und Piber), in der Familie 759 Moldauerin mit 12 Stuten und in der Familie 2038 Neapolitano Juci mit 9 Stuten. Familien mit nur mehr einer Stute sind 502 Moszgo Perla, 81 Maestoso Sostenuta und 2214 Alpar. Diese Situation der Gefährdung einer Stutenfamilie aufgrund des Vorhandenseins von nur mehr einer einzigen Stute, tritt nur noch in den Gestüten Rumäniens bei insgesamt 3 weiteren Familien auf.

Insgesamt stellen Stuten ungarischer Familien 15,6 % der gesamten Stutenpopulation dar. Die Stute 501 Karst Parta ist als einzige zugleich Gründerin in der Datei und Gründerin der gleichnamigen Familie. Alle anderen Gründerstuten sind jüngeren Ursprungsdatums als die Namensgeberinnen (Stuten, die offiziell als Begründerinnen der einzelnen Familien angeführt werden) der Stutenfamilien anzusiedeln. Die Ausnahme bilden hier die zwei Stuten 134 Holsteinerin und 236 Moldauerin aus der Gründerdatei, die kurze Zeit vor die Entstehung der beiden Familien Nr. 3 und 4 geboren wurden.

3.2.4 Rumänische Stutenfamilien

In der Periode von 1874 bis 1912 setzte sich der Pferdebestand des rumänischen Gestüts Fogaras aus Pferden des ungarischen Gestüts Mezöhegyes, welche wiederum zu einem Teil aus dem Stammgestüt Lipica abstammten, zusammen. 1920 bestand die Stutenbasis des neugegründeten rumänischen Staatsgestütes Fogaras aus 22 Stuten des ehemaligen gleichnamigen k.u.k. Gestüts und 16 aus der Landeszucht abstammenden Lipizzanerstuten. Bis 1990 war es nicht möglich, in die rumänischen Gestütsbücher Einsicht zu nehmen. Erst ab diesem Zeitpunkt konnten die Abstammungsdokumente in Hinsicht auf Kriterien der Reinrassigkeit, als auch zur Dokumentation der genetischen Verbindung zu anderen Lipizzanergestüten, überprüft bzw. mit den bereits vorhandenen verglichen werden. Schwierigkeiten wie die andere Weise der Führung der Aufzeichnungen und teilweise fehlende Abstammungskomponenten, führten dazu, daß 4 Stutenfamilien nicht identifiziert werden konnten, und folglich nicht offiziell geführt werden.

Familien Nr. 1–3 (Tab. 9) stammen noch aus dem ungarischen Gestüt Mezöhegyes. Die Gründerin 207 Shagya XXVII, geb. 1856 in Bábolna, konnte auf der Stutenlinie zur Familienbegründerin 936 org. Siebenbürgerin, geb. 1786, zurückverfolgt werden.

Die Familien Nr. 4 bis Nr. 8 und Nr. 10 bis Nr. 11 stammten alle aus dem Gestüt Fogaras. Der Zeitpunkt ihres Entstehens ist ursächlich mit dem Abzug des Großteils des Gestüts nach Ungarn im Jahr 1912 verbunden. Die Familie Nr. 8 kann auf die Stute 8 Contesina aus Piber, geb. 1865, zurückverfolgt werden, diese steht laut ungarischem Stutbuch in der klassischen Stutenfamilie Bradamanta (auch Presciana genannt). Ebenso stammt die Familie Nr. 9, von der Stute Palmyra, geb. 1870, aus Lipica. Diese zwei Familien und die Familien Nr. 1–3 vertreten die alte Stutenbasis aus den Gestüten Mezöhegyes und Lipica. Die restlichen sechs Stutenlinien werden im folgenden Kapitel besprochen.

Tab. 9. Verteilung der Stuten rumänischer Familien

	Familie	Geb/Gestüt	Gründerin	Geb/Gest	L	P	M	T	D	S	F	B	ges	%	G%
nicht klassische rumänische Familien	936 Siebenbürgerin	1786 ME	207 Sh XXVII	1856 BA	-	-	-	-	-	-	5	4	9	2,1	0,01
	461 Moldauerin	1782 ME	-	-	-	1	-	-	-	-	2	5	8	1,9	0,00
	410 Turtsy	1801 ME	-	-	-	-	-	-	-	-	1	1	2	0,5	0,09
	48 F X -4	1909 F	-	-	-	1	-	-	-	-	8	-	9	2,1	0,07
	5 F IV-8	1912 F	-	-	-	-	-	-	-	-	10	4	14	3,3	0,39
	14 T-14	1915 F	N VIII	vor 1905 F	-	3	-	-	-	-	12	4	19	4,5	0,08
	No 7	-	84 T-4	1916 F	-	-	-	-	-	-	3	-	3	0,7	0,68
	36 N-1	1914 F	8 Contesina	1865 P	-	1	-	2	-	8	11	-	22	5,2	0,12
	Palmyra	1870 L	60 M Palmyra	-	-	-	-	-	-	-	1	1	2	0,5	0,17
	49 Hidas	1909 F	-	-	-	-	-	-	-	-	17	-	17	4,1	0,05
	22 M. Bazovica	1912 F	-	-	-	-	-	-	-	-	2	2	4	1	0,33
	No 13 (P Fantasca)	-	268 F I-2	1941 TO	-	-	-	-	-	-	1	-	1	0,2	0,00
	No 14	-	297 C Lebada	ME	-	-	-	-	-	-	-	1	1	0,2	0,00
	s. Tab. 18		26 T II-6	1915 F	-	-	-	-	-	-	3	1	4	1	0,01
	s. Tab. 18		4 C Slatina	1904 F	-	-	-	-	-	-	3	-	3	0,7	0,15
	s. Tab. 18		Sh XI-2	~1874 ME	-	-	-	-	-	-	1	-	1	0,2	0,03
	s. Tab. 18		294 F I-5-1	1948 TO	-	-	-	-	-	-	1	1	2	0,5	0,04
				Zwischensumme	-	6	-	2	-	8	81	24	121	28,6	2,10
	Rebekka I	1914 (L)	-	-	2	-	-	-	-	-	-	-	2	0,6	0,02
				Endsumme	40	82	48	37	40	68	81	24	420	100	6,96

3.2.4.1 Zuordnung von weiblichen Gründertieren zu den Stutenfamilien

Bei sechs Linienbegründerinnen stellte sich heraus, daß sie sich nicht in die offiziellen Stutenfamilien einordnen lassen.

Die Gründerstute 26 Tulipan II-6 (Tab. 9) gehört laut rumänischem Stutbuch zur Familie 410 Turtsy (Fam. Nr. 3). Diese 26 Tulipan II-6 soll über eine von zwei Pluto IX (geb.1893 F) Töchter, Anschluß an die Familie 410 Turtsy finden. In der Pedigreedatei existiert keine Mutter aus der 26 Tulipan II-6. Genau an diesem Schnittpunkt geht die Stutenlinie der 410 Turtsy über die 2 Pluto IX-2, geb. 1908 F, also eine Pluto IX Tochter. Von deren Vollschwester (ist die gesuchte Mutter) existieren aber keine Daten. Deswegen wird die 26 Tulipan II-6 in dieser Arbeit als eigene Linie angegeben.

Die zwei Gründerstuten 268 Favory I-2 und 297 Conversano Lebada gehen im rumänischen Stutbuch auf die, als Familien Nr.13. bzw. Nr.14. deklarierten Stutenlinien, zurück. Ob diese genannten rumänischen Familien ident mit den vom L.I.F. veröffentlichten Familien (Nr.13=318 Maestoso VII; Nr.14=296 Conversano) sind, kann anhand des vorliegenden Materials nicht festgestellt werden.

Die Familie Nr.13 (nach L.I.F.) ist in der Datei 8 Generationen lang als Stutenlinie nachvollziehbar, in der 9. Generation bricht diese Stutenlinie mit dem Hengst Conversano VII geb. 1932, in Bábolna ab.

Die Familie Nr.14 (nach L.I.F.) hört in der Datei in der 5. Generation, im Jahr 1982, mit dem Fogaraser Hengst Maestoso XXXVIII auf.

Bei den letzten beiden Gründerstuten, Shagya XI-2, und 294 Favory I-5-1 konnte keine Verbindung zu irgendeiner Stutenfamilie nachgewiesen werden.

Die vom L.I.F. anerkannte Familienbegründerin 519 Moldauerin, geb.1787 in ME, scheint weder in der Pedigreedatei noch im Manuskript von Prof. I. Bodó auf.

Letztendlich kann bemerkt werden, daß den Lücken in der Pedigreedatei die eventuell zweifelhaften Angaben im rumänischen Stutbuch zugrunde liegen können.

3.2.4.2 Verteilung von rumänischen Stutenfamilien

Insgesamt repräsentieren rumänische Stuten 28,6 % der gesamten Stutenpopulation in der Lipizzanerrasse (Tab. 9). 105 von 121 Stuten aus rumänischen Linien sind in den beiden Staatsgestüten Fogaras und Beclean stationiert. Daraus ergibt sich eine sehr starke Trennung von den übrigen Lipizzanergestüten Europas. Genealogische Verbindungen zu anderen Gestüten existieren über 6 rumänische Stuten (aus 4 Familien) im Gestüt Piber, 10 Stuten aus einer rumänischen, ehemals altungarischen Stutenfamilie im Gestüt Szilvásvárad und 2 Stuten aus einer Familie im Gestüt Topol'čianky. Die höchste Anzahl von Stuten innerhalb einer Familie gibt es mit insgesamt 22 Stuten in der Familie 36 Neapolitano-1. Darauf folgen mit 19 Stuten die Familie 14 Tulipan-14 und mit 17 Stuten die Familie 49 Hidas. Drei Stutenlinien mit jeweils nur einer einzigen Stute sind die in Kap. 3.2.4.1. angeführten problematischen Stutenlinien.

3.2.5 Slowenische Stutenfamilien

Im Gestüt Lipica existiert noch eine „neue" Familie, die auf die 1914 in Lipica geborene Stute Rebekka I (wird auch Thais genannt) zurückgeht. Diese ist in Lipica durch zwei Stuten vertreten. Gegründet wurde diese Familie im kroatischen, privaten Arabergestüt Vrbik.

Abb. IV. Das Bundesgestüt Piber (Foto Habe)

KAPITEL 4

IMRE BODÓ und FRANC HABE

Die staatlichen Lipizzaner – Gestüte Europas und ihre Zuchtziele

Dieses Kapitel gibt eine Übersicht über die aktuellen europäischen Lipizzanerzuchtzentren in alphabetischer Reihenfolge (Abb. 1). Im Jahr 1980 fand in Lipica die 400 Jahrfeier der Lipizzanerzucht statt. Anlässlich dieses Ereignisses kam es wohl zum ersten konzentrierten Aufeinandertreffen der Nachfolgegestüte der ehemaligen Donau Monarchie nach dem II. Weltkrieg. Ab diesem Zeitpunkt entwickelten sich die ersten zaghaften Versuche einer umfassenden Kooperation, in erster Linie der Austausch von Zuchttieren zwischen den einzelnen bislang eher isolierten Staatsgestüten. Innerhalb des ehemaligen Ostblocks war aufgrund der politischen Situation generell eine bestehende züchterische Kooperation gewährleistet. Dies traf nicht zu für die westeuropäischen Gestüte Piber und Monterotondo. Sechs Jahre später, im Jahr 1986, wurde die Lipizzan International Federation LIF, der Dachverband für Lipizzanerzuchtorganisationen, gegründet. Wie unterschiedlich die Voraussetzungen für die Gestüte waren und welche Konsequenzen sich daraus für die einzelnen Züchtungsstrategien ergaben, kann aus Zitaten der erstmaligen Präsentationen von Pferden der Staatsgestüte anlässlich der 400 Jahrfeier in Lipica nachvollzogen werden. Der aktuelle Bestand an Zuchttieren in den besuchten Gestüten ist in Tab. 1 und 2 wiedergegeben.

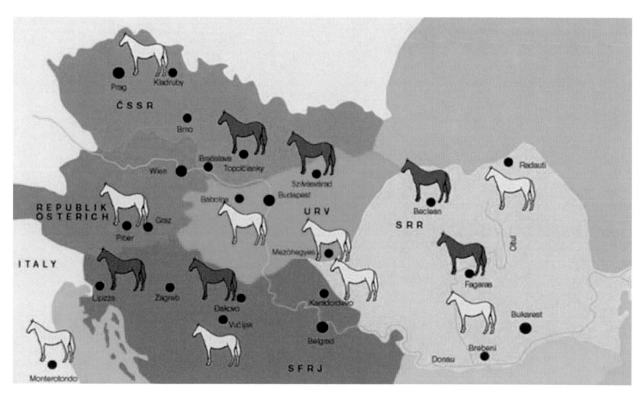

Abb. 1. Karte der vom Copernikus Team besuchten Lipizzanergestüte im Jahr 1997 und 1998 (rote Pferde) (Graphik Habe).

Tab. 1. Bestand an Zuchttieren in den besuchten Lipizzaner-Gestüten in den Jahren 1997 und 1998

Gestüt	Land	insgesamt	Stuten	Hengste
Szilvásvárad	Ungarn	77	68	9
Lipizza	Slowenien	59	40	19
Đjakovo	Kroatien	56	42	14
Beclean	Rumänien	28	24	4
Simbata de Jos	Rumänien	90	81	9
Topoľčianky	Slowakei	42	37	5
Monterotondo	Italien	62	48	14
Piber	Österreich	87	81	6
Vienna	Österreich	66	0	66
Total (8)	6	567	421	146

Tab. 2. Struktur der Hengststämme in den einzelnen besuchten Lipizzaner-Gestüten in den Jahren 1997 und 1998

Gestüt	total	N	C	M	F	P	S	I	T
Szilvásvárad	8	0	1	1	0	1	2	1	2
Lipizza	19	7	2	1	3	4	2	0	0
Đjakovo	14	0	1	6	2	1	2	0	2
Beclean	4	1	0	0	0	0	2	1	0
Simbata de Jos	9	2	2	1	1	1	1	0	1
Topoľčianky	5	2	1	1	1	0	0	0	0
Monterotondo	14	1	1	3	2	4	3	0	0
Piber / Vienna	72	11	17	6	9	7	22	0	0
Total	145	24	25	19	18	18	34	2	5

N = Neapolitano, C = Conversano, M = Maestoso, F = Favory, P = Pluto, S = Siglavy, I = Incitato, T = Tulipan

KROATISCHES STAATSGESTÜT ĐAKOVO

Geschichte:

Das kroatische Staatsgestüt Đakovo ist ab 1960 das Nachfolgegestüt der ehemaligen kroatischen Lipizzaner-Zuchtzentren Stancic (Petrovo), Lipik und Kutjevo. Dieses ursprünglich bischöfliche Gestüt gilt als eines der ältesten auf der Welt. 1506 gegründet wurden dort Orientalen, d.h. Arabische Pferde, gezüchtet, also jener Pferdeschlag der aufgrund der osmanischen Herrschaft den ganzen Balkan bevölkerte. Bei der ersten Flucht des Gestüts Lipica vor der napoleonischen Armee (1806) kam dieses Gestüt zum ersten Mal in Berührung mit Lipizzanerpferden (Altspanische Zucht). Jedoch erst im Jahr 1854 wurden mehrere Original Lipizzaner angekauft und das Gestüt auf Lipizzaner umgestellt (Abb. 2 und 3). Nach dem II. Weltkrieg wurde Đakovo zum staatlichen Pferdezuchtzentrum und zur Koordinationsstelle der Landeszucht, mit Sitz des Pferde-Selektionszentrums im Landeshengstendepot Đakovo. Heute ist der Sitz des Selektionszentrums in Zagreb.

Zuchtziel (1980):

„Das Gestüt Đakovo dient in erster Linie der Beschaffung und Bereitstellung von Landbeschälern für die kroatische Landespferdezucht. Mit dem Verkauf von Mutterstuten und Jungstuten an private Züchter wird ebenfalls eine Veredelung gewährleistet. Das groß angelegte Hengstdepot oder Landstallamt Đakovo dient als Leistungsprüfungszentrum für die Junghengstenjahrgänge. Der Lipizzaner Kroatiens hat in den klimatischen und geologischen Verhältnissen der slawonischen Tiefebene die Trockenheit der Gliedmassen, den Adel und ein ausgezeichnetes Fundament beibehalten. Zum Zuchtziel: Gewünscht wird die Beschleunigung der Frühreife, eine Tendenz zu kräftigeren

Abb. 2. Der Đakovoer Hengst 463 Pluto Batosta II, geb. 1984 (Foto Habe).

Individuen mit höherem Widerrist und Rahmen (derzeitige Widerristhöhe im Schnitt 153,8 cm Stockmass). Die Korrektur der Gänge im Sinne der Attraktivität und Wirksamkeit als Funktion des Modells. Weiters sollen für diese Rasse charakteristische Merkmale erhalten bleiben: Temperament, Gehorsamkeit, Ausdauer, Harmonie und Schönheit. Letztendlich sollte der Lipizzaner positive Fahreigenschaften und Reiteigenschaften aufweisen, aber auch für die Arbeit in der Landwirtschaft geeignet sein. Ein weiteres Merkmal der Lipizzanerzucht in Đakovo ist die Konstitutionsprüfung im Viergespann der Hengste anlässlich der Welt- und Europameisterschaften im Fahren."

Abb. 3. Der Hengst 696 Majestoso Zenta VI-4, geb. 1991 in Đakovo (Foto Habe).

RUMÄNISCHE STAATSGESTÜTE FOGARAS UND BECLEAN

Geschichte:

Das ehemalige ungarische Gestüt Fogaras (Abb. 4 und 5) wurde mit der aus Mezöhegyes überstellten 137 köpfigen Lipizzanerherde im Jahr 1874 gegründet. Maßgeblich für diese Verlegung waren die klimatischen und geologischen Verhältnisse dieses im Karpartenvorland gelegenen Gestüts mit dem ungarischen Namen Alsó Szombatfalva (rum. Siambata de Jos). Der Hippologe Gustav Wrangel gibt eine ausführliche Beschreibung des ungarischen Gestüts Fogaras Ende der 1890er Jahre.

Abb. 4. Der Stutenstall des Gestüts Fogaras in Simbata de Jos (Foto Habe).

Abb. 5. Fogaraser Stutenherde am Eingang zum Stutenstall (Archiv Druml)

Im Jahr 1912 wurde der Standort dieses ungarischen Gestüts wiederum verlegt, diesmal nach Bábolna, einem arabischen Gestüt. Den Ursprung der heutigen rumänischen Lipizzanerzucht bildeten 3 Hengste und 22 Stuten welche als Arbeitspferde zurückgelassen worden waren. Mit der Neugründung nach dem I. Weltkrieg im Jahr 1920 wurden weitere 16 aus der rumänischen Landeszucht stammende Stuten angekauft. Diese Herde bildete den Grundstock des neu entstandenen rumänischen Gestüts Fogaras. Im Laufe des 20. Jahrhunderts breitete sich die Lipizzanerzucht über ganz Siebenbürgen aus und dominiert noch heute die Landeszucht (Abb.6).

Abb. 6. Der Rapphengst Neapolitano XXIX, geb. 1990 im Gestüt Fogaras (Foto Habe).

Abb. 7. Der Beschäler des Gestüts Beclean Neapolitano XXVIII, geb. 1989 (Foto Habe).

Abb. 8. Aufnahme des Gestüts Beclean in Siebenbürgen (Foto Habe).

Das Gestüt Beclean (Abb. 7 und 8) wurde nach 9 Jahren Aufenthalt in Brebeni 1980 nach Siebenbürgen verlegt. Man verfolgt hier die Zucht des farbigen Lipizzaners, welcher von den Bauern wesentlich mehr geschätzt wird als die übliche Schimmelfärbung. Die Basis für dieses Gestüt bildeten die farbigen Hengste und Stuten des Gestüts Fogaras.

Zuchtziel (1980):

„Der heutige rumänische Lipizzaner ist folgendermaßen charakterisiert: Widerristhöhe 155 cm, Brustumfang 189 cm, Röhrbeinumfang 20 cm, Gewicht 500–520 kg. Die Körperform ist rechteckig mit einem Quadratindex von 104%, ausgeprägter Muskulatur, großem Auge und konvexem Kopfprofil. Der Hals ist kräftig, mit gewölbter Oberlinie, starker Rückenmuskulatur, und Gliedmaßen mit ausgeprägten Gelenken. Das muntere Temperament, der zahme Charakter, das elegante Profil und die edlen Bewegungen prädestinieren den Lipizzaner als Reit- und Dressurpferd. Die Leistungsprüfungen waren ab 1955 hauptsächlich auf Ausdauer, Schnelligkeit am Wagen ausgelegt. Schrittgeschwindigkeit (10 km bei ca. 1000 kg) 1.9–2.4 m/sec, Trabgeschwindigkeit (20 km bei 450 kg) 5.3 – 5.8 m/sec.

Die Aufgabe des Gestütes ist vor allem die Zucht und Produktion von Landbeschälern für die Veredelung der autochthonen Pferdeschläge Rumäniens. Das Einzugsgebiet des Lipizzaners beschränkt sich nicht nur auf das Berggebiet rund um Brasov und Sibiu. Mittlerweile gibt es 210 Lipizzanerhengste auf 120 Deckstationen in 26 Landkreisen.   Weitere Zuchtzentren sind Beclean, Brebeni, Izvin und Dumbrava. Jährlich werden von den Landbeschälern etwa 6000–7000 Stuten gedeckt woraus ca. 3500 Fohlen resultieren. Durch den Gebrauch von Lipizzanern als Vatertiere konnte die Qualität und die Leistung der Landschläge um etliches gesteigert werden. Der Lipizzaner aus Sambata de Jos dominiert die Landeszucht und wird besonders für die Landwirtschaft empfohlen."

SERBISCHES STAATSGESTÜT KARADJORDEVO

Geschichte:

Im 1903 gegründeten serbischen Staatsgestüt Karadjordevo (Abb. 9a–c) werden erst seit 1946 Lipizzanerpferde gezüchtet. Dieses lange unter militärischer Leitung stehende Gestüt hatte neben der Lipizzanerzucht auch eine Nonius Herde und Englische Vollblüter. Die Lipizzanerherde geht auf Stuten aus Lipica, Đakovo und Kutjevo zurück.

Abb. 9a. Das serbische Staatsgestüt Karadjordevo (Foto Urosevic).

Abb. 9b. Gemischte Stutenherde des Gestüts Karadjordevo (Foto Urosevic).

Zuchtziel (1980):

„Die Zuchtzielsetzung des Gestüts Karadjordevo geht in Richtung der Produktion des Zuchtmaterials für den Bedarf der Landeszucht in Serbien. Im Gestüt stehen 50 Lipizzaner Hengste neben Hengsten anderer Rassen (Araber, Nonius, Englisches Vollblut), welche als Landbeschäler dienen. Die Zuchthengste werden an Pferdezuchtgenossenschaften, Vereine, Reitclubs, Landwirtschaftsgenossenschaften und Privatzüchter verpachtet.

Hinsichtlich des Typs des Lipizzanerpferdes richtet sich die Selektion nach dem Bedarf der Pferdezüchter in den ebenen und gebirgigen Gegenden des Landes. Es wird die Produktion von starken, lebhaften, ausdauernden und eleganten Hengsten der Lipizzanerrasse verfolgt welche für die Arbeit im Geschirr als auch unter dem Sattel geeignet sein sollten. Dabei ist zu betonen, dass alle Stuten des Gestütes bei den landwirtschaftlichen Arbeiten und im Transport eingesetzt werden, und deren Eignung auch in der Selektion mitberücksichtigt wird. Der Lipizzaner wird ebenfalls in anderen Pferdezuchtgebieten moderner, da er als Veredlerrasse in der Landeszucht präferiert wird."

Abb. 9c. Der Stutenstall in Karadordjevo (Foto Urosevic)

SLOWENISCHES STAATSGESTÜT LIPICA

Geschichte:

Eine umfassende Darstellung der Geschichte des slowenische Staatsgestüt Lipica findet sich im Kap. 2.

Abb. 10. Jungstuten in Lipica auf der Alpe „Ville" um 1910 (Archiv Brabenetz)

Abb. 11. Der Hengst 738 Siglavy Steaka, geb. 1979 in Lipica (Foto Habe).

Zuchtziel (1980):

„Ab den 1970er Jahren wurde es immer klarer, dass die Rolle des Pferdes in der Landwirtschaft von Tag zu Tag weniger Bedeutung hat und die Perspektive des Lipizzaners in seinem Einsatz unter dem Sattel liegt, sei es im Sport, sei es in der Reittouristik. Auch viele andere Pferdezuchten mussten nach dem Krieg das Zuchtziel dem Einsatz unter dem Sattel anpassen.

Der Lipizzaner war und blieb in gewissen Massen bis heute eine Spezialrasse. Auf den Reitturnieren zeigt er sich nur selten. Deswegen ist heute das Zuchtziel von Lipica die Wahrung des klassischen Typs, dabei aber gewisse Korrekturen zu forcieren, vor allem aber eine flachere und damit bodengewinnende Aktion zu erreichen, wodurch der Einsatz im Turniersport dem Lipizzaner erleichtert wäre. Diesem, zum Teil neuen Verwendungszweck passte Lipica gewissermaßen auch das Leistungsprüfungssystem des Zuchtmaterials, insbesondere das der Hengste an. Wenn die Hengste nach einer 3–4 jährigen Ausbildung die Grundlagen der Dressur beherrschen, nehmen sie an internationalen Turnieren in Konkurrenz mit anderen Reitpferderassen, teil. Gewisse Erfolge konnte man schon verzeichnen, erreichten beim Balkanchampionat 1979 zwei Hengste aus Lipica in der Dressur Gold und Silber. Man ist sich bewusst, dass Korrekturen bei einer so konsolidierten Rasse wie dem Lipizzaner eine schwierige Arbeit darstellen. Zur gleichen Zeit wird sich aber Lipica als Stammgestüt des Lipizzaners der Rolle bewusst, dass dem Lipizzaner der Weg in die sportlichen Arenen, wo er als gleichwertiger Konkurrent auftreten wird, geebnet sein muss".

Das Gestüt Lipica ist heute eine staatliche Anstalt, mit einem besonderem Gesetz als Natur- und Kulturerbe Sloweniens geschützt ist. Auf Grund dieses Lipica Gesetzes und des beschlossenen Zuchtprogramms für Lipica und die Lipizzaner Rasse, die mit den Bestimmungen des LIF abgestimmt sind, züchtet Lipica heute Hengste von allen 6 klassischen Hengstlinien (C.N.M.F.P.S.) und 17 klassischen Stutenstämmen, die im 18. und 19. Jahrhundert in Lipica entstanden sind. Das Gestüt, in dem sich heute 360 Pferde befinden, ist zusammen mit dem starkem privatem Zuchtverband von Lipizzanerzüchter Sloweniens und insgesamt 400 Zuchtpferden eines der stärksten Lipizzaner-Zuchtgebiete der Welt.

Neben dem züchterischen, sportlichen und touristischen Zentrum, wird Lipica mit eigener Kunstgalerie, neuem Museum und der Renovierung der alten Gestütgebäude auch immer mehr ein kulturelles Zentrum der Republik Slowenien.

Das Gestüt Lipica schult noch heute seine Hengste für Klassische Dressur und tritt mit dem Programm der Spanischen Reitschule sowohl in Slowenien als auch international auf. Das Gestüt Lipica pflegt auch die Sportdressur und die Fahrt. Die Lipica-Mannschaft für Dressurreiten trat erfolgreich mit Lipizzanern bei der Olympiade in Los Angeles (USA) auf und beteiligt sich bei den internationalen Turnieren im Rahmen des Weltpokals. Lipica organisiert selbst Internationale Turniere im Dressurreiten und ist auf Staatsebene führend in dieser Disziplin.

Die morphometrischen Charakterisierungen von Pferden aus dem Gestüt Lipica finden sich in Kap. 15.

Abb. 12. Der Hengst 859 Neapolitano Allegra XXVI, geb. 1984 (Foto Habe)

ITALIENISCHES STAATSGESTÜT MONTEROTONDO

Abb. 13. Stutenherde des italienischen Lipizzanergestüts Monterotondo (Foto Habe).

Geschichte:

Die Zucht des Lipizzaners in Italien kann in zwei Epochen unterteilt werden: Zwischenkriegszeit 1919-1942, und Nachkriegszeit ab 1947. Nach dem Ende des I. Weltkrieges wurde Lipica italienisch. Von den in Laxenburg aufgestallten ehemaligen Hof-Pferden musste die Hälfte an Italien restituiert werden. Am 16. Juli 1919 übernahm die italienische Kommission 109 Pferde, und einen Teil der originalen bis ins 18. Jh. zurückreichenden Gestütsbücher. Die Lipizzanerzucht in dieser Epoche wurde im Gestüt Lipica unter italienischer militärischer Leitung fortgeführt. „*Italienische Lipizzaner hatten nicht selten eine Widerristhöhe über 160 cm und einen Röhrbeinumfang von 22 bis 23 cm. Diese Zuchtergebnisse wurden erreicht durch den Einsatz von zwei sehr großen Hengsten, Maestoso XVIII und Conversano Austria, sowie Favory Noblesse, geb 1916, der zu 50% Kladruber Blut führte. Ferner wurden sehr kräftige Stuten zur Zucht verwendet, darunter sechs Muttertiere, die Nachkommen von Kladruber Stuten waren. Auch reine Kladruber kreuzte man ein. So wurden die Pferde zwar größer, aber auch gröber, der Typ des alten Lipizzaners ging mehr und mehr verloren.*" (Nürnberg 1993, S. 135–136). Die aus diesen Zuchtversuchen resultierenden Tiere wurden wieder aus der Herde eliminiert, nur die Gene der Kladruber Stute Noblessa, geb. 1907 sind über ihren Sohn Favory Noblessa (aus Favory Sarda 1907) in den Gestüten Monterotondo und Lipica vertreten.

Nach der Kapitulation Italiens im II. Weltkrieg wurde Lipica von Deutschen Truppen übernommen und der gesamte Pferdebestand im Oktober 1943 nach Hostau überstellt. Nach dem Krieg wurden 179 Lipizzaner an Italien restituiert, welche dann in einem Gut des Landwirtschaftsministeriums in Monterotondo 35 km südlich von Rom untergebracht wurden. Das Gestüt untersteht heute noch dem Landwirtschaftsministerium und ist dem Instituto Esperimentale Zootechnica angegliedert (Abb. 13 bis 15).

Abb. 14. Der Hengst 987 Pluto Virtuosa, geb. 1994 in Monterotondo (Foto Habe).

Zuchtziel (1980):

„Im technischen Zeitalter wechselten die Ansprüche des Heeres und damit auch das Interesse an den Lipizzaner-pferden. Deshalb wird das Gestüt ausschließlich zur Erhaltung der Blutreinheit der sechs Hengststämme und der 13 in Italien existierenden Stutenfamilien unterhalten.

Die Stuten und deren Nachzucht werden 365 Tage im Jahr, tags und nachtsüber im Freien auf der Weide gehal-ten. Nur die Hengste werden in Boxen und Ausläufen aufgestallt. Aufgrund schlechter Fruchtbarkeitsraten wurde der Sprung an der Hand durch einen in der Herde freilaufenden Hengst abgelöst.

In Vertrauen auf die Härte, Ausdauer und Genügsamkeit dieser Rasse, welche ähnlich dem maremmanischen Pferd ist, das seit Jahrhunderten im Freien aufgezogen wird, wurde diese Art der Haltung ebenfalls für diese Lipiz-zanerzucht eingeführt".

Abb. 15. Zwei italienische Lipizzanerhengste im Fahrtraining (Foto Habe).

ÖSTERREICHISCHES BUNDESGESTÜT PIBER

Abb. 16. Das österreichische Bundesgestüt Piber (Foto Bundesgestüt Piber)

Geschichte

Eine umfassende Darstellung der Geschichte des österreichischen Bundesgestüts Piber (Abb. 16 bis 18) findet
sich in den Kapiteln 2 und 5.

Abb. 17. Der Piberaner Hengst Pluto Bresciana (Foto Slawik).

Zuchtziel (1980):

Die Lipizzanerzucht in Piber hat die vordringliche Aufgabe, geeignete Hengste für die Spanische Reitschule in Wien zu produzieren. Alle Pferde der Spanischen Reitschule kommen lückenlos aus Piber. Damit ist auch die Zuchtrichtung des Gestüts vor gegeben. So wie vor dem I. Weltkrieg ist auch heute der österreichische Lipizzaner ein Parade- und Repräsentationspferd. Die Spanische Reitschule steht im Vordergrund der offiziellen Repräsentation des österreichischen Staates. Die Zuchtmethode und Selektion sind unverändert geblieben: alle Zuchthengste, die im Lipizzanergestüt Piber verwendet werden, sollen grundsätzlich überdurchschnittlich bewährte Schulhengste der Spanischen Reitschule sein. Damit sollen die besonderen Eigenschaften für die Ausübung der klassischen Reitkunst und der sogenannten Hohen Schule züchterisch betont und weitergepflegt werden. Die ist das Hauptcharakteristikum des österreichischen Lipizzanergestüts.

Durch überlegte Paarung und Kombination innerhalb der Rasse wird in Piber getrachtet, den Lipizzaner in seinem Rahmen größer zu gestalten und eine Reihe von Reitpferdepoints zu betonen. Es wird dabei aber selbstverständlich der traditionellen Verpflichtung, der Erhaltung typischer Rasseeigenschaften des Lipizzaners Rechnung getragen. Im Vordergrund stehen der besondere Ausdruck, die Noblesse und die Schönheit des Lipizzaners. Es wird sehr viel Wert auf die Ausstrahlung, die Bewegungsmechanik und die Manier, sich zu geben, gelegt.

Auch in der österreichischen Lipizzanerzucht wird die Auffassung vertreten, dass heute ein Lipizzanerpferd gezüchtet werden sollte, das seinen Eigenschaften und Fähigkeiten nach auch den Verwendungszwecken des 20. Jahrhunderts. entsprechen soll."

Abb. 18. Der Kapriolieur der Spanischen Reitschule, Siglavy Mantua I. (Foto Habe).

UNGARISCHES GESTÜT SZILVÁSVÁRAD

Geschichte

Im Jahr 1952 begann die Übersiedlung der ungarischen Lipizzanerherde nach Szilvásvárad ins Bükk Gebirge. Die gesamte ungarische staatliche Lipizzanerzucht war nach 1913/14 im Arabergestüt Bábolna untergebracht worden. 1962 wurde der restliche in Bábolna verbliebene Lipizzanerbestand nach Szilvásvárad überstellt, also in jenes Gebiet wo schon Graf Pallavicini seine private Lipizzanerzucht begründet hatte. Somit kehrten mitunter auch einige Nachkommen aus der Pallavicini Zucht, die nach dem II. Weltkrieg in das Gestüt Bábolna evakuiert worden waren, in das neu geschaffene ungarische Lipizzanerzuchtzentrum zurück.

Heute gilt Szilvásvárad als die Drehscheibe der ungarischen Lipizzanerzucht (Abb. 19). Im weitläufigen Gestütsareal werden neben den jährlichen Leistungsprüfungen und Auktionen auch internationale Turniere, im speziellen Fahrturniere, abgehalten. Ungarische Fahrer und ihre Fahr-Lipizzaner gelten, bestätigt durch die vielen internationalen Erfolge der ungarischen Equipen, als die besten der Welt. Dieses Betätigungsfeld fand seinen Niederschlag natürlich auch im Zuchtziel der ungarischen Lipizzanerpopulation.

Zuchtziel (1952)

Der ungarische Lipizzaner war seit je her von einem größeren Format und weitaus kalibriger als die Lipizzaner aus den Nachfolgegestüten des ehemaligen Hofgestüts Lipica. Der typische Kopf des ungarischen Lipizzaners, ein stark gewölbter Ramskopf verbunden mit großen und ausdrucksstarken Augen, gilt nach wie vor als Markenzeichen. Aufgrund der vorrangigen Verwendung als Fahrpferd und Wirtschaftspferd, richteten sich auch die Selektionskriterien nach diesem Verwendungszweck. Langes Rechteckformat, Raumgriff und höherer Widerrist versprechen schnellere Vorwärtsbewegung und mehr Eigengewicht im Geschirr. Die Erfolge ungarischer Gespanne im internationalen Sport bestätigen den eingeschlagenen Weg.

Abb. 19. Stutenherde in Szilvásvárad auf dem Weg zur Weide (Archiv Druml)

SLOWAKISCHES STAATSGESTÜT TOPOĽČIANKY

Abb. 20. Eingang zum Gestütshof Ribnik, des slowakischen Staatsgestüts Topoľčianky (Foto Habe).

Geschichte:

Das slowakische Staatsgestüt Topoľčianky (Abb. 20 bis 23) wurde 1921 gegründet. Neben Lipizzanern werden hier heute noch Vollblutaraber, Shagya Araber, Huzulen und das Slowakische Sportpferd gezüchtet. Dieses Gestüt ist aufgrund seiner Vielfalt nach wie vor eine hippologische Attraktion und durch seine jährlich abgehaltenen Herbstauktionen äußerst bekannt. Die Lipizzanerzucht lässt sich ursprünglich auf die Jungpferdejahrgänge 1915/1916 der während des I. Weltkrieges in Laxenburg und Kladruby untergebrachten Original Lipizzaner Herde zurückführen. 30 aus diesen Jahrgängen stammende Stuten und der Original Lipizzaner Hengst Neapolitano Gratia wurden 1921 nach Topoľčianky überstellt. Zwei weitere Gründerhengste wurden aus der Landeszucht übernommen, es waren dies die in Fogaras geborenen Hengste Siglavy Capriola I 1911 und Maestoso XIII-2. Im II. Weltkrieg wurde das Gestüt evakuiert und kehrte 1945 wieder ins Hauptgestüt zurück. Es büßte aber fast 60% seines Bestandes ein. Die Lipizzanerstutenherde war von 27 auf 13 geschrumpft, die Hengste gingen komplett verloren. In den darauf folgenden Jahren wurden etliche Stuten aus der Landeszucht zurückgekauft um einen Fortbestand des Gestüts zu gewährleisten. 15 Junghengste der Hostauer Jahrgänge 1943/44 wurden nach Selektion ebenfalls reintegriert. Als Beschäler erwiesen sich die aus der Piberer Zucht stammenden Hengste Siglavy V, Favory I, Favory III und der Braune Pluto III. als äußerst produktiv.

Abb. 21. Der Pepiniere Favory XI Reseda (Foto Horny).

Zuchtziel (1980):

„Der in Topolčianky gezüchtete Lipizzaner ist mittelgroß, mit einer Widerristhöhe von 164 – 168 cm, Bandmass 153 – 157 cm, Brustumfang 185 – 195 cm, Röhrbein 19 – 20 cm, im länglichen Format, mit breiter und tiefer Brust, langen, kräftigen, manchmal etwas weichem Rücken, wenig ausgeprägtem Widerrist und hoch aufgesetztem, starken Hals. Der ausdrucksvolle Kopf zeigt als Erbteil seiner Ahnen nicht selten eine mehr oder weniger starke Wölbung des Nasenbeins, das Auge ist groß und klar, mit einer muskulösen, starken, breiten und etwas abgeschlagenen Kruppe mit höher angesetztem Schweif. Die Gliedmassen sind trocken, mit ausgeprägten Gelenken und gut geformten Hufen. Also ein Pferd mit edlen Formen, lebhaftem Temperament und vorzüglichen Gängen. Ein guter Futterverwerter, fromm, anspruchslos und ausdauernd, hart und verlässlich in der Arbeit. Die Durchschnittslänge des Schrittes ist 1,65 – 1,75 m, die Durchschnittsgeschwindigkeit 1,60 – 1,75 m/sec. Durchschnittsschrittlänge im Trab 2,30 – 2,90 m und Durchschnittsgeschwindigkeit im Trab 3,50 – 4,10 m/sec. Im Vergleich zum Arabischen Pferd Trab Durchschnittsschrittlänge 3,50 – 4,00 m, und Durchschnittsgeschwindigkeit im Trab 6,40 – 7,80 m/sec. Es gibt sehr wenige Pferderassen die sich mit dem Lipizzaner in der Harmonie des Körperbaus und der Bewegung als auch der vielseitigen Leistungsfähigkeit und Leistungsbereitschaft erfolgreich messen können.“

Abb. 22 (oben) und 23 (unten). Der Hengst Maestoso X Mahonia, einer der erfolgreichsten Zuchthengste in Topolčianky (Foto Horny) und sein Vater Maestoso IX (Archiv Brabenetz).

BOSNISCHES STAATSGESTÜT VUCIJAK – PRNJAVOR

Abb. 24. Hengststall des bosnischen Gestüts Vucijak in Prnjavor (Archiv Druml).

Geschichte:

Das bosnische Staatsgestüt wurde 1946 mit Pferden aus Lipica, Lipik und Đakovo gegründet. Es diente generell der Produktion von Landbeschälern für die Landeszucht. Nach dem Balkan Krieg 1992 war der weitere Betrieb des Gestütes mehrmals gefährdet. Der Staat wollte sich dieser Verantwortung entledigen und privatisierte im Jahr 1995 das ganze Areal. Zur Zeit besteht dieses Gestüt in Form einer Aktiengesellschaft bei welcher der Staat 55% der Anteile hält. Der derzeitige Bestand beträgt ca. 27 Stuten und 3 Hengste. Daß dieses Gestüt heute noch besteht ist ausschließlich der Initiative und Verbundenheit des Gestütspersonals zu verdanken, welches ohne Bezahlung über Monate hinweg die Pferde durchfütterte. Inwieweit sich Vucijak (Abb. 24 bis 26) in Zukunft halten kann hängt im Wesentlichen von der bosnischen Regierung und den internationalen Interessen ab. Nach wie vor ist der Handel von Pferden zwischen Bosnien und der EU untersagt, innerhalb Bosniens gibt es keine Nachfrage für Lipizzaner- oder Arbeitspferde, da die traditionellen landwirtschaftliche Strukturen nicht mehr bestehen.

Abb. 25. Stutenherde von Vucijak (Archiv Druml).

Zuchtziel (1980):

„Das Zuchtmaterial, mit welchem der Aufbau dieses Gestüts begann, stammte sowohl aus den Gestüten Lipik und Đakovo als auch aus den Pferdezucht Genossenschaften im kroatischem Gebiet. Im Laufe der Zuchtarbeit wurde sowohl im Gestüt als auch in der Landeszucht ein leichterer, wendigerer und schnellerer Typ des Lipizzanerpferdes geschaffen. Maßgebend bei der Formierung dieses Typs war die Erkenntnis, dass die meisten schweren Arbeiten in der Landwirtschaft von Maschinen verrichtet werden. Die Ausformung dieses Pferdetyps hängt ebenfalls mit den geografischen Verhältnissen des bosnischen Save-Gebiets zusammen, welches nicht nur in der Ebene liegt sondern auch mit seiner südlichen Seite in den hügeligen und gebirgigen Teil Bosniens hineinragt. Die alten Namen der Hengstlinien wurden nicht geändert. Lediglich die Stutenstämme bekamen neue Namen um sich so von anderen Gestützuchten zu differenzieren. Stutenfamilien wurden demnach nach Flüssen in Bosnien und Herzegovina benannt. Charakteristisch für die Lipizzanerzucht in Prnjavor ist die Tatsache, dass etwa ein Drittel aller Tiere eine dunkle Haarfarbe aufweist, in erster Linie Rappen. Aufgrund bisheriger Erfahrungen und langjähriger züchterischer Praxis hat man erkannt, dass eine starke Korrelation zwischen weißer Farbe und dem Typ des Lipizzaners besteht. Dies sollte man bei der Beurteilung von farbigen Lipizzanerpferden berücksichtigen."

Abb. 26. Der Hengst Favory Drina I, geb. 1991 in Vucijak (Archiv Druml).

Abb. V. Vierspänner in Piber, gefahren von Gestütsdirektor Dr. Max Dobretsberger (Foto Bundesgestüt Piber)

KAPITEL 5

MAX DOBRETSBERGER und GOTTFRIED BREM

Das Bundesgestüt Piber

Die Gründung des Gestütes geht auf das Jahr 1798 zurück. Zu diesem Zeitpunkt wurde die damals im geistlichen Besitz befindliche Anlage durch Kaiser Josef II. säkularisiert und auf dem Domänengelände ein Gestüt errichtet.

Abb. 1. Piberaner Stutenherde beim Austrieb (Archiv Brabenetz).

Erst ab 1808 scheint das Gestüt ganz selbständig und unabhängig, nicht nur züchterisch, sondern auch ökonomisch und auf eigene Regie zu arbeiten. Das Gestüt diente vorwiegend als Remontendepot. Die primäre Aufgabe war es, möglichst viele Remonten an die Armee abzuliefern. Da dies in den damaligen kriegerischen Zeiten einer großen Menge an Pferden bedurfte, stand das Gestüt bis 1867 unter militärischer Leitung.

In den Jahren 1867 bis 1890 übernahm dann das Ackerbauministerium die Leitung des Gestütes. Es kam aber unter dieser Verwaltung durch Graf Razwadowsky durch den Import von Originalnormännern zu katastrophalen Folgeerscheinungen sowohl in Piber selbst als auch in der Nachzucht, die ein derartiges Ausmaß erreichten, dass diese Zuchtstätte vorübergehend geschlossen werden musste. Ab 1890 setzte man wieder mit der militärischen Leitung fort. In der ersten Hälfte des 19. Jahrhunderts konnte Piber beträchtliche Zuchterfolge mit Pferden anglo-arabischen Blutes aufweisen, die durch Schönheit und Leistungsfähigkeit bekannt waren (Abb. 2).

Abb. 2. Ein Radautzer Pferd des Gidran Stammes, der Hengst Gidran I, ad. 59 Gidran, auch Piber deckte den Bedarf des Militärs an Kavalleriepferden (Foto Bundesgestüt Piber).

Aber auch die Lipizzanerzucht wurde ab dem Jahre 1858 in die Aufgabenbereiche des Gestütes eingegliedert, allerdings waren dies keine Lipizzanerpferde für den Bedarf des Hofes, sondern für die ländliche Lipizzanerzucht der Donaumonarchie (vgl. Gassebner hippologische Karte).

Abb. 3. Der Piber gezogene Pinzgauer Hengst Figaro ein Produkt der geschätzten Kalblutzucht in Piber (Archiv Brabenetz)

Nach zehn Jahren stand die Zucht auf einem guten Niveau, es waren bereits 90 Lipizzanerhengste sind in die Landeszucht gegangen. Später wurden die Lipizzanerpferde auf Anordnung des Ministeriums wieder abgezogen. In der weiteren Folge züchtete man Anglo-Normänner, Englische Halbblut-, Irländer- und Norfolker-Pferde (Abb.3). Nach der Neueröffnung des Gestütes im Jahre 1890 lag die Hauptaufgabe in der Züchtung von Halbbluthengsten hauptsächlich der Stämme Gidran, Shagya, Nonius.

Abb. 4. Der Innenhof von Piber in den 1940er Jahren, ehemaliger Glanz einer vergangenen Epoche (Archiv Brabenetz).

Wegen der nahenden Kampfhandlungen im I. Weltkrieg musste das Karster Lipizzanergestüt 1915 nach Laxenburg bei Wien und in das Gestüt Kladruby evakuiert werden. Mit dem Ende des I. Weltkrieges endete auch die österreichische Pferdezucht im Hofgestüt Lipica. 1920 kamen die Pferde des Hofgestütes Lipica nach Piber, wo sie eine neue Heimat gefunden haben (Abb. 4). Diese war nach verschiedenartigen Gesichtspunkten ausgesucht worden.

Während der jahrhundertelangen Existenz des Gestütes sind zahlreiche Grundstücke, Gebäude und andere Realitäten erworben worden. Dieser Entstehungsgeschichte ist es zu verdanken, dass die Anlage des Gestütes nicht geplant und daher künstlich entstand und sich so nach den Bedürfnissen des Zuchtgeschehens richtete. Es entstand ein Gestüt, das wegen seiner Naturbelassenheit und Schönheit einzigartig in Europa ist und auch bleiben soll.

In der Ortschaft Piber befinden sich das Hauptgestüt und die Direktion. Darüber hinaus verfügt das Gestüt über vier Außenhofanlagen, die als Aufzuchtstätten für Jungpferde dienen (Kampl, Grub, Wilhelm [500 Meter] und Reinthalerhof [700 Meter]). In den Sommermonaten genießen die Jungpferde den Aufenthalt auf den hochgelegenen Almen Prentlalm und Stubalm [zirka 1500 Meter Seehöhe. Das Hauptgestüt liegt 600 Meter über dem Meeresspiegel. Das Klima ist voralpin und der Boden besteht aus Urgestein mit zum Teil reichhaltigen Kalkeinlagerungen, die den geologischen und zum Teil auch topographischen Verhältnissen des Karstgebietes um Lipica ähnlich sind.

Abb. 5. Gestütsleiter von Hostau und Liebhaber arabischer Pferde Mj. Hubert Rudofsky mit dem Hengst Lotnik OX im Jahr 1944. Dieser Hengst verließ mit amerikanischen Truppen 1945 den europäischen Kontinent (Archiv Brabenetz).

Das Gebiet um Lipica fiel an Italien und nach dem II. Weltkrieg an Jugoslawien. Nach dem für Österreich verlorenen I. Weltkrieg beanspruchten die Siegermächte einen Teil der Lipizzanerzucht. Die tschechoslowakische Regierung beschlagnahmte 37 in Kladruby stationierte Stuten und 107 Pferde mussten an Italien ausgeliefert werden. Nur 97 Pferde verblieben in Österreich. Diese wurden im Jahre 1920 nach Piber verlegt.

Zu Beginn des II. Weltkrieges mussten die Lipizzaner ihre neue Heimat wieder verlassen, weil in Piber Gebirgstragpferde und Maultiere für militärische Zwecke aufgezogen werden sollten. In den Jahren 1941 bis 1943 kamen alle bedeutenden Lipizzanerstuten, die im deutschen Machtbereich lagen, nach Hostau im Böhmerwald (Abb. 5).

Im Mai 1945 wurden alle Lipizzanerpferde in Sicherheit gebracht. In dieser Situation haben sich vor allem die Männer des US-Generals George S. Patton unter dem Kommando von Colonel Reed verdient gemacht, denen zusammen mit dem damaligen Gestütskommandanten Obstlt Hubert Rudofsky und seinem Stabseterinär Dr. Rudolf Lessing diese einmalige Rettungsaktion zu verdanken ist.

Abb. 6. Die ersten Gestütsbesucher nach dem II. Weltkrieg kündigen die neue Rolle Pibers in der Republik Österreich an (Foto Bundesgestüt Piber).

Nach Rückgabe der italienischen und jugoslawischen Pferde kam der Rest des österreichischen Bestandes über Bad Wimsbach in Oberösterreich nach Piber zurück, wo sich die Zucht bis heute ausgezeichnet entwickelt hat.

Abb. 7. Gestütspräsentation in Piber der frühen 50er Jahre, neben Lipizzanerpferden, auch ein Zweispänner mit Nonius Pferden aus der Zucht des Grafen Eltz. Eine Stutenherde der berühmten Eltzer Noniuszucht wurde vom österreichischen Staat angekauft und verblieb in Piber bis ins Jahr 1983 (Archiv Brabenetz).

Die aktuellen Anforderungen an das Lipizzanerpferd kann man etwa so umschreiben:

Ein Pferd in praktischer Mittelgröße, mit einer Widerristhöhe zwischen 154 und 158 Zentimeter Stockmaß, das hart, ausdauernd, gehfreudig und leichtfuttrig ist und gleichzeitig gelehrig und fromm. Der Lipizzaner gehört zu den spätreifen Pferderassen. Er erreicht ein sehr hohes Alter. Hengste, die als Schulhengste und Lehrmeister in der Spanischen Hofreitschule noch mit 25 Jahren ihren Dienst tun, sind keine Seltenheit und immer wieder zu beobachten und zu bewundern.

Der wohlgeformte Kopf des Lipizzaners kann fallweise eine Ramsnase aufweisen. Der Hals ist hoch aufgesetzt. Der kräftige, muskulöse Rücken läuft in einer sehr starken Kruppe aus. Die Körperform entspricht der des barocken Prunk- und Paradepferdes, wobei der Rahmen des Gebäudes eher einem Rechteck ähnlich ist. Der gut angesetzte Schweif ist dicht und von feinem Haar. Die Gliedmaßen, trocken und profiliert, verfügen über reine Sprunggelenke und schön geformte Hufe. Das für den Lipizzaner charakteristische Schimmel Haarkleid hat sich erst im Laufe des 19. Jahrhunderts durchgesetzt. Diese Farbe wurde aus Geschmacksgründen züchterisch bevorzugt (Napoleon löste mit seiner Vorliebe für Schimmel, Hengst Vezir OX usw. einen Boom für diese Farbe in Europa aus, dem sich die aufgeklärten Herrscherhäuser nicht entziehen konnten) so, dass braune Lipizzaner heute nur noch in ganz seltenen Fällen zu finden sind.

Abb. 8. Sommeraufenthalt auf der Alm, damals noch gemischt mit Haflingern (Archiv Brabenetz).

Ab Geburt und schon während der Säugezeit, werden die Fohlen an den Menschen gewöhnt. Sie bleiben bis zum sechsten Monat bei der Mutter. Dann werden sie von diesen getrennt, mit dem Piberbrand versehen und in den Aufzuchtshof Kampl gebracht. Im Jährlingsalter werden die Pferde geschlechtsreif und aus diesen Gründen nach Geschlechtern getrennt. Die Jährlingsstuten werden auf den Aufzuchtshof Reinthalerhof übersiedelt und die Hengste auf den Aufzuchtshof Wilhelm. Auf diesen Aufzuchtshöfen verbleiben die Pferde bis zum dritten Lebensjahr. In den Sommermonaten, also von Juni bis September, gehen alle Pferde nach Geschlecht getrennt zur Sommeralpung auf die 1500 Meter hoch gelegene Prentl- und Stubalm (Abb. 8). In dieser Höhe ist das Klima relativ rauh, der Boden steinig und steil. Hier erwerben die Pferde die notwendige Widerstandsfähigkeit, Abhärtung, Ausdauer und Genügsamkeit. In der freien Natur entwickeln sich verschiedene Naturinstinkte, sowie Reaktionen, die später für diese Pferde von Bedeutung sein werden.

Abb. 9. Gestütsmusterung in Piber um 1960, v.re. die Stuten Navarra, Salva und Perletta (Archiv Brabenetz).

Die Umwelteinflüsse auf den Piber-Almen sind härter als in der alten Heimat Lipica, aber vielleicht gerade deswegen hat sich der österreichische Lipizzaner entsprechend positiv weiterentwickelt.

Für die Zucht benötigt man die besten Pferde eines Jahrganges und so findet nach dem Almaufenthalt in den Herbstmonaten eine so genannte „Musterung" statt. Bei dieser alten Tradition sind der Leiter der Spanischen Reitschule, der Direktor des Gestüts, sowie Ministerialbeamte anwesend. Es werden alle im Gestüt befindlichen Pferde gemustert, klassifiziert und beurteilt, für welche Aufgaben diese Pferde geeignet sind (Abb. 9).

Die dreijährigen Junghengste übersiedeln in die Spanische Reitschule nach Wien zur Ausbildung, um dort später bei den Vorführungen mitzuwirken. Für die Zucht notwendige Informationen über die Hengste erhält das Gestüt vom Leiter der Spanischen Reitschule, denn nur die leistungsbesten, gelehrigsten, charaktervollsten und schönsten Hengste kehren dann als künftige Vatertiere für ein bis drei Jahre ins Gestüt zurück.

Abb. 10. Lipizzanerstuten im Vierspänner gefahren vom Gestütsdirektor Dr. Heinrich Lehrner anlässlich eines Wiener Turniers. Bestechend der charakteristische Fahrstil mit sehr leichter Leinenführung, daher Lockerheit in der Vorhand der Pferde bei leichter Anlehnung, ein Bild welches heute kaum mehr gesehen wird, da alle Pferde mit Kopf in der Senkrechten präsentiert werden müssen (Archiv Brabenetz).

Exterieur, Leistungsbereitschaft, Charaktermerkmale und andere züchterisch wichtige Voraussetzungen bei den Stuten werden im Gestüt selbst beurteilt, und zwar während der Ausbildung, die nicht nur reiterlich, sondern auch fahrerisch praktiziert wird. Auf Grund von zahlreichen Daten, Merkmalen, Leistungskriterien, schließlich auch genetischen Voraussetzungen, werden die Anpaarungsprogramme erstellt, wo unter anderem auch die Familien sowie die Hengststämme berücksichtigt werden müssen.

Abb. VI. (Foto Bundesgestüt Piber)

KAPITEL 6

ATJAN HOP

Die Nachzuchtländer und der Lipizzaner-Weltverband ihr Beitrag für den Fortbestand der Rasse

ENTSTEHUNGSGESCHICHTE

Anlässlich der 400 Jahrfeier 1980 in Lipizza wurde der Gedanke einer strukturierten internationalen Zusammenarbeit zwischen Staatsgestüten und Nachzuchtländern entwickelt, mit dem Ziel, den Fortbestand der Lipizzanerrasse zu sichern. Es galt nicht nur, den eisernen Vorhang zwischen West und Ost zu überwinden, sondern auch unterschiedliche kulturelle und züchterische Traditionen in eine gemeinschaftliche, demokratische Organisation einzubinden.

Eine Brüsseler Initiative aus dem Jahre 1984 wurde schließlich allgemein als realistisch eingeschätzt und in die Erstellung der LIF-Satzung umgemünzt, die neben der Aufteilung der Zuständigkeiten zwischen ihren Hauptorganen -Mitgliederversammlung und Verwaltungsrat - einen beratenden Zuchtausschuss sowie Grundsätze der Reinrassigkeit, Festlegung auf den barocken Grundtyp, Registrierung usw. vorsieht.

Nach einstimmiger Verabschiedung der LIF-Satzung durch die konstituierende Mitgliederversammlung in Lipizza wurde dem Verband als internationalen, gemeinnützigen Verein belgischen Rechts durch Königlichen Beschluss vom 20. November 1986 die Rechtspersönlichkeit zuerkannt. EG-Länder wie Belgien, Italien, Deutschland, Niederlande, Grossbritannien, Frankreich und Dänemark waren gemeinsam mit späteren EU-Mitgliedstaaten wie Österreich und Schweden, genauso wie die USA, Mitgründer der LIF, zusammen mit dem damaligen Jugoslawien und Ungarn.

Der politische Ost-West-Trennungsgraben war überwunden und der Weltverband entwickelte eine Dynamik, die zum Beitritt weiterer mitteleuropäischer Länder (Rumänien, Tschechien, Slowakei), sowie weiterer europäischer Staaten (Norwegen, Finnland) führte und mit Südafrika und Australien interkontinentale Dimensionen erreichte. Die ständige Einbindung der LIF-Mitglieder in den Entstehungsprozess des europäischen Binnenmarktes auf dem Gebiet der EG-Veterinär- und Tierzuchtgesetzgebung hat den Beitritt und die anstehende Erweiterung der EU erleichtert.

Zuchtgeschehen

Die LIF Zuchtkommission hat die Aufgabe, Zuchtziele und Reinrassigkeitskriterien zu konkretisieren und eventuell zu kontrollieren. Sie hat die Definition des Exterieurs und Empfehlungen zur Anfertigung nationaler Stutenregister ausgearbeitet und deren Inhalte geprüft.

Mit der endgültigen Festlegung der anerkannten Hengst- und Stutenlinien und der limitativen Liste von Fremdbluteinkreuzungen sind die Reinrassigkeitskriterien definiert und damit die Bedingungen für eine geschlossene Stammbuchführung seit 1995 als Anlagen zur Geschäftsordnung veröffentlicht.

Bestands- und Zuchtdaten

Auf Grund der regelmäßig zusammengeführten Zahlenangaben muss die Lipizzanerrasse, weltweit gesehen, zu den seltenen, in ihrem Bestand latent gefährdeten Haustierrassen gezählt werden, da nur mit einem jährlich zum Einsatz kommenden Zuchtpotential von etwa 1000 Tieren zu rechnen ist. Der globale Lipizzanerbestand

beträgt schätzungsweise 4250 Tiere. Es ist eine andauernde Sorge der LIF, diese schmale Zuchtbasis zu bewah-
ren und dank der wissenschaftlichen Forschung, insbesondere des Kopernikusprojektes, zu fördern.

Die Tabellen 1 und 2 mit Zahlenmaterial für die Jahre 1999/2000 geben einen wirklichkeitsnahen Überblick
der Situation:

Tab. 1. Original Lipizzaner züchtende Länder

Gestüt/Land	Gesamtzahl der registrierten Pferde	Gesamtzahl der Zuchttiere
Simbata de Jos / Ru	238	83
Beclean / Ru	208	67
Szilvásvárad / H	232	77
Piber / A, Spanische Reitschule	231 70	76 –
Lipica / SLO	209	59
Monterotondo / I	179	59
Đakovo / HR	166	56
Topolčianky / SK	127	42
Vucijak / BH	105	35
Karadjordevo	75	25
Summe	1840	

Tab. 2. Privatzuchten

USA	600
Niederlande	300
Belgien	210
Grossbrittanien	200
Deutschland	170
Kroatien	150
Österreich	150
Frankreich	100
Ungarn	80
Schweden	75
Australien	60
Slowenien	50
Südafrika	50
Dänemark	40
Jugoslawien	40
Schweiz	40
Norwegen	35
Rumänien	35
Tschechei	25
Summe	2410
Weltpopulation 1999, insgesamt:	~ 4250

Entwicklungsaussichten

Obwohl schon heute in allen Nachzuchtländern Blutgruppen- und DNA-Registration praktiziert wird, ist das
Kopernikus-Genprofil ein unersetzliches Hilfsmittel bei der Abstammungskontrolle.

Die Verbreitung der Forschungsergebnisse, ihre Aufbereitung durch die LIF-Zuchtkommission zum täglichen Gebrauch der Privatzüchter in den Nachzuchtländern im Sinne eines benutzerfreundlichen Kontrollins-

trumentes, und die Weiterführung des Informationsaustausches zwischen wissenschaftlichem und züchterischem Bereich wird die weitere Zusammenarbeit zwischen allen LIF-Mitgliedsorganisationen in nächster Zukunft prägen.

Als eine wichtige Schlussfolgerung propagiert der Kopernikus-Forschungsbericht den erhöhten Austausch von Genpotential zwischen Staatsgestüten.

Diese Forderung ist in den Nachzuchtländern seit vielen Jahren schon praktische Wirklichkeit: In den meisten Privatzuchtorganisationen sind Lipizzanerimporte aus den verschiedenen Originalzuchtgestüten im Zuchtbetrieb, so dass hier ein interessantes Reserve-Genpotential herangewachsen ist. Die Mischung aus Piber-Lipizza-Đakovo-Szilvásvárad-Topolčanky und Fogaras ist für Nachzuchtländer gängige Praxis (Abb. 1).

Abb. 1. Hengst Neapolitano Elvira aus niederländischer Privatzucht: Topoľčianky x Piber (Foto Hop).

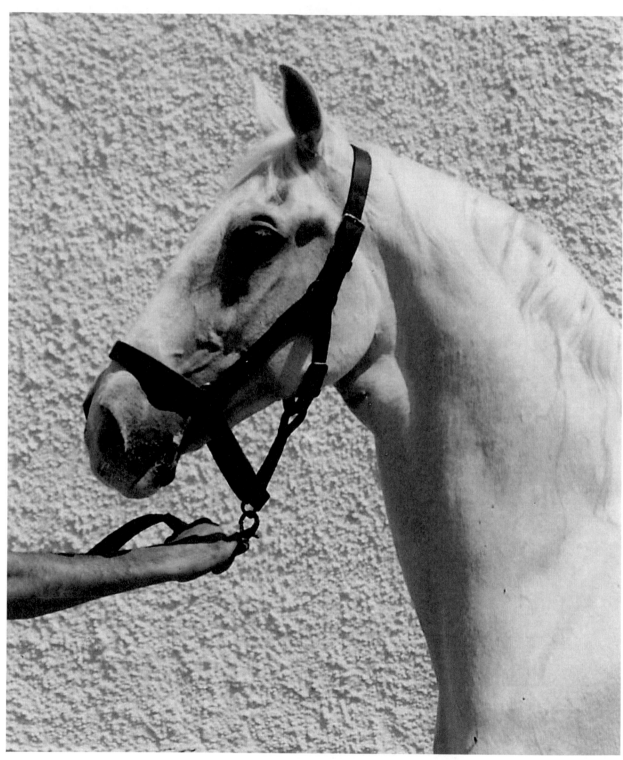

Abb. VII. Der Piberaner Hengst Siglavy Beja (Foto Szabára)

KAPITEL 7

IMRE BODÓ, LÁSZLÓ SZABÁRA und FERENC ESZES

Die Bedeutung des Typs in der Zucht und Erhaltung der Lipizzaner Rasse

Rasse und Typ

Unser gegenwärtiges Tierzuchtkonzept wurde im späten 17. Jahrhundert entwickelt, allen voran in England. Frühere Populationen, die unserer Vorstellung von Rasse entsprechen, wie z.B. das Arabische Pferd, stellen Ausnahmen von der Regel dar. In der Zeit davor sprach man von „guten" oder „schlechten" Pferden, ordnete sie aber keiner speziellen Rasse zu. Die in den 250 Jahre alten Gestütsbücher gefundenen Bezeichnungen wie „Däne", „Hannoveraner" oder „Siebenbürger" bezeichnen nichts anderes als das jeweilige Herkunftsland (siehe Kap. 1).

Ein weiterer in der modernen Tierzucht wichtiger und populärer Begriff ist der „Typ". Deshalb ist es angebracht näherer auf die Bedeutung dieser beiden allgemeinen tierzüchterischen Konzepte einzugehen, bevor ihre Rolle in der Lipizzanerzucht diskutiert wird.

DEFINITIONEN

Rasse

Als Rasse bezeichnet man eine mehr oder minder geschlossene Population domestizierter Tiere mit ähnlicher Herkunft und Geschichte, die durch gezielte Selektion durch den Züchter annähernd gleiche Körperformen, Fellfarben, Exterieur- und Leistungsmerkmale aufweisen. Die erwünschten Eigenschaften sind im Zuchtstandard schriftlich festgesetzt, wobei die jeweiligen spezifischen Abweichungen mitberücksichtigt werden.

Die Unterschiede innerhalb einer Rasse sind insofern von Bedeutung, wenn man sie in verschiedene Schläge oder Typen einteilen kann (z.B. Milchrind oder Fleischrind).

Eine wichtige Kennzahl für das Überleben einer Rasse ist die „effektive Populationsgröße", charakterisiert durch die Anzahl der weiblichen Tiere und das Geschlechterverhältnis. Anhand der effektiven Populationsgröße können die Inzuchtgefahr und die Wirkung der Drift genau bestimmt werden (vgl. Kap. 11). Weiter ist die Rassestruktur von Bedeutung, das Vorhandensein von Linien und Familien, geographischen oder anderen Varianten und den manchmal existierenden Subpopulationen.

Typ

Der Typ basiert auf der physischen und biologischen Konstitution des Körpers und ermöglicht spezielle Leistungen. Die Körpergröße und die Hormonproduktion bedingen den Typ genauso wie physiologische und psychologische Eigenschaften.

Zusammenfassend beschreibt der Typ den individuellen Charakter (der symptomatisch für eine Population sein kann, aber nicht muß) als Summe der äußeren und inneren Eigenschaften domestizierter Tiere.

Die Beziehung zwischen Typ und Rasse

In Bezug auf diese sich mehr oder weniger überlappenden Definitionen spielen Zuchtentscheidungen, die z.B. nur gewisse Farben zulassen, eine wichtige Rolle, da sie das Typkonzept vernachlässigen. Im Gegensatz dazu betont Züchtung auf Typ physiologische Eigenschaften und daraus resultierende Leistung.

Ein Typ kann einerseits innerhalb einer Rasse vorkommen, andererseits können unterschiedliche Rassen einen gemeinsamen Typ repräsentieren. Dazu im Folgenden einige Beispiele (Bodó, Mihók 2002).

Der gleiche Typ in unterschiedlichen Rassen:

○ Bei Ausstellungen in Amerika kann man die verschiednen Fleischrinderrassen hauptsächlich an der Fellfarbe differenzieren, da sie im Exterieur sehr ähnlich sind.

○ Das moderne Sportpferd zeigt sich im uniformen Typ, unabhängig von den jeweiligen Herkunftsländern

○ Die gegenwärtige Typ einer Brown Swiss Kuh ist der gleiche wie der einer Holstein-Friesian

Unterschiedliche Typen in einer Rasse:

○ Das traditionelle britische (Aberdeen) Angusrind und der amerikanische Angustyp sind total verschieden (Sponenberg 2000)

○ Innerhalb der Charolaisrasse existieren zwei klar definierte Typen, der Schlachttyp („type de boucherie") und der Zuchttyp („type d' élevage"), von diesen beiden verschieden stellt der amerikanische Typ eine weitere Variante dar.

○ In der ungarischen Furiosozucht kann man Reit- und Fahrpferdetypen differenzieren.

○ Beim Tzigai Schaf, beheimatet in den Karpaten, findet man den alten traditionellen (Csóka) Typ und den modernen (Zombor) Milchtyp.

Der Lipizzaner wird häufig als „barockes Pferd" bezeichnet. Es soll nun der Frage erörtert werden, welche Eigenschaften typisch für den Lipizzaner sind und wodurch er sich vom modernen Sportpferd unterscheidet.

Die wichtigsten Charakteristika sind folgende:

Mittlere Größe

Die mittlere Widerristhöhe beim Lipizzaner liegt bei Gestütspferden zwischen 153–157 cm, bei einer Standardabweichung von 3,61.

Um die Abgrenzung zum größeren Kladruber zu wahren wäre es wichtig, den Lipizzaner nicht größer zu züchten. Im Hinblick auf die Verwendung als Kutschpferd und der gesteigerten Größe der Menschen in unserem Jahrhundert kommt man nicht umhin, auch etwas größere Lipizzaner zu tolerieren.

Subkonvexes Kopfprofil

Damit ist ein nobler, feiner, trockener und leicht konvexer, aber niemals unfreundlicher Ramskopf gemeint. Der gelegentlich auftretende konkave Kopf (Hechtkopf) ist eine Folge des arabischen Einflusses und daher nicht beliebt. Das Auge des Lipizzaners soll groß, dunkel, ausdrucksvoll und treu sein. Alderson (1989) schreibt in diesem Zusammenhang: „Es gibt andere Betrachtungen, welche nicht im Interesse an sofortiger Gewinnmaximierung gesehen werden dürfen: ästhetische und gefühlsmäßige Standpunkte, die Bedeutung traditioneller Symbole. Rassen, die augenblicklich nicht favorisiert werden, können einen Beitrag zur Lebensqualität bieten."

Abgerundete Körperformen

Sie sind ein weiteres wichtiges Merkmal zur Unterscheidung von den mehr „eckigen" Araber Pferden. Lipizzaner in schlechter Körperkondition entsprechen nicht dem gewünschten Rassecharakter (Abb. 10).

Rechteckformat

Dieses konnte in unseren Untersuchungen nachgewiesen werden. Die Widerristhöhe ist durchschnittlich 3-8 cm geringer als die Körperlänge. Dieser Aspekt soll später genauer diskutiert werden.

Korrekte Gliedmaßenstellung und harte Hufe sind weitere wichtige Charakteristika der Lipizzanerrasse, Eigenschaften die in allen Rassen erwünscht sind.

Der Typ ist einerseits für die Erhaltung der Unterschiede zwischen den Rassen wichtig, andererseits spielt der Typ eine wichtige Rolle für die Existenz der phänotypischen Diversität innerhalb einer Rasse. Anhand verschiedener Merkmale kann man den Lipizzaner in mehrere Typen einteilen.

Gebrauchstypen

Der Reit- und der Fahrtyp sind zwei unterschiedliche Typen mit verschiedenen morphologischen Eigenschaften und Gebrauchseignungen.

Für das wichtigste Unterscheidungsmerkmal zwischen Reit- und Fahrpferd wird das Verhältnis zwischen Widerristhöhe und Körperlänge gehalten. Das „klassische" Reitpferd steht im Quadratformat mit einem Quadratindex von 100, d. h. das Pferd ist gleich lang wie hoch. Das typische Beispiel für ein Quadratpferd ist der Araber (Abb. 1). In der modernen Hippologie ist diese traditionelle Einteilung umstritten, da viele weitere Faktoren die Reiteigenschaften des Sportpferdes beeinflussen.

Bereits in früherer Zeit lassen sich beim Lipizzaner diese beiden Typen nachweisen, wie in den beiden Abbildungen 2 und 3 ersichtlich wird (Abb. 2 und 3).

Abb. 1. Der Araberhengst 89 Gazal X, geb. 1995, aus dem bosnischen Staatsgestüt Borike steht im Hochrechteckformat. (Quadratindex 98%). (Archiv Druml)

Abb. 2. Conversano Virtuosa, ein Fahrpferdtyp (Index 109%) XIX Jahrhundert. (Wrangel 1893)

Tab. 1. Durchschnittliche Widerristhöhe und Körperlänge von Stuten und Hengsten in den untersuchten Gestüten.

Gestüte	Stuten			Hengste		
	Widerristhöhe	Körperlänge	Quadratindex	Widerristhöhe	Körperlänge	Quadratindex
Beclean	153,7	160,9	104,7	156,3	161,1	102,9
Đakovo	155,4	160,8	103,5	156,5	161,1	102,9
Lipica	153,2	158,5	103,5	155,1	157,5	101,6
Monterotondo	*	*	*	154,2	155,2	100,2
Piber	153,3	160,2	104,5	153,6	158,4	103,1
Fogaras	154,7	159,4	103,0	156,8	159,5	101,7
Szilvásvárad	156,8	164,8	105,1	158,2	163,1	103,1
Topolčianky	153,2	161,6	105,5	156,8	165,2	105,3

* Die Stuten, als halb wilde Herde geführt, konnten nicht vermessen werden

Abb. 3. Favory Roxana, ein Reitpferdetyp (Index 102%) XIX Jahrhundert (Wrangel 1893)

Die Indexunterschiede zwischen den einzelnen Gestüten und den Geschlechtern sind klein und nicht signifikant (Tab. 1). Im Gegensatz zu der Tatsache, dass Lipizzaner aus Szilvásvárad bei internationalen Fahrtunieren an vorderster Stelle zu finden sind, konnte bei unserer Messungen der ungarische Lipizzaner nicht als typisches Fahrpferd ausgewiesen werden (Tab. 1). Die Lipizzaner aus Topolčianky zeigten höhere Indices als ungarische Pferde (Abb. 3), ebenso konnte der klassische Reitpferdetyp beim Piberaner Lipizzaner nicht beobachtet werden. Für ein besseres Verständnis der Bedeutung des Exterieurs von Reit- und Fahrpferden dienen die folgenden Darstellungen (Abb. 4 bis 10):

Abb. 4. Siglavy XI-9 1992. Ein Reitpferdetyp aus dem Gestüt Szilvásvárad. (Foto Eszes)

Abb. 5. Bartonia-59 1988. Ein Reitpferdetyp aus dem Gestüt Piber. (Foto Szabára)

Abb. 6. 559 Conversano XXVI-16 1984. Ein Reitpferdetyp aus dem Gestüt Fagaras. (Foto Szabára)

Abb. 7. 148 Siglavy-Capriola VIII 1981. Ein Fahr-pferdetyp aus dem Gestüt Szilvásvárad. (Foto Eszes)

Abb. 8. Theodora–9 1990. Ein Fahrpferdetyp aus dem Gestüt Piber. (Foto Szabára)

Abb. 9. 649 Favory XXXI-72 1990. Ein Fahrpferde-typ aus dem Gestüt Fagaras. (Foto Szabára)

Abb. 10. 486 Conversano XXII-114. Ein unedler, grober Arbeitspferdetyp, unerwünscht in dieser Rasse. (Foto Szabára)

Die Bedeutung der Proportionen von Widerristhöhe und Körperlänge für die Leistung von Lipizzanerpferden konnte im Rahmen dieses Projekts nicht weiter ausgearbeitet werden. Wenn verschiedene Funktionstypen von Pferden miteinander verglichen werden, so sind nicht nur morphologische Eigenheiten und Exterieurmerkmale ausschlaggebend, sondern auch psychologische und ethologische Kriterien gleichsam von Bedeutung. Die klassische Unterscheidung dieser Funktionstypen ausschließlich anhand von Körperproportionen ist umstritten, denn für den Gebrauch und die Nutzung des Pferdes sind neben den genannten Körpermaßen auch andere Merkmale von Bedeutung.

Die Kopfform als Symbol des barocken Typs

Die Form des Kopfes stellt einen wichtigen Part in der Exterieurbeurteilung von Pferden dar. Vor allem der Rassecharakter als auch die Schönheit des einzelnen Pferdes werden wesentlich durch die Kopfform geprägt. In der Lipizzanerzucht wird nach wie vor diskutiert, welches Kopfprofil für den klassischen barocken Typ ausschlaggebend ist. Heute wird als Folge der Sportpferdezucht in vielen Gestüten der arabisierte Kopf bevorzugt, die sogenannte „Römische Nase" tritt in unserer Zeit in den Hintergrund. Aus diesen Gründen wird die Fragestellung nach der typischen Kopfform erörtert.

Aufbauend auf der Arbeit von Kurucz (1985) (vgl. Kap. 3), dessen Methoden eher subjektiv waren, wird in dieser Arbeit versucht eine exakte Definition für die Kurve des Kopfprofils zu schaffen und die Kopfformen anhand eines objektiven Meßsystems zu analysieren.

Im Rahmen des Copernikus Projekts wurden von allen Stuten und Hengsten Fotos von den Kopfprofilen genommen. 442 Fotos bilden die Grundlage für die folgenden Untersuchungen.

Methoden

Mit der Annahme, dass die barocke Kopfform einer parabolischen Kurve gleicht, entwickelten wir eine objektive Methode um die verschiedenen Formen zu messen. Zuerst wird eine Referenzgerade bestimmt. Diese dient als Basis des Koordinatensystems, in welchem die Punkte entlang der Nasen-Profillinie ermittelt werden. Diese Referenzgerade zieht sich durch zwei Fixpunkte der Schädelanatomie. In diesem Koordinatensystem werden die für die Definition der Parabolkurve benötigten Punkte entlang der Nasenprofillinie bestimmt.

Wenn man die Krümmung des Nasenbeins untersucht, muß die Referenzkurve bestimmt werden. Dazu wird der Winkel zwischen der Standardgeraden (definiert durch die zwei Referenzpunkte angulus ocularis temporale und die tuber faciale) und einer Tangente durch

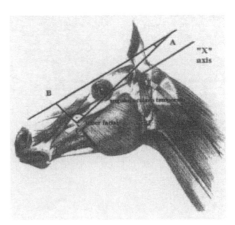

Abb. 11. Pferdekopf mit der definierten Referenzgeraden

den ungekrümmten Teil des Nasenbeins bestimmt (Abb. 11). Die resultierende Gleichung lautet folgendermaßen: $Y = ax^2 + bx + c$

Die Gerade des ungekrümmten Nasenbeins umschließt mit der Standardgeraden einen Winkel von 12.12°.
Verschiebt man diese Gerade parallel, bis sie den Referenzpunkt der Standardgeraden schneidet („angulus
ocularis temporalis") erhält man eine Referenzgerade welche die x Achse und die Standardgerade bei 12.12°
schneidet. Die Genauigkeit der Übereinstimmung der entlang des Nasenprofils definierten Punkte mit der
berechneten Parabol Kurve muß geprüft werden.

Datenerhebung

Die Fotos wurden digitalisiert und die Koordinaten von Referenzpunkten und Profillinie bestimmt. Die Berechnungen wurden mit einem speziellen Computerprogramm durchgeführt, welches den Krümmungskoeffi-
zienten „*a*" und die Genauigkeit der Übereinstimmung zwischen Kurve und Profil errechnete. Der Koeffizient
„*a*" wurde aus Gründen der Vereinfachung der Darstellung mit 10.000 multipliziert.

In den folgenden Abbildungen 12 bis 14 werden verschiedene extreme Kopfformen mit den ermittelten
Koeffizienten dargestellt.

Abb. 12. Extremer Ramskopf der Kladruberstute 242 Albona (Vater
Generalissimus Amadeus XXX-83, Mutter Affabila), Kladruby 1991.
Krümmung (a) = 19.2; Genauigkeit = 96.1%. (Foto Szabára)

Abb. 13. Ein etwas zu leichter Kopf mit arabisch geprägtem Profil der
Lipizzanerstute 20 Bonavista XXVII (Vater Conversano Sagana, Mutter 73 Roviga), Piber 1982. Krümmung (a) = –4.1; Genauigkeit =
97.8%. (Foto Szabára)

Abb. 14. Ein idealer und rassetypischer Kopf des Lipizzanerhengstes 979 Pluto Ofelia (Vater Pluto Norma, Mutter Ofelia), Monterotondo 1994. Krümmung (a) = 8.5; Genauigkeit = 97.3%. (Foto Szabára)

Von insgesamt 617 Profilfotos von Lipizzanern und Kladrubern konnten aufgrund technischer Details 442 Bilder mit der genannten Methode verwertet werden (Tab. 2).

Tab. 2. Untersuchte Pferde aus den einzelnen Gestüten.

	n	Hengste							Stuten							
		C	F	M	N	P	S	T	C	F	I	M	N	P	S	T
B	16						2		2	1		3	1	2	3	2
D	55	1	3	7		1	2	2	8	2		12	4	6	4	3
F	81	2	1	1	1	1	1	1	18	8		13	8	2	9	5
L	50	2	3	1	6	4	2		8	10		8		5	1	
R	12	1	1	2	1	4	3									
P	71				1		4		18	6		8	9	7	18	
S	39			1	1		1	1	5	5	1	5	3	6	4	6
T	20	1		1	2				2			4	6	4		
W	64	17	9	6	10	5	17									
Sum	408	24	17	19	22	15	32	4	61	32	1	53	31	42	39	16
	408			133								275				
	408								408							
K	34			12								22				
Total	442								442							

Folgende Fragestellungen konnten anhand statistischer Analysen geklärt werden:

Existieren Unterschiede in der Kopfform zwischen den Geschlechtern?

Tabelle 3 zeigt die Ergebnisse der Varianzanalyse.

Tab. 3. Die Kopfformen der Geschlechter

Geschlecht	N	Mittelwert	Abweichung	CV%
Hengste	145	6.12	4.06	66
Stuten	297	6.41	4.49	70
CV1 F=0.833		P = 0.362	Critical range	0.773

Es ist für den Praktiker ziemlich überraschend, dass sich beide Gruppen nicht signifikant unterscheiden. Nur im rumänischen Gestüt Beclean wiesen die Stuten konvexere Profile als die Hengste auf, ein Ergebnis welches allerdings statistisch auf Grund der geringen Zahl (2 Hengste und 14 Stuten) nur schwach abgesichert ist.

Tab. 4. Die Kopfformen der einzelnen Gestüte

Gestüt	N	Mittelwert	Abweichung	CV%
Topolčianky	20	4.09[a]	3.71	9.1
Piber	71	4.43[ab]	2.79	6.3
Wien	64	4.98[abc]	3.45	6.9
Lipica	50	5.18[abcd]	3.16	6.1
Fogaras	81	6.21[bcde]	4.00	6.4
Beclean	16	6.73[cde]	4.77	7.1
Ðakovo	55	7.01[e]	4.61	5.8
Monterotondo	12	7.10[e]	3.36	4.7
Szilvásvárad	39	7.84[e]	3.00	3.8
Kladruby, Slatiňany	34	9.96[f]	3.45	3.5
Durchschnitt	442	6.09	3.91	6.0
VAR1 F= 9.245		P=7.13	Critical range	1.80

a-e studs non sign. biases

Können verschiedene Kopfformen in den Zuchtzielen der einzelnen Gestüte nachgewiesen werden? Folgende Schlüsse können aus Tabelle 4. gezogen werden:

Die Unterschiede zwischen den meisten Gestüten sind signifikant. Der auffälligste Unterschied in der Kurvatur der Profillinie besteht zwischen Kladrubern und Lipizzanern, was den unterschiedlichen Rassecharakter und Zuchtziel, bzw. ästhetisches Ideal beider Rassen unterstreicht. Der durchschnittliche Krümmungswert (a) von Kladrubern liegt bei 9.96. Die Lipizzaner aus Topolčianky sind durch die geradesten oder auch feinsten Köpfe (Krümmungswert (a) = 4.09) charakterisiert.

Die sich aus den Krümmungswerten ergebende Reihung der Gestüte deckt sich mit den Beobachtungen der praktischen Züchter. Fünf Gestüte liegen unter bzw. beim allgemeinen Durchschnitt: Lipica, Piber, Wien, Topolčianky und Fogaras. Die Gestüte Beclean, Ðakovo, Monterotondo und Szilvásvárad repräsentieren die obere Grenze in der barocken Kopfausprägung des Lipizzaners. Nur die Position der italienischen Pferde erstaunt ein wenig. Die Ursache kann in einem geringeren Selektionsdruck verbunden mit dem Herdenmangement liegen. Die verwandten oder genetisch ähnlichen Gestüte weisen auch ähnlichere Köpfe auf (vgl. Kap. 12).

Auch die Frage, ob sich die Kopfprofile in den einzelnen Hengstlinien unterscheiden, konnte mit dieser Methodik untersucht werden (Tab. 5).

Tab. 5. Die Kopfprofile der Hengstlinien

Linie	N	Mittelwert	Abweichung	CV%
Siglavy	71	4.68	3.20	76
Conversano	85	5.06	3.72	73
Neapolitano	53	6.03	3.93	65
Favory	49	6.04	3.31	55
Maestoso	72	6.08	3.94	65
Pluto	57	6.40	4.34	68
Incitato	1	7.00	0.00	
Tulipan	20	8.38	2.90	35
Alle	408	5.77	3.78	66
VAR1 F=3.128		P=0.003	Critical range	5.12

Die Analyse ergab keine signifikanten Unterschiede der Kopfformen der einzelnen Hengstlinien (Stuten und Hengste). Somit konnten die subjektiv erfassten Ergebnisse von Kurucz (1985) mit objektiven Mitteln bestätigt werden.

Schlussfolgerungen

Die Kopfformen des Lipizzanerpferdes sind hauptsächlich mit den Selektionsstrategien in den einzelnen Gestüten verbunden. Unterschiede zwischen Geschlecht oder Hengstlinien konnten nicht gefunden werden. Generell konnte gezeigt werden, dass die beim Kladruber erwünschte schwere „Römische Nase", ein Merkmal wie in der Barock Zeit, sich von der leichteren, arabisierten, aus der klassischen Zuchtepoche stammenden Typprägung des Lipizzaners, abgrenzt. Dennoch zeigt sich ein typisches Rasseprofil für das Lipizzanerpferd bei einer Krümmung von 5.95.

Abb. VIII. Die Spanische Reitschule in Wien (Foto Span. Reitschule).

Kapitel 8

MAX DOBRETSBERGER

Die Spanische Reitschule – „von der Koppel zur Kapriole"

Einige Wochen nach der Musterung erfolgt die Trennung der Nachwuchshengste (Abb. 1) von der gewohnten Herde. Sie werden in den kommenden Monaten, in der noch vertrauten Umgebung des Gestüts, von Mitarbeitern behutsam in die ersten Trainingslektionen an der Longe und unter dem Sattel eingeführt, ehe sie im Frühjahr nach Wien überstellt werden.

Abb. 1. Junghengste auf der Koppel (Bundesgestüt Piber).

Der Lipizzaner ist ein spätreifes und langlebiges Pferd. Daher kommen die Hengste erst 4-jährig an die Spanische Hofreitschule. Gleich nach der Ankunft in Wien werden die Junghengste im Hof der Stallburg von den Bereitern empfangen und besichtigt, ehe die Tiere in ihre neuen Stallungen geführt werden. Die ersten Tage bedeuten sehr viel Stress für die Neuankömmlinge. Die Freiheit des Laufstalles und der Weiden ist Vergangenheit, neue Pfleger, ein anderer Tagesablauf, fremde Geräusche – alles muss verarbeitet werden. Es gehört allgemein zu den Markenzeichen der Lipizzaner, dass diese Pferde sehr schnell lernen; dennoch, überfordert werden dürfen auch sie nicht. Am Tag nach der Ankunft werden die Junghengste in aller Früh, wenn der Verkehr in der Stadt noch gering ist und die Winterreitschule in der Ruhe des Morgens in ihrer eigenen, unvergleichlichen Ausstrahlung wirkt, zum ersten Mal in die Halle geführt (Abb. 2). So gestaltet sich der Beginn einer bis zu acht Jahre dauernden Ausbildung zum Schulhengst. Der Bereiter bleibt im Idealfall immer derselbe, manchmal bis zu 20 Jahre lang.

Der Weg zum Bereiter – die Pragmatik der Hofreitschule, Kaderschmiede und Sprungbrett

Mit 16 Jahren beginnt die Ausbildung eines Eleven an der Spanischen Hofreitschule (Abb. 3). In den ersten vier Jahren wird sowohl die Reitausbildung unter der Führung eines erfahrenen Bereiters absolviert als auch die Hofreitschule in allen Details kennengelernt. Mitarbeit im Stall bei der Pferdepflege ist ebenso Pflicht wie die Pflege von Sätteln, Zaumzeug und der übrigen Ausrüstung.

Abb. 2. Reitsaal der Spanischen Reitschule in Wien um 1940 (Foto Brabenetz).

Abb. 3. Ausritt im Gelände vom Tiergarten Lainz (Bundesgestüt Piber)

Nach den ersten vier Jahren wird der Eleve von den Bereitern nicht nur hinsichtlich seines Eigenkönnens, sondern auch seiner Fähigkeiten zur Weitergabe des Erlernten beurteilt. Im positiven Fall erfolgt die Ernennung zum Bereiter-Anwärter. Diesem wird ein junges Pferd übergehen, das soweit ausgebildet werden muss, dass es in der Vorführung präsentiert werden kann. Jene Ausbildung dauert noch einmal mindestens 4 Jahre. In dieser Zeit arbeitet der Bereiter-Anwärter intensiv mit erfahrenen Oberbereitern. Nun ist es an der Zeit aus dem bisherigen reiterlichen Können und der Begeisterung zum Reitsport die Fähigkeit zur Reitkunst entwickelt werden. Ein Weg, der den jungen Menschen sehr viel Disziplin und Einfühlungsvermögen abverlangt.

Abb. 4. Lipizzaner im Arbeitstrab mit sicherer Anlehnung, Reiter Hauptmann Sekullic, langjähriger Leiter des Reitinstituts in der Wiener Bamherzigengasse (Archiv Druml).

Die Tradition der Ausbildung und Reitkunst der Spanischen Hofreitschule ist die mündliche Überlieferung vom erfahrenen Oberbereiter an den Jüngeren, der selbst einmal die Hofreitschule mittragen und prägen wird. Ein guter Bereiter ist schließlich jener, der Pferde ausbilden und als guter Lehrer sein Wissen weitergeben kann. So bleibt die Qualität der Ausbildung erhalten. Diese Pragmatik bewahrt die Hofreitschule als einmaliges Kulturerbe mit einer lebendigen Tradition.

Training bedeutet in erster Linie regelmäßiges und gleichmäßiges Gymnastizieren zur Stärkung von Muskulatur, Sehnen und Gelenken. Denn nur ein richtig durchtrainiertes Pferd wird die Anforderungen an die Geschicklichkeit der Hohen Schule bewältigen können, weil es sich bei den Übungen körperlich wohl fühlt und geistig aufnahmefähig für die vom Bereiter geforderte Lektion ist. Dieses Wissen um die Zusammenhänge begründet auch die Feststellung „Das Pferd gibt die Zeit vor". Der griechische Feldherr Xenophon hat um 400 v. Chr. erstmals seine diesbezüglichen Erkenntnisse aufgeschrieben, und die großen Reitmeister der Renaissance haben festgestellt, dass theoretische Schriften über die Ausbildung des Pferdes zwar nützlich sind, dass aber niemals alle Pferde nach ein und demselben Schema trainiert werden können.

Täglich neu muss sich also der Bereiter auf sein Pferd einstellen und die Übungen festlegen. Den Beginn der Ausbildung bildet das so genannte „Geradeausreiten" in den gewöhnlichen Gangarten Schritt, Trab und Galopp (Abb. 4). Das Pferd ist im Gleichgewicht und nimmt die Hilfen des Reiters willig an. Im natürlichen Vorwärtsgang werden schließlich die Touren, die Gänge im Kreis, trainiert.

Abb. 5. Piaffe am langen Zügel mit leichter Anlehung und schöner Gewichtsaufnahme der Hinterhand (Archiv Brabenetz).

Das nächste Element ist die „Champagneschule". Jetzt wird die Muskulatur der Hengste systematisch gymnastiziert, die Schubkraft der Hinterhand entwickelt und die Tragkraft der Bein- und Rückenmuskulatur erhöht. Der Bereiter geht auf die speziellen Begabungen und Veranlagungen des Pferdes ein, um es in seiner Ausbildung bestmöglich zu fördern. Zusätzlich zur Entwicklung einer hohen Geschmeidigkeit der Vorwärtsgänge werden nun auch die Seitengänge sowie Piaffe und Passage gelernt (Abb. 5 und 6). Ziel ist das Reiten des versammelten Pferdes – das bedeutet mit vermehrter Tragkraft der Hinterhand – in allen Gängen, Wendungen und Touren in vollkommenem Gleichgewicht. Erreicht wird dies etwa nach weiteren 2–3 Jahren.

Abb. 6. Lipizzanerhengst in der Piaffe im Tiergarten Lainz um 1942. Zu beachten die hohe Aufrichtung in Verbindung mit aktiver Hinterhand und absoluter Taktreinheit (Archiv Brabenetz).

Beherrscht der Hengst alle Lektionen der Champagneschule und hat der Bereiter den Eindruck, dass sowohl Leistungsfähigkeit als auch Leistungsbereitschaft weiter gesteigert werden können, beginnt die Ausbildung in der Hohen Schule. Alle erlernten Lektionen und Bewegungen werden in höchster Versammlung kultiviert (Abb. 7). Wechsel der Tempi, fliegende Galoppwechsel und Pirouetten vervollständigen die Lektionen der Schule auf der Erde. Geschmeidigkeit, Kraft und Eleganz verschmelzen zur Harmonie, die Bewegungen bilden eine Einheit mit dem Reiter und werden zum kunstvollen Ganzen.

Abb. 7. Der 23jährige Hengst Conversano Stornella in einer tief gesetzten Levade an der Hand als Beispiel für höchste Versammlung (Archiv Brabenetz).

Ein voll ausgebildeter Schulhengst präsentiert sich von nun an in den Galavorstellungen der Spanischen Hofreitschule (Abb. 8). Der Bereiter wird die entwickelten Talente seines Pferdes dabei immer weiter fordern und fördern.

Abb. 8. Spektakuläre Kapriole an der Hand mit Oberst Podhaisky (Archiv Brabenetz).

Nur wenige Hengste eignen sich für die Lektionen der Schulen über der Erde (Abb. 9). Starker Wille und hohe Lernbereitschaft sind neben der körperlichen Kraft Grundvoraussetzungen. Und nur Ausnahmepferde eignen sich schließlich für die Präsentation als Solopferde, entweder am langen Zügel oder unter dem Reiter in allen Gängen und Touren der Hohen Schule – die Krönung eines Lipizzanerlebens.

Abb. 9. Courbette an der Hand unter freiem Himmel (Archiv Brabenetz).

Abb. IX. (Archiv Brabenetz)

KAPITEL 9

PETER ZECHNER und THOMAS DRUML

Lipizzaner und Dressur (klassische Reitkunst)

Lipizzaner und Dressur – dafür steht weltweit, weit über die Lipizzanerszene hinaus, die spanische Hofreit-schule in Wien. Diese Tatsache legt es nahe, die Dressureignung des Lipizzaners unter diesem Gesichtspunkt zu betrachten.

EINLEITUNG

Keine andere Pferderasse ist bis in die Gegenwart derart ursächlich mit der klassischen Reitkunst verbunden wie der Lipizzaner. Nicht zufällig erfolgte die erstmalige Erwähnung des „spanischen Raithsalls" in der Hof-burg zu Wien im Jahre 1572 in dem Jahrhundert, in dem die klassische Reitkunst der Antike wieder entdeckt und weiterentwickelt wurde. Der Bogen lässt sich vom antiken Xenophon (440–354v. Chr.) über Federico Gri-sone, der 1532 die erste Reitakademie in Neapel gründete, über die epochale Persönlichkeit des 1688 in Fran-kreich geborenen Francois de la Guérinière zu den Größen der Spanischen Hofreitschule spannen. Max Ritter von Weyrother zählt zu den berühmtesten Oberbereitern in der Geschichte der spanischen Hofreitschule, an der er von 1813 bis zu seinem Tod 1833 wirkte.

Abb. 1. Oberbereiter Meixner in der Levade (Foto Bundesgestüt Piber).

Er beruft sich auf Guérinière und fühlt sich durch ihn inspiriert, auch in seinem posthum erschienen Werk „Bruchstücke aus den hinterlassenen Schriften des K.u.K. österreichischen Oberbereiters Max Ritter von Weyrother – gesammelt durch Freunde." Durch seinen hervorragenden Ruf verbreitete er die Reitkunst weit über die Grenzen Österreichs hinaus. Über seinen Schüler Louis Seeger, dem Stallmeister und Gründer der ersten Reitakademie in Berlin und dessen geistigen Nachfahren Gustav Steinbrecht, sowie über den Freiherrn von Oeynhausen wurde auch die Entwicklung der Reitkunst in Deutschland durch Weyrother maßgeblich und positiv beeinflusst.

Am 20. Oktober 1898 veröffentlichte der damalige Leiter der Spanischen Hofreitschule, Excellenz Franz Hollbein, mit dem Oberbereiter Johann Meixner jene dünne Broschüre, die bis heute in den Grundzügen unter dem Titel: „Directiven für die Durchführung des methodischen Vorganges bei der Ausbildung von Reiter und Pferd in der k.u.k. Spanischen Hofreitschule", die Ausbildung von Pferd und Reiter festlegt (Abb. 1 und 2).

Abb. 2. Richard Wätjen auf einem Lipizzaner Schulhengst in der Spanischen Reitschule. Dieser deutsche Reitmeister, später langjähriger Ausbildner in der Kavallerieschule Hannover, galt als „Sitzfanatiker". Er prägte das System der „Deutschen Reitlehre", welche ursächlich mit der Kavallerieschule verbunden ist (Archiv BOKU).

Besonders große Persönlichkeiten sind notwendig um so geschichtsträchtige Institutionen wie die Spanische Hofreitschule weiterzuentwickeln.

In einer schwierigen Zeit, während des II. Weltkrieges, stand die Spanische Reitschule unter Leitung einer so außergewöhnlichen Persönlichkeit, die in eine Reihe mit den großen Reitlehrern der Geschichte zu stellen ist: Oberst Alois Podhajsky (Abb. 3 und 5). Durch sein reiterliches Können und sein großes Pferdeverständnis war er in der Lage, die Ausbildung um zeitgemäße Erkenntnisse zu erweitern und den elitären Anspruch des Instituts zu festigen. Er leitete die Reitschule bis 1964. Sein Buch „die klassische Reitkunst" ist bis heute ein Standardwerk der Pferdeausbildung und des Dressurreitens.

Abb. 3. Oberst Podhajsky auf dem legendären Pluto Theodorosta, bei einer Schaunummer an einer DLG Veranstaltung im Juni 1950 (Archiv Brabenetz).

DIE AUSBILDUNG DES LIPIZZANERS

Die klassische Ausbildung des Dressurpferdes ist allgemein gültig. Die Grundlagen, wie Anlehnung, Losgelassenheit, Takt, sind für die Ausbildung eines Lipizzaners ebenso gültig wie für die Ausbildung eines Warmblutpferdes. Natürlich gibt es Nuancen und unterschiedliche Wege ein Ziel zu erreichen, die Grenzen dafür gibt uns aber auch das Pferd als Lebewesen und Individuum vor. Scheinbare Unterschiede entstehen durch das unterschiedliche Exterieur und Interieur der Pferderassen, und den damit verbundenen Stärken und Schwächen.

In den klassischen „Directiven" seiner Excellenz Hollbein und des Oberbereiters Johann Meixner aus dem Jahr 1898 heißt es:

„Die höhere Reitkunst darf nie einseitig als Hohe Schule allein gedacht werden, denn sie begreift alle drei Reitarten in sich, nämlich

Erstens: das Reiten mit möglichst natürlicher Haltung des Pferdes in nicht versammelter Gangarten auf geraden Linien: das so genannte Gradausreiten.

Zweitens: das Reiten des versammelten Pferdes in allen Gangarten, Wendungen und Touren in vollkommenen Gleichgewicht: die Champagnereiterei.

Drittens: das Reiten des Pferdes in künstlich aufgerichteter Haltung mit verstärkter Biegung der Hankengelenke und Regelmäßigkeit, Gewandtheit und Geschicklichkeit in allen gewöhnlichen wie der Natur abgelauschten außergewöhnlichen und künstlichen Gängen und Sprüngen.......".

Abb. 4. Neapiltano Bionda im Alter von 19 Jahren in der Passage am langen Zügel (Archiv Brabenetz).

GRUNDAUSBILDUNG

Schon diese wenigen historischen Zeilen zeigen das Verständnis für eine sachgerechte, altersgemäße Ausbildung der Pferde mit besonderer Berücksichtigung einer soliden Grundausbildung und auch das Eingehen auf das Lebewesen Pferd.

Vom Fohlen bis zum ausgebildeten Hengst ist es ein weiter Weg (Abb. 4). Die Eigenheiten des Lipizzaners werden bei der klassischen Ausbildung und Aufzucht berücksichtigt. Der Lipizzaner ist eine spätreife Rasse, die dafür aber sehr langlebig ist und bis ins hohe Alter leistungsfähig bleibt. Diesem Umstand wird durch die optimale Aufzucht im Bundesgestüt Piber (siehe Kap. 5) Rechnung getragen. Eine artgerechte Gruppenhaltung mit Alpung auf hochgelegenen Extensivflächen während des Sommers legt einen ersten Grundstein für ein physisch und psychisch gesundes Pferd. Erst dreieinhalbjährig werden die Pferde in Wien anlongiert. Die Arbeit an der Longe wird als Grundlage gesehen und nimmt drei bis vier Monate in Anspruch. Losgelassenheit, Durchlässigkeit, Takt, Schwung werden erreicht und gefestigt. Gerte und Ausbindezügel werden als Hilfe erkannt. Auch der Gehorsam für ein gesamtes Pferdeleben soll hier grundgelegt werden. An der Longe wird das Pferd an das Reitergewicht gewöhnt. Erst nachdem sich das Pferd im Gleichgewicht befindet wird es in der Reitbahn geritten.

Nach einem Jahr trägt das Pferd seinen Reiter mit entspannter Rückenmuskulatur in den Grundgangarten und steht im Gleichgewicht.

Abb. 5. Alois Podhajsky auf Maestoso Alea bei einer Dressurprüfung. Zu beachten die Leichtigkeit der einhändigen! Zügelführung im starken Trab, eine Gangart, die dem Exterieur des Lipizzaners nicht unbedingt zu Gute kommt. Podhajsky nahm mit den Hengsten Pluto Theodorosta und Maestoso Alea an internationalen Dressurwettbewerben mit Erfolg teil: Pluto Theodorosta – Frankfurt, 18.Juni 1950, Hamburg 25. Juni 1950, Stockholm 10. August 1952, jeweils 1. Preis, Klasse S; Maestoso Alea Hannover Jänner 1953, 1. Preis Klasse S (Foto Bundesgestüt Piber).

Der Lipizzaner kann als sehr intelligentes Pferd in der Ausbildung nicht über einen Kamm geschoren werden. Deshalb wird in der Ausbildung sehr intensiv auf die Eigenheiten und speziellen Begabungen der Hengste eingegangen. Diese bestimmen auch das Arbeitstempo und den Lernfortschritt.

Im zweiten Ausbildungsjahr wird die Arbeit intensiviert. Eines der Hauptziele dabei ist, aus dem Arbeitstempo heraus versammelte Tempi, bei gutem Schwung, zu entwickeln. Das Pferd steht gleichmäßig am Zügel, ist gerade gerichtet und tritt durch das Genick an die Zügel. Nun kommt der „Großen Tour" und damit der Biegung des Pferdes große Bedeutung zu. Präzise wird auf die Gleichmäßigkeit des Tempos geachtet, dazu Podhajsky: „Die Gleichmäßigkeit des Tempos bzw. der Tritte ist das Um und Auf der Ausbildung, weil sich darin am besten das erreichte Gleichgewicht widerspiegelt." Das Pferd wird für die Hilfen sensibilisiert. Am besten sind sie, wenn sie der Zuseher nicht bemerkt. Nun werden die Hengste auch in den traditionellen Seitengänge Schulterherein, Renvers, Travers und Traversale ausgebildet. Die Arbeit an der Hand kann die Arbeit unterstützen (Abb. 5 bis 7).

Abb. 6. Ein Ridinger Stich Courbette (Privatarchiv Druml)

Abb. 7. Conversano Stornella in der Levade (Archiv Brabenetz).

HOHE SCHULE

Der Hengst wird in größter Präzision mit entsprechender Kadenz, Durchlässigkeit, Takt und Schwung den höchsten Dressurklassen gerecht. Prix St. Georg, Prix Intermediaire, Grand Prix. Er präsentiert Galoppwechsel, Pirouetten ebenso perfekt wie Passage und Piaffe. Die Pferde sind der lebendige Beweis für ein im vollkommenen Gleichgewicht gymnastiziertes Pferd, bei außergewöhnlicher Leichtfüßigkeit. Eine scheinbare Leichtigkeit – Ergebnis jahrelanger Ausbildung (Abb. 8 bis 10).

Das Niveau der Pferde wird bei vermehrter Durchlässigkeit und Schwung gefestigt, sie werden individuell nach ihrer Anlage weitergefördert.

Die „Schulen über der Erde" stellen eine direkte Verbindung zu den alten Meistern der Reitkunst dar. Aus der militärischen Kriegsführung im Zeitalter der Renaissance und des Barock abgeleitet, stellen sie heute höchste Anforderung an die Versammlung und Athletik der Hengste. Alle Schulsprünge werden aus einer extremen Versammlung heraus abgeleitet, auch sie sind in den natürliche Bewegungsabläufen und Verhaltensmustern der Pferde zugrunde gelegt.

Abb. 8–10. Drei verschiedene Courbetten (Archiv Brabenetz).

Barocke Pferderassen, und damit auch der Lipizzaner, sind durch ihren Körperbau dazu prädestiniert Gewicht aufzunehmen, das heißt den Schwerpunkt unter den Körper zu bringen, bei vermehrter Hankenbiegung. Das ist besonders wichtig für die Versammlung des Pferdes, die in der fortgeschrittenen Ausbildung am augenscheinlichsten in den Galopppirouetten, der Passage und der Piaffe zum Ausdruck kommt. Daraus kann bei einer überdurchschnittlichen Athletik die „Schule über der Erde" entwickelt werden. Verbunden mit einer deutlichen Knieaktion bei guter Aufrichtung mit kräftigem Hals, Kadenz und Leichtigkeit, ergibt sich das imposante Erscheinungsbild des Lipizzaners. Im Gegensatz dazu sind „moderne" Reitpferde, wie sie in den olympischen Disziplinen vorherrschen, durch eine andere Merkmalsausprägung charakterisiert. Genealogisch stark durch das englische Vollblut beeinflusst, sind sie durch vermehrten Raumgriff in allen Gangarten geprägt. Das bedingt eine geringere Aktion im Vorderbein bei schräger Schulter, eine geringere Aufrichtung mit einem gut geschwungen mittellangen Hals, also insgesamt längeren Linien Damit ergeben sich Vorteile in den Verstärkungen und auch im großen Viereck, bei Nachteilen in der Versammlung.

Abb. 11. Arbeit in den Pilaren an der Spanischen Reitschule um 1910 (Archiv BOKU).

Unter den barocken Pferderassen kommt dem Lipizzaner eine Sonderstellung zu. Seit der Gründung des k.k. Hofgestütes Lipizza im Jahr 1580 ist das Zuchtziel der Rasse die klassische Reitkunst, bzw. die Stellung von Hengsten für die spanische Reitschule (Abb. 11 bis 13). Auch Brandkatastrophen, Evakuierungen, Kriege und der Untergang der Habsburgermonarchie haben diese Tradition nicht gebrochen.

Abb. 12–13. Kapriolen als Krönung der Schule über der Erde (Ridinger, Brabenetz).

Folgender Auszug aus einem Artikel einer Sonderreihe der „Plaisirs Equestres – Special le Lipizzan" Dez. 1978, Paris, geschrieben von Armand Schuster de Ballwil, ehm. Mitglied der Schweizer Dressurmannschaft, beschreibt die Rolle des Lipizzaners im internationalen Dressursport (Abb. 14) der 70er Jahre:

„Heutzutage ist der Lipizzaner nicht mehr eine Pferderasse, die dem französischen Reitpferd oder dem irischen Jagdpferd gleichgestellt wird. Durch die Anpassung an die neuzeitlichen Verhältnisse ist aus der klassischen Reitkunst eine Reitkunst des Wettbewerbs geworden. Aus diesem Grund mag der Lipizzaner einigen Leuten altmodisch erscheinen. Sein majestätisches Wesen wird nicht mehr von den Preisrichtern geschätzt und die schlanken, sportlichen Pferde haben ihn in ihrer Gunst abgelöst. Seine vornehme, stolze Gangart ist den in den großen Dressurreitschulen nun üblichen Gangarten gewichen. Die ist der Hauptgrund, dass der Lipizzaner bei Wettbewerben nicht mehr den ihm zustehenden Platz einnimmt.

Ich selbst wurde mit meinem eigenen Pferd Neapolitano mit dieser Entwicklung der Reitkunst konfrontiert. Der in der „Fédération Nationale Suisse" eingetragene Neapolitano verteidigte zwar mit Noblesse seinen Platz bei den Dressurwettbewerben und ich hatte oft die Ehre an der Spitze der Rangliste zu stehen. Dies war jedoch nicht immer leicht, gerade der Präzision unserer Vorführungen verdanke ich diese Erfolge. ... Heutzutage gehen die Ansichten über die Teilnahme der Lipizzaner an Wettbewerben sehr auseinander.

Abb. 14. Miss Hall auf Conversano Caprice, einem Lipizzaner Hengst der an internationalen Bewerben als auch bei Olympischen Spielen seine Rasse vertrat. Er siegte neben anderen int. Turnieren dreimal beim Hamburger Derby (Foto Bundesgestüt Piber).

Seitdem ich in Aquitanien lebe, habe ich diesbezüglich die unterschiedlichsten und widersprüchlichsten Ansichten gehört, welche bezeichnend für die Fehleinschätzung des Lipizzaners durch Personen sind, denen ich ansonsten ihre Kompetenz in keiner Weise abstreite:

1. Ein ehemaliger Direktor eines staatlichen Gestüts sagte mir eines Tages, dass der Lipizzaner in seinen Augen lediglich ein Zirkuspferd sei, das sich nicht für die klassische Reitkunst eigne.

2. Ein Funktionär und Dressurpreisrichter unserer Liga behauptete seinerseits, dass es unmöglich sei, den Lipizzaner mit anderen Rassen zu vergleichen und dass seine Leistungen nur mit den Augen eines Ästheten betrachtet und nicht beurteilt werden sollten.

Ich bin davon überzeugt, dass sich der Lipizzaner ausgezeichnet für die klassische Reitkunst eignet, vorausgesetzt dass diese so bleibt wie sie unsere Lehrmeister ausgeübt haben und wie sie sich gewünscht hätten, dass sie in unserer Zeit ausgeübt wird."

Dieses Zitat aus der späten Nachkriegszeit illustriert die begonnene Abspaltung der modernen Dressurreiterei von der klassischen Doktrine. Als Beispiel kann die Traversale dienen: wurde sie im 19. Jahrhundert als eine Seitwärtsbewegung gebogen in die Bewegungsrichtung als Gehorsamsprobe für ein dressiertes Pferd verstanden, so ist sie heute Grundelement jeder Dressurprüfung. Im Laufe der letzten Jahrzehnte hatte sich die Ausbildungszeit um einiges verkürzt, die Methoden wurden verändert, neue technische Hilfsmittel erfunden um dem modernen Mensch und seinem durch Leistungsdruck geprägtem Denken gerecht zu werden. Erst seit ein paar Jahren konnte zaghaft an eine Kritik des derzeitigen Standes in der Dressurreiterei gedacht werden. Vorbereitet durch eine Renaissance der klassischen Reitlehren auf Grundlage anderer Pferdemodelle (spanische Zuchten, amerikanische Zuchten) entwickelte sich ein Diskurs um den modernen Dressurstil und das zeitgenössische Ausbildungssystem – ein Zeichen, dass der Kreis sich schließt.

Abb. X. 9-Spänner im Staatsgestüt Topoľčianky (Archiv Brabenetz)

KAPITEL 10

ATJAN HOP

Die Reinrassigkeitskriterien des LIF und die neue Einteilung der Stutenfamilien

Abb. 1. Ehemaliger LIF Generalsekretär Atjan Hop zu Pferde (Foto Hop).

1. EINLEITUNG

Die Lipizzaner Rasse gehört zu den ältesten Kulturpferderassen der Welt. Als Reit-, Streit-, Parade-, und Fahrpferd haben Lipizzaner Pferde ihrem kaiserlichen Herrenhaus mehr als 330 Jahr gedient. Neben dieser hauptsächlich zeremoniellen Aufgabe fanden die Lipizzaner wegen ihrer hervorragenden Qualitäten seit dem Ende des 18. Jahrhunderts auch in verschiedenen Staats- und Privatgestüten innerhalb Mitteleuropas Verbreitung.

Nach dem Zusammenbruch der Donaumonarchie im Jahr 1918 wurden diese Pferde in den neuentstandenen Nachfolgeländern der ehemaligen Monarchie bis heute weitergezüchtet. Weiterhin hat sich die Lipizzaner nach dem Ende des II. Weltkriegs über die ganze Welt verbreitet, sogar bis in die USA, nach Australien und Südafrika.

Bei der 400 Jahrfeier 1980 im slowenischen Lipica, gab es unter den internationalen Fachleuten schnell Einverständnis, daß nur eine internationale Zusammenarbeit den Fortbestand der Rasse sichern konnte. Die politischen Umstände jener Zeit behinderten Anfangs die Gründung eines internationalen Dachverbandes. Erst ab 1984 fanden in Brüssel die Versammlungen zur Vorbereitung der Gründung statt. Im Jahr 1986 wurde dann die Lipizzan International Federation (LIF) offiziell gegründet. Alle traditionellen Staatsgestüte und Nationalen Zuchtverbände wurden im Laufe der Jahre Mitglied des LIF. Das Hauptziel dieser Organisation ist es, den Fortbestand der Lipizzaner Rasse durch die Dokumentation der Reinrassigkeit sicher zu stellen.

Als die LIF 1986 formal gegründet wurde, war deshalb eine der Zielsetzungen, einen internationalen Konsens über Reinrassigkeitskriterien für die Lipizzaner zu erreichen. Ad hoc wurde während der Gründungsversammlung in Lipica (September 1986) eine Experten- Kommission zusammengestellt. Prof.Dr. Jože Jurkovič (Yugoslawien), Dr. Jaromir Oulehla (Österreich) und Dr. Karl-Heinz Kirsch (Deutschland) setzten einen Basistext auf, der von der Generalversammlung angenommen wurde. Dieser Text wurde im Gründungstext der LIF-Statuten (LIF 1986) im Anhang II unter „Anforderungen an die Abstammung des Reinzucht-Lipizzaners" aufgenommen und stellte den Ursprung für die später erarbeitete detaillierte Liste der Lipizzaner Stutenfamilien dar. Dieser Text war damit auch der Grundstein für die „Schließung der Lipizzaner Zuchtbücher".

Originaltext des Anhangs II, Version 1986

II. Anforderungen an die Abstammung des Reinzucht-Lipizzaners

1. Lipizzaner können als reinrassig in ein Stammbuch eingetragen werden, wenn sie in jedem Teil ihrer Abstammung lückenlos auf die sechs klassischen Hengstlinien (CONVERSANO, NEAPOLITANO, PLUTO, FAVORY, MAESTOSO, SIGLAVY) und die 18 klassischen Stutenfamilien zurückgehen.

2. Die Hengstlinien INCITATO und TULIPAN werden den sechs klassischen gleichgestellt, vorausgesetzt, dass vater- und mutterseits in mindestens fünf Generationen ausschliesslich reinrassige Lipizzaner nachgewiesen sind.

3. Neue Stutenfamilien (Hamad-Flora, Eljen-Odaliska, Miss Wood, Rebecca-Thais, Rava) werden den 18 klassischen Stutenfamilien gleichgestellt. Vorausgesetzt, dass sie in traditionell anerkannter Gestütszucht planmässig durchgezüchtet sind. Dafür ist die Bedingung, dass mindestens fünf Generationen der in Punkt 1 genannten Hengstlinien bzw. INCITATO oder TULIPAN gemäss den Bedingungen unter Punkt 2 nachgewiesen werden.

4. Ausnahmsweise können in der Abstammung eines Lipizzaners vereinzelt Pferden arabischer, andalusischer, lusitanischer und kladruber Abstammung anerkannt werden, vorausgesetzt, dass sie in traditionell anerkannter Gestützucht Verwendung fanden. Pferden anderer Rassen, die zur Erweiterung der genetischen Basis eventuelll verwendet werden, bedürfen einer besonden Anerkennung durch die LIF. Ein entsprechender Antrag muss mit einer schriftlicher Begründung versehen an den Verwaltungsrat gerichtet und als ausschliesslicher Zuchtversuch deklariert werden.

Diese genealogischen Bedingungen galten übrigens neben der Definition der Reinrassigkeit wie im 1. Absatz des Anhangs II beschrieben wurde, und im Sinne von Artikel 6 der LIF-Geschäftsordnung, welcher nach Vorbild der ,World Arabian Horse Organization (WAHO)' formuliert wurde:

I. Definition

Als reinrassige Lipizzaner gelten Pferde, die in einem von der LIF anerkannten nationalen Lipizzaner Stammbuch eingetragen sind, oder deren Vorfahren eingetragen sind.

2. DIE ERSTE AUFLISTUNG DER STUTENFAMILIEN

Da insbesondere Punkt 3, die sogenannten „neuen" Stutenfamilien, gewisse Fragestellungen aufwarfen, stellte die erwähnte Kommission (der Vorgänger der späteren LIF-Zuchtkommission) im Jahr 1987 eine Liste mit Stutenfamilien zusammen, die in diesem Sinne als reinrassig zu betrachten waren. Da ungarische und rumänische Stutenfamilien damals noch nicht beschrieben wurden, beschränkte sich diese Liste nur auf die klassischen und die in der traditionellen kroatischen Lipizzanerzucht entstandenen Stutenfamilien. Die Quellen für diese Auflistung lassen sich nicht mehr ermitteln. Wenn man die Auflistung aber näher anschaut (siehe Abb. 2), findet man 18 klassische Stutenfamilien, die Familie Rava nicht miteinbegriffen. Gleichzeitig wiesen zwei Familien (*Manzina* und *Khel il Mssaid*) bereits keine lebendigen Nachkommen in direkter Linie auf. In der bekannten Literatur aus dem Ende des 19. Jahrhunderts hinsichtlich des Karster Hofgestüts zu Lippiza (Finger 1930; Kk. Oberststallmeisteramt 1880) wird die Familie *Khel il Mssaid* noch erwähnt, *Manzina* aber bereits nicht mehr. Die Familie Rava wurde dagegen in diesen Quellen erwähnt. Deshalb ist nicht exakt klar, welche Quellen während die Auflistung dieser ersten LIF-Liste benützt wurde.

Familie	stammt ab:	Gründerin der Familie:	geboren
ARGENTINA = Slava, Austria	or.L.	Argentina	1750
SARDINIA = Bravissima, Mattuglia Vista, Virtuosa	or.L.	Sardinia	1770
SPADIGLIA = Montenegra	or.L. Lipica	Spadiglia	um 1770
MANZINA	or.L Lipica	Manzina	um 1740
FISTULA = Sagana, Stornella	Kopc.	Fistula	1771
IVANKA = Famosa, Munja	Kopc.	Ivanka	1754
AFRICA = Batosta, Breznica Bresova, Basonica	Kladr.	Africa	um 1740
ALMERINA = Slavonia, Aleppa	Kladr.	Almerina	1769
BRADMANTA = Presciana, Bellafiglia, Tera	Kladr.	Bradmanta	1777
DEFLORATA = Capriola, Karolina	Frederiksborg, Dänemark	Deflorata	1767
RAVA	Kladr.	Rava	1755

Familie	stammt ab:	Gründerin der Familie:	geboren
Mara = Margit	Cabuna (Jankovich)	Margit	
TROFETTA = Traviata	Cabuna (Jankovich)	Traviata	
MIMA = Nana, Wanda	Daruvar	Wanda	1898
MANCZi = Kava, Elba	Cabuna	Manczi	1902
PAKRA = 31 Pluto XV	Fogaras	31 Pluto XV	
ERGA = 89 Maestoso Erga I	Borissalas	Erga	
REBECCA = Thais	Vrbik	91 Thais	1942

Familie	stammt ab:	Gründerin der Familie:	geboren
RENDES = Zenta, Adria	türk. Stute Vukovar	Rendes	vor 1847
FRUSKA	Vukovar	Fruska	1857
ECKE	Vukovar	Ecke	1917
SHAGYA X-13	Mezöhegyes – Vukovar	Shagya X-13	1868
TOPLICA = Siglavy	Mozagó	25 Siglavy	1913
HERMINA	Terezovac	Aura	
STANA = Szèn, Stana	Terezovac	Szèn	
THALIA	Terezovac	Thyra	
MORAVA = Mocskos	Terezovac (Jankovich)	Mi-Iesz	
MARADHAT = Marados	Cabuna	Marados	
ARCADIA	Cabuna		
CIMBAL	Cabuna		
MEDINA	Cabuna		

Familie	stammt ab:	Gründerin der Familie:	geboren
KHEL IL MASSAID = (Concordia), Kerka	or. Arab.	Khel il Massaid	1841
EUROPA = Diana	Kladr.	Europa	1774
ENGLANDERIA = Allegra, Alka	Kladr.	Englanderia	1773
MERCURIO = Gratiosa, Schamar	Siebenbürger-Rasse Rad.	Nr. 60	1800
GIDRANE = Gaetana	or. Arab.	Gidrane	1841
MERSUCHA	or. Arab.	Mersucha	1849
THEODOROSTA	Bukowina	Theodorosta	vor 1870
FLORA = Hamad, Flora	arab. Halbbl. Babolna	111 Hamad	vor 1841
DJEBRIN = Generale jun.	Rad.	79 Djebrin a.d. Djebrin or. Arab.	1852
MISS WOOD = Blanca	Irländ. Hunter Vukovar	Miss Wood	vor 1897
NANCZI = Eljen, Odaliska	Vukovar	Nanczi	1904
AGNES = Bachstelze, Basika	Anglo Arab. Ruma	Agnes	
ANEMONE = Maestoso XXXIX	Fogaras Vukovar	Katinka	1878

Abb. 2a,b,c,d. LIF-Auflistung der anerkannten Stutenfamilien 1987

Als Quelle für die Auflistung der kroatischen Stutenfamilien diente das in Zagreb (1943) veröffentlichte Standardwerk *„Linije pastuha i rodova kobila hrvatskog Lipicanca"* (Hengstlinien und Stutenstämme der kroatischen Lipizzaner) von Miroslav Steinhausz, dem ehemaligen Gestütsdirektor des Jugoslavischen Staatsgestüts Stančič. Auch hier wurden aber wieder einige bereits ausgestorbene Familien erwähnt.

Obwohl diese erste Liste ziemlich umfassend war, verdeutlichte sie die manchmal komplexe Entstehungsgeschichte der Lipizzaner Rasse noch nicht komplett. Es wurden zwar bereits ausgestorbene Stutenfamilien erwähnt, aber eben nicht alle. Diese Liste war bezüglich der kroatischen Stutenfamilien eigentlich nur im Zusammenhang mit dem Buch von Steinhausz verwendbar. Daneben waren, wie oben festgestellt, die ungarischen und rumänischen Familien noch nicht erfasst.

3. UNGARISCHE STUTENFAMILIEN

Als im Jahr 1987, während der LIF-Generalversammlung in Brüssel, die ungarischen Abgeordneten die Wiederentdeckung der wichtigsten Stutbuchdaten vom ehemaligen Lipizzanergestüt des Markgrafen Pallavicini in Pusztaszer bekanntgaben, und damit melden konnten, daß auch die ungarische Lipizzanerzucht im genealogischen Sinne beschrieben werden konnte, kam man der Zielsetzung der LIF, der „Schließung" des Lipizzaner Stutbuchs näher. Beschlossen wurde jedenfalls, den Originaltext des Anhangs II unter Punkt II.3 zu erweitern:

> 3. Neue Stutenfamilien (Hamad-Flora, Eljen-Odaliska, Miss Wood, Rebecca-Thais, Rava), **sowie die Pallavicini Stutenfamilien** werden den 18 klassischen Stutenfamilien gleichgestellt. Vorausgesetzt, dass sie in traditionell anerkannter Gestützucht planmässig durchgezüchtet sind. Dafür ist die Bedingung, dass mindestens fünf Generationen der in Punkt 1 genannten Hengstlinien bzw. INCITATO oder TULIPAN gemäss den Bedingungen unter Punkt 2 nachgewiesen werden.

Als im Jahr 1988 der damalige Direktor des ungarischen Staatsgestüt Szilvásvárad, Zoltán Egri sein Stutbuch I der ungarischen Lipizzaner (Egri 1988) veröffentlichte, wurden aber nicht nur die sogenannten Pallavicini-Stuten als Gründerstuten erwähnt, sondern auch Stutenfamilien, die ihren Ursprung in den ungarischen Staatsgestüten Mezöhegyes und Bábolna, und in den Privatgestüten der Grafen Esterházy zu Tata und Biedermann zu Mószgo fanden. Außerdem stellte sich heraus, daß eine aus dem slawonischen Gestüt des Grafes Janković zu Terezovač (Suhopolje) stammende Stutenfamilie, die im Buch von Steinhausz bereits nicht mehr erwähnt worden war, in Ungarn überlebt hatte. Schließlich wurde eine gebrannte Lipizzaner Stute, vermutlich aus Lipizza, die nach dem II. Weltkrieg ohne Papiere in Ungarn auftauchte („Karszt Párta"), als Gründerstute einer neuen Familie akzeptiert.

Damit wurde deutlich, daß die LIF-Liste der „neuen" Stutenfamilien aus dem vergangenen Jahr eine Ergänzung brauchte. Die erste LIF-Liste wurde aber nicht sofort angepaßt. Die Auflistung der ungarischen Stutenfamilien im ungarischen Stutbuch, Band I wurde seitdem zusätzlich allgemein angenommen. Nur die Einteilung der Lipizzaner Stutenfamilien in Rumänien fehlte zu diesem Zeitpunkt noch.

4. TULIPAN UND INCITATO

Vaterseits wurden im ungarischen Stutbuch, Band 1 in diesem Rahmen die beiden nicht-klassischen Hengstlinien Tulipan und Incitato zum ersten Mal im Detail ausgearbeitet. Da der Stamm Incitato seinen Ursprung im ungarischen Staatsgestüt Mezöhegyes hat und sich auf die Spanische- und Lipizzaner-Zucht dieses Gestütes am Ende der 18. Jahrhundert zurückführen läßt, wurde deutlich, daß die Formulierung des Anhangs II, sub II.2 der LIF-Statuten (LIF 1986) eine Ausnahmestellung impliziert, die sich nicht durch genealogische und historische Tatbestände belegen liess.

Auch bei der Linie Tulipan, die direkt aus der Spanischen- und Lipizzaner-Zucht des Privatgestüts der Grafen Janković zu Terezovač stammte, dessen Zucht Wurzeln in der zweiten Hälfte des 17. Jahrhunderts hatte, wurde deutlich, daß diese strikte Formulierung des Anhangs II unnötig war. Tulipan und Incitato gehörten schon viel länger als die erwähnten fünf Generationen zur traditionsreichen Zuchtgeschichte der Lipizzaner Rasse.

5. DEFINIERUNG DES BEGRIFFS 'KLASSISCH'

Die Bezeichung „klassisch" im Sinne der LIF-Reinrassigkeitskriterien ist eigentlich nicht mehr als „im Stammgestüt der Rasse, dem Karster Hofgestüt zu Lippiza, entstanden und/oder geführt" zu verstehen. Diese Feststellung gilt demzufolge nicht nur für die Einteilung der Hengstlinien, sondern auch für die Stutenfamilien.

6. DIE RUMÄNISCHEN STUTENFAMILIEN

Die rumänische Lipizzanerzucht, die sich seit Anfang 1919 wegen politischer Umstände praktisch in einer isolierten Position befand, kannte bis dato keine Einteilung nach Stutenfamilien.

Die Zucht in Rumänien war tatsächlich eine Teilfortsetzung der Zucht des ehemaligen „Königlichen Ungarischen Lipizzanergestüt Fogaras" in Alsó-Szombatfalva, Siebenburgen. Die originale Zuchtherde war 1912 von den Ungarn ins Gestüt Bábolna verlegt worden. Mit den hinterlassenen Arbeitspferden – alles reinrassige Lipizzaner – wurde weitergezüchtet. Als Siebenburgen 1918 an Rumänien fiel, wurde 1919 an gleicher Stelle mit allem vorhandenen Zuchtmaterial das rumänische Lipizzanergestüt „Simbata de Jos" gegründet. Da die Stutbücher bereits 1912 mit dem Pferden nach Bábolna gekommen waren, gründeten sich die Abstammungen der jetzt rumänischen Pferden nur auf mündlicher Übergabe des vorhandenen Personals. Aufgrund der diffizilen politischen Situation zwischen Ungarn und Rumänien kam die Verbindung der beiden Lipizzaner Zuchtrichtungen nie zustande. Obwohl sich die Lipizzanerzucht in Rumänien, trotz eingeschränkter Zuchtbasis, durchaus entwickelte, wurde eine eigene Einteilung der Stutenfamilien nie vorgenommen (Hop et al. 1994).

6.1 ANFANG DER FORSCHUNG

Als sich Rumänien 1991 als Mitglied der LIF anmeldete, wurde von der LIF-Zuchtkommission (die sich inzwischen aufgrund der Mitgliedschaften aller Gestütsdirektoren der traditionellen Staatsgestüte erweitert hatte) vorgeschlagen, bei der Überprüfung der rumänischen Stutbücher insbesondere auf der weiblichen Genealogie deren Verbindung mit der ungarischen Zucht festzustellen. Der Sekretär der LIF-Zuchtkommission Atjan Hop (Abb. 1) (Niederlande) hatte diese Aufgabe bereits vorbereitet (Hop 1991). Eine Einteilung nach Stutenlinien wurde den Vertretern des rumänischen Landwirtschaftsministeriums während der LIF Generalversammlung 1992 vorgeschlagen. Daraufhin wurde die LIF-Zuchtkommission zu einem Besuch der Gestüte und zur Überprüfung der rumänischen Stutbücher eingeladen.

Dieser Besuch fand im Juni 1993 statt. Prof. Dr. Imre Bodó (Ungarn) und Atjan Hop (Niederlande) besuchten als Präsident und Sekretär der Zuchtkommission das Gestüt Simbata de Jos und arbeiteten zusammen mit Dr.Ing. Sandu Balan, Dr. Gheorghe Bica, und Dr. Nicolae Ramba (Rumänischer Lipizzaner Ausschuß der nationalen Pferdzuchtbehörde) alle vorhandenen Stutbücher durch. Diese Forschung führte auf 26 Gründerstuten Anfang des 20. Jahrhunderts zurück. Die meisten Stuten stammten aus dem ungarischen Gestüt Fogaras. Einige kamen auch aus privaten siebenbürgischen Lipizzanerzuchten.

6.2 VERBINDUNG MIT FOGARAS

Als nächstes galt es, diese Gründerstuten mit der ursprünglichen ungarischen Lipizzanerzucht zu verbinden. Diese Aufgabe wurde von Zoltán Egri in Szilvásvárad übernommen. Die originalen Grundbücher und übrigen Register vom ehemaligen Königlichen ungarischen Lipizzanergestüt Fogaras dienten als Quellen (Archiv Lipizzaner Zuchtverband Ungarn 1874–1912). Zusammen mit Imre Bodó wurde die endgültige Identität der rumänischen Gründerstuten festgestellt.

Nicht bei allen 26 Gründerstuten in Simbata de Jos konnte der genaue Zusammenhang festgestellt werden. Verschiedene Stuten konnten auf Grund ihrer Notierung im ersten Band der rumänischen Lipizzaner Zuchtbücher sofort in den Büchern von Fogaras gefunden werden. Bei anderen gab es verschiedene Verbindungsmöglichkeiten. Zusammen mit den aus der Privatzucht stammenden Gründerstuten wurden diese Pferde als Gründerstuten betrachtet.

6.3 EINTEILUNG DER FAMILIEN

Anhand der Aufstellung der rumänischen Stutenfamilien von Hop (1991) konnten 13 unterschiedliche Stutenfamilien mit aktiver Nachzucht abgeleitet werden. Fünf davon führten direkt auf bekannte Mezöhegyeser Stutenfamilien zurück. Zwei weitere konnten zwei unterschiedlichen ungarischen Familien zugeordnet werden. Bei sechs Familien konnte keine Verbindung mit bestehenden Familien festgestellt werden. Bezüglich der Abstammung von reinrassigen Lipizzanerstuten gab es bei diesen Tieren aber keine Zweifel.

In der rumänischen Lipizzanerzucht wurde auch noch die Existenz von fünf anderen weiblichen Linien mit zur Zeit lebenden direkten Nachkommen festgestellt. Diese gehen alle auf Lipizzaner Stuten zurück, welche gleich nach dem II. Weltkrieg – mit unbekannter Herkunft und Abstammung – nach Simbata de Jos gebracht worden waren. Nur eine Familie konnte mit Gewissheit einer bekannten Stutenfamilie zugeteilt werden. Aufgrund der unklaren Herkunft konnten die erwähnten vier Familien noch nicht in der Liste der anerkannten Stutenfamilien aufgenommen werden. Deshalb sollte untersucht werden, ob in Rumänischen Archiven weitere Hinweise zu finden sind.

6.4 GENEALOGISCHE WURZELN

Die letzte Stufe der Bearbeitung der rumänischen Stutenfamilien war die endgültige Ausarbeitung ihrer ungarischen Wurzeln. Da es sich hier großteils um in der ungarischen Lipizzanerzucht ausgestorbene Stutenfamilien handelte, mußte die Genealogie, so wie sie aus den Grundbüchern von Fogaras (ab 1874) bekannt war, erneut in den originalen Mezöhegyeser Gestütsbüchern (ab 1786) untersucht werden. Dies wurde 1993 von Hop in Budapest erledigt. Auch die bereits bekannten ungarischen Stutenfamilien wurden dabei bis zu den ersten im Mezöhegyeser Grundbuch registrierten Gründerstuten (ab 1786) zurück verfolgt und bestätigt.

Diese Ergebnisse wurden 1993 von Hop in einem internen LIF-Report zusammengestellt, 1994 veröffentlicht und der LIF-Zuchtkommission und Generalversammlung 1994 (Paris) vorgeschlagen. Seitdem ist diese Einteilung von der rumänischen Pferdenzuchtbehörde offiziell übernommen worden.

7. DIE LIF-TABELLEN DER ANERKANNTEN STUTENFAMILIEN (1994)

Die Auflistung der rumänischen Stutenfamilien in einer neuen Auflage war 1994 die Veranlassung, auch andere Familien in gleicher Weise zu bearbeiten. Das Ziel war, eine Gesamtübersicht aller Lipizzaner Stutenfamilien mit lebendigen direkten Nachkommen zusammenzustellen. Da die meisten Mitgliedsorganisationen der LIF seit 1986 ihre Stutbücher zur Überprüfung angeboten hatten, war inzwischen beim Sekretariat der LIF-Zuchtkommission deutlich geworden, welche Stutenfamilien noch existierten. Von allen traditionellen Lipizzaner Staatsgestüten waren die genealogischen Hintergründe bekannt. Aber auch die Stutbuchdaten aller nationalen Privatzuchtverbände der Welt lieferten zusätzlich eine gute Übersicht. Nur die genealogischen Hintergründe des serbischen Staatsgestüts Karadordevo lagen zu diesem Zeitpunkt noch nicht vor. Der Sekretär der LIF-Zuchtkommission Atjan Hop, verantwortlich für die Überprüfung der nationalen Stutbücher, stellte auf Grund all dieser aktuellen Stutbuchdaten Listen mit anderen, noch existierenden Stutenfamilien zusammen.

Die korrekten genealogischen und historischen Hintergründe dieser Zuteilungen wurde mit Zuhilfenahme vorliegender Lipizzaner Quellen und Literatur überprüft. Als Grundlage der Zusammensetzung dieser LIF-Tabellen der anerkannten Stutenfamilien diente das Manuskript über die Genealogie aller Lipizzaner Stutenfamilien von Atjan Hop, das aus seinen eigenen jahrenlangen Forschung in Literatur, Stutbücher und Archiven zusammengestellt war. Speziell für die LIF-Tabellen wurden diese Daten nochmals sorgfaltig überprüft und durchgearbeitet.

7.1 KLASSISCHE STUTENFAMILIEN

Für die korrekte Auflistung der sogenannten klassischen Stutenfamilien (Definition siehe Punkt 5) wurden die Veröffentlichungen des ehemaligen Oberstallmeisteramtes (k.k. Oberststallmeisteramt 1880), Finger (1930) und Motloch (1886) benutzt. Daneben war ein Manuskript im Archiv des Bundesgestüts Piber mit detaillierten Ausarbeitungen der Lipizzaner Stutenfamilien, vermutlich von Dr. Heinrich Lehrner, sehr hilfreich. Die Ausarbeitungen der Stutenfamilien in den veröffentlichten Bänden der Stutbücher der Nationalgestüte Lipica (Pangos 1986) und Topolčianky (Hučko), sowie der ungarischen Stutbücher, Band I (Egri 1988) und Band II (Egri 1991) wurden zusätzlich nachgeschlagen. Zur Bestätigung dieser Daten wurden wieder die originalen Grundbücher und Register des ehemaligen Karster Hofgestüts zu Lippiza, und zwar die Exemplare im Archiv des Bundesgestüts Piber benutzt. Allgemeine Beschreibungen von Wrangel (1893–1895) und Gassebner (1896) komplettierten das Gesamtbild der Hintergründe der Lipizzanerzucht im ehemaligen Hofgestüt zu Lippiza und damit den Aufbau der sogenannten ‚klassischen Stutenfamilien‘

Während der endgültigen Auflistung wurde an der traditionellen Einteilung von Auer (1880) und Finger (1930) festgehalten. Wie erwähnt waren einige im Hofgestüt entstandene und/oder benützte Stutenfamilien bereits ausgestorben. Diese wurden deswegen nicht mehr in der ursprünglichen LIF-Liste erwähnt. Die Stutenfamilie „Capriola" (Kladruby, 1785) war am Ende des 19.Jahrhunderts im Hofgestüt zwar ausgestorben, aber wurde mit den Stuten vom k.k. Staatsgestüt Radautz im Jahr 1918 nach Piber gebracht, und wird da noch immer geführt. Diese Familie wird deswegen als „klassisch" in den LIF-Tabellen geführt. Im Gegensatz zum Text der LIF-Reinrassigkeitskriterien (1986) wurde jetzt die Familie „Rava" als klassisch in der LIF-Tabelle aufgenommen. Diese Familie ist bereits seit dem Ende des 19. Jahrhunderts im Hofgestüt Lippiza benützt worden, und nicht erst im Gestüt Topolčianky als Kladruberstamm eingekreuzt, wie vom vorigem LIF-Text impliziert wurde.

Insgesamt konnten folglich 17 Stutenfamilien als ‚klassisch‘ bezeichnet werden. 15 klassische und die der zwei „neuentdeckten" Familien „Capriola" und „Rava".

7.2 KROATISCHE STUTENFAMILIEN

Stutenfamilien aus dem traditionellen kroatischen Zuchtgebiet wurden von Steinhausz (1924, 1943) gut dokumentiert. Zusätzlich war das schon erwähnte Manuskript von Lehrner im Archiv des Bundesgestüts Piber mit seinen detaillierten Ausarbeitungen verwendet. Daneben dienten die Publikationen von Wrangel (1893–1895) und Gassebner (1896) aber auch von Dolenc (1980) als zusätzliche Quellen. Die Sammlung von Kopien alter kroatischer Pedigrees im Privatarchiv von Hop fungierte als sekundäre Quelle.

Die Einteilung fand anhand der Ursprungsgestüte statt, wo eine Stutefamilie ihre Wurzeln fand. Familien, welche in den privaten Gestüten der Grafen Eltz (Vukovar), Jankovič (Terezovac und Cabuna), und Tüköry (Daruvar) entstanden, konnten verifiziert werden. Daneben wurden drei Familien (*Munja-Strana, Karolina-Janja, Alka-Pliva*), welche noch im bischöflichen Gestüt Đakovo geführt wurden, ebenfalls bestätigt. Der Überlieferung gemäß sollten diese Familien aus dem Hofgestüt stammen, die Unterlagen hierzu sind aber nicht vorhanden. Aus diesen Gründen sind diese Familien separat als kroatische Familie angegeben worden.

Die meisten kroatischen Familien sind in der heutigen traditionellen Gestützucht bekannt. Interessant ist, daß in der Privatzucht außerhalb Europa einige Familien überlebt haben, die im Ursprungsland bereits ausgestorben sind. Es handelt sich hier um die in Amerika noch vorhandenen Familien *Fruska* (Eltz, 1857) und die Jankovičer Familien *Ercel* und *Czirka*, die in Südafrika weiterleben.

Schließlich sollte noch die Familie *Rebecca-Thais* erwähnt werden. Diese Familie (arabischer Herkunft aus kroatischer Zucht) ist nach dem II. Weltkrieg im Gestüt Lipica in die Lipizzaner Zucht integriert worden. Deswegen wird sie zusätzlich als "Slowenische Stutenfamilie" in der LIF-Tabelle geführt.

7.3 UNGARISCHE STUTENFAMILIEN

Für die ungarischen Familien gilt, wie oben unter Punkt 3 bereits erwähnt, die Systematik im ungarischen Stutbuch I (Egri 1988) als Grundlage. Die Reihenfolge in der LIF-Tabelle folgt aber nicht der traditionellen ungarischen Numerierung („kancacsalád"), wie sie in den Stutbüchern von Bábolna und Szilvásvárad benützt wird. Grundlage der LIF-Reihenfolge war, genauso wie bei den klassischen und kroatischen Familien, die Herkunft der Gründerstute (die älteste bekannte Stute der Familie). Zuerst wurden die Mezőhegyeser Stämme erwähnt, danach eine Familie mit arabischen Wurzeln aus Bábolna. Einzelne Familien aus den Gestüten der Grafen Jankovic, Esterhazy, Biedermann und Pallavicini folgten. Die schon erwähnte Familie der *Karszt Párta* schloß die Liste der ungarischen Stutenfamilien 1994.

Im ungarischen Stutbuch I (Egri 1988) wurde nur von zwei aus Fogaras stammenden Familien die vollständige Ausarbeitung bis auf Gründerstuten aus dem ehemaligen Staats- und Militärgestüt Mezőhegyes erwähnt. Während der Forschung nach den Hintergrunden der rumänischen Familien in den Mezőhegyeser Grundbücher im Jahr 1993 wurde diese Daten überprüft und teilweise korrigiert und ergänzt. Daneben konnten noch bei zwei zusätzlichen Familien die Wurzeln in Mezőhegyes am Ende des 18. Jahrhunderts gefunden werden.

Spätere Forschungen brachten noch kleine Ergänzungen in der Reihenfolge und Zuteilung (siehe Punkt 10).

7.4 RUMÄNISCHE STUTENFAMILIEN

Die Hintergründe der rumänischen Stutenfamilien wurden bereits oben, unter 6. beschrieben. Die Tabellen dieser Familien, ausgearbeitet im internen LIF-Report (Hop 1994), wurden vollständig in der offiziellen LIF-Tabelle der Stutenfamilien übergenommen.

7.5 ANERKENNUNG

Die neuen Tabellen mit oben erwähnter Einteilung wurden im Herbst des Jahres 1994 von Hop während der Herbstsitzung der LIF-Zuchtkommission präsentiert und von der Kommission akzeptiert. Während der anschließenden jährlichen Generalversammlung der LIF (Paris) wurden die Tabellen, zusammen mit der Liste der anerkannten Einkreuzungen (siehe Punkt 8), einstimmig übernommen.

8. DIE TABELLE DER ANERKANNTEN EINKREUZUNGEN (1994)

Die *Anforderungen an die Abstammung des Reinzucht-Lipizzaners* im Anhang II beschreiben auch, unter 4., die Möglichkeit der Einkreuzungen von Fremdblut. Um die „Schließung" des Lipizzaner Stutbuchs zu erreichen, sollten diese Ausnahmen strikt definiert werden. Die akzeptierten Einkreuzungen nach 1918 konnten genau quantifiziert werden. Diese Definition wurde vom Sekretär der LIF-Zuchtkommission, Atjan Hop, folgendermaßen formuliert.

AUSNAHMELISTE ANLÄSSLICH DES ANHANGS II DER SATZUNG DER LIF

In dem Anhang I der Satzung der ‚Lipizzan International Federation' (Reinrassigkeitskriterien) wird sub 4. folgende Regel erwähnt:
4. Ausnahmsweise können in der Abstammung eines Lipizzaner vereinzelt Pferde arabischer, Andalusischer, Lusitanischer und Kladruber Abstammung anerkannt werden, vorausgesetzt, dass sie in traditionell anerkannter Gestütszucht Verwendung fanden." „…."

Kriterien für diese Einkreuzungen mit fremden Blut sollten sein:
1. Die Einkreuzung soll gemacht sein von einem traditionell anerkannten Lipizzanergestüt.
2. Die Einkreuzung soll planmaßig durchgezüchtet sein, mit nachweisbarer Selektion.
3. Die Einkreuzung soll nur zugunsten der Lipizzanerzucht gewesen sein, d.h. zur Verbreiterung der genetischen Basis, bzw. Exterieur- oder Gangverbesserung.

Im 20. Jahrhundert, nach dem I. Weltkrieg, sind diese vereinzelten Einkreuzungen in der traditionell anerkannten Lipizzaner Gestützucht limitativ anzugeben: (Tab. I, II)

Andere Einkreuzungen, die heutzutage nicht mehr in Abstammungen der Gestützuchttiere erwähnt werden, sind aus dieser Zucht herausgenommen, und deswegen als nicht weitergeführte Zuchterprobung zu qualifizieren. Pferde mit anderem fremden Blut im Pedigree, wie erwähnt in den Tabellen I und II, sind also **nicht** gemäß dem Anhang I, sub 4. gleichzustellen mit reinrassigen Lipizzaner Pferden.

8.1 KRITERIEN

Die Fragestellung, was ein traditionell anerkanntes Lipizzanergestüt ist, kann nur anhand der Entwicklungsgeschichte der Lipizzaner Rasse im weiten Sinne ermittelt werden. Neben dem Ursprungsgestüt, dem ehemaligen k.k. Karster Hofgestüt zu Lippiza, sind auch die ehemaligen Staats- und Militärgestüte Mezöhegyes, Radautz, Piber, und Fogaras für die weite Entwicklung der Rasse wichtig gewesen. Auch viele Privatgestüte, meistens im Besitz des Adels, haben von Anfang des 19. Jahrhunderts an zur Verbreitung der Rasse beigetragen. Die Gestüte mit dem größten Einfluß sind sogar als Ursprungsgestüte mancher nicht-klassischer Stutenfamilien erwähnt worden. Andere Staats- und Privatgestüte waren aus geschichtlicher Sicht nur Weitergeber. Die wichtigsten Literaturstellen dazu sind Steinhausz (1924, 1943), Wrangel (1893–1895) Gassebner (1896) und Dolenc (1980).

Das zweite Kriterium, die planmäßige Durchzüchtung mit nachweisbarer Selektion kann in Verbindung mit einer Zuchtorganisation oder einem traditionellen Gestütsbetrieb als gegeben angenommen werden. Zusammen mit dem dritten Kriterium werden nur diejenigen Einkreuzungen akzeptiert, die sich nach langfristiger Zuchtarbeit innerhalb der Lipizzanerzucht bewährt haben. Einfache Zuchtversuche, Gelegenheitseinkreuzungen, und Gebrauchspferdenzucht werden hiermit ausgeschlossen. Nicht gelungene oder nicht weitergeführte Einkreuzungsversuche werden nicht akzeptiert. Die Einkreuzung des spanischen Hengstes „Honroso" (Abb. 2) und des Shagya-Araber Hengstes „Gazlan" in den 70er Jahren im Bundesgestüt Piber sind hierfür gute Beispiele. Auch vom Einsatz des Kladruber Hengstes „Sacromoso" in Gestüt Topolčianky in der Jahren 1924–1925 findet man in den Lipizzaner Abstammungen heutzutage nichts mehr.

Abb. 2. Der im Gestüt Piber eingesetzte Andalusier Hengst Honroso (Archiv Brabenetz).

8.2 LIMITATIVE AUFLISTUNG

Wenn man die Abstammung aller Zuchttiere der bekannten Lipizzaner Staatsgestüte am Anfang der 90'er Jahren des 20. Jahrhunderts betrachtet, kann man einfach feststellen, welche Fremdbluteinkreuzungen innerhalb der Lipizzanerzucht nach 1918 überlebt haben.

In diesem Sinne ist das kroatische Zuchtgebiet äusserst interessant aufgrund des spezifischen Gebrauches von Shagya-Arabern. Diese Einkreuzungen wurden in der Gestüten Ðakovo (20er Jahren) und Lipik (50er Jahren) durchgeführt und sind in heutigen Abstammungen manchmal aufzufinden. In Ðakovo kam der Hengst *413 Shagya X-5* (Radautz, 1912) zum Deckeinsatz. Weiter zu erwähnen sei der Kreuzungshengst *132 Amurath Batosta XIX* (Lipik, 1950) (781 Amurath Shagya a.d. 10 Batosta XIX), der als Vater verschiedener Zuchtstuten bekannt ist. Quellen zur Überprüfung anhand der Kriterien waren Steinhausz (1943) und unterschiedliche kroatischen Pedigrees (Archiv Hop). Daneben konnten die Hintergründe dieser Shagya-Araber bei Brabenetz (1987) nachvollzogen werden.

Der Einsatz verschiedener Araber Hengste im Gestüt Hostau zwischen 1942 und 1945 hatte auch Fortwirkung in der Zucht verschiedener Gestüte nach dem II. Weltkrieg. Neben Lipizzaner Hengsten wurden von der deutschen Gestütsleitung *Miecznik ox* (Janow P., 1924), *Trypolis ox* (Janow P., 1937) und *Lotnik ox* (Dobuzek, 1938) benützt. Weibliche Nachkommen sind in Wimsbach, Piber und Lipica weitergeführt worden. Der in Hostau 1943 geborene Kreuzungshengst *Favory Kadina XXIII* (Favory Blanca a.d. Kadina XXIII (Shagya-Araber) ist später im Gestüt Lipica zum Deckeinsatz gekommen.

Der Einsatz vom *Shagya XXXIII* (Bábolna, 1942) in der Lipizzanerzucht von Bábolna nach dem II. Weltkrieg war das beste Beispiel für die LIF-Kriterien. Nur die Stute *2 Favory Shagya* (1948) (a.d. 23 Favory XVIII) hat die Gestütsselektion wirklich überstanden. Der einflußreiche ungarische Peperinièrehengst *Maestoso XXIX* führte diese Abstammung.

Sieben Pferden arabischer oder Shagya-arabischer Abstammung wurden 1994 in die LIF-Liste der annerkannten Einkreuzungen aufgenommen. Daneben wurde nur eine andere Fremdbluteinkreuzung erwähnt: die Kladruber Stute *Noblessa* (1912). Diese Gestütsstute aus dem Karster Hofgestüt brachte 1916 *Favory Noblessa* (V. Favory Sarda). Dieser Hengst wurde im italienischen Gestüt Lipizza nach dem I. Weltkrieg als Deckhengst benutzt und ist heute in den Pedigrees in Lipica und Monterotondo zu finden.

Mit dieser limitierten Auflistung wurde versucht, die Anerkennung eines Pferdes als reinrassigen Lipizzaner zu erläutern. Spätere Forschungen und die Veröffentlichung des serbischen Stutbuchs brachten noch Ergänzungen (Siehe Punkt 11). Dennoch gelten die Grundsätze aus dem Jahr 1994 noch immer.

9. DIE ERNEUERTE FORMULIERUNG DER ANFORDERUNGEN DER ABSTAMMUNG DES REIN-ZUCHT-LIPIZZANERS (2001)

Zusammen mit den Tabellen der anerkannten Lipizzaner Stutenfamilien wurde mit der Auflistung der akzeptierten Einkreuzungen seit 1994 eindeutig festgestellt, welche Pferde als reinrassige Lipizzaner zu betrachten waren, oder damit gleichgestellt werden konnten. Gewisse Sachkenntnis der Lipizzaner Zuchtgeschichte war selbstverständlich unentbehrlich, aber die Anleitung wurde formuliert und allgemein akzeptiert.

Wenn man allerdings den Originaltext von 1986 der "Anforderungen an die Abstammung des Reinzucht-Lipizzaners" vom juristischen Gesichtpunkt richtig interpretieren und handhaben würde, gäbe es in der täglichen Praxis keinen einzigen reinrassigen Lipizzaner! Dieser Originaltext war, ohne Rücksicht auf die Breite der Zuchtgeschichte dieser Rasse zu strikt formuliert worden.

Vom Ende des 16. Jahrhundert kannte man im Karster Hofgestüt einen Zufluß von Hengsten aus aller Richtungen, die als Deckhengst benützt wurden. Die bekannten sechs Hengstlinien, wie in den „Anforderungen" erwähnt, sind erst im 19. Jahrhundert wirklich entstanden. Neben diesen Peperinièren aus eigener Zucht wurden aber daneben auch dutzende andere „barocke" und orientalische Hengste unterschiedlichen Herkunft im Hofgestüt eingesetzt. Daneben gab es auch noch die bereits im 19. Jahrhundert ausgestorbenen Hengstlinien „Lipp" und „Toscanello". Alle diese Pferden sind in der Abstammung der heutigen Lipizzaner zu finden. Die erste Erwähnung dieser 18 Stut Familien geht aus der Literatur des späten 19. Jahrhunderts hervor (Finger 1930, K.K. Oberststallmeisteramt 1880). In den originalen Stutbüchern des Karster Hofgestüts gibt es aber sicher noch zehn andere Familien, die in unserer Zeit keine Nachkommen in direkter Linie haben. Diese Familien wurden auch teilweise in einem Manuskript im Archiv des Bundesgestüts Piber aufgelistet.

Wenn man also das Wort „lückenlos" in dem 1. Satz im Originaltext der Anforderungen 1986 wortgetreu durchführt, gibt es in diesem Sinne keine reinrassigen Lipizzaner! Jeder heutige Lipizzaner führt irgendwie auch diese im Originaltext nicht erwähnten Vorfahren aus dem Hofgestüt im Pedigree.

Daneben schließt die Erwähnung von 18 klassischen Stutenfamilien auch nicht an die Realität des 20. Jahrhunderts an, wie bereits obenstehend, unter 7.1 beschrieben wurde.

Eine Neuformulierung der Reinrassigkeitskriterien war also nötig. Während der Herbstsitzung der LIF-Zuchtkommission wurde dazu auf Vorschlag von u.a. Zoltán Egri beschlossen, den Originaltext zu überarbeiten. Atjan Hop formulierte den folgenden Text, der von der Zuchtkommission im kleinen Rahmen (Dr. Werner Pohl, Mag. Janez Rus, Zoltán Egri) übernommen wurde. Während der LIF-Generalversammlung 2001 in Brüssel wurde diese Textänderung einstimmig übernommen. Die Absätze 1 bis 3 des Originaltexts wurden durch den neuen 1. Absatz ersetzt. Aus Absatz 4 ist im überarbeiteten Text Absatz 2 geworden.

Anforderungen an die Abstammung des Reinzucht-Lipizzaners

(Überarbeiteter Text – Oktober 2001)

(Reinrassigkeitskriterien im Sinne von Art.6, Abs.2 der LIF Geschäftsordnung, definiert im Anhang II der LIF-Statuten)

1. Lipizzaner können nur dann als reinrassig in ein Stammbuch eingetragen werden, wenn sie in jedem Teil ihrer Abstammung lückenlos zurückgehen auf:
   - die acht heutzutage geführten Hengstlinien (CONVERSANO, FAVORY, INCITATO, MAESTOSO, NEAPOLITANO, PLUTO, SIGLAVY, TULIPAN), und
   - die im ehemaligen Hofgestüt Lippiza (1580–1915) benütze Beschäler, und
   - die im ehemaligen Hofgestüt Lippiza (1580–1915) geführte Stutenfamilien, als auch
   - andere, in der traditionellen Lipizzanerzucht entstandenen und heute anerkannten Stutenfamilien.

2. Ausnahmsweise können in der Abstammung eines Lipizzaners vereinzelt Pferde arabischer, andalusier, lusitanischer oder kladruber Abstammung anerkannt werden, vorausgesetzt, daß sie in traditionell anerkannter Gestützucht Verwendung fanden. //....//

---

10. DIE LETZTEN ÄNDERUNGEN

10.1 UNGARISCHE STUTENFAMILIEN (2004)

Während der genauen Überprüfungen des Stutbuchs des schwedischen Lipizzanerzuchtverbandes wurden im Jahr 2003 zwei unbenannte ungarische Stutenfamilien gefunden. Aus dem Staatgestüt Bábolna und Szilvásvárad stammend, führten die Abstammungen der nach Schweden importierten Lipizzaner Stuten auf zwei verschiedenen Stutenfamilien zurück, die in Ungarn bereits ausgestorben waren. Die Hinzufügung dieser Familien „*461 Bukovina*" und „*555 Generale XXII*" (beide traditionell aus dem Gestüt Mezöhegyes stammend und bereits in den Stutbücher von Fogaras erwähnt) in die LIF-Liste der ungarischen Familien war deswegen notwendig. Die Entscheidung wurde während der Sitzung der LIF-Zuchtkommission 2004 in Lipica getroffen.

Bei der Abänderung dieser Liste wurde auch die Familie „*Anemone*" hinzugefügt. Zuerst wurde diese Familie als kroatisch bezeichnet, aber auch diese Familie hat ihre Würzeln im ungarischen Gestüt Mezöhegyes. Die Familie *502 Mozsgó Perla* wurde weiter wegen des Jankovic'er Hintergrundes, in die kroatische Tabelle übernommen.

Die LIF-Tabelle der ungarischen Stutenfamilien enthält seit 2004 insgesamt 16 Familien. Weitere Forschung von Hop im Archiv des Bundesgestüts Piber zeigten, daß die ungarische Familie „*2052 Neapolitano Szerena*" (die im Band I des ungarischen Stutbuch (Egri 1988) als selbständige Familie aus dem Gestüt des Grafen Esterházy in Tata bezeichnet wurde) ein Zweig der klassischen Familie „*Almerina*" ist. Dennoch wurde beschlossen, die Sondererwähnung in der ungarischen Tabelle weiterzuführen, um Misverständnisse zu vermeiden.

10.2 KROATISCHE STUTENFAMILIEN (2004)

Wie erwähnt, wurde ab 2004 die original Mezöhegyeser Familie „*Anemone*" in der ungarischen Familie geführt. Daneben ergab sich aus dem 2003 veröffentlichten serbischen Lipizzaner Stutbuch (Jastsenjski 2003), daß die kroatische Familie „*Manczi*" (Cabuna, vor 1899) nicht ausstorben war, sondern mit den Namen *Karasica* in der serbischen Zucht zu finden ist. Deswegen wurde diese Familie 2004 in die kroatische Tabelle übernommen. Die Familie *502 Mozsgó Perla* wurde, wie bereits erwähnt, wegen des Jankovic'er Hintergrundes, von der ungarische Liste zur kroatischen Tabelle versetzt.

Die LIF-Tabelle der kroatischen Stutenfamilien erwähnt also seit 2004 15 Familien.

Die Stutenfamilie „*Alka-Pliva*" (besprochen unter 7.2), ursprünglich nur noch im bosnischen Staatsgestüt Vucijak vertreten, bekam im Jahr 2004 eine Erweiterung. Forschungen von Cacic et al (2005) erwiesen, daß die Bosnische Familie, sowie der genealogisch verbundene Nebenzweig „*Lisa-Cica*" (bisher nur als kroatischen Landeszucht geführt) die gleiche mtDNA Klassifizierung hat wie die klassische Familie "Englanderia". Diese Ergebnisse wurden während der Sitzung der LIF-Zuchtkommission 2004 (Lipica) vorgestellt. Die Nebenzweig „*Lisa-Cica*" wurde damit aus der Anonymität der kroatischen Landeszucht herausgenommen. Die historische Überlieferung, die auch von Romic (1957) erwähnt wurde, „*Alka-Pliva*" sollte „*Englanderia*" sein, wurde mit Ergebnissen moderner Forschungstechniken bestätigt.

11. DIE LETZTE ÄNDERUNGEN: ANERKANNTE EINKREUZUNGEN (2004)

Im Jahr 2003 wurde das serbische Lipizzaner Stutbuch, Band I (Jastsenjski 2003) veröffentlicht. Nicht nur die Lipizzaner der serbischen Privatzucht, sondern auch die Pferde des Staatsgestüts Karadordevo wurden hierin aufgenommen. Da dieses Staatgestüt seit Jahrzehnten einen eigenen Kurs eingeschlagen hatte, mit gestütsmäßig durchgeführten Einkreuzungen mit (Shagya)-Arabischem Blut, war Erweiterung der Liste mit anerkannten Fremdbluteinkreuzungen (Siehe oben, unter 8.) notwendig.

Während der Sitzung der LIF-Zuchtkommission in 1994 wurden diese Einkreuzungen des Gestüts Karadordevo bewusst außer Betracht gelassen, da detaillierte Daten damals fehlten. Es wurde sogar beschloßen diese Einkreuzungen auch nirgendwo sonst zu akzeptieren. Diese Entscheidung hatte zur Folge, daß das Gestüt Lipica die Nachkommen des Hengstes „2528 Maestoso Aida VIII" (Karadordevo, 1970) aus der Zucht nahm. Die Veröffentlichung des Serbischen Stutbuch I machte diese Entscheidung wieder rückgängig.

Während der Sitzung der LIF-Zuchtkommission in Lipica im Jahr 2004 wurde nach einiger Diskussion der von Serbien vorgelegten genealogischen Hintergründe zugestimmt und das Stutbuch akzeptiert. Darauf folgend wurden drei individuelle Einkreuzungen von (Shagya-) Arabischem Blut wie im Gestüt Karadordevo nach dem II. Weltkrieg durchgeführt, innerhalb der Lipizzanerzucht akzeptiert: *516 Darinka XIII* (1944), *594 Hanka III* (1966), und *578 Fatiha IV* (1957). Daneben wurden noch zwei von Gestüt Karadordevo weitergeführten Araber-Einkreuzungen des Gestüts Novi Slankamen, *30 Rusalka* (1942) und *35 Aida* (1942) akzeptiert.

Mit dieser Ergänzung der Tabelle der anerkannten Einkreuzungen sind seit 2004 insgesamt 11 individuelle Fälle aufgelistet. Damit sind alle Einkreuzungen benannt. In der Zuchtgeschichte der Lipizzaner Rasse nach dem I. Weltkrieg sind keine anderen Einkreuzungen, wie im 2. Absatz der "Anforderungen an die Abstammung der Reinzucht-Lipizzaner" zu bezeichnen, zukünftige Projekte ausgenommen.

Mit der Veröffentlichung des Buches von Dr. Walter Hecker über die (Shagya-)Araberzucht in Gestüt Bábolna (Hecker 1994) konnten viele Hintergründe der eingekreuzten Araber und Gründerstuten einzelner Stutenfamilien überprüft werden. Damit konnte die Abstammungsdaten in der Tabelle ergänzt werden.

12. ZUKÜNFTIGE MÖGLICHE ÄNDERUNGEN

Es ist nicht anzunehmen, daß sich der Entwurf und die Ausarbeitung der LIF-Tabellen der Stutenfamilien in Zukunft noch strukturell ändern werden. Die Zusammensetzung hat auf Grund aller bekannten genealogischen Daten im breiten Ramen der Zuchtgeschichte stattgefunden. Höchstens werden sich bestimmte Einzelheiten aufgrund von neueren Forschungsergebnissen ändern oder sogar zusammenfügen. Zu beachten ist jedenfalls, daß die traditionelle Einteilung der Stutenfamilien als Ansatz eine Gruppe von sogenannten Gründerstuten kennt. Hinter diesen Stuten (meistens bekannt wegen der Namen der Familien) hören die Abstammungsdaten in den vorhandenen Stutbüchern auf. Das heisst selbstverständlich nicht, daß es dahinter keine Abstammung mehr gäbe. Die Bücher fehlen einfach. Denkbar ist, daß weitere Archivforschung noch weitere Daten liefern könnte, und vielleicht heutige Stutenfamilien zusammenbringen wird. Wenn zwei Gründerstuten mutterseits verwandt zu sein scheinen, könnten plötzlich zwei oder mehr Familien zusammengebracht werden. Die Feststellung daß es, auf Grund der LIF-Auflistung 60 Stutenfamilien gibt, aber sich zugleich beim INCO-Copernicus Projekt nur 37 unterschiedliche mtDNA Haplotypen zeigten (siehe Kavar et al. 2002), führt zu dieser Annahme.

Daneben sind zukünftige Fremdbluteinkreuzungen unter den Bedingungen der LIF-Anforderungen, 2. Absatz, für die traditionelle Staatgestüte immer möglich. Anno 2007 wurden zum Beispiel einige Kreuzungsprodukte eines Zuchtexperiment des ungarischen Staatsgestüt Szilvásvárad, (Töchter des Lusitano-Hengstes „*Ligeiro*") als Zuchtstuten in die Herde aufgenommen. Vielleicht werden nächste Generationen hieraus reinrassigen Lipizzanern gleichgestellt, so daß in Zukunft die LIF-Tabelle mit anerkannten Fremdbluteinkreuzungen wieder ergänzt wird.

13. FOLGERUNG

Mit der Ermittlung der LIF-Tabellen der Lipizzaner Stutenfamilien und akzeptierten Einkreuzungen konnte das „Lipizzaner Stutbuch" geschlossen werden. Damit wurde eindeutig festgestellt, wie bei anderen bekannten traditionellen Pferderassen, wie dem Vollblut Araber, dem English Thoroughbred, der Pura Rasa Espanola, Lusitano und Friese, welche Abstammung ein reinrassiger Lipizzaner haben soll.

Obwohl der Originaltext der LIF-Definition aus 1986 die Voraussetzungen des genealogischen Hintergrundes nicht völlig klar beschrieb, zeigen die Tabellen der Stutenfamilien und akzeptierten Einkreuzungen (1994) zusammen mit dem geänderten Definitionstext (seit 2001) die Grenzen an die „*Anforderungen an die Abstammung des Reinzucht-Lipizzaners*" in der Praxis.

Trotz der manchmal sehr breiten Entstehungs- und Entwicklungsgeschichte der Lipizzaner Rasse können mit den „*Anforderungen an die Abstammung des Reinzucht-Lipizzaners*" der LIF vom genealogischen Gesichtspunkt aus eindeutig festgestellt werden, was ein reinrassiger Lipizzaner ist.

Abb. XI. Der slowakische Hengst Favory Reseda aus dem Gestüt Topoľčianky (Foto Horny).

KAPITEL 11

THOMAS DRUML und GOTTFRIED BREM

Die Grundlagen der Genetik

Die DNA-Doppelhelix ist der Speicher für die genetischen Informationen. Sie liegt im Zellkern als lineares Makromolekül vor. Die Bausteine sind die Mononukleotide, die aus einer Base (Adenin, Thymin, Cytosin oder Guanin), der Pentose (C5- Zucker) Desoxyribose und einem Phosphorsäurerest bestehen. Diese einzelnen Mononukleotide sind zu einem Polynukleotidstrang verbunden. Typisch für die DNA ist die Vereinigung von zwei Polynukleotidsträngen zu einem Doppelstrang, wobei die seitlich abzweigenden Basen paarweise gegenüberstehen. Nur komplementäre Basenpaare sind möglich, nämlich Adenin/Thymin (2 Wasserstoff-Brücken) und Guanin/Cytosin (3 Wasserstoff -Brücken). Beide Längsstränge sind als Doppelhelix in einer rechtsdrehenden Spirale umeinander gewunden. Das Kerngenom wird, spezifisch für die Art des Organismus, auf eine unterschiedliche Anzahl von Chromosomen aufgeteilt. Bis auf die Keimzellen verfügen Säugetiere über einen doppelten (diploiden) Chromosomensatz. Zusätzlich zum Kerngenom haben Tiere in den Mitochondrien eine eigenständige DNA, die mitochondriale DNA (mtDNA, siehe Kap. 16)

Bei Säugetieren besteht das Kerngenom aus ca. 3.3 Milliarden Basenpaaren (Abb. 1). Die mtDNA macht etwa einen Anteil von 1% der Gesamt-DNA einer Zelle aus. Von den 3.3 Milliarden Basenpaaren sind nur 25% (825 Millionen Basenpaare) in Genen zu finden. Letztendlich codieren nur 1.5–2.5% des Genoms (66 Millionen Basenpaare) direkt für Proteine. Die verbleibenden 97.5% des Kerngenoms umfassen nicht codierende Bereiche (z.B. regulatorische DNA, Introns, Sequenzwiederholungen, Pseudogene und non-sense DNA).

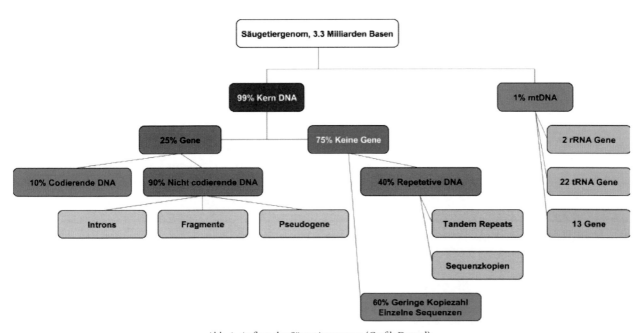

Abb. 1. Aufbau des Säugetiergenoms (Grafik Druml)

Während proteincodierende Gene wesentlich für die Erforschung von Krankheits- und Leistungsgenen sind, kann über die Analyse von repetitiver und nicht codierender DNA, welche erhöhte Mutationsraten aufweist, eine höhere Auflösung bis hin zum Individuum erreicht werden. Diese Eigenschaft ist die Grundlage für deren Verwendung in der molekulargenetischen Evolutionsforschung.

Mutationen können einzelne Basen (Punktmutationen) oder auch gesamte Abschnitte von Chromosomen betreffen. Die gesamte DNA im Körper unterliegt durch interne oder externe Einflüsse ständig Mutationen. Täglich können in jeder tierischen Zelle bis zu 100 Desaminierungen auftreten, welche durch Reparaturenzyme sofort wieder rückgängig gemacht werden. Die für den Genetiker interessanten Mutationen treten in den Keimzellen (haploiden Zellen) auf und passieren im Vergleich zu den somatischen Mutationen relativ selten. Nur Keimbahn- Mutationen können an die Nachkommen weitergegeben werden. Die meisten dieser Veränderungen wirken sich neutral oder negativ auf den Organismus aus. In sehr seltenen Fällen resultiert aus einer Mutation ein Gen bzw. Allel, das seinem Träger einen Vorteil verschafft indem es ihn besser an eine Umwelt anpasst und dadurch seinen Fortpflanzungserfolg steigert. Analysieren wir heute DNA-Sequenzen oder Genomstrukturen von lebenden Tieren, so sehen wir im Wesentlichen nur Mutationen, die entweder neutral waren oder einen positiven Selektionswert hatten. Mutationen werden von Generation zu Generation weitergegeben und können mit Hilfe von statistischen Verfahren quasi als Schriftzeichen in der Entstehungsgeschichte von Arten oder in der Entwicklungsgeschichte von Rassen gelesen und interpretiert werden.

Durch eine Mutation entsteht zu einem Gen ein „Allel", ein verändertes Pendant. Die Wahrscheinlichkeit, dass ein Allel A in ein Allel a mutiert, wird als Mutationsdruck bezeichnet. Die Gesamtzahl der Allele nennt man den Genpool einer Population (also nicht die Gesamtzahl der Gene eines Organismus). Bei 100.000 bis über 1 Millionen Genen eines Organismus ist trotz geringer Mutationsraten (spontane Veränderungen) pro Generation (10^{-4} bis 10^{-6} pro Gen und Generation) die Chance für irgendeine Mutation in einem Individuum hoch. 10–40% der Keimzellen eines Menschen sind in mindestens einem Gen mutiert. Mutationsraten und Evolutionsraten sind nicht korreliert, denn in jeder Generation trägt eine Mutation nur sehr wenig zur Variabilität des Genpools bei. Mutationsraten können durch externe Einflüsse wie Temperatur, UV-Licht, sonstige hochenergetische Strahlen wie Röntgen-, Gamma-Strahlen und diverse mutagene Substanzen, gesteigert werden.

Letztendlich sind Mutationen die einzige Quelle für genetische Veränderungen. Krebszellen zum Beispiel entstehen durch Mutationen in Körperzellen. Mutationen sind an sich meist ungünstig. Selektion merzt ungünstige Mutationen wieder aus, indem mutagene Organismen nicht die Geschlechtsreife erlangen, da sie vorher verenden oder aufgrund ihrer genetischen bedingten Veränderung von Feinden oder Umweltfaktoren dahingerafft werden. Daher finden die meisten Mutationen in nicht kodierenden Bereichen der DNA statt und wirken sich nicht auf den Phänotyp aus. Diese Mutationen überleben evolutionär, weil sie sich für deren Träger nicht nachteilig sprich selektiv auswirken.

Vererbungsexperimente zeigten, dass es eine starke Vernetzung von Genen und Merkmalen durch Vielfachbeeinflussungen gibt, **Pleiotropie** genannt. Kurz gesagt, ein Gen wirkt sich auf mehrere phänotypische Eigenschaften aus. Z.B. kommen Melanome bei Pferderassen mit hohen Schimmelanteilen in Relation häufig vor, ohne aber letal oder vitalitätseinschränkend zu wirken. Im Gegensatz zu normalfarbenen Pferden wie Rappe etc. wo das Auftreten des Melanoms meist tödlich endet, wird beim Schimmel dieses Symptom unterdrückt. Das Schimmelgen wirkt sowohl auf die Fellfarbe als auch auf das Melanom. Andersherum beeinflussen manchmal zahlreiche Gene die Ausbildung eines einzelnen Merkmals, man spricht dann von **Polygenie**. So wird z. B. die Grundfärbung Braun, Rappe und Fuchs beim Pferd durch zwei dominante Gene gesteuert. Die Wildfarbe Braun entsteht durch das Vorhandensein dieser zwei Gene, Extension (Schwarzgen E) und Agouti (Braungen A), wobei die E Variante schwarzes Pigment produziert, welches durch die A Variante verteilt werden kann.

Die ungünstige Wirkung vieler Zufallsmutationen wird ausgeglichen durch den Vorteil der Erhöhung der genetischen Variabilität, d. h. ein Gen kann in verschiedenen Formen auftreten, so genannten Allelen, so dass u. U. in der Zukunft auf Veränderungen des Umfeldes „reagiert" werden kann.

Durch stetige Mutationen wird die Gesamt-DNA, das Genom, im Laufe der Generationenfolge verändert. Dadurch verändert sich auch die Menge aller Allele, der veränderten Gene im Genom in einer Population, und damit der Genpool (Gesamt-Allelbestand). Einzelindividuen einer Population enthalten aber nur einen Teil des Genpools, was wiederum wichtig für die Entwicklung/Bildung von Arten ist. Kommt deren Anteil überproportional zum Tragen, zum Beispiel bei der Besiedelung entfernter Areale durch wenige Individuen (Gründereffekt), kann es schneller als sonst – oder überhaupt – zu stärkerer Merkmalsabweichung gegenüber der ursprünglichen Population kommen, was als **Gendrift** bezeichnet wird. Die inneren und äußeren Bedingungen für die Veränderung des Genpools einer Population, d. h. die innerartlichen Veränderungen, werden als Mikroevolution bezeichnet.

SELEKTION

Dies leitet über zur **Hardy-Weinberg-Regel** (benannt nach den Mathematikern Godfrey Harold Hardy und Wilhelm Weinberg). Sie besagt, dass in einer idealisierten Population, in der gleiche Paarungswahrscheinlichkeit zwischen beliebigen Partnern (Panmixie) herrscht, keine Mutationen und keine Selektion, also keine Evolution stattfindet – und daher langfristig betrachtet keine Änderungen in den Allel Frequenzen stattfinden. Die genetische Information von Säugetieren liegt in diploider (zweifacher) Form vor, ein Gen besteht aus zwei Allelen. In einer Population können für ein Gen mehrere Allele existieren, in einem Individuum jedoch nur zwei Allele. Besteht ein Gen aus zwei gleichen Allelen A_1A_1 oder A_2A_2, so ist das Individuum au diesem Genort homozygot (reinerbig). Setzt sich dieses Gen jedoch aus unterschiedlichen in der Population vorkommenden Allelen zusammen A_1A_2 oder A_1A_3, so liegt es in heterozgoter (mischerbig) Form vor.

Tab. 1. Punnett Quadrat für das Hardy Weinberg Gleichgewicht

		Weiblich	
		A_1 (p)	A_2 (q)
Männlich	A_1 (p)	A_1A_1 (p2)	A_1A_2 (pq)
	A_2 (q)	A_1A_2 (pq)	A_2A_2 (q2)

Allelfrequenzen
- Die Allelfrequenz eines Genpools ist in einer Idealpopulation konstant.
- Die relativen Häufigkeiten der betrachteten Allele sind zueinander komplementär.
- p + q = 1 oder p + q + r + s ... = 1
- p: relative Häufigkeit des Auftretens des Allels A1; q: Allelfrequenz des (zu A1 komplementären) Allels A2

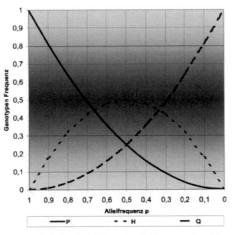

Abb. 2. Genotypfrequenzen (relative Häufigkeit des Auftretens eines Genotyps) (Grafik Druml):

- Die Genotypenfrequenz eines Genpools ist in einer Idealpopulation konstant, h = Häufigkeit.
- $p^2 + 2\,pq + q^2 = 1$
- $p^2 = h(A_1A_1)$
- $2\,pq = h(A_1A_2)$
- $q^2 = h(A_2A_2)$

Mit Hilfe dieser Formeln lässt sich die Häufigkeit eines Allels in einer Population berechnen, wenn die Häufigkeiten der Genotypen bekannt sind bzw. die Häufigkeit eines Genotyps, wenn die Allelfrequenz bekannt ist. Trotz des theoretischen Konstrukts der idealen Population, lassen sich die Formeln durchaus mit Erfolg in der Praxis einsetzen.

Natürliche Auslese oder Selektion verändert über viele Generationen das Bild einer Population sehr langsam, in einer oder wenigen Generationen ist dies nicht notwendigerweise nachvollziehbar. Verändern sich Bedingungen, werden über die natürliche oder menschliche Auslese Eigenschaften in der Population über Generationen bevorzugt – oder die Population stirbt ab. Zufallsgesteuerte Katastrophen wie Erdrutsche, Vulkanausbrüche oder aber andere Einflüsse wie im Falle des Pferdes die Mechanisierungswellen der 1920er und 1950er Jahre können natürlich auch die eine oder andere Population auslöschen und so zur Veränderung von Genpools beitragen.

Die **natürliche Selektion** wirkt stets auf die Phänotypen, unter denen einige, die mit der größten „Fitness" mehr zur Geschlechtsreife gelangende Nachkommen erzeugen als die Vergleichsindividuen. Dadurch werden die zugrunde liegenden Genotypen beeinflusst. In der Population entsteht ein Selektionsdruck, der die Variationskurve eines Merkmales, d. h. die Lage der mittleren, häufigsten Merkmalsausprägung und/oder die Häufigkeiten der Abweichler verändert:

- **Stabilisierende Selektion** fördert bei Ausmerzung der extremen Abweichler die Durchschnittsindividuen;
- **Gerichtete Selektion** veranlasst den Wandel der Population in Richtung auf die selektionsbegünstigte Eigenschaft;
- **Disruptive Selektion** schafft durch Bevorzugung der Abweichler in einer homogenen Population Unterschiede.

3.1.4. STABILISIERENDE SELEKTION

Die so genannte **stabilisierende Selektion** (= optimierende oder normalisierende Selektion) erhält die erreichten, unter anhaltend herrschenden Umweltbedingungen optimalen Anpassungen aufrecht, indem bei konstanter oder gleichmäßig verschärfter Umweltsituation die extremen Abweichler in einer Population eliminiert und die Durchschnittsindividuen relativ gefördert werden (Abb. 3).

Dadurch wird die durch **Mutationsdruck** und **Genfluss** (auch **Migrationsdruck**: bei Vermischung mit Individuen einer anderen Population, z. B. nach Wanderbewegungen, Importen) vergrößerte Variationsbreite der Population im Genpool wieder eingeengt und die genetische Variabilität in einem günstigen Bereich gehalten, in dem Umweltstörungen innerhalb der Reaktionsnorm abgefangen werden können. Die stabilisierende Selektion spielt eine große Rolle in der Natur aber auch in der sogenannten Erhaltungszucht.

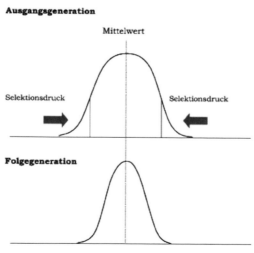

Abb. 3. Stabilisierende Selektion (Grafik Druml).

3.1.5. GERICHTETE SELEKTION

Die gerichtete Selektion bewirkt eine Veränderung einer Population in eine Richtung. Hierbei sind Träger eines Merkmals, das am Rand des Merkmalsspektrums der Population liegt, begünstigt (Abb. 4). Muss sich z. B. eine Population an neue Umweltfaktoren oder Zuchtziele anpassen, werden die Individuen bevorzugt, die besser an die neuen Rahmenbedingungen angepasst sind, was eine Veränderung des Genpools bewirkt. Eine sehr starke direktionale Selektion kommt durch gezielte Züchtung zustande. Sie kann auch in der Natur auftreten,

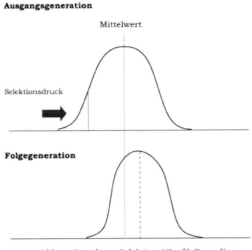

Abb. 4. Gerichtete Selektion (Grafik Druml).

wenn entweder die Population ein neues Areal schrittweise besiedelt oder sich die Umwelt eines Areals fortwährend wandelt, z. B. indem das Klima kälter oder trockener wird oder Fressfeinde veränderte Chancen erhalten. Ansonsten ist die gerichtete Selektion ein wesentliches Merkmal der Tierzüchtung.

3.1.6. DISRUPTIVE SELEKTION

Die **disruptive** Selektion (= **diversifiziernde Selektion**) ist als Gegenteil zur stabilisierenden Selektion ein selteneres Ereignis. Sie ergibt sich aus der verschärften Selektion auf zwei oder mehr mögliche Anpassungs- oder Spezialisierungsoptima innerhalb der Phänotypausprägung einer Art (Abb. 5). In der Tierzucht spielt diese Art der Selektion kaum eine Bedeutung. Ein Beispiel dafür ist die Züchtung des Deutschen Warmblutes: Innerhalb einer Population wird auf zwei Leistungstypen selektiert – Dressurpferd und Springpferd. Aus diesem Grund entwickelte sich eine negative Korrelation zwischen diesen zwei Leistungstypen (vgl. Abb. 7).

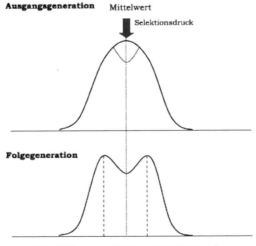

Abb. 5. Disruptive Selektion (Grafik Druml).

Die Genetische Drift

Ein weiterer zuvor erwähnter wichtiger genetischer Parameter für die Entwicklung von Populationen ist die genetische Drift oder Zufallsdrift. Gene werden zufällig von den Eltern auf ihre Nachkommen verteilt. Das heißt, es ist nicht voraussagbar, welche Gene in die nächste Generation weitergegeben werden. Gleich einem Kartenspiel bei dem 5 rote und 5 schwarze Karten vorhanden sind und 4 Karten zufällig gezogen werden, be-

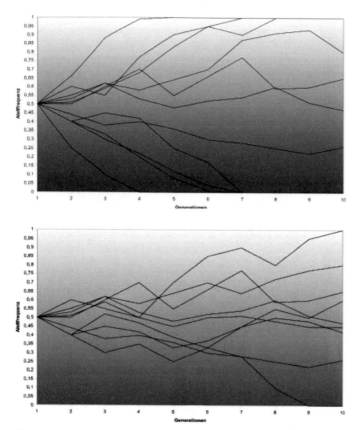

Abb. 6. Auswirkung der Populationsgröße auf genetische Zufallsdrift (Grafik Druml).

steht die Möglichkeit, daß nur rote Karten gezogen werden und die schwarzen im Taillon bleiben. Stellt man sich statt Karten die einzelnen Allele vor, so sind nach diesem Beispiel alle schwarzen Allele in diesem Generationssprung für immer verloren gegangen. Diese Negativ-Auswirkung wird in der Tierzucht als „Drift" bezeichnet (Abb. 6). Die Folgeerscheinungen der Drift, sogenannte Fixierungsereignisse, wurden oftmals durch Experimente mit Mäusen oder Drosophila (das klassische genetische Labortier) veranschaulicht.

Mehrere Parameter sind für das Zustandekommen von genetischer Drift verantwortlich.
- Populationsgröße
- Geschlechterverhältnis
- Generationsintervall
- Inzucht

Populationsgröße

Die Problematik bei der Erhaltung gefährdeter Haustierrassen, insbesondere beim Pferd, besteht in der vergleichsweise geringen und instabilen Anzahl an Zuchttieren. Der I. und der II. Weltkrieg stellten ernstzunehmende Gefährdungen als auch Einschnitte für die Zucht des Lipizzaners dar. Durch den rapiden Rückgang, verbunden mit Auflösungen von Gestüten und der Landeszucht und Umstrukturierungen (Inselbildung) ging eine Anzahl an Pferden und damit verbunden ein Anteil an genetischer Information unwiederbringlich verloren. Die Populationsgröße ist eine der markantesten Parameter in der Erhaltungszucht, da er wesentliche Auswirkungen auf Drift und Inzucht hat.

Geschlechterverhältnis

Im Gegensatz zu Wildtierpopulationen wo das natürliche Geschlechterverhältnis nahezu 1:1 beträgt, ist bei landwirtschaftlichen Nutztieren diese Relation zu Ungunsten männlicher Tiere verschoben. Das tatsächlich züchterisch wirksame Potential derartiger Populationen ist wesentlich kleiner als ihre Gesamt-Individuenzahl vermuten lässt. Nimmt man eine Herde, bestehend aus 200 unverwandten Stuten und zwei Hengsten, so wird man in der ersten Generation zwei Halbgeschwistergruppen produzieren. Hätte man 100 unverwandte Stuten mit 100 unverwandten Hengsten angepaart, wäre die Population nahezu unverwandt. An diesem Beispiel wird deutlich, daß nicht die tatsächliche Populationsgröße entscheidend ist, sondern die effektive Populationsgröße, die durch das Geschlechterverhältnis definiert ist. Je kleiner eine Population wird, desto größer sollte die Zahl der männlichen Tiere werden.

Generationsintervall

Als Generationsintervall wird der Zeitraum bezeichnet, der sich aus dem durchschnittlichem Alter der Eltern bei der Geburt ihrer Nachkommen plus dem durchschnittlichen Alter der zeugungsfähigen Nachkommen, ergibt. Bei jedem Generationswechsel wirkt Drift, daher ist es bei kleinen Populationen ratsam die Anzahl an Generationswechseln zu minimieren. Für die Praxis folgt daraus, daß man Hengste und Stuten möglichst lang im Zuchteinsatz behält und sich bei der Remontierung der Nachzucht länger Zeit läßt, sprich frühestens das 4. oder 5. Fohlen zur Weiterzucht verwendet. Gerade bei Zuchthengsten hat sich gezeigt, daß das züchterische Potential häufig erst spät erkannt wird, bei vielen leider zu spät. Vor allem bei „mittel-alten" Hengsten sollten die Beweggründe für eine Herausnahme aus der Zucht genauestens überdacht werden.

Inzucht

Kaum ein Begriff aus der Genetik wird in der Pferdezucht so häufig – teils auch polemisch – diskutiert wie die Inzucht. Einerseits ist Inzucht ein wichtiges züchterisches Mittel um z. B. wertvolle Eigenschaften in einer Rasse zu konsolidieren, anderseits ist sie aufgrund ihrer negativen Auswirkungen gefürchtet. Erst zu Beginn des 20sten Jahrhunderts mit Bekanntwerden der Mendel'schen Vererbungsregeln kam es zur wissenschaftlichen Auseinandersetzung mit diesem Thema. Im Folgenden soll auf die allgemeinen Grundlagen und Auswirkungen der Inzucht eingegangen werden.

Inzucht ist die Paarung verwandter Tiere. Sie vereinigt je nach Verwandtschaftsgrad mehr oder weniger abstammungsgleiche Gene in den Nachkommen. Der Inzuchtgrad ist umso höher je näher die Eltern miteinander verwandt sind. Er ist bei Anpaarungen von Vollgeschwistern bzw. Eltern und deren Nachkommen am größten (Abb. 7). Es kommt zu Erhöhung des Homozygotiegrades (Reinerbigkeit).

Nichte - Onkel Paarung, Inzuchtkoeffizient 9,4%

Halbgeschwisterpaarung, Inzuchtkoeffizient 12,5%

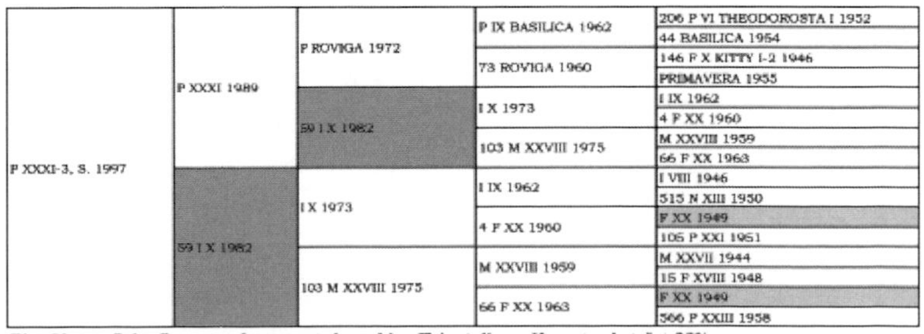

Eine Mutter-Sohn Paarung, der gesamte Inzuchtkoeffizient dieses Hengstes beträgt 32%

Abb. 7. Pedigrees mit verschiedenen Verwandtschaftsgraden, Enkel x Tochter, Halbgeschwister und Vollgeschwister Paarung (Grafik Druml).

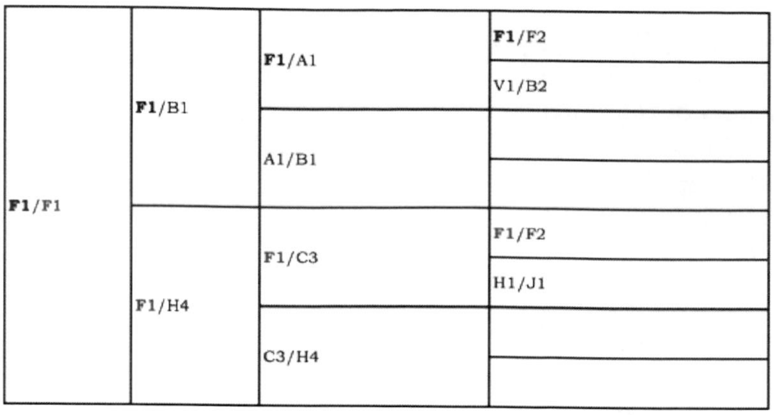

F1/F1	F1/B1	F1/A1	F1/F2
			V1/B2
		A1/B1	
	F1/H4	F1/C3	F1/F2
			H1/J1
		C3/H4	

Abb. 8. Pedigree mit einzelnen Allelen, Inzuchtpaarung (Grafik Druml).

Gewünschte Eigenschaften können auf diesem Wege innerhalb einer Rasse fixiert werden. Je höher der Reinerbigkeitsgrad, umso sicherer werden diese Eigenschaften auf die nächste Generation weitergegeben. Genau dieser Mechanismus kam in der Gestütszucht, vor allem bei der Etablierung von Hengststämmen zum Tragen. Nur die besten Stuten wurden mit neuerworbenen, wertvollen Hengsten verpaart und in weitere Folge machte man sich die Inzucht zu Nutze, indem man bedacht war, die Linienbegründer in den Pedigrees der Nachkommen (4.–5. Generation) anzuhäufen.

Der Sinn dieser Vorgangsweise war die Vereinheitlichung eines heterogenen Ausgangsmaterials bei der Gründung von neuen Rassen oder Gestütsschlägen. Nur darf man dabei nicht vergessen, daß diese züchterische Methode professionellen und zentralisierten Stellen vorbehalten und nicht eine Methode der Wahl für bäuerliche Züchter war (Abb. 8). Die teilweise in bäuerlichen Populationen entstandene Inzucht wurde nicht durch eine planmäßige und kontrollierte Strategie ausgelöst, sondern ist auf geographische und wirtschaftliche Gegebenheiten zurückzuführen.

Heute ist Inzucht deswegen gefürchtet, da mit ihr der Verlust an genetischer Variabilität einhergeht. War in der Gründungsphase der einzelnen Rassen im 16. bis 19. Jh. eine breite Basis an genetischem Potential vorhanden, so begann man mit dem im 20. Jh. aufkeimenden Reinzuchtgedanken die Herdbücher zu schließen und innerhalb einer Population weiter zu selektieren, und engte daher naturgemäß die vorhandene Varianz zugunsten spezifischer Merkmale ein. In der Pferdezucht hat sich dieses Problem zusätzlich verschärft, da ab dem I. Weltkrieg das Gewerbe, das Militär und das Transportwesen als Käufer ausschieden und das Pferd hauptsächlich in der Landwirtschaft und in kleineren Nebenzweigen genutzt wurde. Nach dem II. Weltkrieg begann ein weiterer Absturz in den europäischen Pferdepopulationen der bis in die 1970er Jahre anhielt und auch als „generelle Krise der Pferdezucht" bezeichnet wurde.

Mit verkleinerten Populationen in geschlossenen Herdbüchern steigt natürlich der Verwandtschaftsgrad, da alle Tiere dieses Zuchtbuches auf eine gemeinsame Ahnenpopulation zurückgehen, die sogenannte Gründerpopulation. Daher ist eine Steigerung des Verwandtschaftsgrades oder der Inzucht in derartigen Populationen nicht zu vermeiden (Abb. 9). Die pro Generationen dazukommende Inzucht (Inzuchtsteigerung pro Generation) und die mit ihr einhergehende Drift kann nur durch Anpaarungsprogramme und Kontrolle des Inzuchtzuwachses minimiert werden. Zu beachten ist: die gesamte bereits erreichte Inzucht kann nicht reduziert werden (außer durch Einkreuzung), lediglich der Inzuchtzuwachs kann reduziert werden. Ein weiterer Punkt des Inzucht Komplexes ist die Erbfehlerproblematik. Viele Erbfehler oder genetische Schäden sind auf rezessive Allele zurückzuführen, die erst im Falle einer Reinerbigkeit zum Vorschein kommen. Heterozygote Tiere werden als Anlageträger bezeichnet. Per Definitionem bezeichnet der Inzuchtkoeffizient die Wahrscheinlichkeit, dass ein Tier auf einem Genort zwei abstammungsgleiche Allele (identische Kopien) trägt (siehe Abb. 8).

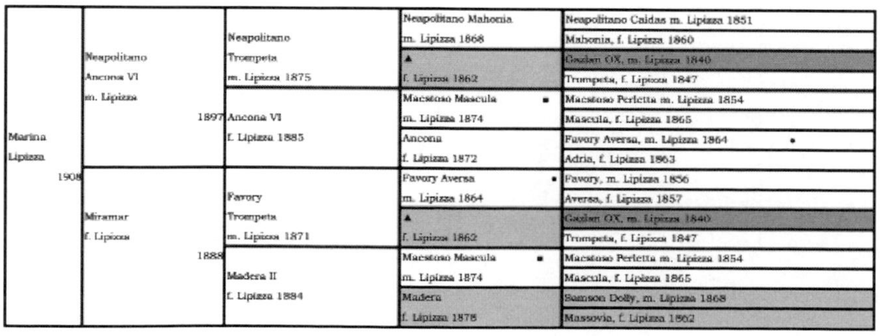

Marina Lipizza 1908	Ancona VI m. Lipizza 1897	Neapolitano Trompeta m. Lipizza 1875	Neapolitano Mahonia m. Lipizza 1868	Neapolitano Caldas m. Lipizza 1851
				Mahonia, f. Lipizza 1860
			▲ f. Lipizza 1862	Gazlan OX, m. Lipizza 1840
				Trompeta, f. Lipizza 1847
		Ancona f. Lipizza 1885	Maestoso Mascula m. Lipizza 1874	Maestoso Perletta m. Lipizza 1854
				Mascula, f. Lipizza 1865
			Ancona f. Lipizza 1872	Favory Aversa, m. Lipizza 1864 •
				Adria, f. Lipizza 1863
	Miramar f. Lipizza 1888	Favory Trompeta m. Lipizza 1871	Favory Aversa m. Lipizza 1864	Favory, m. Lipizza 1856 •
				Aversa, f. Lipizza 1857
			▲ f. Lipizza 1862	Gazlan OX, m. Lipizza 1840
				Trompeta, f. Lipizza 1847
		Madera II m. Lipizza 1884	Maestoso Mascula m. Lipizza 1874 ■	Maestoso Perletta m. Lipizza 1854
				Mascula, f. Lipizza 1865
			Madera f. Lipizza 1878	Samson Dolly, m. Lipizza 1868
				Massovia, f. Lipizza 1862

Abb. 9. Stammbaum der Lipizzanerstute Marina, Zeichen stehen für gleiche Ahnen im Stammbaum (Grafik Druml).

Für den praktischen Tierzüchter kann die Berechnung von Inzuchtkoeffizienten durchaus von Vorteil sein. Daher wird hier die Berechnungsweise anhand eines Beispiels erläutert.

Die exakte Formel für die Berechnung des Inzuchtkoeffizienten lautet:

$$F(x) = \sum \left(\frac{1}{2}\right)^{n1i+n2i+1} * (1 + F\,Ai)$$

n1i = Anzahl der Generationen vom Vater zum iten gemeinsamen Ahnen

n2i = Anzahl der Generationen von der Mutter zum iten gemeinsamen Ahnen

FAi = Inzuchtkoeffizient des iten Ahnen

Verwandtschaftsstudien beim Pferd

Der Stammbaum hat in der heutigen Pferdezucht nach wie vor einen hohen Stellenwert. So sind in den letzten Jahren einige Publikationen erschienen, welche die genetische Struktur von verschiedenen Pferderassen mittels einer „Gründeranalyse" untersuchten (Moureaux et al., 1996; Gandini et al., 1992; Glazewska, 2000; Cunningham, 2001; Olsen und Klemetsdal, 2002; Zechner et al., 2002; Aberle et al., 2003; Glazewska u. Jezierski, 2004; Valera et al., 2005; Druml 2006). In den Studien von Cunningham (1991), Zechner et al. (2002) und Druml (2006) wurden beachtliche Pedigrees mit mehr als 25 Generation bearbeitet.

Die ersten Pedigree Studien beim Pferd waren auf Fallstudien von Populationsstichproben beschränkt. Wright und McPhee (1925) entwickelten diese Methode, um die genetische Struktur der Brithish Shorthorns zu studieren. Bis in die 1980er Jahre lehnten sich die Arbeiten beim Pferd an diese Vorgangsweise an (Calder, 1927; Steele, 1944; Fletcher, 1945; Fletcher, 1946; Rhoad u. Kleberg 1946; Bohlin u. Rönningen, 1975; Fehlings et al. 1983; Tunnel et al., 1983). Folgende Parameter wurden bei diesen Studien berechnet: durchschnittliche Inzucht; Verwandtschaft innerhalb von Population; Verwandtschaft ausgewählter Tiere zur Restpopulation; Verwandtschaft zwischen Populationen oder Rassen; Generationsintervall.

Ein anderer wissenschaftlicher Ansatz in Verwandtschaftsstudien oder Stammbaumanalysen wurde von Dickson und Lush (1933) vorgestellt. Basierend auf der Herkunftswahrscheinlichkeit von Allelen adaptierte McCluer et al. (1986) diese Methode der Stammbaumforschung für größere Pedigrees. Um die genetische Diversität von Zootierpopulationen zu beschreiben, gebrauchte Lacy (1989) in weiterer Folge die Parameter „effective number of founders" und „effective number of founder genomes".

Ein zusammenfassender Artikel über den Stand in der genetischen Stammbaumanalyse wurde 1997 von Boichard et al. veröffentlicht. Um sogenannte „Bottlenecks" (Flaschenhälse) in den Pedigrees zu berücksichtigen, entwickelten diese Autoren einen neuen Parameter, welchen sie als "effective number of ancestors" bezeichneten. Die berechneten effektiven Populationsgrößen, welche auf Genanteilen von Gründern oder Ahnen basieren eignen sich bestens um genetische Veränderungen in der jüngeren Zuchtgeschichte einer Rasse zu beschreiben. Aus diesem Grund sind diese Parameter ein nützliches Werkzeug, um Konservierungsprogramme bei landwirtschaftlichen Nutztieren, die naturgemäß darauf ausgerichtet sind, den ursprünglichen Genpool zu erhalten, zu evaluieren. Im Endeffekt wurden diese Konzepte mit dem Artikel von Boichard et al. (1997) in den Bereich der Tierzucht eingeführt und sind mittlerweile ein bewährtes Mittel in Erhaltungszuchtprogrammen.

Effektive Anzahl von Gründertieren: Ein Gründertier ist definiert als ein Tier, dessen Vorfahren nicht ermittelt werden können. Zum Beispiel treten in den alten Pedigrees um 1800 vor allem bei Stuten, aber auch bei Hengsten Situationen auf, wo die Mutter nur mehr als „Lipizzaner Stute" ohne weitere Abstammung aufscheint. In diesem Fall wäre diese Mutter als Gründertier einzustufen.

Die effektive Anzahl von Gründern (f_e) bezeichnet jene Zahl von Gründern, die bei jeweils gleichem Beitrag zur aktuellen Population dieselbe genetische Diversität erwarten lassen, wie sie zur Zeit in der aktuellen Population vorkommt (Lacy 1989; Rochambeau et al., 2000). Dieses Maß wird von der aktuellen Population ausgehend ermittelt. Der Genanteil des Gründers k (von f Gründern) in der aktuellen Population wird als q_k bezeichnet.

$$f_e = \frac{1}{\sum_{k=1}^{f} q_k^2}$$

Effektive Anzahl von Ahnen: Bei der Berechnung der effektiven Anzahl von Gründertieren werden Flaschenhals-Situationen im Pedigree nicht berücksichtigt. Solche Situationen sind in der Zuchtgeschichte des Lipizzaners durchaus existent. Über eine Berechnung der effektiven Anzahl von Ahnen (f_a) können diese Situationen besser erfasst werden.

Die effektive Anzahl von Ahnen entspricht der Mindestanzahl von Vorfahren (müssen keine Gründer sein), die notwendig sind, um die genetische Variabilität der aktuellen Population zu erklären. Um zu vermeiden, dass bereits berechnete Genanteile von Ahnen doppelt berücksichtigt werden, werden die „marginalen" Genanteile von Ahnen (p_k) errechnet (Boichard et al. 1997). Auf diese Weise erhält man eine Liste der wichtigsten Vererber und man kann somit quantitative Aussagen über die Zuchtgeschichte machen.

$$f_a = \frac{1}{\sum_{k=1}^{f} p_k^2}$$

Effektive Anzahl von Gründergenomen: Sie berechnet die Wahrscheinlichkeit, dass Gene aus der Gründertierpopulation bis in die jetzige Population überlebt haben und die Gleichmäßigkeit der Verteilung derselben (Chevalet u. Rochambeau 1986; MacCluer et al. 1986; Lacy 1989). Ausgehend von den einzelnen Gründertieren wird der Weg der Gene bis in die aktuelle Population verfolgt. Es werden jedem Gründertier 2 fiktive Allele zugeordnet. Im Erbgang wird von jedem Elterntier die Hälfte an Erbinformation (Zufallshälfte) an die Nachkommen weitergegeben. In diesem Fall ist dies eines der zwei fiktiven Allele, welche durch einen Zufallsgenerator gezogen werden. In einer Simulation werden die Gründerallele durch den Pedigree „geschleust" und schließlich die Allelfrequenzen (x_k) durch Zählung der Allele in der aktuellen Population ermittelt. Diese als „gene dropping" bezeichnete Prozedur ist durch Zufallsprozesse bestimmt. Um zu einem aussagefähigen Mittelwert zu gelangen, muss diese Simulation vielfach wiederholt werden.

$$N_a = \frac{1}{\sum_{k=1}^{2f} x_k^2}$$

N_g entspricht der effektiven Anzahl der Gründergenome. Da jeder Locus zwei Allele trägt muss N_a halbiert werden.

$$N_g = \frac{1}{2} N_a = \frac{1}{2\sum_{k=1}^{2f} x_k^2} \; .$$

Abb. XII. Die ungarische Reitschule in Budapest (Bundesgestüt Piber)

Kapitel 12

Thomas Druml und Johann Sölkner

Die Gründerpopulation der Lipizzanerrasse und deren Zuchtgeschichte anhand von Genanteilen

Im Gegensatz zu Pferderassen wie z.B. dem Englischen und dem Arabischen Vollblut, die seit Jahrhunderten in enger Reinzucht geführt werden, stellt die Lipizzanerrasse und auch einige europäische Warmblutrassen einen Schmelztiegel von vollkommen oder teilweise verdrängten alten Pferderassen dar. Diese zwei Rassen, der Lipizzaner und das Spanische Pferd, durch Kreuzungszucht hervorgegangen, unterlagen in der Barock Zeit im Verwendungszweck einem gemeinsamen Ziel: Repräsentation als Prunk und Paradepferd, dem als Vorbereitung zu dieser Aufgabe die Ausbildung in der „Hohen Schule" vorausging. Die Abstammung vom spanischen Pferd und die gleiche Anforderung prägte aus einem ziemlich heterogenen Pferdematerial jedoch einen einheitlichen Typ. Das Überleben des Lipizzaners als barockes Pferd ist einerseits auf die andauernde Pflege der klassischen Reitkunst in der Spanischen Reitschule und andererseits auf eine enge Beziehung des Pferdes zum Hofzeremoniell der österreichisch-ungarischen Monarchie zurückzuführen. Neben dem P.R.E. (Pura Raza Espagnola), dem Lusitano und dem Kladruber ist mit dem Lipizzaner Reitpferd der Typ des barocken Pferdes in die Gegenwart tradiert (Abb. 1). Über mehrere Hundert Jahre konstant in traditioneller Gestütszucht geführt, ist mit der Lipizzanerrasse ein lebendiges, kulturelles Erbe längst vergangener Epochen erhalten geblieben. Aus diesem Grund kann dieses Pferd als authentische „barocke Genbank" bezeichnet werden.

Abb. 1. Oberbereiter Herold auf Favory Bionda in der Piaffe blickt in die Kamera, Wien 1924. (Archiv Brabenetz).

Nachfolgend soll vorwiegend der Einfluß der verschiedenen Gründerassen auf den Lipizzaner erläutert werden. Der im Genpool des Lipizzaners wirksam gewordene Genbestand dieser Rassen, die diesen Populationen entstammenden wichtigsten Zuchttiere und deren genetische Bedeutung (gemessen am Gründergenanteil in der heutigen Aktivpopulation) werden mittels Stammbaumanalyse quantifiziert. Ein Vergleich der genetischen Struktur der 8 Staatsgestüte untereinander soll Auskunft über die Unterschiede und Position derselben geben.

Die Gründungspopulation der Lipizzanerrasse im Wandel der Zeit

Die Hengste und Stuten, die ab 1580 in Lipica den Grundstock des k.k. Hofgestüts bildeten, stammten aus verschiedenen europäischen Herrschergestüten. Aufgrund der bis ca. 1740 schwierigen Quellenlage sind genaue Aussagen über die Zusammensetzung der damaligen Population nicht möglich.

Die historische Entwicklung der Lipizzanerrasse wird in drei Phasen eingeteilt (Abb. 2):

1. Gründungsphase

Von der Gründung des Gestüts Lipica 1580 bis zum Ende der Napoleonischen Kriege 1816 entspricht die Lipizzanerrasse, zu dieser Zeit als Karster Rasse bekannt, allgemein den barock geprägten Pferdezuchten Europas. Neben Lipica waren die Hofgestüte Kladruby und Koptschan sowie das Militärgestüt Mezöhegyes maßgeblich in die Barockpferdezucht involviert.

2. Klassische Periode

Nach den französischen Kriegen beginnt die Periode der systematischen Einkreuzung von arabischem Blut. Dieser Abschnitt dauerte bis zum Ende des I. Weltkrieges.

3. Moderne Periode

Das 20. Jahrhundert brachte nach dem Ende des I. Weltkriegs mit der politischen Neuordnung der Staaten Europas auch wesentliche Veränderungen in der Struktur der Lipizzanerzucht mit sich. Diese Änderungen betrafen vor allem die Gestüte selbst, da sie von nun an durch neu gezogene Staatsgrenzen voneinander getrennt waren. Die ungarische Lipizzanerzucht war geteilt in die Herden von Babolna (Ungarn) und Fogaras (Rumänien). Die Lipizzanerherde aus dem ehemaligen Hofgestüt Lipiza wurde auf Piber (Österreich), Topolčianky (Tschechoslowakei) und Lipica (Italien) aufgeteilt. Nur die Lipizzanerzucht in Kroatien und dessen Nachbarländern war miteinander noch verbunden. Diese Inselbildungen wurden nach dem II. Weltkrieg durch den eisernen Vorhang zusätzlich verstärkt, wobei die österreichische und italienische Lipizzanerzucht vom Rest isoliert wurden.

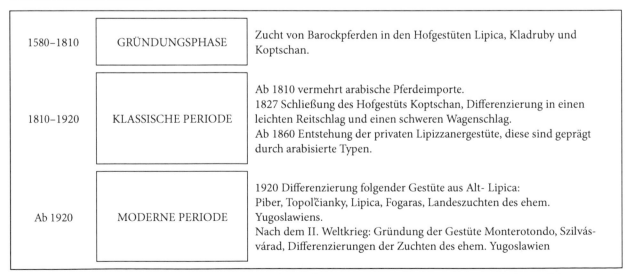

1580–1810	GRÜNDUNGSPHASE	Zucht von Barockpferden in den Hofgestüten Lipica, Kladruby und Koptschan.
1810–1920	KLASSISCHE PERIODE	Ab 1810 vermehrt arabische Pferdeimporte. 1827 Schließung des Hofgestüts Koptschan, Differenzierung in einen leichten Reitschlag und einen schweren Wagenschlag. Ab 1860 Entstehung der privaten Lipizzanergestüte, diese sind geprägt durch arabisierte Typen.
Ab 1920	MODERNE PERIODE	1920 Differenzierung folgender Gestüte aus Alt- Lipica: Piber, Topolčianky, Lipica, Fogaras, Landeszuchten des ehem. Yugoslawiens. Nach dem II. Weltkrieg: Gründung der Gestüte Monterotondo, Szilvásvárad, Differenzierungen der Zuchten des ehem. Yugoslawien

Abb. 2. Diese Darstellung basiert auf historischen Daten und auf den Pedigrees der 8 untersuchten Lipizzanergestüte. Jede Periode kann praktisch einem Pferdetyp zugeteilt werden. Das kräftige barocke Pferd dominiert in der Gründungsphase, der arabisierte Karster ist typisch für die Klassische Periode und in der Modernen Periode ist die Zucht des Lipizzaners durch die verschiedenen Nutzungsrichtungen und durch Reinzucht in den Staatsgestüten charakterisiert (Druml 2001).

Die 566 untersuchten Lipizzaner, die heutigen 8 Gestüte repräsentierend, gehen insgesamt auf 457 Gründertiere zurück. Weltweit wird der Lipizzanerbestand auf unter 3000 Tiere geschätzt. Es ist nicht zu erwarten, daß die Zahl der Gründertiere durch Einbeziehung weiterer lebender Lipizzaner wesentlich höher wird, da auch diese Tiere nach den Bestimmungen des LIF in ihrer Abstammung auf die 8 untersuchten Gestüte, bzw. auf das Stammgestüt Lipica zurückgehen müssen.

Die nachweisbare Gründungspopulation von 457 Pferden ist über den Zeitraum von 1740 – 1948 verteilt. Von diesen gehören 204 Pferde zum Barocken Reitschlag, 5 Pferde zu den Fredricksborgern und 36 Pferde zu den Kladrubern. 45 Originalaraber bilden mit 24 Araberrassepferden und 20 englischen Vollblutpferden die Gruppe der Blutpferde. Diese insgesamt 334 Tiere sind den verschiedenen Rassepopulationen zuordenbar. Von 123 Pferden existieren keine genaueren Abstammungen die zu einer Gründerasse führen könnten.

Da der Großteil der stammbaumlosen Tiere erst ab der Klassischen Zuchtperiode auftritt, kann vorausgesetzt werden, dass sie nicht einer Fremdpopulation entstammen und im Prinzip als Lipizzaner deklariert werden können. Im Vergleich zum Lipizzaner beruht das Englischen Vollblut, dessen weltweite Populationsgröße auf ca. eine halbe Million Pferde geschätzt wird, auf 80 Gründertieren im 18. und 17. Jahrhundert (Cunningham, 1991).

Die genetische Struktur der Lipizzanerasse

Der genetische Beitrag der Gründerassen wird anhand der Genanteile der zuvor beschriebenen Gründertiere ausgedrückt (Abb. 3). Rund die Hälfte aller Gene des Lipizzaners stammen von Pferden spanischen oder italienischen Ursprungs. Die Fredriksborger, den soeben Genannten im Typ und Aussehen ähnlich, tragen ca. 8 % zum Genpool bei. Original Arabisches Erbgut ist in dieser barocken Pferderasse zu mehr als einem Fünftel vertreten, dazu gesellen sich ca. 2 % Gene der Araber Rasse und ca. 3 % Gene aus der Englischen Vollblutpferdepopulation. Rund 10 % der Gene stammen aus den privaten Lipizzanerzuchten, bzw. von Lipizzanern mit nicht weiter zurückreichenden Stammbäumen und rund 4 % des Erbguts kommen aus dem k.k. Hofgestüt Kladruby. Der Lipizzaner kann somit zu Recht als barocke Pferderasse betrachtet werden, da nachweislich mehr als 60 % des Erbguts aus dieser Epoche stammen. Andererseits erstaunt, dass sich ein Viertelder Gene von sogenannten Blutpferden (Original Araber, Araberrasse, Englisches Vollblut) ableiten.

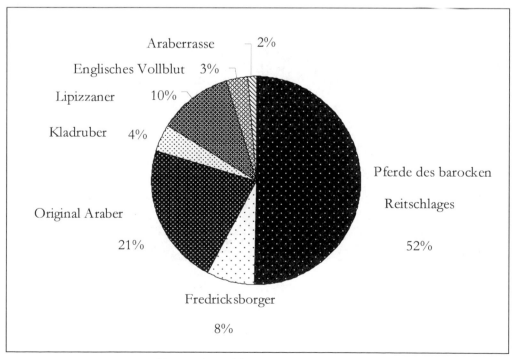

Abb. 3. Genbestand der Lipizzanerasse (Druml)

Einfluß der barocken Pferderassen auf den Lipizzaner

Die unter diesem Begriff subsummierten Pferde aus Spanien, Italien, Holstein, Böhmen, Moldavien, Siebenbürgen und Ungarn aus dem 18. Jahrhundert begründeten die Ausgangspopulation der Lipizzanerrasse. In den
heutigen Reitpferderassen Europas wurde das barocke Erbgut weitgehend durch das Englische Vollblut und
das Arabische Vollblut verdrängt. Das Erscheinungsbild barocker Pferde war, neben hoher Aufrichtung, charakteristischer Knieaktion und dem Ramskopf, vor allem durch eine Vielfalt der Farben gekennzeichnet (siehe
Kap. 14). Porzellanschimmel, Honigschimmel, Grauschimmel, Braunschimmel, Mohrenköpfe, Falben, Herme-
line, Isabellen, Kakerlaken, Plattenschecken, alle Koloraturen von Tigern, aber natürlich auch Braune, Rappen
und Füchse, bestimmten das Bild des Gestüts Lipica im 17. und 18. Jahrhundert (Abb. 4).

Abb. 4. Karster Stutenherde der Zweigstelle Postojna, Gemälde von Johann Georg von Hamilton, um 1725, Kunsthistorisches Museum Wien,
Gemäldegalerie Invt.-Nr. 7493.

Paradepferde waren durch ihre Proportionen befähigt, die zur eindrucksvollen Repräsentation notwendige
Versammlung mühelos beizubehalten. Lange Röhrbeine, kurze Obergliedmaßen, steilere Schulter, hohe Aufrichtung und eine kräftige, bemuskelte Kruppe stellten die morphologische Grundlage dar, aus der kurze, wenig raumgreifende, hohe, erhabene und steppende Bewegungen resultierten.

Barocke Gründertiere kommen in den Pedigrees in den Gestüten Lipica und Mezöhegyes bis ca. 1810 vor. Ab diesem Zeitpunkt wurden keine Original Spanier mehr eingesetzt. Deren Erbgut blieb angesichts der Farben bis ca. Mitte des 19. Jahrhunderts immanent, danach wurden die bunten Fellfarben durch die Schimmelfarbe verdrängt. Die eigentliche barocke Stammpopulation im Hofgestüt Lipica setzt sich aus 66 Pferden zusammen, die für 90 % des barocken Einfluss verantwortlich sind. Die Bedeutung des Gestüts Mezöhegyes erscheint zahlenmäßig betrachtet mit 133 Pferden erstaunlich hoch. Der genetische Beitrag zum barocken Einfluss ist mit 7 % jedoch sehr gering. Die aus diesem Militärgestüt stammenden Gründertiere wurden größtenteils zwischen 1770 und 1810 geboren. 1874 erfolgte mit 137 aus dem ungarischen Gestüt stammenden Pferden die Gründung des Gestüts Fogaras. Ein Teil der Nachkommen dieser Pferde übersiedelte 1912, bzw. nach dem I. Weltkrieg in das Arabergestüt Bábolna. Diese regionale Abgrenzung ist für die geringe Bedeutung der barocken Reitpferdepopulation von Mezöhegyes verantwortlich. Im Zeitraum zwischen 1770–1830 existieren in Mezöhegyes 28 genealogische Hengstlinien. Dieses gehäufte Auftreten stellt insofern ein Phänomen dar, als der Großteil (22 Linien) dieser „Hengststämme" nur eine Generation lang bestand. Diese Gründertiere stellen in der nächsten Generation meistens nur 1 männlichen Nachkommen. Eine der Ausnahmen ist der Originalspanier Capricioso (Abb. 5), der mit 5 Söhnen in der ersten Generation mehr männliche Nachkommen stellt als alle klassischen Hengstlinienbegründer.

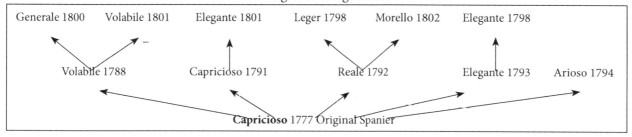

Abb. 5. Der Hengst Capricioso war ein Geschenk Kaiser Josef II anläßlich eines Gestütsbesuches in Mezöhegyes 1787(Graphik Druml)

Der Gründerhengst der ungarischen Warmblutrasse Nonius ist ebenfalls in den Abstammungen der Lipizzaner mit einer Hengstlinie vertreten. Dessen größter Wirkungsbereich liegt in den Gestüten Rumäniens und Ungarns, die genetische Bedeutung hält sich aber in Grenzen (Abb. 6 bis 9).

Abb. 6. Der Karster Hengst Valido, Beschäler in Halbthurn, später nach Lipizza überstellt. Hamilton 1720, Schönbrunn Rösslzimmer, Invnr. 7489k KHM.

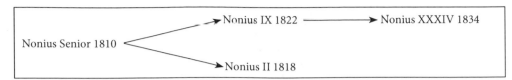

Abb. 7. Die in den Stammbäumen des Lipizzaners vorkommenden Nachkommen des Anglonormannen
Nonius Senior (Graphik Druml).

NONIUS XXIX.

Abb. 8. Der Hengst Nonius XXIX (Wrangel)

Naheliegendweise wurde, in einem groß dimensionierten Militärgestüt (zeitweise bis zu 10 000 Pferde), dessen Zweck es war, die Deckhengste für die Landeszucht zu produzieren, die Zuchtplanung nicht so exakt durchgeführt wurde wie in den Hofgestüten mit einem Pferdestand von etwa 300 Tieren.

Abb. 9. Der Hengst Nonius I aus dem Staatsgestüt Radautz. (Bundesgestüt Piber)

Bei einem Gestüt dieses Umfanges war es auch nicht sinnvoll, nur wenige dominante Hengststämm zu führen. Teilweise war dieses Gestüt in jener Zeit ohnehin „halbwild" organisiert. Insgesamt haben die Hengste des Gestüts Mezöhegyes mit 0,63 % Genanteil nur wenig Einfluß in der jetzigen Lipizzanerpopulation. Die einzelnen Genanteile liegen bis auf den aus Lipica stammenden Hengst Montedoro 1772 mit 0,15 % Genanteil unter 0,1%. 13 Hengste haben einen Einfluß von weniger als 0,01 %. Ab ca. 1800 wurde ein großer Teil dieser Gründertiere und deren Nachkommen mit arabisch geprägten Stutenmaterial gekreuzt. Daraus folgt, daß man zu Beginn des 19. Jahrhunderts bestrebt war, den altspanischen Einfluß im Gestüt Mezöhegyes zu verdrängen, um dem orientalisch beeinflußten Typ des damals geforderten Gebrauchspferdes zu entsprechen. Ab diesem Zeitpunkt nimmt der Einfluss der Lipizzanerasse der klassischen Zuchtperiode zu.

Heute sind mit den 6 klassischen und 2 nicht klassischen Hengststämme nur mehr 8 Hengststämme geläufig. In der früheren Literatur wird die Existenz von alten „Hengstämmen" erwähnt. ERDELYI (1827) beschreibt Hengststämme die im Hofgestüt Koptschan geführt wurden und auf Pferde zurückgingen, die unter Karl VI (1711–40) aus Spanien importiert worden waren. Er unterscheidet einen Rappstamm nach den Hengsten: Toscanello, Pepoli, Sacramoso, Badoer, weiters einen Schimmelstamm mit den Hengsten: Monarco, Imperatore, Generale, Generale I–IV, Generalissimus, und einen Braunenstamm mit den Hengsten: Amico, Superbo, XX Antonio und XX Topper, Conquerant. ERDELYI (1827) und MOTLOCH (1911) berichten von 3 im Hofgestüt Lipica geführten Hengststämmen, die sie als außerordentlich gute Schulhengste beschreiben: es sind dies die Hengste Lipp, Toscanello und Montedoro (Abb. 10 und 11).

Bei einer Überprüfung der Pedigrees bezüglich der zuletzt angeführten 3 Hengststämme scheint in den Stammbäumen der heutigen Lipizzaner nur die Linie des Hengstes Lipp I geb. 1781, auf. Die Linien von Montedoro und Toscanello verschwinden aufgrund größerer Lücken in den Pedigrees der Pferde des 18. Jahrhunderts des Gestüts Lipica.

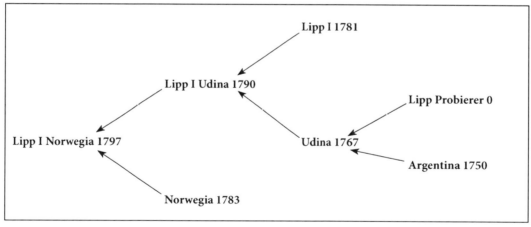

Abb. 10. Hengststamm Lipp I (Graphik Druml)

In der Liste der Gründertiere ist eine Anhäufung von Tieren mit den Namen dieser Stämme auffallend. So existieren 8 verschiedene „Lipps", 7 verschiedene „Toscanellos", 8 verschiedene „Montedoros". Gleichzeitig sind die heutigen klassischen Kladruber Hengststämme vertreten: Generalestamm mit 8 verschiedenen, gleichnamigen Gründern und der Generalissimusstamm mit 4 verschiedenen, gleichnamigen Gründern. Diese Tatsachen sprechen für die Existenz der Hengststämme Lipp, Toscanello und Montedoro vor 1800. Diese drei, den altspanischen Einfluss im Gestüt Lipica vertretenden Hengststämme, überlebten kaum den Sprung ins 19. Jahrhundert. Allerdings bilden die Hengste dieser Stämme neben den alten Stutenfamilien Lipicas die genetische Basis für den reinen Karsters des 19. Jahrhunderts. Der barocke Einfluss dieser 3 historischen Hengststämme ist relativ groß. So stammen von 7 Hengsten aus dem Stamm Lipp 6,58 % Genanteil, von 7 Hengsten aus dem Stamm Toscanello 9,1 % Genanteil und von 9 Hengsten des Stammes Montedoro 3,35 % Genanteil. Insgesamt kommen 19,03 % aller Gene des heutigen Lipizzaners von Hengsten aus historischen Stämmen der barocken Gründungsphase.

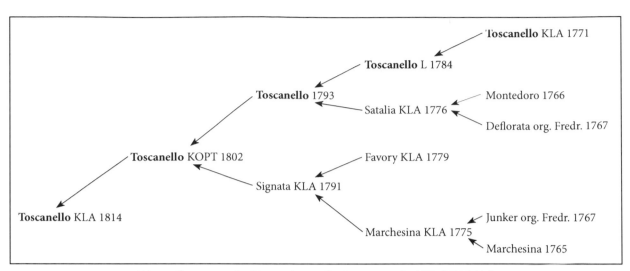

Abb. 11. Abstammung des Hengstes Toscanello KLA 1814, nach MOTLOCH (1886).

Die heute existierenden klassischen Hengststämme gehen auf Hengste des ausgehenden 18. Jahrhunderts zurück, Neapolitano 1790, Conversano 1767, Maestoso 1773, Favory 1779, Pluto 1765 und Siglavy 1810. Der Hengst Siglavy war ein Originalaraber.

ERDELYI (1827) zählte im Gestüt Lipica die Gründerhengste der heute klassischen Stämme gleichzeitig mit Hengsten aus historischen Stämmen auf, ohne zwischen diesen zwei Kategorien zu unterscheiden. Daraus lässt sich schließen, dass zu diesem Zeitpunkt noch keine exakte Definition der klassischen Hengststämme existierte. GASSEBNER (1896) und WRANGEL (1895) überlieferten eine differenzierte Beschreibung der 5 Hengststämme Neapolitano, Conversano, Maestoso, Favory und Pluto, die sie der „alten Race" zuordneten und des arabischen Stammes „Siglavy". Sie betonen den arabischen Einfluss in den klassischen Hengststämmen, wonach der Stamm Neapolitano am reinsten von arabischem Blut sei und die anderen Stämme mehr oder weniger damit vermischt.

Den heutigen Lipizzanerzüchter interessiert vor allem die genetische Bedeutung der Begründer der oft als so vererbungssicher beschriebenen Hengststämme. Davon hat der braune Altitaliener Neapolitano mit 6,34 % Anteil an den Erbanlagen des Lipizzaners den größten Einfluss, gefolgt vom Originalaraber Siglavy mit 3,14 % Genanteil. Daran schließen sich in abnehmender Reihenfolge folgende Gründerhengste an: der Schimmel Pluto mit 1,72 % Genanteil, der Falbe Favory mit 1,69 % Genanteil, der Schimmel Maestoso mit 1,49 % Genanteil und der Rappe Conversano mit 1,18 % Genanteil. Insgesamt gehen 15,56 % aller Gene des Lipizzaners auf die Gründer klassischer Hengststämme zurück (Abb. 12 bis 16).

Abb. 12. Fotographie des reinen Karster Hengstes Maestoso Slavina II, 1882, Lipizza (Gassebner).

Abb. 13. Kreidezeichnung des reinen Karsters Maestoso Slavina II, 1882, Franz v. Stückenberg, Wagenburg, KHM Inv.-Nr. Z 24.

Pedigree

Maestoso Slavina II m. L 1882	Maestoso Mascula m. L 1874	Maestoso Perletta m. L 1854	Maestoso Erga XXXVI m. L 1838	Maestoso X m. ME 1819
				Erga f. L 1831
			Perletta f. L 1845	Favory Ratisbona II m. L 1829
				Perla f. L 1834
		Mascula f. L 1865	Favory Manzina m. L 1847	Favory Ratisbona II m. L 1829
				Manzina f. L 1835
			Mahonia f. L 1860	Conversano Fantasia m. L 1854
				Manzina f. L 1849
	Slavina II f. L 1876	Pluto Calcedona m. L 1864	Pluto Alea m. L 1853	Pluto Deflorata m. L 1838
				Alea f. L 1837
			Calcedona f. L 1858	Maestoso Slavina II m. L 1853
				Caldas f. L 1841
		Slavina f. L 1864	Siglavy Alea m. L 1846	Siglavy Toscana m. L 1830
				Alea f. L 1837
			Slavina II f. L 1847	OX Tadmor m. L 1834
				Slavina f. L 1834

Slavina II

Schl. St., gez. 1876 in Lippiza, v. Pluto Calcedona a. d. Slavina.
Mutterstute im k. u. k. Hofgestüte Lippiza.

Abb. 14. Die Mutter von Maestoso Slavina II, Slavina II 1876 (Gassebner).

Conversano-Slatina III

Schl. H., gez. 1887 in Lippiza, v. Conversano Virtuosa a. d. Slatina III, v. Favory Sessana.
Hauptbeschäler im k. u. k. Hofgestüte Lippiza.

Abb. 15. Fotographie des reinen Karster Hengstes Conversano Slatina III 1887 Lipizza (Gassebner).

Abb. 16. Kreidezeichnung des reinen Karsters Conversono Slatina, 1887, Franz v. Stückenberg, Wagenburg, KHM Inv.-Nr. Z 23.

Pedigree

Conversano Slatina III m. L 1887	Conversano Virtuosa m. L 1879	Conversano Adria m. L 1870	Conversano Aurica m. L 1860	Conversano Fantasia m. L 1854
				Aurica f. L 1853
			Adria f. L 1863	Siglavy Alea m. L 1846
				Africa f. L 1856
		Virtuosa f. L 1861	Maestoso Slavina II m. L 1853	Maestoso Erga XXXVI m. L 1838
				Slavina II f. L 1848
			Virtuosa f. L 1853	Conversano Erga m. L 1948
				Virtuosa f. L 1832
	Slatina III f. L 1881	Favory Sezana m. L 1872	Favory Aversa m. L 1864	Favory Capriola m. L 1856
				Aversa f. L 1857
			Sezana f. L 1864	Pluto Alea m. L 1853
				Stella f. L 1858
		Slatina f. L 1871	Conversano Africa m. L 1861	Conversano Fantasia m. L 1854
				Africa f. L 1856
			Slavina f. L 1864	Siglavy Alea m. L 1846
				Slavina II f. L 1847

Es ist erstaunlich, dass die Gründerhengste klassischer Stämme die kleinere genetische Bedeutung haben als die aus historischen Hengststämmen stammenden Gründertiere, die sich noch dazu nur über ihre Tochter vererben konnten. Der Schimmelhengst Incitato (sen.) (geb. 1802 in Siebenbürgen) und der Terezovacer Rapphengst Tulipan (geb. 1860) begründeten die heute als nicht klassisch anerkannten 2 Hengststämme. Heute leben in den Gestüten Szilvásvárad und Beclean je ein Hengst dieser Stämme. Der Tulipanstamm entstand aus dem 1860 im Gestüt Terezovac geborenen Rapphengst Tulipan. Um diese Zeit wurden in das noch aus spanischen Stuten bestehende Gestüt Hengste aus Lipica importiert. Der Einfluss dieser zwei Hengststämmebegründer auf die gesamte Lipizzanerpopulation ist als gering einzustufen. Incitato manifestiert sich mit 0,83 % Genanteil und Tulipan mit 0,34 % Genanteil im Lipizzanererbgut.

Reiht man nun die das barocke Erbgut repräsentierenden Pferde nach ihrem genetischen Beitrag zur aktuellen Population, machen sich 8 Pferde in Tabelle 1 bemerkbar. Sie stellen 50 % des gesamten barocken Einfluß im Lipizzaner dar.

Tab. 1. Die wichtigsten 8 Pferde des barocken Reitschlags die ca. 50 % der barocken Erbguts im Lipizzaner darstellen

Pferd	Gestüt	geb.	Genanteil
Toscanello Hedera	Lipica	1785	6,66
Neapolitano	Lipica	1790	6,34
Lipp I	Lipica	1781	2,32
Norwegia (Stute)	Lipica	1783	2,18
Bellornata (Stute)	Lipica	~1800	1,87
Lipp II	Lipica	1758	1,69
Spagnolo	Lipica	1775	1,55
Maestoso	Lipica	1773	1,49
Total			24,1

Die wichtigsten Pferde der Gründungsphase sind weder ausschließlich die Begründer der klassischen Hengststämme noch die Gründerinnen der alten Stutenfamilien. Genealogische Strukturen sind demnach nicht gleichzusetzen mit genetischer Bedeutung.

Der Einfluß des Fredriksborgers auf den Lipizzaner

Die planmäßige Zucht des Fredriksborgers begann unter König Friedrich II. (1534 bis 1588) mit der Gründung des Gestüts zu Fredriksborg 1562 (siehe Kap. 1). Neben Pluto wurden auch andere Pferde aus Dänemark importiert. „Danese" (1718), „Sans Pareil" (Rappe, 1772, geboren 1766), „Junker" (Schimmel, 1772, geboren 1767), „Danese" (Rappe, 1808, geboren 1795). Zu erwähnen ist weiters die Fredriksborger Stute „Deflorata" (1767), welche eine eigene Stutenfamilie in Lipica begründete. Daß diese Pferde sich größter Wertschätzung erfreuten, zeigt einerseits deren häufige Präsenz in den Stammbäumen zahlreicher Lipizzaner, und andererseits deren Genanteil von 7,5 % in der aktuellen gesamten Referenzpopulation (Tab. 2).

Tab. 2. Die 5 im Pedigree vorkommenden Fredriksborger

Pferd	Gestüt	geb.	Genanteil
Danese	Lipica	1808	2,69
Pluto	Lipica	1765	1,72
Deflorata (Stute)	Lipica	1767	1,56
Sansparail	Lipica	1766	1,46
Danese	Lipica	1740	0,10
Total			7,53

Einfluß des Original Arabers auf den Lipizzaner

Der Einsatz von Arabischen Pferden ist das Charakteristikum für die Klassische Epoche der Lipizzanerzucht, deren Resultat der sogenannte „gemischte Karster" war. Das bekannteste Pferd dieser Epoche war der 1810 geborene Originalaraberhengst und Stammbegründer Siglavy. Nach der Auflösung des Hofgestüts Koptschan 1826 wurde das dortige arabische Pferdematerial nach Lipica und der schwere Wagenschlag (neapolitanische Rasse) nach Kladruby verlegt. Ab diesem Zeitpunkt war es die Aufgabe Lipicas einen leichten Wagen- und Reitschlag zu liefern, während sich Kladruby auf die Zucht eines großen, schweren und repräsentativen Wagenpferdes konzentrierte.

GAZLAN.

Abb. 17. Der Original Araber Hengst Gazlan (Wrangel).

Insgesamt wurden ab 1770 in der Lipizzanerzucht 42 Original Araber eingesetzt, wobei die genetische Bedeutung der Pferde, die in Lipica standen, im Schnitt höher ist, als jene von den Pferden, die in den nicht klassischen Lipizzanergestüten stationiert waren. Bis etwa 1820 wurden ausschließlich Hengste eingesetzt. Anschliessend war es allgemein üblich auch reinrassige Araber Stuten zu benützen. Die Gestüte, die maßgeblich über Araber verfügten und welche im Zusammenhang mit der Lipizzanerzucht standen, waren in der Reihenfolge mit abnehmender Bedeutung: Lipica, Mezöhegyes, Radautz, Bábolna. Mit der Brudermannexpedition 1856 wurden 18 orientalische Vollblutpferde nach Lipica gebracht (Abb. 17.). Dieses in der Literatur häufig erwähnte Ereignis stellt sich aus heutiger Sicht züchterisch als unwesentlich heraus, da diese Pferde in der Pedigreedatei nicht mehr aufscheinen. Nur zwei Hengste, Samson geb. 1849, und Hadudi geb. 1850, existieren noch in den Stammbäumen. 1890 dürften die restlichen Originalaraber und deren Nachkommen vollständig aus der Zucht und dem Gestüt Lipica entfernt worden sein. In der klassischen Zuchtperiode wurden in Lipica 3 verschiedene Stämme geführt. Der reine Karster, in der Abstammung hauptsächlich auf barocke Ahnen zurückgehend, wurde vorwiegend als Schulpferd für die Spanische Reitschule in Wien gezüchtet.

Abb. 18. Empfang der japanischen Delegation in Wien 1908. Anspannung von Lipizzanern aus dem
Kaiserlichen Marstall (Bundesgestüt Piber).

Mit den Brudermannarabern und den anderen Araberpferden hat man in Lipica eine Vollblutzucht installiert,
um über genügend Elterntiere für die Zucht des gemischten Karsters zu verfügen. Dieser arabisierte Karster war
bekannt für seine Widerstands- und Leistungsfähigkeit. Er wurde vorwiegend als Champagne Reitpferd und
Dienstpferd am kaiserlichen Hof eingesetzt. Der gemischte Karster war aufgrund seiner Härte als hervorragender
„Jucker" bekannt und aus diesem Grund auch bei den Fiakern Wiens häufig anzutreffen (Abb. 18).

BILEK (1914) quantifiziert die arabischen Blutanteile dieser drei Stämme in folgender Weise: Reine Karster
konnten bis zu 20 % Arabischen Bluts aufweisen, als gemischte Karster galten Pferde mit 20 – 40 % Arabischen
Blutanteil und Pferde mit mehr als 40 % Blutanteil galten bei BILEK als hoch arabisch. Zwei in den Abstammungen der lebenden Lipizzaner noch vorkommenden, in Lipica gezogenen arabischen Vollblutstuten sind
Gaeta 1873 und Kerfanka 1870 (Abb. 19 bis 23).

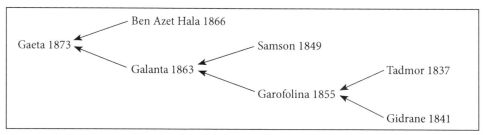

Abb. 19. In den Lipizzanerpedigrees vorkommenden Abstammungskomponenten der in Lipica gezogen
Araberstute Gaeta aus der klassischen Stutenfamilie Gidrane (Graphik Druml).

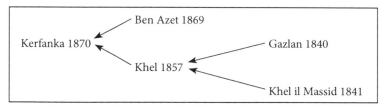

Abb. 20. Pedigree der in Lipica gezogenen Araberstute Kerfanka (Graphik Druml).

Abb. 21. Der „hocharabische" Lipizzanerhengst Hadudi, geb. 1861, mütterlicherseits auf Kladruber zurückgehend.
Der arabische Genanteil beläuft sich auf 84, 19 %, die Stute Toscana L 1823 geht auf OX Managhi L 1817 zurück.
Gemälde von Wilhelm Richter 1865, Wagenburg, KHM, Inv.-Nr. Z 52.

Pedigree

Hadudi m. L 1861	OX Hadudi m. L 1850			
	Blanca f. L 1847	OX Tadmor m. L 1834		
		Basil f. L 1839	Siglavy Toscana m. L 1830	OX Siglavy m. L 1810
				Toscana f. L 1823
			Benvenuta VII f. KLA 1831	Generalissimus II m. KLA 1815
				Benvenuta III f. KLA 1815

Abb. 22. Pedigree von Hadudi, geb. 1861 in Lipizza (Grafik Druml).

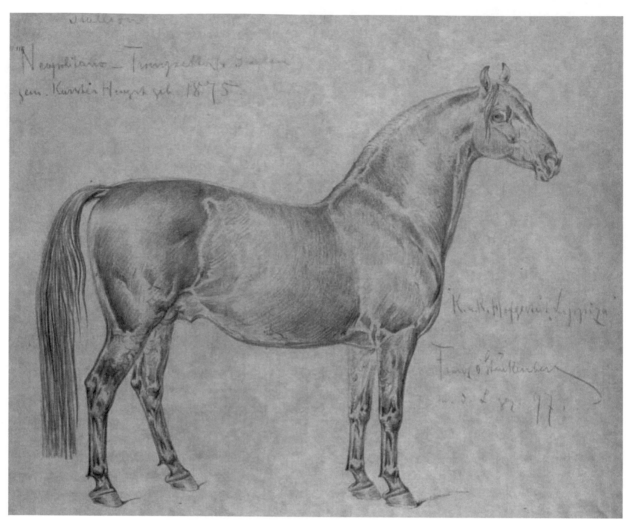

Abb. 23. Der braune „gemischte Karster" Neapolitano Trompeta geb. 1875, mit einem OX Genanteil von 34,19 %,
Kreidezeichnung Franz v. Stückenberg, Wagenburg, KHM, Inv.-Nr. Z 25.

Pedigree

Neapolitano Trompeta m. L 1875	Neapolitano Mahonia m. L 1868	Neapolitano Caldas m. L 1851	Neapolitano Valdamora m. L 1839	Neapolitano Groczana II m. L 1829
				Valdamora f. L 1831
			Caldas f. L 1841	Favory Ratisbona II m. L 1829
				Confitera f.L 1832
		Mahonia f. L 1860	Conversano Fantasia m. L 1854	Conversano Erga m. L 1948
				Fantasia f. L 1836
			Manzina f. L 1849	Conversano Lucifera m. L 1820
				Montenegra f. L 1817
	Trompeta f. L 1862	OX Gazlan m. L 1840		
		Trompeta f. L 1842	Siglavy Toscana m. L 1830	OX Siglavy m. L 1810
				Toscana f. L 1823
			Trompeta f. L 1829	Lipp Groczana m. L 1820
				Musica VI f. L 1818

Abb. 24. Pedigree von Neapolitano Trompeta, geb. 1875 (Grafik Druml).

Im 20. Jahrhundert gab es unter dem Aspekt, den Lipizzanern mehr Rittigkeit zu verleihen ebenfalls den Versuch, Arabisches Vollblut einzukreuzen. Dies ist mit der kontinentalen Reitlehre in Verbindung zu sehen, deren Prämissen Eigenschaften wie Raumgriff, Gangverstärkung und flache Gänge sind, Forderungen die ur- sächlich aus der Militärreiterei stammten. In dieser wurde verstärkt Wert auf schnellere Fortbewegung, verur- sacht durch größere Schrittlängen, gelegt. In der Hostauer Periode (während des II. Weltkrieges) wurden unter der Leitung von Gustav Rau die drei polnischen Vollblutaraber Trypolis, Lotnik und Miezcnik eingesetzt (Abb. 25 bis 27). Als Ergebnis dieser Maßnahme sind diese 3 Hengste mit insgesamt 0,23 % Genanteil an der gesam- ten aktuellen Population beteiligt. Der Hengst Miezcnik ist in seiner Wirkung auf die Gestüte Lipica und Đa- kovo beschränkt, Trypolis existiert nur in den Stammbäumen des Gestüts Piber und Lotnik hat noch einen Einfluß auf die Gestüte Piber, Monterotondo und Đakovo. Im Bundesgestüt Piber wurde in den 70er Jahren ein ähnlicher Versuch gestartet, der sich genetisch jedoch nicht manifestierte, da die daraus resultierende F1 Ge- neration vollständig ausgemustert wurde. Insgesamt ist die aktuelle Lipizzanerpopulation zu 21,5 % von Ara- bischen Genen beeinflußt. Somit weist der heutige Lipizzaner etwa ein fünftel Arabisches Blut auf.

Abb. 25. Der arabische Hauptbeschäler Trypolis aus Janov Podlawski, geb. 1923, in Hostau 1944 (Archiv Brabenetz)

Abb. 26. Der Hengst Miezcnik OX aus Janov Podlawski, geb. 1925 (Archiv Brabentz)

Abb. 27. Der Araberhengst Lotnik OX geb. 1938, in Hostau 1944. (Archiv Brabenetz).

Mehrere zeitgenössische Autoren (Lehrner 1989, Nürnberg 1993) weisen auf „arabisierte Typen" unter den Lipizzanerpferden hin und bringen diese in Zusammenhang mit jüngst erfolgten Einkreuzungen. Die Bedeutung arabischer Gene im Lipizzaner resultiert im wesentlichen von 6 Arabischen Hengsten, welche zusammen ca. 80 % des arabischen Genpools in der Lipizzanerrasse ausmachen und die alle ausschließlich in Lipica züchterische Verwendung fanden. Diese Hengste und ihre Genanteile sind in Tabelle 3 zusammengestellt.

Tab. 3. Die 6 wichtigsten arabischen Gründertiere, die rund 80 % des arabischen Einflusses in der aktuellen Lipizzanerpopulation ausmachen

Name	Gestüt	Geburt	Genanteil
Gazlan	Lipica	1840	4,88
Siglavy	Lipica	1810	3,14
Tadmor	Lipica	1834	3,02
Monaghi	Lipica	1800	2,69
Morsu	Lipica	1776	1,55
Managhi	Lipica	1817	1,33
		Gesamt	16,61

Diese Pferde stammen alle aus der Zeitspanne von 1770 bis 1840, welche der Hochblüte des Zuchteinsatzes des arabischen Pferdes in Europa entspricht. Ab den 20er Jahren des 19. Jahrhunderts wurden englische Voll- und Halbblutpferde immer populärer und verdrängten den Araber in seiner Bedeutung.

An erster Stelle steht der Hengst Gazlan, ein Brauner, mit 4,9 % Genanteil in der aktuellen Population. Dieser Hengst vererbte sich ausschließlich über Stuten (15 Töchter), steht aber in den Reihen der bedeutendsten Gründertiere. Derselbe Hengst begründete im Gestüt Bábolna den bekannten Gazlan-Gazal Stamm. Er wird als herausragender Hengst in der Pferdezucht der österreichisch ungarischen Monarchie des 19. Jahrhunderts beschrieben. Der zweitwichtigste Araberhengst ist mit 3,1 % Genanteil der Schimmelhengst Siglavy. Er ist sowohl der Begründer des klassischen Lipizzaner Hengststammes als auch des gleichnamigen Araberrasse-Hengststammes in den Gestüten Bábolna und Radautz. Der Schimmelhengst Tadmor (geb. 1834) ist mit einem Genanteil von 3,0 %, in seiner Bedeutung der des Hengststammbegründers Siglavy gleichzusetzen. Dasselbe gilt für den Schimmelhengst Monaghi (geb. 1800) mit einem Genanteil von 2,7 %. Die braunen Hengste Morsu (geb. 1776) und Managhi (geb.1817) sind mit einem Genanteil von 1,6 %, und 1,3 % in der Bedeutung den klassischen Hengststammbegründern Conversano, Favory, Maestoso und Pluto ähnlich. Der Araberhengst Vezier, Lipizza 1799, war ein Leibpferd Napoleons (Tab. 4).

Tab. 4. Gründertiere aus dem Arabischen Genpool und deren geschätzter, relativer Genanteil in der aktuellen Lipizzanerpopulation, chronologisch geordnet.*

Gestüt	Geb.	Geschl.	Name	Genanteil	Originalaraber in der Literatur **
L	1776	m.	Morsu	1,55	Mercurio
ME	1779	m.	Fajoum	0,02	Theodorosta
ME	1795	m.	Turque	0,04	1760 Soliman
L	1799	m.	Vezier	<0,01	1768 Sultan
L	1800	m.	Monaghi	2,69	1776 Morsu
L	1808	m.	Mustapha	0,05	1799 Vezier
L	1810	m.	Siglavy	3,14	1800 Monaghi
L	1810	m.	Koheil I	0,39	1807 Bick
ME	1811	m.	Oronocco III	0,02	1810 Koheil
L	1817	m.	Managhi	1,33	1810 Siglavy
ME	1817	w.	Dahes	0,05	1817 Managhi
L	1819	m.	Koheil Hollihock	0,07	1829 Forester
ME	1819	m.	Feridian	0,04	1834 Tadmor
ME	1819	w.	Durzy	0,02	1840 Gazlan
L	1829	m.	Forester	0,05	1841 Khel il Massaid
ME	1830	m.	Arial	0,01	1841 Gidrane
BA	1831	m.	Messcour III	0,01	1843 Zaydan
RAD	1833	m.	Samhan	0,05	1847 Farha
RAD	–	m.	Samhan XII	0,11	1849 Samson (Brudermann)
L	1834	m.	Tadmor	3,02	1849 Mersucha
L	1840	m.	Gazlan	4,88	1849 Hamame
L	1841	w.	Gidrane	0,04	1850 Hanno
L	1841	w.	Khel il Massaid	0,00	1850 Hadudi (Brudermann)
P	1842	m.	Abugress III	0,02	1850 Haja
ME	1843	w.	Aga	0,15	1850 Daeni
L	1848	w.	Medfel	0,03	1850 Jamine
L	1849	m.	Samson	0,73	1850 Zenobia
L	1850	m.	Hadudi	0,47	1850 Hische
L	1851	m.	Ben Azet	0,92	1851 Erkuke
RAD	1860	w.	109 Farhan	0,05	1851 El Ham. Sachrie
L	1866	w.	Ben Azet-Hala	<0,01	1851 Dadjane
L	1867	w.	Mersucha	0,06	1851 Ben Azet
L	1869	m.	Jussuf	0,13	1852 El Duchi
L	1870	w.	Theodorosta	0,11	1853 Delia
CAB	–	w.	Maradhat	0,16	1853 Hasbeia
E	1906	w.	Flora	0,14	1854 Frecha
VRB	1907	m.	34 Lenkoran	0,04	1862 Djebrin
BA	1915	w.	Jussuf III	0,06	1869 Massaude
L	1914	m.	Rebekka	0,02	1875 Koheilan
JP	1923	m.	Trypolis	0,01	1894 Hamar
MAN	1938	m.	Lotnik	0,19	
JP	1925		Miezcnik	0,03	

* In Spalte 2 „Geb.", beschreiben kursiv geschriebenen Zahlen das Geburtsdatum des ersten Nachkommen, da das genaue Geburtsdatum des betreffenden Pferdes nicht bekannt ist. In der Spalte „Originalaraber in der Literatur erwähnt" wurden die in den vorher genannten Publikationen angeführten Araberpferde zusammengefaßt. ** Erstellt aus Gassebner 1898, Bilek 1914, Nürnberg 1993. In kursiver Schrift erscheinen jene Pferde die in der Pedigreedatei nicht enthalten sind, die fettgedruckten Namen bezeichnen die sogenannten „Brudermann-Araber".

Abb. 28. Der Hengst Siglavy Slavina III (Vater: Siglavy Traga IV)- ein „reiner" Karster - zeigt trotz geringem Arabergenanteil im 4 Generationen-Pedigree einen deutlich arabisierten Typ.
Kreidezeichnung Franz v. Stückenberg, Wagenburg, KHM, Inv.-Nr. Z 25.

Pedigree

Siglavy Traga IV m. L 1889	Siglavy Malva m. L 1875	Siglavy Bonita m. L 1864	Siglavy Alea m. L 1846	Siglavy Toscana m. L 1830
				Alea f. L 1837
			Bonita f. L 1854	Maestoso Erga XXXVI m. L 1838
				Bonita f. L 1835
		Malva f. L 1866	Hadudi m. L 1861	OX Hadudi m. L 1850
				Blanca f. L 1847
			Mahonia f. L 1860	Conversano Fantasia m. L 1854
				Manzina f. L 1849
	Traga IV f. L 1881	Favory Sezana m. L 1872	Favory Aversa m. L 1864	Favory Capriola m. L 1856
				Aversa f. L 1857
			Sezana f. L 1864	Pluto Alea m. L 1853
				Stella f. L 1858
		Traga f. L 1865	Pluto Alea m. L 1853	Pluto Deflorata m. L 1838
				Alea f. L 1837
			Troja f. L 1859	OX Gazlan m. L 1840
				Trompeta f. L 1847

Abb. 29. Pedigree von Siglavy Traga IV (Grafik Druml).

Abb. 30. Der Sohn des Siglavy Traga, Siglavy Slavina III, reiner Karster geb. 1893, a.d. Slavina II (siehe Abb. 15) ist stark auf den Siglavy Stamm konsolioliert und zeigt daher ein stark arabisiertes Gepräge. Franz v. Stückenberg (Archiv Brabenetz).

Pedigree

			Siglavy Bonita m. L 1864	Siglavy Alea m. L 1846
Siglavy Slavina III m. L 1893	Siglavy Traga IV m. L 1889	Siglavy Malva m. L 1875		Bonita f. L 1854
			Malva f. L 1866	Hadudi m. L 1861
				Mahonia f. L 1860
		Traga IV f. L 1881	Favory Sezana m. L 1872	Favory Aversa m. L 1864
				Sezana f. L 1864
			Traga f. L 1865	Pluto Alea m. L 1853
				Troja f. L 1859
	Slavina II f. L 1876	Pluto Calcedona m. L 1864	Pluto Alea m. L 1853	Pluto Deflorata m. L 1838
				Alea f. L 1837
			Calcedona f. L 1858	Maestoso Slavina II m. L 1853
				Caldas f. L 1841
		Slavina f. L 1864	Siglavy Alea m. L 1846	Siglavy Toscana m. L 1830
				Alea f. L 1837
			Slavina II f. L 1847	OX Tadmor m. L 1834
				Slavina f. L 1834

Abb. 31. Pedigree von Siglavy Slavina III, geb. 1893 (Grafik Druml).

Einfluß der Araberrasse auf den Lipizzaner

Der Einfluß von Original-Arabern wurde bereits behandelt. Die Wirkung von sogenannten „Araberrassepfer-den" in der Lipizzanerpferdezucht ist mit jener der Original Araber vergleichbar.

Tab. 5. Gründertiere aus der Araberrasse und deren Genanteil in der aktuellen Lipizzanerpopulation.

Name	Gestüt	Geb.	Genanteil
Siglavy III	Trauttmansdorf	1817	0,22
Shagya IV	Bábolna	1841	0,39
Siglavy XV	Mezöhegyes	1833	0,19
Siglavy XXIX	Bábolna	1843	0,17
53 Shagya Abugress X	Radautz	1867	0,21
Shagya III	Radautz	1875	0,22
116 Shagya Gazlan	Fogaras	1897	0,22
781 Amurath Shagya	Sarajevo	1932	0,14
	Gesamt		1,76

Der Einfluß der Araberrasse wird durch 24 Pferde in einem Zeitintervall von 1817-1932 bestimmt. Bezeich-nenderweise stammen die meisten dieser Pferde aus den Staatsgestüten Bábolna, Mezöhegyes und Radautz. Insgesamt summiert sich der Genanteil der Araberrassepferde auf 2,5 % in der aktuellen Population. Dieser wird im wesentlichen von 5 Hengsten und 3 Stuten getragen (Tab. 5, Abb. 28 bis 32).

Abb. 32. Siglavy Hengst Lapis, geb. 1938 im yugosla-wischen Staatsgestüt Duschanowo, Va. 561 Siglavy II–22, dieser Hengst legte im Krieg 6000 km zurück und wurde Vater des legendären Trakehner Hengs-tes Burnus (Archiv Brabenetz).

Einfluß des Englischen Vollbluts auf den Lipizzaner

„Englische Pferde-Wettrennen" sind in Österreich seit 1778 überliefert, erst ab 1826 wird von einem kontinu-ierlichen Rennbetrieb in Wien berichtet (Binnebös 1980). Gleichzeitig wurde die Jagdreiterei nach englischem Vorbild populär, welche die Schulreiterei als Beschäftigung des Adels ablöste. Den Verfall der Reiterei als Kunst beschreibt folgendes Zitat des Grafen Josef Fekethe de Galántha treffenderweise: „Unsere besten Reiter (denn jene ebenso lächerlichen wie falschen, nach englischer Art reitenden Pferdeschinder verdienen diesen Namen nicht) sind fast ausnahmslos Altersgenossen des Fürsten von Kaunitz (1711-1794)..." (Binnebös 1980, S.25). Unter jenen neuen Aspekten waren der Staat sowie Privatmänner bestrebt, in der Monarchie Zuchten mit eng-lischen Pferden zu etablieren. Die beim Lipizzaner wirksamen englischen Pferde reichen chronologisch von 1760 bis 1910. Die Bezeichnung der Pferde von 1760-1800 als Englisches Vollblut ist nicht unproblematisch, da das General Studbook erst 1791 herausgegeben wurde. In den Pedigrees und Pferdebeschreibungen existieren Bezeichnungen wie z.B. Engländerin, Ire, Irischer Hunter. Vermutlich kann bei jenen „englischen" Pferden vorausgesetzt werden, daß sie im Rennpferdetyp gestanden sind.

Insgesamt existieren in den Pedigrees der Lipizzaner 20 verschiedene „Englische Pferde". Der Einsatz derselben kann in vier Perioden eingeteilt werden:

1760–1790 Englische Pferde des barocken Schlages im Gestüt Lipica
1806–1812 Englische Vollblüter in ungarischen Lipizzanerzuchten
1812–1833 Einsatz der Englischen Vollblüter aus Koptschan im Gestüt Lipica
1864–1910 Englische Vollblüter in der Lipizzanerzucht des Grafen Eltz

Abb. 33. Kaisermanöver, Franz Joseph II war ein begeisterter Anhänger von englischen Pferden, vorallem von Irischen Huntern.

(Archiv Brabenetz)

In der Literatur wird vom Versuch des Oberststallmeisters Rudolph Fürst Liechtenstein berichtet, Englisches Vollblut in den Lipizzaner einzukreuzen,. Dieses Phänomen beschränkt sich nur auf das Ende des 19.Jh.. Obwohl der Hengst XX Northern Light als äußerst dominanter Vererber beschrieben wird (Gassebner 1898), existiert er heute im Pedigree der aktuellen Population nicht mehr.

Alle Nachkommen dieses Versuches sind aufgrund wesentlicher Exterieurmängel ausgemustert worden. Aus den Berechnungen der Genanteile englischer Gründertiere geht hervor, daß in der aktuellen Lipizzanerpopulation insgesamt ein Genanteil von 3,1 % „Englischem Blut" existiert. Dieser relativ kleine Wert entspricht in etwa der des Gründers des klassischen Hengststammes Siglavy (3,1 %) und ist für eine Rassenpopulation nicht sehr bedeutend. In Tabelle 6 ist erkennbar, daß die wichtigsten Gründertiere im Gestüt Lipica stationiert waren. Im Wesentlichen kann man 5 Hengste, die insgesamt rund 80 % dieses Genpools vertreten, für den Einfluß des „Englischen Vollblutes" in der Lipizzanerzucht verantwortlich machen (Abb. 33, Tab. 6.).

Tab. 6. Die 5 wichtigsten Gründertiere, die ca. 70 % des Einflusses des Englischen Blut
auf die aktuelle Lipizzanerpopulation darstellen.

Name	Gestüt	Geburt	Genanteil
Millord	Lipica	1790	0,98
Brittain	Lipica	1764	0,68
XX Grimalkin Wourthy	Lipica	1820	0,24
XX Englaender	Lipica	1760	0,19
XX Hampton	Lipica	1833	0,15
X Dolly	Lipica	1835	0,15
XX Regent	Lipica	1809	0,14
		Gesamt	2,22

Diese fünf Pferde lassen sich den Perioden Lipica 1760–1790 und Koptschan 1812–1833 zuordnen. Einzig die barocken Hengste Millord, geb. 1790, und Brittain, geb. 1764, lassen mit 0,98 %, bzw. 0,68 % Genanteil einen Einzeltiereinfluß erkennen, welcher der Bedeutung eines Hengststammbegründers nahekommt, die restlichen Pferde liegen deutlich darunter.

Einfluß der Kladruberrasse auf den Lipizzaner

Bereits BILEK (1914) versuchte den Einfluß der Kladruberrasse in der Lipizzanerpopulation zu erörtern. Diese Fragestellung erweist sich als diffizil, da in der k.k. Pferdezuchtgeschichte erst 1826 mit der Auflösung des Hofgestüts Koptschan eine strikte Trennung zwischen Lipizzaner und Kladruber erfolgte. Ab diesem Zeitpunkt entwickelten sich durch strenge Zuchtauswahl zwei Gegenpole in der Zucht der kaiserlichen Prunkpferde: ein leichterer Reitschlag und ein schwerer Wagenschlag (Abb. 34). In der Zeit davor muß man von einer gemischten Population von Barockpferderassen ausgehen, die sich ab 1826 (wahrscheinlich aber schon vor den Napoleonischen Kriegen 1796-1816) in zwei verschiedene Subpopulationen differenzierte.

Abb. 34. Kladruber 8er Zug des kaiserlichen Marstalles in Vollgala Anspannung, Wien um 1908 (Bundesgestüt Piber).

Aus den Pferdegrundbüchern des k.k. Oberststallmeisteramtes ist ersichtlich, daß im geringeren Ausmaß Pferde aus dem Hofgestüt Kladruby (wenn dann ausnahmslos Pferde mit Lipizzaner, orientalischer oder englischer Abstammung) in der Spanischen Reitschule Verwendung fanden. Ansonsten fanden sich Pferde aus Kladruby in den Hofzugställen (Kutschenstall und Poststall) wieder.

Abb. 35. Der massive Kladruberhengst Generale XXXIV (Archiv Brabenetz).

Von den insgesamt 36 Kladruber Pferden, die in den Pedigrees der lebenden Lipizzaner vorkommen, sind dreizehn Pferde ab dem Geburtsjahr 1814 der eigentlichen Kladruberrasse zuzuordnen. Diese tragen auch die Namen der Kladruber Stämme, wo hingegen die Pferde der vorhergehenden Epoche verschiedenste Namen, die jenen der altitalienischen Zuchten entsprechen, aufweisen. Die Berechnung des Genanteiles dieser Pferderasse in der aktuellen Lipizzanerpopulation ergibt insgesamt 4,2 % Kladruber Beeinflussung.

Tab. 7. Die fünf wichtigsten Gründertiere, welche rund 70 % des Einflusses der Kladruberrasse in der aktuellen Lipizzanerpopulation ausmachen

Name	Gestüt	Geburt	Genanteil
Favory	Lipica	1779	1,69
Noblessa	Kladruby	1907	0,52
Generalissimus Benfatta I	Kladruby	1815	0,47
Generale III Bellasperan	Kladruby	1797	0,24
Generalissimus II	Kladruby	1815	0,23
Generale I Mosca	Kladruby	1787	0,12
		Gesamt	3,27

Diese ist im Ausmaß mit der Bedeutung des „Englischen Vollblutes" vergleichbar, jedoch sind einzelne Pferde hier weit weniger wichtig (elf Tiere, deren Gründergenanteile unter 0,01 % liegt). Rund 77 % des Kladruber Genanteils werden von 6 Tieren getragen, die in Tabelle 7 dargestellt sind. Zu beachten ist, daß alle diese Tiere (ursprünglich auch der Hengst Favory mit 1,7 % Genanteil) aus dem Hofgestüt Kladruby stammen. Die Stute Noblessa (geb. 1907) leistet mit 0,5 % den zweitgrößten Beitrag. Unter den anderen 4 Tieren stammen 2 Hengste aus dem Generalissimus-Stamm und 2 aus dem Generale-Stamm (Abb. 35). Auch sind zwei Begründerinnen klassischer Lipizzaner Stutfamilien in der Gruppe der Kladruber Pferde vertreten: die Stute Almerina (geb. 1769) mit einem Genanteil von 0,03 %, und die Stute Africa (geb. 1740) mit einem Genanteil von <0,01 %. Beide sind aus heutiger Sicht unbedeutend.

Einfluß von sog. Lipizzanerrassepferden

Jene 123 Lipizzanerpferde die keine weiterreichenden Abstammungen aufweisen, sind über den Zeitraum von 1800 – 1948 verteilt. Die größten Lücken in den Stammbäumen treten in folgenden Gestüten auf:

23 Lipizzanern aus dem Gestüt Fogaras,

21 Lipizzanern aus dem Gestüt Terezovac,

8 Lipizzanern aus den Gestüt Mezöhegyes

15 Lipizzanern aus Lipica

9 Lipizzanern aus dem Gestüt Cabuna

8 Pferden aus der Zucht des Grafen Eltz

Die restlichen 39 Pferde sind zu 1 bis 3 Stück auf 20 verschiedene, hauptsächlich kroatische und ungarische Gestüte verteilt. Um sich ein Bild über das zeitliche Auftreten dieser Lipizzanerrassepferde zu machen, ist es notwendig eine Trennung nach dem Geburtsjahr und der Herkunft dieser Tiere vorzunehmen. Nach Tabelle 8 machen sich in der Zeit von 1850 – 1920 mit 86 Pferden die größten Kumulationen bemerkbar.

Tab. 8. Zeitliche und regionale Zuordnung von Lipizzanerrassepferden und Einteilung in Leitperioden.

1800 – 1850			1850 – 1900			1900 – 1920			1921 – 1948		
Gestüt	Anzahl Pferde	Gen-anteil	Gestüt	Anzahl Pferde	Gen-anteil	Gestüt	Anzahl Pferde	Gen-anteil	Gestüt	Anzahl Pferde	Gen-anteil
ME	5	0,39	TER	18	1,43	F	16	2,71	YUG	7	0,11
L	6	0,81	ME	3	0,23	L	5	0,52	L	3	0,22
E	2	0	F	4	0,23	CAB	6	0,35	F	3	0,09
TER	1	0,02	CAB	3	0,11	E	4	0,08	TO	2	0,04
HAV	1	0,56	E	2	0,04	YUG	3	0,06	PSZ	2	0,04
			DAR	2	0,11	PRO	2	0,06	ST	2	0,02
			P	2	0,61	D	2	0	SAR	1	0,03
			AND	2	0,4	VRB	2	0,02	KA	1	0,02
			RAD	2	0,44	TER	2	0,02	MO	1	0,01
			L	1	0,37	AND	1	0,16			
						ORL	1	0,05			
						PET	1	0,05			
						TAT	1	0,05			
						DAR	1	0			
Total	15	1,78	Total	39	3,97	Total	47	4,15	Total	22	0,58

In der Periode 1800 – 1850 gibt es die meisten Lücken in den Aufzeichnungen im Gestüt Lipica. Sechs aus dem Hofgestüt stammende Pferde konnten nicht weiter zurück verfolgt werden. In der Periode 1850 – 1900 kommen die Verluste der Pedigree Informationen stärker zum Tragen. Historisch gesehen findet man die Ursache in der Etablierung von Privatgestüten in der k.u.k. Monarchie. Ab ca. 1860 erfolgte eine Beeinflussung der privaten Landeszuchten Kroatiens, Slavoniens und Ungarns durch das arabisch geprägte Lipizzanerpferd (Abb. 36 und 37).

Abb. 36. Lipizzaner Slawoniens in ländlicher Anspannung (Archiv Druml).

Das Gestüt Đakovo wurde 1857 auf die Lipizzanerzucht umgestellt, ebenso wurde die spanische Zucht des Grafen Jankovič in Terezovac und Cabuna um 1860 mehr und mehr von Lipizzanern verdrängt. Das Gestüt Terezovac des Grafen Jankovič, ursprünglich auf spanischer Grundlage gezogen, wurde 1860 völlig auf Lipizzanerzucht umgestellt und wurde zu einem der qualitätvollsten Privatgestüte. Im gleichen Familienbesitz befand sich das seit 1845 bestehende Gestüt Cabuna, welches gemeinsam mit Terezovac die kroatische Landespferdezucht dominierte. Das Gestüt Vukovar des Grafen Eltz, gegründet 1868, war sehr bekannt für seine noblen Reitpferde im Halbblutypus, während im Gestüt des Grafen Esterházy in Tata kraftvolle und großrahmige Fahrlipizzaner gezüchtet wurden. Insgesamt fehlen aus dieser Zeit die Stammbäume von 41 Pferden die sich mit 4,1 % Genanteil auf die heutige Population auswirken. Der größte Anteil stammt mit 18 Pferden aus der Terezovacer Zucht, daneben machen sich die Gestüte Mezöhegyes, Fogaras, Cabuna, Piber und Radautz bemerkbar. So gehen in der zweiten Hälfte des 19. Jahrhunderts die Erbanlagen des Lipizzaners zum einen Teil auf die Privatgestüte und zum anderen Teil auf ehemalige Militärgestüte zurück. Alle Gründerinnen der kroatischen Stutenfamilien kommen aus den Kroatischen Privatgestüten der klassischen Zuchtperiode.

Abb. 37. Winterliche Futtereinfuhr in Slavonien (Archiv Druml).

Die Zeit von 1900 – 1920 ist durch das Entstehen des rumänischen Lipizzanergestüts Fogaras geprägt. In der Periode von 1874 bis 1912 setzte sich der Pferdebestand von Fogaras aus Pferden des ungarischen Gestüts Mezöhegyes, welche wiederum zu einem Teil aus dem Stammgestüt Lipica abstammten, zusammen. 1920 bestand die Stutenbasis des neugegründeten rumänischen Staatsgestütes Fogaras aus 22 Stuten des ehemaligen gleichnamigen k. k. Gestüts und 16 aus der Landeszucht abstammenden Lipizzanerstuten.Von 16 Stuten, die aus Fogaras aus der Zeit von 1900 – 1920 stammten, konnte der Stammbaum nicht zurück verfolgt werden. Unter diesen 16 Stuten befinden sich 8 Stutfamilienbegründerinnen. Insgesamt gehen 2,71 % der Gene der Referenzpopulation auf diese 16 rumänischen Gründertiere Anfang des 20. Jahrhunderts zurück. Nebenbei machen sich 31 aus Privatgestüten und dem ehem. Hofgestüt Lipica stammende Lipizzanerpferde bemerkbar. Die nächste, die Zwischenkriegszeit bezeichnende Periode (1920 – 1948) ist durchgehend von der Lipizzanerzucht des ehemaligen Jugoslawien gekennzeichnet. Diese hat sich von den 4 betrachteten Perioden genetisch am geringsten auf die aktuelle Lipizzanerpopulation ausgewirkt. Dieses Phänomen ist in dem geringen Einflußbereich dieser Zuchten begründet (Abb. 38).

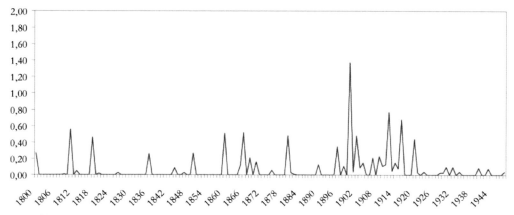

Abb. 38. Zeitliche Verteilung der Genanteile der Lipizzanerrassepferde in Prozent. Der Großteil der Gene stammt aus der Zeit der Jahrhundertwende zum 20. Jh. (Grafik Druml).

Faßt man die soeben erörterten Inhalte zusammen, so kann man die als Lipizzanerrasse bezeichnete Gründerpopulation in folgende Kategorien einteilen:

1800 – 1850 Lipizzanerpferde aus dem Hofgestüt Lipica

1850 – 1900 Lipizzanerpferde aus den privaten Gestüten Kroatiens und Slawoniens

1900 – 1920 Lipizzanerpferde aus den rumänischen Gestüt Fogaras

1920 – 1948 Lipizzanerpferde aus den Zuchten Ex-Jugoslawiens

Genetisch manifestieren sich diese 123 Pferde mit 10,4 % Anteil am Erbgut. Unter den 8 wichtigsten Pferden dieser Kategorien befinden sich 7 Stuten, von denen 4 aus Fogaras stammten. Der Einzeltiereinfluß dieser Individuen kann als mäßig bezeichnet werden, die Genanteile liegen in einem für Stuten oberen Bereich (Tab. 9).

Tab. 9. Die 8 wichtigsten Lipizzanerrassepferde

Pferd	Gestüt	geb.	Genanteil
84 Tulipan 4 (Stute)	Fogaras	1916	0,68
Maestoso VII	Havransko	1811	0,56
13 Favory II (Stute)	Piber	1866	0,49
54 Maestoso Erga (Stute)	Fogaras	1902	0,48
Musica IV (Stute)	Lipica	1818	0,46
5 Favory XV-8 (Stute)	Fogaras	1912	0,39
Klary IV (Stute)	Andrassy	1896	0,35
22 Maestoso Bazovica (Stute)	Fogaras	1912	0,33
Total			3,74

Die Stuten 84 Tulipan, 5 Favory und 22 Maestoso Bazovica sind rumänische Stutfamilienbegründerinnen. Die Stute Musica IV geht auf die klassischen Stutfamilie Europa zurück.

Die wichtigsten Gründertiere der Lipizzaner

Nachdem die Beiträge der einzelnen Rassen zum Genpool des Lipizzaners behandelt wurden sollen nun die wichtigsten, nach ihrer Bedeutung gereihten Gründertiere dargestellt werden. Wie bereits beschrieben sind es nicht ausschließlich die allgemein bekannten Begründer der Hengstlinien Maestoso, Conversano etc., die, wozu einen die Nomenklatur natürlich verleitet, das Erbgut des Lipizzaners weitgehend bestimmen. Die beiden prägenden Vorfahren, der Spanier Toscanello Hedera und der Altitaliener Neapolitano sind dermaßen oft in den Stammbäumen vertreten, daß sie zusammen 13 % des Genpools darstellen. Toscanello entstammte einer historischen Hengststamm und Neapolitano begründete einen klassischen Hengststamm. Bezeichnenderweise folgen auf diese 2 den barocken Pferderassen entstammenden Hengste 4 arabische Hengste (Abb. 39). Deren gemeinsamer Genanteil von ca. 13 % zeugt von einem vehementen Zuchteinsatz dieser Vollblüter in der ersten Hälfte des 19. Jahrhunderts (Abb. 40). Diese 6 Pferde haben gemeinsam mit dem Fredriksborger Danese und dem Spanier Lipp I, ein Drittel aller Gene der heutigen Lipizzanerpferde beigesteuert, und zusammen mit weiteren 11 Tieren, darunter auch die restlichen Hengststammbegründer, immerhin die Hälfte.

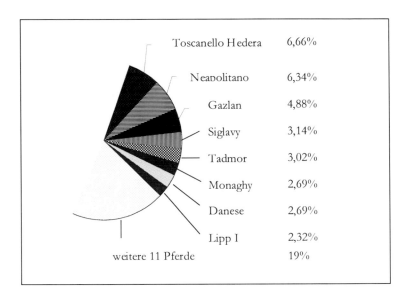

Toscanello Hedera	6,66%
Neapolitano	6,34%
Gazlan	4,88%
Siglavy	3,14%
Tadmor	3,02%
Monaghy	2,69%
Danese	2,69%
Lipp I	2,32%
weitere 11 Pferde	19%

Abb. 39. Genbestand der Lipizzanerrasse nach Einzeltieren (Grafik Druml).

Ein Vergleich mit der genetischen Struktur des Englischen Vollbluts, eine der am besten dokumentierten Pferderassen der Welt, verdeutlicht daß die Bandbreite des Erbguts des Englischen Vollbluts um einiges schmäler ist, als die des Lipizzaners.

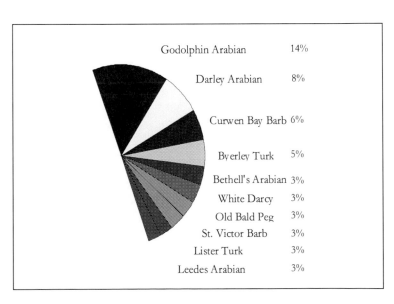

Godolphin Arabian	14%
Darley Arabian	8%
Curwen Bay Barb	6%
Byerley Turk	5%
Bethell's Arabian	3%
White Darcy	3%
Old Bald Peg	3%
St. Victor Barb	3%
Lister Turk	3%
Leedes Arabian	3%

Abb. 40. Genbestand des Englischen Vollblut nach Einzeltieren (Grafik Druml).

Die einzelnen Gründertiere haben einen weit größeren Einfluß in der Vollblutpopulation als es beim Lipizzaner der Fall ist. Die als die drei Säulen der engl. Vollblutzucht beschriebenen Hengste Godolphin Arabian, Darley Arabian und Byerley Turk behaupten tatsächlich ihren Rang als Gründungsväter dieser Rasse und tragen gemeinsam mit dem Hengst Curwen Bay Barb 32,5 % des Erbguts der Vollblüter (Abb. 41 bis 43, Tab. 10).

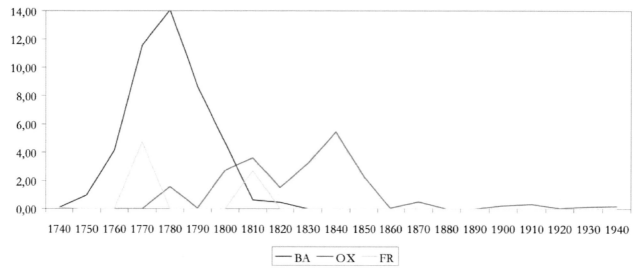

Abb. 41. In den zwei Abbildungen wurde der zeitliche Verlauf des Auftretens der Gene (in Prozent) des barocken Reitschlags (BA), des Fredriksborgers (FR) und des arabischen Vollbluts (OX) dargestellt. Die große Bedeutung der barocken Rassen und des arabischen Vollbluts ist deutlich erkennbar. In der ersten Graphik zeichnet sich der Wechsel von der barocken Gründungsphase in die klassische Zuchtperiode ab (Grafik Druml).

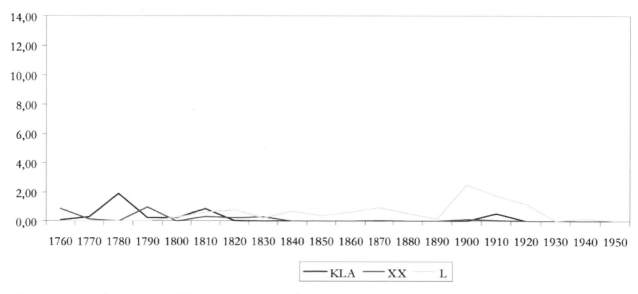

Abb. 42. in der Gründungsphase ebenfalls wirksamen Gene des Kladrubers (KLA) und des englischen Vollbluts (XX) verlieren ab Beginn der klassischen Periode (1810) ihre Bedeutung. In dieser wiederum sind die Abstammungen einiger Lipizzaner nicht nachvollziehbar. Deshalb schlagen sich diese Informationsverluste in den Genanteilen (L) nieder. Diese erfahren um die Jahrhundertwende ihre größte Bedeutung, und leiten somit um 1920 die moderne Zuchtperiode ein, die auch als Reinzuchtperiode bezeichnet werden kann (Grafik Druml).

Tab. 10. Die wichtigsten Gründertiere mit einem Genanteil größer 1%.

Pferd	Gestüt	Rasse	geb.	Genanteil
Toscanello Hedera	Lipica	Barocker Reitschlag	1785	6,66
Neapolitano	Lipica	Barocker Reitschlag	1790	6,34
Gazlan	Lipica	Originalaraber	1840	4,88
Siglavy	Lipica	Originalaraber	1810	3,14
Tadmor	Lipica	Originalaraber	1834	3,02
Danese	Lipica	Barocker Reitschlag	1808	2,69
Monaghy	Lipica	Originalaraber	1800	2,69
Lipp I	Lipica	Barocker Reitschlag	1781	2,32
Norwegia (Stute)	Lipica	Barocker Reitschlag	1783	2,18
Confitero	Lipica	Barocker Reitschlag	1796	1,97
Favory	Lipica	Kladruber	1779	1,96
Bellornata (Stute)	Lipica	Barocker Reitschlag	1797	1,87
Pluto	Lipica	Fredricksborger	1765	1,72
Pluto III	Lipica	Barocker Reitschlag	1775	1,72
Lipp II	Lipica	Barocker Reitschlag	1758	1,69
Lipp I	Lipica	Barocker Reitschlag	1771	1,59
Deflorata (Stute)	Lipica	Fredricksborger	1767	1,56
Spagnolo	Lipica	Barocker Reitschlag	1775	1,55
Morsu	Lipica	Originalaraber	1776	1,55
Maestoso	Lipica	Barocker Reitschlag	1773	1,49
Sansparail	Lipica	Fredricksborger	1766	1,46
Montedoro Londra	Lipica	Barocker Reitschlag	1776	1,36
Managhi	Lipica	Originalaraber	1817	1,33
Conversano	Lipica	Barocker Reitschlag	1767	1,18
Romanito	Mezöhegyes	Barocker Reitschlag	1798	1,13
Total				59,05

Rava

Schl. St., gez. 1882 in Kladrub, v. Generale a. d. Riffa, v. Napoleone.
Mutterstute im k. u. k. Hofgestüte Kladrub.

Abb. 43. Die Kladruber Stute Rava, geb. 1882 im Hofgestüt Kladruby (Gassebner).

Unterschiede der 8 Staatsgestüte anhand von Gründertieren und deren Genanteilen

Definiert man die einzelnen modernen Gestüte als selbstständige Subpopulationen, so verengt sich die genetische Ausgangsbasis zunehmend. Am kleinsten ist die Stammpopulation des italienischen Gestüts Monterotondo, das auf 264 Gründertiere zurück geht. Das österreichische Gestüt Piber verfügt mit 431 Pferden über die größte Stammpopulation, gefolgt vom kroatischen Gestüt Đakovo mit 395 Pferden, und dem ungarischen Gestüt Szilvásvárad mit 394 Pferden (Tab. 11).

Tab. 11. Anzahl der Pferde aus denen die einzelnen Gestüte hervorgingen.

Lipica	371
Piber	431
Monterotondo	264
Topoľčianky	383
Đakovo	395
Szilvásvárad	394
Fogaras	346
Beclean	351
Alle Gestüte	457

Anhand der Genanteile dieser Gründertiere lassen sich gewisse Unterschiede in der genetischen Struktur der verschiedenen Staatsgestüte heraus arbeiten. Im wesentlichen differenzieren sich die Stammpopulationen der einzelnen Gestüte erst unter einem Einzeltiergenanteil von 1 %. Die im Schnitt ersten 30 Tiere, deren Genanteil >1 % ist, sind im Prinzip bei allen Gestüten ident. Unter diesen bestehen minimale Abweichungen in ihrer Rangfolge in Bezug auf den Genanteil. Einzig die rumänischen Gestüte Fogaras und Beclean, unterscheiden sich grundlegend von den anderen Gestüten, sowohl anhand der Tiere im Bereich über 1 % Genanteil, als auch anhand der Tiere im darunter liegenden Bereich. Die wichtigsten Verursacher dieser Divergenzen sind die rumänischen Lipizzaner aus den 20er Jahren des 20. Jahrhunderts, welche den Ausgangspunkt für das rumänische Staatsgestüt Fogaras bildeten. In folgender Darstellung wurde der Genbestand der einzelnen Gestüte nach den Ursprungsrassen geordnet aufgelistet (Tab. 12).

Tab. 12. Genbestand der einzelnen Gestüte nach Pferderassen

Gestüt	Barocke Rassen	Fredriksborger	Original- araber	Lipizzaner	Kladruber	Englisches Vollblut	Araberrasse
Lipica	48,799	7,623	25,761	5,076	5,311	3,108	2,370
Monterotondo	52,598	6,208	23,630	4,202	4,742	3,376	2,365
Piber	52,544	6,513	24,943	4,850	4,500	3,408	1,243
Topoľčianky	48,425	7,795	23,269	9,470	4,010	3,454	1,536
Đakovo	47,139	7,272	23,720	10,375	3,546	3,556	2,374
Szilvásvárad	50,669	7,407	18,548	11,429	3,231	2,778	4,101
Fagaras	45,830	6,997	13,538	21,613	3,154	2,894	3,853
Beclean	47,253	5,590	13,515	22,475	2,416	2,695	3,912
Alle Gestüte	49,680	7,590	21,480	10,390	4,240	3,090	2,500

Die am stärksten durch altspanische und italienische Pferde beeinflußten Gestüte sind Monterotondo und Piber. In diesen Gestüten gehen 52, 6 % bzw. 52,5 % aller Erbanlagen auf Pferde des barocken Reityps zurück. Die Gestüte Fagaras, Đakovo und Beclean zeigen sich mit 45,8 %, 47 % bzw. 47,3 % am wenigsten mit barocken Genen beeinflußt. Die klassischen und klassisch angelehnten Zuchten (Lipica, Monterotondo, Piber, Topoľčianky und Đakovo) trennen sich deutlich aufgrund der Beeinflußung des Genpools durch arabische und englische Vollblütern von den rumänisch-ungarischen Zuchten. So weisen interessanterweise in erster Linie die beiden rumänischen Gestüte Fagaras und Beclean die geringsten Genanteile von arabischen Vollblütern (ca. 13,5 %) auf. Ebenso zeigt sich die ungarische Lipizzanerzucht deutlich weniger von Arabern beeinflußt (ca. 18,6 % OX Genanteil). Eine ähnlich markante Trennung liegt im Falle der Beeinflußung durch das englische Vollblut vor.

Klassisch angelehnte Zuchten weisen geschlossen einen höheren XX Vollblutanteil in deren Genpoool auf. Das am meisten Kladruber beeinflußte Gestüt ist Lipica. In Lipica ist dies durch die Einkreuzung der Kladruber Stute Noblessa geb. 1907, begründet, die sich mit 1,42 % Genanteil in diesem Gestüt manifestiert (Abb. 44).

Abb. 44. Mutterstuten der Kladruber Schimmelzucht aus dem Jahr 1939. Beim liegenden Fohlen lässt sich erkennen welche Farbvarianten unter der Schimmeldecke versteckt sein können. In diesem Fall handelt es sich um eine Art Griesel- oder Lendentigerung (Privatarchiv Brabenetz).

Gene der Araberrasse treten ebenfalls gehäufter im Gestüt Lipica und Monterotondo auf. Dieser Unterschied zu den restlich klassisch angelehnten Zuchten beruht auf dem Hengst Amurath Shagya (geb. 1937) (0,8 % Genanteil), und der Stute 53 Shagya Abugress (geb. 1867) (0,5 % Genanteil), und in Monterotondo durch die Stute 79 Siglavy III 1830 (1,8 % Genanteil). In Szilvásvárad wird der gleiche Effekt von der Stute 116 Shagya Gazlan (geb. 1897) (1,0 % Genanteil), und dem Hengst Siglavy III (geb. 1817) (0,4 % Genanteil), hervorgerufen. Die Gestüte Rumäniens sind neben Szilvásvárad mit ca. 4% Genanteil am meisten durch Pferde der Araberrasse beeinflußt. Dieses Erbe des Mezöhegyes'schen Gestüts wird in Rumänien von den Hengsten Siglavy XXIX 1843, und Siglavy XXIII 1837 getragen. Der Einfluß der Lipizzanerpferderasse auf die einzelnen Gestüte spiegelt ein schönes Bild über die Vollständigkeit der Stutbücher der einzelnen Gestüte wieder. Am eindeutigsten dokumentiert sind die 3 klassischen Gestüte Lipica, Monterotondo und Piber. Die Gestüte Topolčianky, Đakovo und Szilvásvárad nehmen diesbezüglich eine Übergangsstellung ein, darauf folgen die rumänischen Gestüte Fogaras und Beclean, in denen ca. 22 % des Genpools von Pferden, die der Lipizzanerpferderasse zugeordnet werden, verursacht sind. Man muß sich bewußt sein, daß dieser hohe Genanteil von Lipizzanerrassepferden in den rumänischen Gestüten einen wesentlichen Informationsverlust bedeuten. Daher ist es möglich, daß dadurch z.B. der Genanteil von Originalarabern oder Barocken Rassen automatisch gesenkt wird, da rumänische Gründertiere ab 1875 also sofort mit der Gründung dieses Gestüts auftreten. Um derartige Fehlinterpretationen zu vermeiden wurde der Einfluß der ehemaligen und teils noch existierenden, mit der Lipizzanerzucht ursächlich verbundenen Gestüte, auf die heutigen 8 Staatsgestüte untersucht. Mit Hilfe von Genanteilen kann die Einflußnahme dieser historischen Gestüte auf die untersuchte aktuelle Lipizzanerpopulation quantifiziert werden.

Tab. 13. Genanteile der Gründergestüte (waagrecht) aufgeteilt auf die einzelnen untersuchten 8 Staatsgestüte (senkrecht).

	L	ME	KLA	RAD	TER	CAB	E	P	F	BA	B	AND	HAV
L	84,336	2,791	3,373	1,865	1,818	1,399	0,349	-	0,126	-	0,427	0,575	0,117
P	83,814	3,556	2,640	1,748	0,631	0,254	0,627	0,111	0,438	0,138	0,720	0,667	0,172
M	84,450	6,596	3,004	0,831	0,287	0,028	0,281	-	-	0,002	0,720	0,578	0,174
T	84,262	4,138	2,378	1,090	2,026	0,355	0,898	0,426	0,260	0,621	0,755	0,600	0,374
D	77,917	3,890	1,635	0,918	3,845	2,202	1,149	0,365	2,095	0,531	0,724	0,607	0,373
S	73,274	8,333	1,499	0,571	2,877	0,459	0,613	1,175	2,530	2,030	1,664	0,590	0,955
F	64,045	8,977	1,510	-	2,793	-	-	1,767	11,194	2,483	1,349	3,128	1,376
B	62,971	8,799	0,776	-	2,806	-	0,090	1,747	12,494	2,528	1,333	2,896	1,406
Alle	78,400	5,210	2,200	2,030	1,830	0,620	0,820	0,630	3,250	1,110	0,830	1,140	0,560

Die aus dem alten Lipica stammenden Genanteile illustrieren die Entstehungsgeschichte der heutigen Lipizzanergestüte. So bewegen sich die Genanteile jener Gestüte, die 1920 aus dem Hofgestüt Lipica hervorgegangen sind, um die 84 %. Đakovo und das ungarische Gestüt hatten sich bereits Mitte des 19. Jahrhunderts etabliert, und sind daher um ca. 10 % weniger durch das Stammgestüt beeinflußt. Am weitesten entfernt liegen die rumänischen Gestüte, bei denen nur ca. 64 % des Genpools aus dem traditionellen Stammgestüt kommen. Die historisch bedingte engere Verbindung der Gestüte Szilvásvárad, Fogaras und Beclean zum k.u.k. Militärgestüt Mezöhegyes wird durch den geschlossenen Genanteil von ca. 8,6 % in diesen 3 Gestüten untermauert.

NEAPOLITANO IV.

Abb. 45. Hengst des 19. Jh. im Gestüt Fogaras, deutlich erkennbarer Wirtschaftstyp, kurze und kräftige Hälse, etwas derber im Typ (Wrangel).

Der Wirkungsbereich der Jankovičer Lipizzanerzucht (Terezovac) manifestiert sich am stärksten im kroatischen Gestüt Đakovo, und greift dann auf die Gestüte Rumäniens, Ungarns, der Slowakei und Sloweniens über. Der in Tabelle 13 gekennzeichnete Block verdeutlicht die engere Beziehung der rumänischen Gestüte zu den Gestüten Piber (des 19. Jh.), Fogaras, Bábolna, Havransko, Beclean und der Zucht des Grafen Andrassy (Tab. 13). Die Genanteile aus Piber kommen durch die beiden Lipizzanerstuten 13 Favory II, geb. 1866, und 8 Contesina geb. 1865, zustande. Die Begründerinnen rumänischer Stutfamilien und weitere rumänische Stuten sind verantwortlich für den rumänischen Einfluß. Die Genanteile vom Militärgestüt Bábolna stammen von den zwei Araberrasse Hengsten Shagya IV, geb. 1841, und Siglavy XXIII, geb. 1837. Beclean ist durch den Hengststammbegründer Incitato vertreten, und der Lipizzanerhengst Maestoso VII geb. 1811 stellt den Havransko'schen Einfluß dar (Abb. 45 und 46).

Das kroatische Staatsgestüt Đakovo ist entstehungsgeschichtlich durch einen größeren Einfluß der Gestüte Terezovac, Cabuna, Vukovar (Lipizzanerzucht des Grafen Eltz) und Fogaras gekennzeichnet. Gleichfalls stellt sich der Einfluß der Gestüte Radautz, Terezovac und Cabuna im slowenischen Gestüt Lipica als charakteristisch dar. Zur Frage der orientalischen Beeinflussung der rumänischen Gestüte können folgende Punkte festgehalten werden: Die Bedeutung der aus dem Lipica der Gründungsphase und der klassischen Periode stammenden Gene nimmt in Fagaras und Beclean gegenüber den klassischen Zuchten um ca. 20 % ab. Die klassischen Zuchten sind gezeichnet durch einen sehr hohen Einfluß des Stammgestüts Lipica und den im Verhältnis stärkeren Einfluß der Gestüte Kladruby und Radautz. Daraus folgt, daß wie bereits besprochen, der barocke, der arabische und auch der englische Vollblutanteil, die alle im Gestüt Lipica ihren ursprünglichen Wirkungsbereich hatten, in den klassischen Zuchten stärker zum Tragen kommt. Vor allem die Hengste Gazlan 1840, Tadmor 1834 und Siglavy 1810 sind in diesen Gestüten für ca. 13,5 % Genanteil verantwortlich.

SZILÁGY-CSEH.
HALBBLUTGESTÜT DES HERRN BARON ELEMÉR VON BORNEMISSZA.
IM GESTÜTE GEZOGENER VIERERZUG.

Abb. 46. Juckeranspannung mit ungarischen Halbblütern im späten 19. Jh. (Wrangel).

Tab. 14. Genetische Bedeutung der wichtigsten Araber Hengste in den klassischen und rumänischen Gestüten.

Gestüte\\Hengste	Klassische Zuchten			Rumänische Zuchten	
	Lipica	Piber	Monterotondo	Fogaras	Beclean
Gazlan 1840	5,706	5,96	5,99	2,585	2,391
Siglavy 1810	3,824	3,98	3,916	1,664	1,563
Tadmor 1834	3,565	3,77	3,382	1,72	1,646
Monaghy 1800	2,554	2,676	2,74	2,621	2,597
Total	15,649	16,386	16,028	8,59	8,197

Deren Genanteil in den rumänischen Gestüten ist um einiges kleiner. Die Töchter Gazlans wurden um 1860 geboren und die Töchter Tadmors um 1850. Somit konnten ihre Anlagen nicht genügend in den ungarischen Gestüten verbreitet werden, da bereits 1874 die Gründung von Fogaras erfolgte. Der Hengst Monaghy 1800 konnte sein Erbgut schon weiter streuen, vor allem im Gestüt Piber, wovon später ein größerer Einfluß durch Favory II Töchter und die Lipizzanerhengste Favory III und Favory I auf die rumänischen Gestüte erfolgen sollte. In diesen wird durch mangelhafte Aufzeichnungen ca. 11 % Genanteil von aus Fogaras stammenden Pferden verursacht. Die Basis für die rumänischen Gestüte bildete Mezöhegyes, welches vor allem durch Barocke Rassen, Incitato und Maestoso Blut geprägt war. Weiters kommen noch definierte 9 % Genanteil aus dem Gestüt Mezöhegyes dazu. Das ergibt ca. 20 % Erbanlagen von größtenteils barocken Rassen. Auf Pferde der Gestüte Piber, Terezovac, Bábolna, Becelan, Havransko und Andrassy gehen ca. 10 % der Erbanlagen in Fogaras zurück. Diese Fakten zeigen, daß Pferde der Gestüte Mezöhegyes, Piber, Bábolna, Terezovac, Becelan, Havransko und Andrassy tendenziell in der Fagaraser Zucht eine größere Bedeutung hatten, und dadurch der Einfluß Lipicas herabgesetzt wurde. Damit verringert sich auch der orientalische Einfluß, der hauptsächlich mit Lipica einhergeht (Tab. 14). Die Errichtung des Gestüts Fogaras während der Arabisierungswelle und die damit verbundene Unterbrechung der arabischen Blutzufuhr sind ebenfalls verantwortlich für den niedrigeren Vollblutanteil in den rumänischen Lipizzanerzuchten.

Unterschiede der 8 Staatsgestüte aufgrund der genetischen Bedeutung genealogischer Strukturen

Die Hengste der Historischen Hengststämme, ein barockes Überbleibsel des Alt-Lipicas der Gründungsphase, lassen ihrer Bedeutung nach die gleichen Tendenzen erkennen, wie sie im bereits erörtert wurden. Deren Wirkungsbereich ist naturgemäß am größten in den klassischen Lipizzanerzuchten Lipica, Piber, Monterotondo und Topolčianky (Tab. 15).

Tab. 15. Genanteile von Hengsten der historischen Hengststämme in den einzelnen Gestüten.

Gestüte\\Hengststämme	Lipica	Piber	Monte-rotondo	Topol'čianky	Đakovo	Szilvas-varad	Fogaras	Beclean	Alle Gestüte
Hengststamm Toscanello	9,072	9,619	9,438	9,389	8,681	8,908	8,493	8,375	9,100
Hengststamm Lipp	6,820	7,213	7,074	6,924	6,441	6,175	5,583	5,465	6,580
Hengststamm Montedoro	3,396	3,578	3,419	3,468	3,239	3,244	3,047	3,012	3,350
Historische Stämme ges.	19,288	20,410	19,931	19,781	18,361	18,327	17,123	16,852	19,030

Die kleinsten Genanteile dieser insgesamt 23 Hengste treten in den rumänischen Gestüten auf. Die Rückläufigkeit der mit Lipica verbundenen barocken Einflußnahme in den Gestüten Fogaras und Beclean begründet sich mit deren Entwicklung aus dem alt-ungarischen Zweig der Lipizzanerzucht, der Abnabelung von den restlichen Zuchtstätten um die Jahrhundertwende zum 19. Jh. und der bis in die Gegenwart bestehenden relativen Isolierung von den anderen Staatsgestüten. In den folgenden zwei Tabellen 16 und 17 sind die Genanteile der einzelnen Begründer heute geführter Hengststämme auf die Gestüte aufgeteilt angeführt.

Tab. 16. Genanteile der klassischen Hengststammbegründer in Prozent in den einzelnen Gestüten.

Gestüte / Hengste	Lipica	Piber	Monte-rotondo	Topoľ čianky	Đakovo	Szilvás-várad	Fogaras	Beclean	Alle Gestüte
Conversano	1,271	1,326	1,265	1,252	1,153	1,071	0,962	0,947	1,18
Favory	1,691	1,786	1,723	1,704	1,595	1,689	1,579	1,566	1,69
Maestoso	1,507	1,592	1,524	1,513	1,413	1,498	1,350	1,335	1,49
Neapolitano	6,476	6,815	6,696	6,595	6,076	6,111	5,671	5,579	6,34
Pluto	1,732	1,828	1,783	1,784	1,670	1,708	1,529	1,511	1,72
Siglavy	3,824	3,980	3,916	3,542	3,210	2,357	1,664	1,563	3,14
Zw.Summe	16,501	17,327	16,907	16,390	15,117	14,434	12,755	12,501	15,56

Tab. 17. Genanteile der klassischen Hengststammbegründer in Prozent in den einzelnen Gestüten.

Gestüte / Hengste	Lipica	Piber	Monte-rotondo	Topoľ čianky	Đakovo	Szilvás-várad	Fogaras	Beclean	Alle Gestüte
Incitato	0,427	0,395	0,678	0,691	0,672	1,527	1,349	1,333	0,83
Tulipan	0,147	0,117	0,231	0,131	0,379	0,625	0,636	0,667	0,34
Zw.Summe	0,574	0,512	0,909	0,822	1,051	2,152	1,985	2,000	1,17

Die Genanteile einzelner klassischer Gründerhengste und auch deren Summen sind am größten im Gestüt Piber, und am geringsten in den rumänischen Gestüten. Konträr dazu weisen die Begründer der nicht klassischen Hengststämme Incitato und Tulipan in den rumänischen und ungarischen Gestüten die höchsten Genanteile auf. Diese kommen in ihrem Ausmaß jenen von klassischen Gründerhengsten nahe. Daraus ergibt sich, daß in diesen Gestüten die nicht klassischen Hengststämme in ihrer genetischen Bedeutung den klassischen Hengststamm gleichbedeutend sind.

Die Genanteile von Begründerinnen der Stutenfamilien bieten aufgrund ihres kleinen Umfanges nur begrenzt Aussagemöglichkeiten. Trotzdem werden in Tabelle 18 einige interessante Aspekte evident.

Tab. 18. Genbestand einzelner Gruppen von Stutenfamilien, geordnet nach den einzelnen Gestüten.

Gestüte / Familien	Lipica	Monte-rotondo	Piber	Topoľ čianky	Đakovo	Szilvás-várad	Fogaras	Beclean	Alle Gestüte
Klassische	4,678	3,873	4,525	4,356	3,662	3,233	2,553	2,470	3,90
Kroatische	0,71	0,177	0,649	1,017	1,210	0,422	–	–	0,51
Ungarische	0,294	–	0,081	0,093	0,940	2,232	0,009	0,033	0,43
Rumänische	0,005	–	0,304	0,188	0,561	0,174	9,030	10,440	2,10
Slowenische	0,189	–	0,008	–	–	–	–	–	0,02
Total	5,876	4,050	5,567	5,654	6,373	6,061	11,5943	12,943	6,96

Es wurden die Genanteile einzelner Begründerinnen zusammengezählt und für jedes Gestüt einzeln dargestellt. Klassische Familien haben ihren größten genetischen Wirkungsbereich in den Gestüten Lipica, Piber, Topoľčianky, Monterotondo und Đakovo, also in den klassischen und klassisch angelehnten Zuchten. Kroatische Familien wirken vermehrt in den Gestüten Đakovo und Topoľčianky. Ungarische Familien haben ihren größten Einfluß im Gestüt Szilvásvárad, wo sie 2,2 % des ungarischen Genpools bestimmen. Den größten Anteil am Genpool der eigenen Gestüte haben die rumänischen Familien. Sie vertreten in den Gestüten Fogaras und Beclean 9 % bzw. 10 % der Erbanlagen. Es sind auch die rumänischen Gestüte, die ziemlich viel Potential aus dem Genpool der Begründerinnen der Stutenfamilien schlagen. Ca. 11,5 % bzw. 13 % des Erbguts in den Gestüten Fogaras und Beclean sind ursächlich mit diesen genealogisch bedeutenden weiblichen Gründertieren verbunden, die hauptsächlich aus der Zeit der Auflösung des ungarischen Gestüts Fogaras (1912) stammen.

Schlußfolgerungen

Die Quantifizierung der Blutanteile von Gründerrassen in der Lipizzanerzucht stellt eine Erweiterung zur bisher meist phänotypischen Beschreibung der Merkmalsausprägung dieser Pferderasse dar. Betrachtungen über die Auswirkungen von Einkreuzungen fremder Rassen bzw. Pferden existierten bisher punktuell oder auf Einzeltiere beschränkt. Der Genpool der 566 untersuchten Lipizzaner setzt sich zusammen aus:

    50,70 % Genen von spanischen und neapolitanischen Pferden,

     7,59 % Genen von Fredriksborgern,

    21,48 % Genen von Originalarabern,

     4,24 % Genen von Kladrubern,

     3,09 % Genen von Englischen Vollblütern

     2,50 % Genen von der Araberrasse

10,4 % der Gene stammen von Lipizzanerrassepferden deren Abstammungen nicht weiter zurückverfolgt werden konnten. Es kann postuliert werden, daß die Lipizzanerasse zu 58,3 % von Pferden die dem Typ des barocken Reitpferdes zugeordnet werden können, beeinflußt wird. Dieses Erbgut stammt ausschließlich aus der Zeit vor den Napoleonischen Kriegen. Arabische Vollblutpferde tragen immerhin noch weitere 21,5 % zum Genpool bei, zusammen mit Pferden der Araberrasse 24,0 %. Der Anteil orientalischer Gene ist erstaunlich hoch. Der Einfluß von Kladruber Pferden und englischen Vollblütern ist im Vergleich eher als gering einzustufen. Die als Lipizzanerrassepferde deklarierten Tiere, die immerhin 10,4 % des Genpools ausmachen, geben ein genaues Bild über die Vollständigkeit der Abstammungsdokumente in der Lipizzanerzucht wieder. Die meisten Abstammungsinformationen gingen zwischen 1850 und 1920 verloren. Auf diese Zeitspanne entfallen 86 Pferde, die über einen Genanteil von 8,1 % verfügen. Dieses Phänomen ist einerseits durch die Etablierung der privaten Lipizzanergestüte in der zweiten Hälfte des 19. Jahrhunderts, und andererseits durch die Neugründung des rumänischen Staatsgestüts Fogaras im Jahr 1921 begründet.

Die Lipizzanerzucht wird genealogisch in Hengststämme und Stutenfamilien unterteilt. In dieser Arbeit wurde der genetische Einfluß der 6 klassischen Hengststammbegründer und der 2 nicht klassischen Hengststammbegründer untersucht. Darüber hinaus wurde die Wirkung von Hengsten historischer Hengststämme aus der Zeit vor den napoleonischen Kriegen behandelt. Insgesamt ist der Genbestand des Lipizzaners zu 15,6 % durch klassische Hengststammbegründer beeinflußt, von den nicht klassischen stammen 1,2 % der Gene. Erstaunlich hoch gestaltet sich der Einfluß der Hengste historischer Stämme, die zu 19,0 % im Erbgut des Lipizzaners vertreten sind. Wesentlich geringer ist die Bedeutung von Gründerstuten der insgesamt 45 Stutenfamilien. Von den Gründerinnen 17 klassischer Familien stammen 4,0 % Genanteil, von den Gründerinnen 8 kroatischer Familien 0,5 % Genanteil, von den Gründerinnen 12 ungarischer Familien 0,4 % Genanteil, von den Gründerinnen 17 rumänischer Familien 2,1 % Genanteil und von der Gründerin einer slowenischen Stutenfamilie stammen 0,02 % der heutigen Lipizzanergene.

Die genetischen Unterschiede der 8 untersuchten Lipizzanergestüte manifestieren sich folgenderweise: Die Genanteile der klassischen Hengststammbegründer sind mit 17,3 % am höchsten im Gestüt Piber, an welches sich die restlichen klassischen und klassisch angelehnten Zuchten (klassisch: Monterotondo, Lipica; klassisch angelehnt: Topol'čianky) mit ca. 16 % Genanteil anschließen. Von diesem Bild heben sich die Gestüte Szilvásvárad, mit 14,4 % Genanteil von klassischen Stammbegründern, und die rumänischen Gestüte Fogaras und Beclean mit 12,8 % bzw. 12,5 % Genanteil ab. In diesen Gestüten gewinnen die nicht klassischen Hengststämme an Bedeutung, die Genanteile derer Stammbegründer liegen bei ca. 2 %, am höchsten aber im Gestüt Szilvásvárad mit 2,2 %. Vor allem in Ungarn und Rumänien kann der Gründerhengst Incitato den klassischen Gründerhengsten gleichgestellt werden.

Klassische Gründerstuten haben ihre größte Bedeutung in den klassischen Gestüten, ihr Genanteil liegt hier bei ca. 4,5 %. Insgesamt hat sich gezeigt, daß die Genanteile von Familienbegründerinnen in deren Stammgestüten jeweils am höchsten sind. Die lebende ungarische und die rumänische Stutenbasis erweisen sich in ihrem Einflußbereich auf die entsprechenden Staatsgestüte begrenzt und stehen relativ isoliert da. Dies wird auch durch die Genanteile derer Familienbegründerinnen bestätigt: Rumänische Gründerstuten beeinflussen die rumänischen Gestüte zu ca. 10 %. Ihr Einfluß auf andere Gestüte ist auf <0,6 % beschränkt.

Betrachtet man den Genbestand der Gründerrassen in den einzelnen Gestüten, so heben sich wieder die rumänischen Gestüte und in einzelnen Fällen das ungarische Gestüt von den anderen ab. Die Pferde der Gestüte Fogaras und Beclean haben die kleinsten Genanteile der Barock Rassen, der Originalaraber und der

Englischen Vollblüter. Dafür ist der Einfluß von Lipizzanern ohne weiterreichende Abstammung markant groß. Die Herde von Szilvásvárad ist deutlich weniger von arabischen und englischen Vollblutgenen beeinflußt, weist aber einen höheren Einfluß von Pferden der Araberrasse auf.

Das ungarische und die rumänischen Gestüte sind entstehungsgeschichtlich eng miteinander verbunden. Deren Pferdepopulationen beziehen daher relativ betrachtet die wenigsten Gene aus den k.u.k. Hofgestüten Lipica und Kladruby, dafür aber größere Anteile aus den Gestüten Mezöhegyes, Terezovac, Piber, Fogaras, Bábolna, Beclean und ungarischen Privatzuchten des 19. Jahrhunderts. Es kann davon ausgegangen werden, daß vor allem die rumänischen Lipizzaner einen genetischen Seitenast der Lipizzanerzucht darstellen. Die unterschiedlichen Genbestände in der Entstehungsphase und die lange Isolation der rumänischen Gestüte, die durch den seltenen Austausch von Zuchttieren charakterisiert sind, geben Anlaß zu folgender Darstellung: Die Gestüte Lipica, Piber, Monterotondo gingen direkt aus dem Hofgestüt Lipica hervor. Sie sind charakterisiert durch klassische Genealogien, barocke, arabische und englische Vollblutgene und durch einen größeren Einfluß der Gestüte Lipica und Kladruby. Die Gestüte Topol'čianky und Đakovo nähern sich jenen an und bilden zusammen die Gruppe der klassischen Lipizzanergestüte. Das Gestüt Szilvásvárad repräsentiert die ungarische Zucht, die durch nicht klassische Hengstlinien und ungarische Stutenfamilien bestimmt ist. Bezüglich der Rassengenanteile nimmt es eine Zwischenposition unter den klassischen Zuchten und der rumänischen Zucht ein. Die rumänischen Gestüte stellen einen Gegenpool zu den klassischen Gestüten dar. Aufgrund ihrer genealogischen und genetischen Eigenheiten sind sie die dritte Gruppe in der Lipizzanerzucht.

Abb. XIII. Historische Nachahmung anlässlich einer Gestütsfeier im Bundesgestüt Piber (Bundesgestüt Piber)

KAPITEL 13

JOHANN SÖLKNER und THOMAS DRUML

Stammbaumanalyse der Lipizzanerpopulation

Stammbäume sind das Abbild der Zuchtgeschichte einer Rasse. Je kompletter und weiter zurückreichend die Aufzeichnungen in den Zuchtbüchern sind, umso klarer ist das Bild, das wir uns von der Herkunft der Rasse und den Einflüssen machen können, die auf sie gewirkt haben und noch wirken. Andererseits bewirkt das Fehlen der Abstammung von auch nur wenigen Tieren, Lücken in der Abstammung, welche die Interpretation der Zuchtgeschichte erschweren.

Die Zuchtbücher aus dem Gestüt Lipizza reichen zurück bis in jene Zeit, in der die heute als Stammväter der Lipizzanerzucht angesehenen Gründerhengste Conversano, Favory, Maestoso, Neapolitano, Pluto und Siglavy geboren wurden (ca. 1770). Aufzeichnungen aus früherer Zeit gingen im Zuge mehrerer Gestütsverlegungen zwischen 1797 und 1809 verloren oder wurden vernichtet.

Da die Lipizzanerzucht bis in die jüngere Vergangenheit im Gegensatz etwa zur Vollblutzucht nicht in einer geschlossenen Population stattgefunden hat (noch in den vierziger Jahren des 20. Jahrhunderts wurden die polnischen Araberhengste Lotnik und Miecznik eingesetzt), reicht das Studium der Stutbücher aus Lipizza bzw. der klassischen und aktuellen Lipizzanergestüte nicht aus. Es müssen auch Quellen über die Zucht auf verschiedenen Privatgestüten herangezogen werden. Besonders wertvoll erweisen sich in diesem Zusammenhang neben den Stutbüchern der einzelnen Gestüte die Bücher von STEINHAUSZ (1924 und 1943), welche die Zucht in den kroatischen Privatgestüten dokumentieren.

Für das Copernicus-Projekt wurden, ausgehend von den aktuellen in das Projekt aufgenommenen Pferden die Stammbäume unter Einbeziehung aller vorhandenen Quellen so weit wie möglich bis zu den ältesten vorhandenen Originalquellen, den Stutbüchern aus Lipizza und Mezőhegyes, rekonstruiert. Die komplette Pedigreedatei umfasste 3867 Tiere. Tab. 1 gibt eine Übersicht über die Pedigree-Information, welche für die verschiedenen Gestüte vorlag.

Das Generationsäquivalent ist eine Maßzahl für die Güte des Pedigrees. Es stellt einen vollständigen Pedigree mit der Anzahl von Generationen dar, der mit der zur Verfügung stehende Abstammungsinformation erreichbar wäre. Im Vergleich zu anderen Nutztierarten (Sölkner et al. 1998) ist die Qualität der Abstammungsinformation als exzellent zu bezeichnen. Die Abstammungen reichten maximal 32 Generationen zurück, bis zur 5. Generation waren sie praktisch vollständig, wenn man von den wenigen Lücken absieht, die in erster Linie durch die Wirren der beiden Weltkriege hervorgerufen wurden. In der 10. Generation lagen 90 % der Abstammungsinformationen vor und in der 15. Generation immerhin noch rund zwei Drittel (66 %).

Tab. 1. Qualität und Länge der Pedigrees

Gestüt	Lipica	Piber	Monte-rotondo	Topol'čianki	Đakovo	Szilvás-várad	Fogaras	Beclean	Total
Anzahl Pferde	59	153	63	42	55	75	90	28	565
Anzahl Ahnen/Pferd	565·654	535·141	809·578	504·935	838·376	664·443	528·057	476·532	609·332
Generationsäquivalent	15,0	15,3	15,7	15,2	15,4	15,2	14,7	14,4	15,2
% bekannte Ahnen in Generation									
3	100,0	100,0	100,0	100,0	100,0	100,0	100,0	100,0	100,0
5	98,7	100,0	99,9	100,0	99,9	99,4	99,7	99,4	99,7
10	83,3	93,7	93,4	90,4	90,5	90,5	84,8	83,1	90,4
15	65,3	66,5	72,1	65,8	67,8	66,8	62,9	60,9	66,3
20	8,0	7,4	11,9	7,0	11,9	9,2	7,7	6,8	8,6

Der vollständigste Stammbaum eines einzelnen Tieres umfasst über 2 Millionen Ahnen-Positionen (753 Siglavy Toplica XVII-4, geb. 1993 in Đakovo mit gcnau 2095064 Ahnen), Im Durchschnitt hatte ein Tier der Referenzpopulation 609.332 Ahnen, von denen freilich nur 534 verschieden voneinander waren. Viele Pedigrees rumänischer, kroatischer und ungarischer Linien konnten bis in die Zeit von 1860 bis 1920 zurückverfolgt werden. Eine Lücke in den Aufzeichnungen in Fogaras in der Zeit um 1920 führte dazu, dass von 16 Stuten keine weiter zurückliegende Abstammung vorliegt, obwohl sie aufgrund der Nomenklatur eindeutig der Lipizzanerrasse zuzuordnen sind. Das bewirkte, dass die Pedigrees in den rumänischen Gestüten etwas kürzer waren als in den anderen Gestüten. Arabische Gründertiere traten verstreut über das gesamte 19. Jahrhundert auf, vereinzelt auch im 20. Jahrhundert. Zwischen 1750 und 1820 enden die meisten Pedigreeinformationen. Die Pedigrees aus dieser Epoche enden/beginnen zum größten Teil in den Gestüten Kladruby, Koptschan, Lipizza und Mezöhegyes.

Im Kapitel 11 wird ausführlich auf die Gründertiere der Lipizzanerzucht und deren Herkunft eingegangen. Hier soll gezeigt werden, wie stark sich die Entwicklung der Rasse in einer über einen sehr langen Zeitraum doch beinahe geschlossenen Population auf den Inzuchtgrad ausgewirkt hat und ob es diesbezüglich Unterschiede zwischen den Gestüten gibt. Auch der durchschnittliche Verwandtschaftsgrad der Pferde verschiedener Gestüte wird untersucht. Weiterhin betrachten wir die wichtigsten Ahnen (Vererber) der Rasse, unabhängig davon ob diese Gründertiere sind oder nicht.

Inzuchtgrad

Der Inzuchtgrad ist ein Maß für die Wahrscheinlichkeit, dass die zwei Varianten (Allele) eines beliebigen Gens, die auf einem Chromosomenpaar zu finden sind, die gleiche Herkunft haben, d.h. Kopien eines einzelnen Gens sind, das bei irgendeinem Vorfahren auftrat. Dies ist grundsätzlich nur möglich, wenn zumindest ein Ahne sowohl auf der väterlichen als auch auf der mütterlichen Seite des Stammbaumes vorkommt. Nur dann besteht die theoretische Möglichkeit, dass die vom Vater und von der Mutter ererbten Varianten des Genes die gleiche Herkunft haben. Die Wahrscheinlichkeit der Herkunftsgleichheit steigt, wenn der gemeinsame Ahne im Stammbaum vor nur wenigen Generationen auftaucht (z.B. in der Großelterngeneration), oder wenn es viele gemeinsame Ahnen väterlicherseits und mütterlicherseits gibt. Es wurde bereits erwähnt, dass in den erhobenen Pedigrees durchschnittlich 609.332 Ahnenpositionen besetzt waren, wobei nur 534 verschiedene Ahnen vorkamen. Es ist klar, dass es eine sehr große Anzahl an Individuen geben muss, die sowohl auf der väterlichen als auch auf der mütterlichen Seite des Stammbaumes vorkommen. Jeder der klassischen Hengstlinienbegründer etwa kommt hunderte oder tausende Male im Pedigree jedes einzelnen Tieres vor.

Tab. 2 zeigt die durchschnittlichen Inzuchtkoeffizienten der Pferde der untersuchten Population. Das Mittel über alle Gestüte hinweg liegt nahe bei 10 %. Man kann also erwarten, dass an rund 10 % aller Genorte eines Pferdes identische (weil herkunftsgleiche = autozygote) Paare eines Genes vorliegen. Genpaare können aber auch identisch (homozygot) sein, ohne dass sie eine im bekannten Pedigree nachvollziehbare Herkunftsgleichheit besitzen.

Tab. 2. Inzuchtkoeffizienten (%) in Abhängigkeit von der Länge der Pedigrees

Gestüt	Lipica	Piber	Monte-rotondo	Topol'čianky	Đakovo	Szilvás-várad	Fogaras	Beclean	Total
Kompletter Pedigree	10,7	11,5	14,4	9,3	8,8	9,9	10,2	9,7	10,0
10 Generationen	5,1	5,2	7,9	3,7	3,4	5,2	6,2	5,9	5,2
5 Generationen	2,0	1,6	3,7	1,2	1,5	2,4	2,3	2,1	2,1

Die Pferde aus Monterotondo weisen mit 14,4 % einen deutlich höheren Inzuchtgrad auf als die Pferde der übrigen Gestüte. Das liegt an der relativ geringen Populationsgröße und der Isolation der Population nach dem II. Weltkrieg. Den niedrigsten Wert (8,8 %) weist trotz sehr komplett erhaltener Pedigrees das Gestüt Đakovo auf. In den letzten Jahrzehnten ist die Zuchtgeschichte von Đakovo geprägt durch den starken Einsatz einiger weniger Hengste aus fremden Gestüten (Piber, Topločianky und Szilvásvárad). Der Inzuchtgrad in der Piberaner Population ist relativ hoch, was vor allem auf den großen Anteil an Ahnen aus der klassischen Zucht von

Lipizza zurückzuführen ist. Es ist allerdings gelungen, den durchschnittlichen Inzuchtkoeffizienten über Zukauf von Stuten (siehe Kapitel 16) aus anderen Gestüten von 12,91 % (Müller & Schleger, 1981) auf 11.5 % zu senken. Bei der Betrachtung der Inzuchtkoeffizienten der Gestüte Fogaras und Beclean ist zu bedenken, dass die Pedigrees etwas kürzer sind und dass Verbindungen, welche durch Vorfahren der 16 rumänischen Lipizzanerstuten mit nicht rückverfolgbarer Abstammung zwar tatsächlich vorhanden, aber bei der Berechnung nicht erkannt und deshalb notgedrungen ignoriert wurden. Um die Paarungsstrategie der verschiedenen Gestüte in jüngerer Vergangenheit zu untersuchen, wurden Inzuchtkoeffizienten lediglich unter Verwendung der Pedigreeinformationen der letzten 5 Generationen berechnet. Die ebenfalls in Tab. 2 dargestellten Ergebnisse zeigen, dass in Monterotondo Verwandtenpaarung bei weitem am häufigsten vorkamen, dass aber auch in den rumänischen und ungarischen Zuchten die Paarung von Verwandten weniger strikt vermieden wurde als in den übrigen Gestüten. Insgesamt liegt der 5-Generationen-Inzuchtkoeffizient in einem Bereich, der auch bei vielen anderen Pferderassen gefunden wurde (Bohlin und Rönningen, 1975, Klemetsdal, 1993, Moreaux et al., 1995).

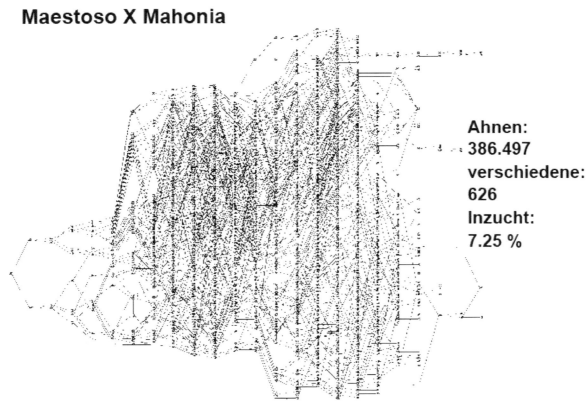

Maestoso X Mahonia

**Ahnen:
386.497
verschiedene:
626
Inzucht:
7.25 %**

Abb. 1. Stammbaum des Topolčiankyer Hengstes Maestoso X Mahonia (Sölkner).

Ist der beobachtete Inzuchtgrad der Lipizzanerpopulation als gefährlich oder bedrohlich einzustufen? Immerhin wurde verminderte Vitalität und Anpassungsfähigkeit aufgrund von Inzucht immer wieder mit als Grund für die katastrophalen Folgen einer seuchenhafte Infektion mit dem equinen Herpesvirus I in Piber im Jahr 1983 vermutet, auch wenn ein eindeutiger Zusammenhang nicht nachgewiesen werden konnte. Im Rahmen des Copernicus-Projektes konnte lediglich der Zusammenhang zwischen dem Inzuchtgrad und Merkmalen des Körperbaus untersucht werden, weil von jedem Tier 37 Körpermaße erhoben worden sind (siehe Kap. 14). Umfangreiche Analysen ergaben, dass kein Zusammenhang zwischen Inzuchtgrad und Körpergröße besteht, dass sich also bei den vorliegenden Daten kein Kümmerwachstum durch Inzucht nachweisen liess. Merkmale der Fruchtbarkeit reagieren sensibler auf Inzucht als Merkmale des Körperbaus. Die Untersuchung dieses Zusammenhanges war nicht Teil des Projektes. Die durchschnittliche Fruchtbarkeit ist aber derzeit auf allen Gestüten als gut einzustufen, so dass eine Inzuchtdepression zum momentanen Zeitpunkt eher nicht anzunehmen ist.

Verwandtschaft zwischen den Gestüten

Der Verwandtschaftskoeffizient zweier Tiere ist ähnlich definiert wie der Inzuchtkoeffizient eines einzelnen Tieres. Er beschreibt die Wahrscheinlichkeit, dass eine zufällig gezogene Variante eines Gens des einen Tieres herkunftsgleich mit einer am gleichen Genort ebenfalls zufällig gezogenen Variante des anderen Tieres ist. Rechnerisch entspricht der Verwandtschaftskoeffizient (coefficient of coancestry) dem doppelten Wert des Inzuchtkoeffizienten eines hypothetischen Nachkommen zweier Tiere. Berechnet man Mittelwerte der Verwandtschaftskoeffizienten für die Tiere zweier Gestüte, kann man daraus die genetische Ähnlichkeit der Gestüte ablesen. Tab. 3 gibt die durchschnittlichen Verwandtschaftskoeffizienten für alle Gestüte wieder. Eine auf dieser Information basierende grafische Darstellung der Ähnlichkeiten (über eine „Cluster-Analyse") findet sich in Abb. 2.

Tab. 3. Durchschnittliche Verwandtschaftskoeffizienten (%) innerhalb (Diagonale) und zwischen Gestüten

Gestüt	Lipica	Piber	Monterotondo	Topol'čianky	Đakovo	Szilvás-várad	Fogaras	Beclean
Lipica	**25,4 (21,4)***							
Piber	20,4	**26,0 (23,0)***						
Monterotondo	19,0	20,1	**32,2 (28,8)***					
Topol'čianky	15,0	16,7	15,1	**26,1 (18,6)***				
Đakovo	16,3	15,9	15,2	15,7	**24,9 (17,6)***			
Szilvásvárad	13,2	14,4	13,6	14,0	14,8	**23,2 (19,8)***		
Fogaras	10,0	11,1	10,7	10,3	10,0	10,5	**24,2 (20,4)***	
Beclean	9,6	10,7	10,2	9.8	9,7	10,6	21,9	**24,2 (19,4)***

* doppelter Inzuchtikoeffizient (%)

Bei Betrachtung der durchschnittlichen Verwandtschaft innerhalb der Gestüte fällt auf, dass diese allgemein höher sind als die zweifachen Werte der Inzuchtkoeffizienten aus Tab. 2. So beträgt etwa in Lipica der durchschnittliche Verwandtschaftskoeffizient 25,4 % (entspricht dem Zweifachen des erwarteten Inzuchtkoeffizienten der *hypothetischen* Nachkommen), während der doppelte Wert des Inzuchtkoeffizienten der tatsächlich lebenden Tiere 21,4 % ist. Das deutet darauf hin, dass bei der Anpaarung auf die Vermeidung von Inzucht geachtet wird. Allerdings betrifft das naheliegenderweise nur die letzten Generationen im Pedigree. Der Inzuchtgrad, der durch das vielfache Vorkommen weit entfernter Ahnen entsteht, kann durch Paarungsstrategien selbst bei Berechnung erwarteter Inzuchtkoeffizienten vor der Anpaarung nur relativ geringfügig beeinflusst werden. In einer geschlossenen Population ohne Zuführung von Fremdblut ist ein laufendes Ansteigen des Inzuchtgrades nicht zu verhindern. Lediglich die Geschwindigkeit des Anstiegs kann durch gezielte Anpaarungspläne bzw. Austausch von Pferden zwischen Gestüten verringert werden. Besonders groß ist die Diskrepanz zwischen Verwandtschaftskoeffizienten und doppelter Inzucht in den Gestüten Djakovo und Topol'čianky. Beide Gestüte sind eher klein und setzen massiv Hengste aus anderen Gestüten ein. Die großen Nachkommenschaften weniger Hengste führen zu relativ enger Verwandtschaft innerhalb der Herde, bei gezielter Anpaarung und dem Einsatz immer neuer, relativ unverwandter Hengste lässt sich aber eine große Inzuchtsteigerung vermeiden.

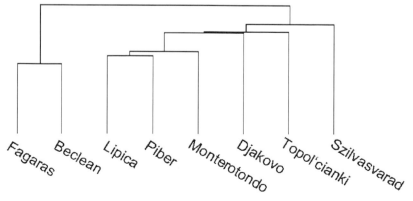

Abb. 2. Cluster-Analyse der Ähnlichkeit von Gestüten aufgrund der Verwandtschaftskoeffizienten (Sölkner).

Die engste genetische Verbindung zwischen Gestüten finden wir wenig überraschend zwischen Fogaras und Beclean (21,9 %). Die aktuelle Lipizzanerpopulation in Beclean ging ja erst vor kurzer Zeit (im Jahr 1982) durch Überstellung der farbigen Lipizzanerpferde aus dem Gestüt Fogaras hervor. Beinahe ebenso eng verwandt sind aber die Gestüte Piber, Lipica und Monterotondo (ca. 20 %). Die Tiere dieser drei Gestüte weisen den höchsten Genanteil an klassischen Gründertieren auf (siehe Kap.11). Die übrigen Gestüte liegen zwischen den Polen der klassischen und der rumänischen Zucht. Auffällig ist die hervorragende Übereinstimmung der Clusterung aufgrund von Abstammungsdaten mit jener aufgrund von genetischen Markern (Kap. 15).

Genetische Diversität anhand von Pedigreedaten

Die effektive Anzahl an Gründern beschreibt die Gleichmäßigkeit der genetischen Beiträge der Gründertiere zur aktuellen Population. Diese Maßzahl ist am höchsten in den rumänischen Gestüten Fogaras und Beclean (>55 %), gefolgt von Szilvásvárad (52 %) und Đakovo (49 %). Wesentlich kleinere Werte wurden in den Gestüten Topolčianky (43 %), Lipica (43 %), Monterotondo (41 %) und Piber (39 %) beobachtet. Diese Gestüte fallen alle unter die von Alt-Lipizza beeinflusste „Klassische Gruppe" (vgl. Kapitel 15). Die anderen Gestüte, die ebenfalls hauptsächlich aus Lipizza hervorgingen, weisen alle einen Einfluß aus der Landeszucht (lokalen Rassen) auf und haben daher eine höhere Anzahl an effektiven Gründertieren.

Tab. 4. Diversitätskennzahlen der einzelnen Lipizzanergestüte

Effektive Anzahl an	Gestüt								Total
	Beclean	Đakovo	Fogaras	Lipica	Monte-rotondo	Piber	Szilvás-várad	Topolčianky	
Gründern	55.2	49.1	55.8	43.0	40.8	39.3	51.8	43.3	48.2
Ahnen	15.4	12.5	15.2	16.4	15.6	18.8	18.8	16.2	26.2
Gründergenomen	4.0	4.2	4.2	3.9	3.1	4.1	4.3	4.0	6.0

Die effektive Anzahl von Ahnen entspricht der Mindestanzahl von Vorfahren (müssen keine Gründer sein) die notwendig sind, um die genetische Variabilität der aktuellen Population zu erklären. Um zu vermeiden, dass bereits berechnete Genanteile von Ahnen doppelt berücksichtigt werden, werden die „marginalen" Genanteile von Ahnen errechnet (Boichard et al. 1997). Auf diese Weise erhält man eine Liste der wichtigsten Vererber, und man kann somit quantitative Aussagen über die Zuchtgeschichte machen.

Die Gleichmäßigkeit der Verteilung der Genanteile von Ahnen beschreibt den Einsatz von Zuchttieren d.h. die Zuchtstrategie der einzelnen Gestüte. Hohe Werte stehen für eine kontinuierliche Zuchtgeschichte mit wenigen genetischen Flaschenhälsen und wenigen dominanten Vererbern, also Tieren, die züchterisch stark genutzt wurden. Die höchsten Werte findet man in Piber und Szilvásvárad, die niedrigsten in Đakovo. Tab. 5 gibt ein Beispiel wie die Ergebnisse von Piber und Đakovo im Hinbick auf Zuchtstrategien interpretiert werden können. Im Gestüt Piber stammen die meisten Ahnen aus dem 19. Jahrhundert. Somit wurde durch einen ausgeglichenen Einsatz von Hengsten und eine kontinuierliche Zuchtgeschichte eine homogene Herde geschaffen. Die Situation in Đakovo ist grundsätzlich verschieden. Hier wurden in jüngerer Zeit drei gestütsfremde Hengste relativ stark eingesetzt. Aus diesem Grund ist der Inzuchtkoeffizient zum Zeitpunkt der Bestandsaufnahme relativ klein. Es ist aber zu erwarten dass dieser in Zukunft etwas steigen wird, wenn keine sorgfältigen Zuchtstrategien mehr angewandt werden.

Die effektive Anzahl an Gründergenomen steht im Zusammenhang zur Verwandtschaft (Inzucht) innerhalb der jeweiligen Herde, ist also gleich der Inversen des Verwandtschaftskoeffizienten und auch ähnlich dem Inzuchtgrad zu interpretieren.

Wichtigste Ahnen in der Lipizzanerzucht

Im Kapitel über die Gründerpopulation (Kap. 12) haben wir gesehen, dass das für die aktuelle Population wichtigste Gründertier nicht einer der Begründer der klassischen Hengststämme war, sondern Toscanello Hedera (1785), auf den 6,66 % des Genbestandes zurückgehen. Ihm folgten Neapolitano (6,34 %), und die Araber-

hengste Gazlan (4,88 %), Siglavy (3,14 %) und Tadmor (3,02 %). Nach einem ähnlichen Verfahren wie zur
Bestimmung der Gründergenanteile können auch die für die Population wichtigsten Ahnen, unabhängig davon, ob sie nun Gründertiere waren oder nicht, ermittelt werden.

Tab. 4. Geschätzte Genanteile (%) der wichtigsten Ahnen der untersuchten Population

Name	Geschlecht	Gestüt	geboren	Genanteil
Favory Ratisbona II	Hengst	Lipizza	1829	10,74
Favory Onerosa	Hengst	Lipizza	1819	8,67
Neapolitano Aquileja	Hengst	Lipizza	1820	6,73
Maestoso Erga	Hengst	Lipizza	1838	6,31
Gazlan	Hengst	Lipizza	1840	4,88
Conversano Erga	Hengst	Lipizza	1848	4,77
Pluto Alea	Hengst	Lipizza	1853	4,68
Siglavy Alea	Hengst	Lipizza	1846	4,52
Slavina II	Stute	Lipizza	1847	3,78
Groczana II	Stute	Lipizza	1817	3,54

Die zehn in Tabelle 4 aufgelisteten Ahnen erklären zusammen 58,63 % des gesamten Genbestandes der
untersuchten Lipizzanerpferdepopulation. Die 50 wichtigsten Ahnen bestimmen 89,9 % der genetischen Zusammensetzung der Population. Alle Tiere in Tabelle 4 stammen aus einer ähnlichen Zeitperiode (ca. 1820 bis
1850), also aus einer Zeit, in der verstärkt ein neues Zuchtziel verfolgt wurde und die heute als klassisch bezeichneten Hengstlinien zu etablieren.

Favory Ratisbona II (1829) ist mit 10,74 % Genanteil der bedeutendste Hengst in der Lipizzanerzucht. Er
übertrug seine Gene über 10 Töchter und 4 Söhne in die heutige Population. Der Hengst weist 25 % arabischen
Blutanteil auf, den er vom Vater seiner Mutter Ratisbona II (1816), dem Hengst Monaghy (1800) erhielt. Sein
Name taucht so wie der aller übrigen 9 Pferde in Tabelle 4 in jedem Stammbaum der aktuellen Population auf.

CONVERSANO VIRTUOSA.

Abb. 3. Der in Fogaras wirkende, aus dem Hofgestüt stammende Pepiniere Conversano Virtuosa. (Wrangel 1893)

Der zweitgereihte Favory Onerosa gab seine Gene lediglich über 8 Töchter weiter. Er ist in keiner Hengststammtafel zu finden. Neapolitano Erga vererbte sich über 4 Töchter und einen Sohn, sein Halbbruder Maestoso Erga über 5 Töchter und 4 Söhne. Der Vollblutaraberhengst Gazlan gab seine Gene über 15 Töchter in die aktuelle Population weiter. Von diesen 15 Töchtern führten nur zwei mütterlicherseits kein arabisches Blut, eine Tochter war rein arabisch gezogen. Dies verdeutlicht, dass man um die Mitte des 19. Jahrhunderts bestrebt war, arabische Gene über Stuten in die Population einzubringen. Unter den 50 wichtigsten Ahnen finden sich insgesamt 15 Stuten. Die wichtigste Stute ist Slavina II, geb. 1847, die einen Arabergenanteil von 68,75 % aufweist. Sie vererbte sich vor allem über ihren Sohn Maestoso Slavina II (1853), aber auch über ihre Töchter Slavina (1864) und Serena (1866). Groczana II (1817) gab ihre Gene an Neapolitano Groczana II (1829) und die Töchter Corvina (1825) und Fantasia (1836) weiter.

In Tab. 5 sind die jeweils drei wichtigsten Vererber der einzelnen Gestüte aufgelistet. Anders als in der Gesamtpopulation stammen die wichtigsten Ahnen zu einem großen Teil aus dem 20. Jahrhundert.

Tab. 5. Geschätzte Genanteile (%) der jeweils 3 wichtigsten Ahnen in den einzelnen Gestüten.

Name	Gestüt	geboren	Genanteil
Lipica			
Conversano Gaetana IV	Lipik	1947	12,42
Maestoso Bonavoja	Piber	1967	10,06
Neapolitano Batosta	Kutjevo	1956	9,75
Piber			
Maestoso Mascula	Lipizza	1874	11,52
Conversano Virtuosa	Lipizza	1879	9,75
Favory Sezana	Lipizza	1872	8,38
Monterotondo			
Conversano Austria	Lipizza	1911	12,94
Favory Strana	Montrerotondo	1948	11,67
Pluto Bonadea	Lipica	1941	10,09
Topoľčianky			
Favory Ratisbona II	Lipizza	1829	11,14
Conversano Stana IV	Lipik	1944	9,72
Neapolitano VIII Saragossa	Topoľčianky	1964	8,68
Đakovo			
Maestoso X Mahonia	Topoľčianky	1982	17,27
Favory XX-7	Szilvásvárad	1960	13,30
Pluto Navarra	Piber	1972	9,77
Szilvásvárad			
Favory XVIII	Bábolna	1933	12,77
Favory Ratisbona II	Lipica	1829	10,12
Conversano XII	Fogaras	1906	7,34
Fogaras			
Conversano XIII	Fogaras	1910	12,22
Favory XVII	Fogaras	1915	10,77
Maestoso XIX	Fogaras	1924	9,95
Beclean			
Conversano XIII	Fogaras	1910	12,51
Maestoso XIX	Fogaras	1924	10,37
Favory XVII	Fogaras	1915	10,33

In Lipica dominiert der Hengst Conversano Gaetana IV aus Lipik, ein Sohn des Piberaner Hengstes Conversano III Strana (1928). Er vererbte sich über 9 Töchter und 3 Söhne. Auch der zweitwichtigste Hengst, Maestoso Bonavoja (Abb. 4), kommt aus Piber. Gemeinsam mit einigen weiteren wichtigen Ahnen erklären diese beiden Hengste die in Tab. 3 dargestellte enge genetische Ähnlichkeit zwischen Lipica und Piber.

Die wichtigsten Hengste in Piber sind der klassischen Zuchtperiode in Lipizza zuzuordnen. Der bedeutendste Hengst ist Maestoso Mascula, der 7 Söhne und 12 Töchter im Pedigree aufweist. Er selbst sowie mehrere seiner Söhne wurden in der spanischen Hofreitschule geprüft, mit drei erfolgreich geprüften Söhnen steht er hier an vorderster Stelle.

Die wichtigsten Vererber des Gestüts Monterotondo stammen aus Lipica oder, so sie nach dem II. Weltkrieg geboren wurden, aus Monterotondo. Der an erster Stelle gereihte Hengst Conversano Austria hinter-
ließ 3 Söhne und 13 Töchter im Pedigree. Einer der Söhne stand in Piber. Anders als bei der genetischen
Beziehung zwischen Piber und Lipica stammt aber die enge Verwandtschaft von Tieren in Monterotondo
und Piber nicht aus dem Zuchttieraustauch in jüngerer Zeit, sondern von den gemeinsamen Ahnen des
Ursprungsgestüts Lipizza, dessen Herde nach dem I. Weltkrieg geteilt wurde und je zur Hälfte Österreich
und Italien zufiel.

Abb. 4. Der Piberaner Pepiniere Maestoso Bonavoja. (Archiv Piber)

Favory Ratisbona II ist nicht nur für die Gesamtpopulation sondern auch für Topol'čianky der wichtigste
Vererber. Daneben ist es mit Conversano Stana IV ein Hengst aus kroatischer Zucht. Er vererbte sich über
2 Töchter und 3 Hengste, die in Toplo'cianki registriert sind.

Đakovo nimmt bezüglich des Auftretens der wichtigsten Ahnen eine gewisse Sonderstellung ein. Durch die
eher kleine Stutenherde und den massiven Einsatz relativ weniger, sehr guter Hengste in jüngerer Zeit ergaben
sich zwei Phänomene. Alle drei in Tabelle 5 dargestellten Vererber stammen aus der Zeit seit 1960. Gemeinsam erklären die drei Hengste rund 40 % der Gene in der aktuellen Population von Đakovo. Bei den übrigen
Gestüten liegt dieser Wert zwischen 29,5 % (Topol'čianky) und 34, 7% (Monterotondo). Die Hengste auf Position 4 und 5, 312 Conversano XIII-3 (1979) und 125 Siglavy Toplica XIV (1972) weisen beide 8 bzw. 7 % Genanteil auf, so dass diese fünf Hengste gemeinsam 55 % des gesamten Genpools von Đakovo bestimmen. In

diesem Zusammenhang sei noch einmal darauf verwiesen, dass der Einsatz von Hengsten verschiedener Herkunft dazu geführt hat, dass die Inzuchtrate in Đakovo derzeit die niedrigste aller Gestüte ist (Tab. 2), dass aber die Verwandtschaft zwischen den Tieren des Gestüts relativ hoch ist (Tab. 3), wenn auch immer noch deutlich niedriger als etwa in Monterotondo.

Abb. 5. Der Pepiniere in Topolčianky Neapolitano Saragossa. (Archiv Brabenetz)

Der Listenführer in Đakovo, Maestoso (Abb. 6) X Mahonia wurde 1982 in Topolčianky geboren und war einen Großteil seines Lebens auch dort stationiert. Er ist nach dem ungarischen Hengst Maestoso IX (1975), geboren in Szilvásvárad und der Stute 214 Mahonia (1971) in der Stutfamilie Sardinia gezogen. In Đakovo waren zum Zeitpunkt der Datenerhebung 12 Töchter und 7 Söhne registriert und in Topolčianky 3 Töchter. Der zweitgereihte Hengst Favory XX-7 stammt von Favory XX (1949) und der Stute 527 Neapolitano XIII (1951), beide geboren in Bábolna, ab. Insgesamt 11 Töchter und 2 Söhne finden sich in den Pedigrees von Đakovo. Der Piberaner Hengst Pluto Navarra trug nicht unwesentlich zur genetischen Verknüpfung von Piber und Đakovo bei. Aufgrund der Paarungsstrategie ist die genetische Verknüpfung von Đakovo zu allen anderen Gestüten, außer den beiden rumänischen, relativ gleichmäßig und ziemlich hoch (Tab. 3).

Im Gestüt Szilvásvárad kommt Favory Ratisbona II an der zweiten Stelle in der Liste der wichtigsten Vererber vor. Der wichtigste Hengst, Favory XVIII (Abb. 7) stammt aus dem Gestüt Bábolna, welches das direkte Vorläufergestüt von Szilvásvárad ist. Im Pedigree sind 3 seiner Söhne und 10 seiner Töchter zu finden. Conversano XII stammt aus dem rumänischen Gestüt Fogaras aus der Zeit vor der Verlegung 1912 nach Bábolna. Sein Vater ist Conversano Stlatina III (1887) aus Lipica, seine Mutter 137 Pluto Fantasca (1900) aus Fogaras. Seine 7 Töchter und 3 Söhne sind alle in Bábolna registriert.

Abb. 6. Der Jahrhundertbeschäler Maestoso X Mahonia in Topoľčianky. (Archiv Habe)

Die wichtigsten Vererber aus den Gestüten Fogaras und Beclean stammen alle aus Fogaras aus der Zeit zwischen 1910 und 1924. Die Vorfahren von Conversano XIII gehen alle über das k.k. Gestüt Fogaras auf das Militärgestüt Mezöhegyes zurück. Im Pedigree scheinen 16 Töchter und 1 Sohn auf. Favory XVII geht sowohl väterlicherseits als auch mütterlicherseits auf rumänische Vorfahren zurück. 10 Töchter und 2 Söhne verbreiteten seine Gene in der Population weiter. Maestoso XIX erlangte über 11 Töchter und 2 Söhne einen Genanteil von rund 10 % in den aktuellen Populationen von Fogaras und Beclean. Seine Mutter steht in der ungarischen Stutfamilie 2064 Lepkes, väterlicherseits ist dieser Hengst durchweg rumänisch. Die Liste der wichtigsten Vererber der rumänischen Gestüte weist ebenfalls auf die relative genetische Isolation der rumänischen Zucht von den übrigen Gestüten hin.

Abb. 7. Der ungarische Beschäler Favory XVIII. (Archiv Brabenetz)

Schlussfolgerungen

Die Qualität der Aufzeichnungen, welche zur Erstellung der Pedigree-Datei führten, kann als ausgezeichnet bezeichnet werden. Die Zuchtgeschichte ist für die Gestüte Lipizza und Mezőhegyes bis in die 80er Jahre des 18. Jahrhunderts praktisch lückenlos dokumentiert. Ebenso sind die während späterer Perioden in die Lipizzanerzucht integrierten Stuten hinsichtlich ihrer Herkunft im großen und ganzen ausreichend dokumentiert. Allerdings führen Lücken in den Abstammungen dazu, dass rund 10 % des genetischen Materials in der aktuellen Population auf Tiere zurückzuführen ist, welche laut Nomenklatur Lipizzaner sein sollten, von denen aber die weitere Abstammung, und deshalb der Anschluss an die bekannte Lipizzanerpopulation, unbekannt ist. Dabei handelt es sich um Tiere, welche zum großen Teil auf kroatischen und ungarischen Privatgestüten standen. Teilweise ist dafür auch eine 16 Pferde umfassende Lücke in den rumänischen Pedigrees verantwortlich. Dennoch sind quantitative Aussagen über die Zuchtgeschichte durch Analyse der Pedigrees sehr gut möglich.

Die über den langen Zeitraum der vorhandenen Aufzeichnung kumulierte Inzucht liegt bei 10 Prozent, es gibt allerdings wesentliche Unterschiede zwischen den Gestüten. Am höchsten ist der Inzuchtkoeffizient in Monterotondo, wo eine relativ kleine Herde in den letzen 50 Jahren in vergleichsweiser starker Isolation geführt wurde. Die geringste Inzucht weist Đakovo auf, wo in den letzten Jahrzehnten massiv Hengste aus verschiedenen Gestüten eingesetzt wurden.

Berechnet man den Inzuchtgrad aus den in der Pferdezucht üblichen 5-Generationen-Pedigrees, so ergibt sich ein Inzuchtgrad von rund 2 % (reicht von 1,3 % in Đakovo bis 3,7 % in Monterotondo). Ähnliche Inzuchtgrade wurden in vielen, auch größeren Pferdepopulationen gefunden.

Bezüglich der Verwandtschaftsgrade der Pferde verschiedener Gestüte lassen sich 2 Pole erkennen. Die von Pferden aus der klassischen Zucht aus Lipizza dominierten Gestüte Lipica, Monterotondo und Piber auf der einen Seite und die rumänische Zucht auf den Gestüten Fogaras und Beclean andererseits. Đakovo, Szilvásvárad und Topol'čianky stehen zwischen diesen beiden Polen, sind aber der klassischen Zucht deutlich näher als der rumänischen.

Ein Verfahren zur Ermittlung der wichtigsten Ahnen der Lipizzanerzucht lieferte teilweise überraschende Ergebnisse. Der wichtigste Vererber der Lipizzanerzucht ist Favory Ratisbona II (1829), auf den 10,74 % aller Gene der aktuellen Lipizzanerpopulation zurückgehen. Der zweitwichtigste Vererber ist Favory Onerosa (1819) mit 8,69 % Genanteil. Dieser Hengst taucht in keiner Stammtafel auf, weil er seine Gene ausschließlich über seine Töchter bzw. deren Söhne an die Population weitergab. Insgesamt erklären die 10 wichtigsten Ahnen fast 60 % der in der aktuellen Population vorhandenen Gene.

Betrachtet man die wichtigsten Ahnen in den einzelnen Gestüten, so zeigt sich die Auswirkung der verschieden gearteten Gründungspopulationen, deren langfristige Populationsgrößen sowie verschiedener Züchtungsstrategien und Zuchtziele. Größere Gestüte (z.B. Piber und Szilvásvárad) konnten die starke Abhängigkeit der Population von einzelnen Vererbern aus der jüngeren Vergangenheit vermeiden und vielfältiger anpaaren. Das führte zur Dominanz von Tieren aus relativ großer Vergangenheit. Im Gegensatz dazu stammen die wichtigsten Vererber der kleinen Gestüte Đakovo und Monterotondo aus den 60er bis 80er Jahren des 20. Jahrhunderts.

Zusammenfassend deuten die Ergebnisse der Pedigree-Analyse darauf hin, dass die untersuchte Population zwar genetisch gesehen klein, aber doch recht deutlich strukturiert ist. Die Ergebnisse bestätigen auf eindrucksvolle Weise die Daten der molekularen Analyse der genetischen Struktur der Lipizzanerrasse. Die Anpaarung verwandter Tiere und die daraus resultierende Inzucht ist derzeit als nicht bedenklich einzustufen.

Abb. XIV. Mutterstuten in Lipizza im Jahre 1888, Julius v. Blaas (Privatarchiv Hans Brabenetz).

Kapitel 14

Imre Bodó, Ino Čurik, Thomas Druml, Constanze Lackner, Lászó Szabára und Zsuzsa Tóth

Die Variabilität der Fellfarben beim Lipizzaner

Die Definition von Farbe – ein objektivierender Ansatz

Unzählige Farbvarianten umgeben uns im täglichen Leben. Der Begriff „Farbe" ist so selbstverständlich, dass man leicht übersieht, welche Rolle die Farbe in unserem Alltag spielt. Obwohl die Farbe unser Leben grundlegend beeinflusst, ist das Wissen über „Farbe" und den kontrollierten Umgang mit ihr häufig nicht ausreichend, was beispielsweise zu Problemen bei der Festlegung oder Übermittlung von Produktfarben führen kann. Oft findet die Beurteilung unter Einfluss von persönlicher Empfindung und Erfahrung statt, wodurch eine einheitliche Bewertung unmöglich ist. Gibt es Mittel und Wege, eine Farbe so exakt zu beschreiben, dass eine andere Person diese Farbe genauso versteht und die erfolgte Reproduktion mit unserem Eindruck übereinstimmt? Wie kann die Farbkommunikation möglichst exakt und reibungslos erfolgen? Nur fundiertes Wissen über „Farbe" kann hier weiterhelfen.

Farbe ist eine Sache der Empfindung, der subjektiven Wahrnehmung. Auch beim Betrachten des gleichen Gegenstands werden verschiedene Personen unterschiedliche Bezüge vornehmen und die genau gleiche Farbe mit völlig anderen Worten beschreiben. Diese Vielfalt an sprachlichen Ausdrucksmöglichkeiten macht die Verständigung über eine bestimmte Farbnuance so schwierig und so ungenau. Können wir einem anderen Menschen erklären, das Pferd ist ein „Lichtfuchs" und dann von ihm erwarten, dass er diese Farbe genau reproduziert? Liest man Goethes „Farbenlehre", spürt man , dass selbst die Sprachgewalt eines Dichters bestenfalls eine verstärkte Vorstellung über Farben vermitteln, aber nicht eigentlich Farben in allen ihren Nuancen verbindlich beschreiben kann. Gäbe es hingegen standardisierte Methoden zur Bezeichnung von Fellfarben beim Pferd, wäre die Verständigung über deren Farben bedeutend einfacher und genauer.

Wo man hinsieht, trifft man auf eine ungeheure Vielfalt an Farbvarianten. Jedoch gibt es für die Bestimmung von Farben keine physikalische Messgröße wie für Länge oder Gewicht. Deshalb ist es unwahrscheinlich, dass man von verschiedenen Personen auf die Frage nach einer bestimmten Farbe die gleiche Beschreibung erhält. Beispielsweise wird sich jeder Mensch unter dem Begriff „Brauner" je nach persönlicher Empfindung und Erfahrung einen anderen Braunton vorstellen. Die Subjektivität des Farbsehens wird verständlicher bei Betrachtung der Grundlagen menschlicher Farbwahrnehmung:

Billmeyer und Salzman (1981) definierten den Begriff Farbe als „Resultat physikalischer Modifikation von Licht durch Farbmittel, das vom menschlichen Auge empfangen und durch das Gehirn interpretiert wird". Beim Sehen laufen also verschiedenartige Vorgänge sowohl physikalischer (Licht und Reflexion), physiologischer (Auge) und psychologischer Art (Gehirn) ab.

Farbe ist keine Eigenschaft des Gegenstandes allein. Vielmehr findet eine Wechselwirkung von Licht und Gegenstand statt. Aus einer Lichtquelle wird Strahlung verschiedener Wellenlänge emittiert (polychromatisches Licht), die vom Farbkörper je nach Wellenlänge teilweise absorbiert und teilweise reflektiert wird. Der reflektierte Anteil gelangt in das menschliche Auge, wo er auf die Rezeptoren der Netzhaut trifft, die den Reiz in Form elektrischer Potentiale an unser Gehirn weiterleiten und dort den Sinneseindruck „Farbe" hervorrufen.

Das menschliche Auge als eines der fünf Sinnesorgane des Menschen nimmt das direkt vom Farbkörper kommende und von ihm beispielsweise durch Absorption veränderte Strahlungsspektrum auf. Je nach Zusammensetzung dieses aus verschiedenen Wellenlängen bestehenden Lichtbündels werden die auf der Netzhaut befindlichen Sinneszellen, die Zapfen und Stäbchen, erregt. Beim Sehvorgang und hier vor allem beim Farbsehen handelt es sich also um ein Geschehen, welches stark von der Physiologie des einzelnen Individuums und der Verarbeitung durch das Gehirn bestimmt wird (Witzel, 2004).

Licht und Farbe

Schon der Engländer Isaac Newton stellte 1666 erstmals fest, dass Licht aus der Kombination verschiedener Wellenlängen zusammengesetzt ist und durch ein Prisma in seine spektralen Bestandteile zerlegt werden kann. Die sichtbare Strahlung (umgangssprachlich „Licht") ist ein Teilbereich der optischen Strahlung aus dem gesamten elektromagnetischen Wellenlängenbereich, der zwischen 380 nm bis 780 nm normmäßig festgelegt wurde (Witzel, 2004). Jeder Wellenlänge des sichtbaren elektromagnetischen Spektrums entspricht ein ganz bestimmter Farbton, den das menschliche Auge wahrnimmt. Licht mit einer Wellenlänge von etwa 750 nm erscheint rot; violett beginnt bei etwa 380 nm (Abb. 1). Dazwischen liegen vom Violetten zum Roten fortschreitend die Wellenlängen für blaues, grünes, gelbes und orangefarbenes Licht. Das langwellige Rot begrenzt den Bereich des sichtbaren Lichts zur einen, das kurzwellige Violett zur anderen Seite. Verlässt man diesen Bereich zur längerwelligen Strahlung hin, gelangt man in den Infrarotbereich, umgekehrt schließt an das kurzwellige Licht der Ultraviolettbereich an. Beide Strahlungsarten können mit dem menschlichen Auge nicht wahrgenommen werden. Das sichtbare Licht ist nur ein Teil der elektromagnetischen Wellen, die sich durch den Raum bewegen. Das elektromagnetische Spektrum erstreckt sich über einen riesigen Bereich, es umfasst Radiowellen mit Wellenlängen im Kilometerbereich genauso wie Gammastrahlen mit Wellenlängen um 10^{-13} m und kürzer. Das sichtbare Spektrum ist ein winziger Ausschnitt daraus. Das von einem Körper zurückgeworfene Licht, das wir als seine Farbe wahrnehmen, ist eine Mischung aus Licht verschiedener Wellenlängen innerhalb des sichtbaren Spektrums (Abb. 1). Wenn alle Wellenlängen des sichtbaren Spektralbereichs mit ähnlichen Intensitäten auftreten, erscheint das Licht weiß.

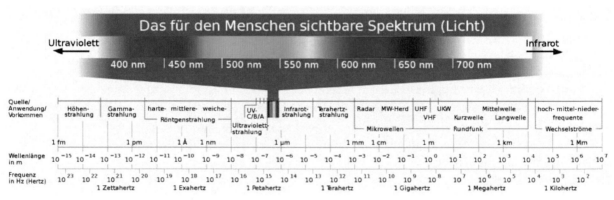

Abb. 1. Für den Menschen sichtbares Spektrum (Wikimedia)

Geschichte der Farbmaßsysteme

Während sich das menschliche Auge für das genaue Bemessen von Farben nicht eignet, ist dies mit einem Farbmessgerät ganz einfach. Im Gegensatz zum Menschen, der versucht mit verbalen Ausdrücken subjektive Farbeindrücke zu beschreiben, gibt uns das Farbmessgerät numerische Ergebnisse auf der Basis von international genormten Standards. Dieses System ermöglicht uns eine eindeutige Verständigung über Farbe. Da die Wahrnehmung von Farbe ebenso vom Umfeld als auch von der Beleuchtung abhängt, wurde die Farbempfindlichkeit des Messgerätes dem menschlichen Auge nachempfunden, jedoch werden die Messungen stets mit der gleichen, eingebauten Lichtquelle und unter gleichen Beleuchtungsbedingungen durchgeführt.

In der Vergangenheit wurden verschiedenste Methoden vorgeschlagen, um Farben zu „bemaßen" und damit die Verständigung über Farbe leichter und genauer zu machen. Ziel war es, Farben in Zahlenwerten ausdrücken zu können, wie bei Länge oder Gewicht üblich. Ein Schritt in diese Richtung erfolgte z.B. mit der

Methode des amerikanischen Künstlers A. H. Munsell. Er stellte 1905 ein System vor für den visuellen Vergleich zwischen der zu bestimmenden Farbe und einer großen Zahl von auf Papier gedruckten Musterfarben, die entsprechend ihres Farbtons, ihrer Helligkeit und Sättigung bzw. Buntheit angeordnet waren. Später wurden die Munsell-Farbtafelfelder mit Buchstaben-Zahlen-Kombination nach dem Schema H V/C (Hue für Farbton, Value für Wertigkeit, Helligkeit und Chroma für Sättigung). zugeordnet. Andere Methoden wurden von der Internationalen Beleuchtungskommission (CIE; Commission Internationale de l'Eclairage) entwickelt.

Die im Jahre 1931 von der CIE definierten Größen X, Y, Z bilden die Grundlage weiterer und wichtiger kolorimetrischer Systeme. Das System wurde so gewählt, dass ein energiegleiches weißes Licht x = y = z = 0.3333 wird, und dass die y-Kurve mit der relativen Helligkeitsempfindlichkeit eines durchschnittlichen Menschen übereinstimmt (Abb. 2). Im CIE-System gibt es einen Normalbeobachter mit 2° Visus (Gesichtsfeldgröße) und einen mit 10° Blickwinkel. Zum Vergleich: Bei einem Abstand von 50 cm erfasst das Auge mit 2° Blickwinkel eine Kreisfläche mit 1,7 cm Durchmesser, mit 10° Blickwinkel beträgt der Durchmesser bei gleichem Abstand 8,8 cm. Auch die Art der Lichtquelle wurde standardisiert, indem man Standardlichtquellen/Normlichtarten festlegte, wie beispielsweise die Normlichtarten A (2856 K), C (6800 K), D_{55} (Tageslicht 5500 K) oder D65 (Tageslicht 6500 K) (DIN 5033). Das CIE-, auch XYZ-System genannt, ist weltweit anerkannt (Abb. 2). Sein Grundkonzept besteht darin, dass alle Farbeindrücke einem bestimmten Mischungsverhältnis der drei Primärfarben rot [X], grün [Y] und blau [Z] entsprechen. Diese sogenannten XYZ-Daten, die auch Tristimuluswerte, Normfarbmaßzahlen oder RGB-Spektralwerte, sind messtechnisch bestimmbar, können in die chromatischen Koordinaten x, y und Y konvertiert werden und sich so im dreidimensionalen Farbraum darstellen lassen. Wegen der einfacheren Darstellbarkeit greift die CIE allerdings auf ein zweidimensionales, rechtwinkeliges Koordinatensystem (x, y) zurück, das „Normfarbtafel", wegen seiner Form auch als „Schuhsohle" genannt wird.

Um jede Farbe mittels Koordinaten genau zu definieren, wird von den imaginären Grundfarben [X], [Y] und [Z], die die Eckpunkte eines den gesamten Farbraum umschließenden Dreiecks bilden, ausgegangen. In der Normfarbtafel wird dargestellt, wie groß die relativen Anteile x der Grundfarbe [X] und y von [Y] einer jeden Farbe sind. Die Einheiten sind so gewählt, dass der Weißpunkt bei x, y, z =1/3 liegt. Die beiden Zahlen x und y geben den Farbwert der Farbe an (Der Normfarbwertanteil von z lässt sich errechnen, denn es ist x + y + z = 1). Die Helligkeit wird durch die Lichtstärke angegeben. Das Farbfeld auf der Normfarbtafel enthält an seinem Rand den Spektralfarbenzug, der die reinen Spektralfarben der Wellenlänge von 380 – 770 nm widerspiegelt. Von der jeweiligen Spektralfarbe zum Unbuntpunkt in der Mitte des Farbfeldes hin nimmt die Sättigung der jeweiligen Farbe ab.

Abb. 2. CIE-Normfarbtafel (Wikimedia).

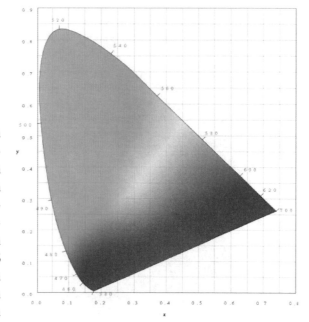

Mit dem CIE–Farbsystem (Abb. 2) lassen sich Farben exakt und reproduzierbar bestimmen, sowohl rechnerisch aus dem Spektrum wie auch direkt messtechnisch mit einem 3-Farbenkolorimeter. Das System hat jedoch einen großen Nachteil: Die so erhaltenen Farbkoordinaten korrelieren schlecht mit der Farbempfindung, die Farben sind sehr ungleichmäßig im Farbempfindungsraum verteilt. 1976 wurde deshalb von der CIE das CIELAB-1976 Farbsystem definiert, das farbempfindungsmässig dem Auge angepasst ist. Hier werden die Normfarbmaßzahlen [X], [Y] und [Z] mathematisch in die 3 Farbkoordinaten

L*, a*, b* konvertiert, wobei L* der Helligkeit entspricht und a* und b* sowohl Farbton als auch Sättigung bedeuten (Abb. 3 u. 4). Bei der grafischen Darstellung benutzt man wiederum ein rechtwinkeliges, räumliches
Koordinatensystem, wobei a*- und b*-Koordinaten eine Ebene bilden und a* für die Rot-Grün-Buntheit, b* für
die Gelb-Blau-Buntheit stehen. Der Achsenschnittpunkt stellt den Unbuntton dar. Die Helligkeitsachse L* steht
senkrecht darauf. Geht man radial weiter nach außen, nimmt die Sättigung zu (Witzel, 2004).

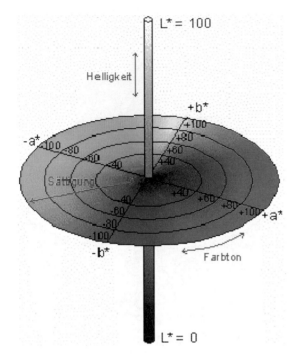

Abb. 3. CIE L*a*b* – dreidimensionaler Farbraum (Wikimedia).

Mittels der a*b*-Werte lassen sich Zahlenwerte für den
Buntton in Grad (Hue = H°) und die Buntheit in % (Chro-
ma = C*), die identisch mit der Farbsättigung ist, ableiten
(Abb. 4):

$$H° = \tan^{-1}\left(\frac{b^*}{a^*}\right) \text{ wenn } a^* > 0 \text{ und } b^* \leq 0$$

$$H° = 180° + \tan^{-1}\left(\frac{b^*}{a^*}\right) \text{ wenn } a^* < 0$$

$$H° = 360° + \tan^{-1}\left(\frac{b^*}{a^*}\right) \text{ wenn } a^* > 0 \text{ und } b^* < 0$$

$$C^* = \sqrt{(a^*)^2 + (b^*)^2}$$

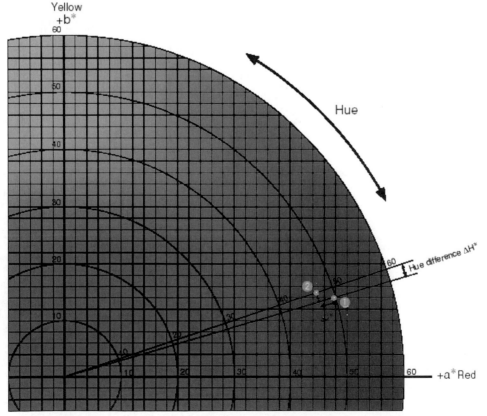

Abb. 4. Schematische Darstellung der Berechnung von Hue und Chroma im L * a * b Farbsystem (Wikimedia)

Subjektive Definitionen der Farbe und Mendel'sche Vererbungsmuster

Soweit die farbtheoretischen Grundlagen. Im Folgenden wird auf die Farbvererbung beim Pferd genauer eingegangen.

Ungeachtet des Leitsatzes: „ein gutes Pferd hat keine Farbe" ist die Farbe ein wichtiges pferdezüchterisches Anliegen. Jahrhunderte lang war man sogar der gegenteiligen Meinung; ausgehend von der „vier Säfte"- Theorie war die Farbe mit Charaktereigenschaften verbunden. Beispielsweise war die Fuchsfarbe dem Element Feuer zugeordnet. Dieses Element repräsentierte cholerische Charaktereigenschaften wie temperamentvolle Unstetigkeit bis hin zur Bösartigkeit. Die Braunen waren dem sanguinischen Charakter zugeordnet und wurden daher für die zuverlässigsten Arbeitspferde gehalten. Diese Anschauungen sind bis heute im bäuerlichen Volksmund präsent.

Im 17. Jahrhundert schuf Pinter von der Au die Grundlage für die Klassifizierung der Farben. Bis heute wird im deutschsprachigen Raum die Beschreibung des Nationales nach dem in diesem Werk vorgegebenen Kriterien durchgeführt. Beim vergleichenden Studium gegenwärtiger Pedigrees mit älteren Abstammungsnachweisen fällt auf, dass bis in die 50er Jahre des vorherigen Jahrhunderts Farbschattierungen wesentlich präziser differenziert wurden. Ob dies auf eine eingeschränktere optische Wahrnehmungsfähigkeit der heutigen Beurteiler oder auf den Verlust der Begriffe zurückzuführen ist, kann hier nicht beantwortet werden.

Die 3 Grundfarben – Fuchs, Rappe, Brauner – sind das Resultat der Epistasie (Polygenie) zwischen Allelen an zwei verschiedenen Genen: Das Melanocyte-stimulating-hormone-receptor-1 (MC1R) und das Agouti-signaling-protein (ASIP). MC1R fördert die Verbreitung von dunklem Pigment (Eumelanin) über den Körper und wird deshalb als „Extension" Gen bezeichnet. Die Pigmentausbreitung geschieht in Abhängigkeit von alpha-Melanocyte-stimilating-hormone (α-MSH). ASIP, codiert durch das „Agoutigen", wirkt gleichzeitig als Antagonist gegen α-MSH (Henner, 2002).

Die Allele des Extension-Locus sind für die Ausbreitung des dunklen Haarpigments verantwortlich. In der dominanten Form -E- wird schwarzes Pigment ausgedehnt, das rezessive Allel –e- blockiert die schwarze Deckhaarverbreitung.

Der Agouti-Locus kontrolliert die Verteilung des schwarzen Haarfarbstoffes. Durch die dominante Form –A- wird schwarzes Pigment bestimmten Körperregionen zugewiesen – dem Langhaar und den Extremitäten. Ist der Genort reinerbig rezessiv –aa-, kann kein Pigment den Regionen zugeteilt werden, die Fellfarbe ist dann einheitlich.

In nachfolgender Tabelle (modifiziert nach Bowling, 1996) sind die 3 Grundfellfarben und deren Wirkungen beschrieben (Tab. 1):

Tab. 1. Beschreibung von Fellfarben mit Angabe des Erbganges und der international gebräuchlichen Abkürzung

Farbe (Erbgang)	Locus (Symbol)	Allele	Beschreibung
Fuchs (rezessiv)	Extension (E)	Normallel (E)	phänotypisch kein Fuchs
		Fuchsallel (e)	falls homozygot → Phänotyp Fuchs, Epistasie zu schwarz und braun
Schwarz (rezessiv)	Agouti (A)	Normallel (A)	braunes Fell, Langhaar und Extremitäten schwarz
		schwarzes Allel (a)	falls homozygot → Phänotyp schwarz; Ausnahme: Epistasie Fuchs (aaee)
Braun (dominant)	Extension (E) Agouti (A)	Allele (E/A)	die braune Fellfarbe ist das Produkt der Allel-Interaktion zwischen Extension und Agouti

Die Interaktion der beiden Genorte – Agouti und Extension – sind wichtige Ausgangsfaktoren für alle anderen Pferdefarben . Zur Ausbildung der Grundfarbtypen Fuchs (Abb. 10), Rappe (Abb. 9) und Brauner (Abb. 8) muss man die Kombinationsmöglichkeiten an mindestens zwei verschiedenen Genorten gleichzeitig betrachten. Verpaart man z.B. doppelt Heterozygote (EeAa) untereinander, so sind in der nachfolgenden Generation 16 Kombinationsmöglichkeiten mit 9 verschiedenen Genotypen zu erwarten (Tab. 2). Daraus entstehen drei verschiedene Farbtypen im Verhältnis 9 (Braune): 4 (Füchse): 3 (Rappen). Das rezessive Allel des Extension-Loci überdeckt in homozygoter Form –ee- die Wirkung zum Braunen und zum Rappen am Agouti-Genort, als Beispiel für rezessive Epistasie. Genotypen mit –aaee-, -Aaee- und –AAee-, werden zum Fuchs.

Aus Paarungen zweier fuchsfarbener (-ee-) Pferde resultieren immer Füchse. Dies wurde durch mehrfache Untersuchungen durch Trommershausen-Schmith belegt und als „Fuchs-Regel" aufgestellt. Rappen und Braune können nur entstehen, wenn sie den Genotyp –Ee- oder –EE- am Extension-Genort haben. Obwohl Fuchs und Rappe rezessiv zu Braun sind, können als Ergebnis der Paarung aus jenen Braune hervortreten, die sodann dominant über Fuchs und Rappe sind. Das Ergebnis brauner Fohlen aus der Anpaarung von Rappen mit Füchsen tritt sehr häufig auf. Dabei ist ungewiss, welches Agouti-Allel der besagte Fuchs trägt (Sponenberg, 1996).

Mittlerweile gibt es molekulargenetische DNA-Tests, die es ermöglichen Rappen als Fuchs-Allel-Träger zu identifizieren, selbst wenn weder ein Stammbaum noch Aufzeichnungen über Zuchtergebnisse vorhanden sind aus denen man erkennen könnte, ob sie Träger des rezessiven „Rotfaktors" sind oder nicht. Auch das Rappallel kann per molekulargenetischem Test nachgewiesen werden und so ermöglicht die Labortypisierung für Fuchsallel und Rappallel automatisch einen der möglichen Genotypen für Braun.

Molekulargenetische Untersuchungen haben eindeutig aufgedeckt, dass am E-Genort eindeutig nur die Allele –E- und –e- und am Agouti-Genort nur die Allele –A- und –a- vorkommen (Rieder et al, 2001). Es wird jedoch immer wieder diskutiert, dass weitere Allele an den beiden Genorten vorhanden sind. so z.B. die mögliche Genwirkung zum dominanten Rappen am E-Genort, welches Allel bereits mit ED bezeichnet wird und für eine größtmögliche Verbreitung der schwarzen Fellfarbe steht (Sponenberg, 2003).

Tab. 2. Beispiel Anpaarung Brauner (EeAa) x Brauner (EeAa)

Eizelle → Samenzelle ↓	EA	Ea	eA	ea
EA	EEAA Brauner	EEAa Brauner	EeAA Brauner	EeAa Brauner
Ea	EEAa Brauner	EEaa Rappe	EeAa Brauner	Eeaa Rappe
eA	EeAA Brauner	EeAa Brauner	eeAA Fuchs	eeAa Fuchs
ea	EeAa Brauner	Eeaa Rappe	eeAa Fuchs	eeaa Fuchs

Innerhalb der Grundfarbtypen findet sich eine große Variationsbreite mit Pferden in allen Grundfarbschattierungen. Das Resultat dieser Farbtonabstufungen innerhalb eines Grundfarbtones ist, dass z.B. nicht alle Braunen dieselbe Farbe besitzen und die unterschiedlichsten Fuchsnuancen auftreten. Durch diese Farbmodifikationen ist es möglich, die Grundfarben Fuchs, Braun und Rappe in kleinere Untergruppen zu unterteilen und somit exaktere Aussagen über die Pferdefarbe zu machen. Es lassen sich drei Haupteffekte, die zu Farbnuancen innerhalb der Grundfarbtypen führen, beschreiben (Sponenberg, 1996):

1) shade (Farbabstufung)
2) sooty (rußig)
3) mealy (mehlig, blass)

ad.1) shade (Farbabstufung)

Dieser Effekt beschreibt Farbvariationen innerhalb einer Grundfarbgruppe von Hell- bis Dunkelschattierung. Hauptwirkungsbereiche sind die rötlichen Grundfarbtypen wie Brauner und Fuchs. Tabelle 3 zeigt mögliche Farbschattierungen der drei Grundfellfarben beim Pferd (modifiziert nach Sponenberg, 1996).

Tab. 3. Auswirkungen des ‚shade'-Effekts an Grundfarben (Sponenberg, 1996)

Grundfarbe	Dunkler Farbton	Mittlerer Farbton	Heller Farbton
Braun	Schwarzbraun Dunkelbraun Dunkelkastanienbraun	Kastanienbraun Dunkelrotbraun	Rehbraun Hellbraun
Fuchs	Kohlfuchs Dunkelfuchs Dunkellehmfuchs	Lehmfuchs Dunkelrotfuchs Rotfuchs	Goldfuchs Lichtlehmfuchs Lichtfuchs
Rappe	Glanzrappe	Rappe	Sommerrappe

Für den „shade"-Effekt dürften mehrere Gene gemeinsam verantwortlich sein (polygenetisch). Die Farbtiefe hat mehrere Faktoren als Ursache, so spielen Umwelteinflüsse als auch der gesundheitliche Zustand des Pferdes dabei eine Rolle. In einigen Pferdezüchtungen wird nach diesem Effekt selektiert. So das „American Morgan Horse" oder der Schwarzwälder Fuchs, beide bekannt für das Überwiegen von dunklen Schattierungen. Im Gegensatz dazu wird das „American Belgian Horse" sowie der Haflinger auf helle Farbschattierungen vor allem im gelblich-roten Farbenbereich selektiert und gezüchtet.

Die Variationsbreite innerhalb dieser „hell", „mittel" und „dunkel" Abstufungen kann sehr weit reichend sein und auch die Übergänge zwischen den Stufen sind oft schwer zu differenzieren (Sponenberg, 1996).

ad. 2) sooty (rußig)

Dieser Effekt bezieht sich auf die Ab- oder Anwesenheit schwarzer Haare zwischen den Deckhaaren. Bei Braunen ist der „sooty"-Effekt erkennbar, wenn das Überwiegen von schwarzen Haaren im Bereich des Rückens, der Schulter und der Krupp vorliegt und die Bauchregion sowie die Regionen rund um den Ober- und Unterarm heller bzw. rötlicher sind. Bei Dunkel- bis Schwarzbraunen variiert diese „Rußigkeit" von sehr schwacher bis extremer Ausprägung und es kann zu schweren Differenzierungsproblemen zwischen Schwarzbraunen und Rappen führen.

Ebenso wie bei Braunen kann dieser Effekt auch bei Füchsen auftreten, jedoch wird er nicht in dem Ausmaß deutlich. Oft wird der „sooty"-Effekt mit dem „shade"-Effekt gleichgestellt und in dunkle Fuchsfarben eingeordnet. Die Wirkung beim Fuchs breitet sich mehr oder weniger über den gesamten Körper aus bis auf wenige Regionen wie die Unterarme, an welchen es möglich ist die Fuchsfarbe noch deutlich zu erkennen und dadurch bei starker Ausprägung der „Rußigkeit" die Differenzierung zwischen Fuchs und Braun ermöglicht.

Es gibt mehrere Theorien, die den genetischen Hintergrund des „sooty"-Faktors beschreiben. Gewiss ist, dass dieser bei Braunen und Füchsen unterschiedlich ist, erkennbar daran, dass bei Füchsen das Auftreten von schwarzen Haaren zwischen den rötlichem Deckhaar über den gesamten Körper verteilt ist, im Gegensatz dazu jedoch bei Braunen sich die Ausbreitung auf die oberen Körperregionen wie Rücken, Krupp und Oberarm konzentriert. Es wird angenommen, dass bei der Grundfarbe Braun ein weiteres Allel am Extension-Locus vorkommt, E^B – „Extension Brown", welches dominant über dem E^+ – „Wild Extension" ist. Dieses ermöglicht die Unterscheidung zwischen Dunkel- bzw. Schwarzbraunen (AE^B) und Braunen (AE^+).

Weiters gibt es die Theorie über die Anwesenheit eines dominanten Schwarzallels (E^D) ebenfalls am Extension-Locus welches, ohne Rücksicht auf den Agouti-Locus, einen Rappen oder Sommerrappen hervorbringt (Bowling, 1996). Als Beispiel soll hier die Anpaarung eines Rappen (aaE^+E^+) mit einem Rappen/Sommerrappen (AAE^DE^+) dienen, mit dem Ergebnis, daß vorwiegend (75%) braune Nachkommen(AaE^+E^+) auftreten. Das E^D-Allel könnte in solchen Fällen von Bedeutung sein, in denen Züchter versuchen durchwegs Rappen zu züchten, und es durch Kreuzungen zweier vermutlich reiner Rappen zu Dunkelbraunen bzw. Braunen Nachkommen führen würde. Hier würde die Anwesenheit des E^D-Allels nachvollziehbar sein, da Rappen miteinander verpaart im Normalfall keine dunkelbraunen bzw. braunen Fohlen bringen. Die Dominanzverhältnisse am Extension-Locus ordnen sich wie folgt:

$$E^D > E^B > E^+ > E^e$$

Die Ausprägung des „sooty"-Faktors ist auch von Umwelteinflüssen sowie von reichhaltiger Ernährung abhängig und er kann von Jahr zu Jahr oder von Jahreszeit zu Jahreszeit variieren (Sponenberg, 1996).

ad. 3) mealy (mehlig, blass)

Findet man blass rote oder gelblich aufgehellte Stellen am Körper, vor allem in den Bereichen des Unterbauches, in den Flanken, hinter dem Ellbogen, auf der Innenseite der Beine, rund um das Maul (Mehlmaul) und im Bereich um die Augen, so spricht man vom „mealy"-Faktor, der bei allen Farbtypen auftreten kann. Meist werden Rappen mit aufgehellten Zonen, wie beschrieben, als Schwarzbraune eingestuft. Der Unterschied zum „sooty"-Effekt liegt darin, dass die durch den „mealy"-Faktor aufgehellten Körperzonen mehr in den gelblichen Bereich fallen. Der „mealy"-Effekt tritt ebenfalls bei Füchsen auf und führt zu deutlich aufgehellten Bauchzonen. Diese Füchse, auch Hellfüchse oder Lichtfüchse genannt, finden sich beim „American Belgian" und beim Haflinger. Der „mealy"-Effekt ist ebenfalls ein Zuchtmerkmal bei der Züchtung von „Exmoor Ponies".

Der „mealy"-Effekt basiert auf einem dominanten Erbgang und das dominante Allel dazu wird als – Pa⁺- symbolisiert, zurückzuführen auf die ersten Aufzeichnungen in einer Spanischen Arbeit unter der Bezeichnung ‚pangarè'. Das rezessive Allel dazu wird als -Panp- (‚nonpangarè') angegeben (Sponenberg, 1996).

Gut im Futter stehende und konditionierte Pferde sind häufig „geapfelt" (engl.: dappled), was soviel bedeutet, dass sie ein Netzwerk von heller bis dunkler gefärbten Stellen aufweisen. Diese Apfelung kann bei allen Grundfarbtypen auftreten und variiert von Jahr zu Jahr, von Jahreszeit zu Jahreszeit. Es ist kein dauerhaftes Merkmal und es ist daher ungeeignet dieses zur alleinigen Beschreibung eines Pferdes heranzuziehen (Sponenberg, 1996).Die Haupteffekte, die für die Farbnuancen innerhalb der drei Grundfarben mit ihren Wirkungen verantwortlich sind, sind in Tabelle 4 dargestellt.

Tab. 4. Haupteffekt, die zu Farbnuancen innerhalb der Grundfarben führen (modifiziert nach Sponenberg, 1996)

Farbe	Locus (Symbol)	Allele (Symbol)	Beschreibung
shade (Farbabstufung)	–	–	variiert die Farbabstufungen innerhalb einer Grundfarbe von hell bis dunkel
sooty (rußig)	–	–	dürfte ein Einzelgen für die Wirkung an Agouti basierenden Farben haben, jedoch polygenetisch an EeEe Farben wirken
mealy (mehlig, blass)	Pangarè (Pa)	Mealyallel(Pa+)	dominant → ‚mealy'-Effekt
		Normalallel (Panp)	rezessiv → Farben ohne den ‚mealy'-Effekt

Nachfolgend seien noch in kurzer Zusammenfassung Farbbezeichnungen erwähnt, die sich durch Verdünnungen, Abschwächungen aus den Grundfarbtypen Braun, Fuchs, Rappe ableiten lassen.

‚Cremello' ist die am stärksten aufgehellte Farbe, oft schwer von weiß zu unterscheiden. Oft ist der Unterschied nur an weißen Abzeichen am Kopf oder an den Beinen zu erkennen. ‚Cremellos' besitzen rosafarbene Haut und meist blaue Augen. Mähne und Schweif sind fast ausschließlich weiß, die Hufe meist hell. Kommt es zu Einmischungen dunkler Haare in Mähne und Schweif so werden diese Pferde ‚Perlinos' genannt. Kommt es hingegen zunehmend zu dunkel gefärbten Haaren in Schweif, Mähne, Unterarmbereich und auch am Körper, so spricht man von ‚Smoky Creams'.

‚Palomino' ist ein hellgelb bis dunkelgelb gefärbtes Pferd mit flachsfarbenen bis weißen Langhaaren und immer ein aufgehellter Fuchs. Die Körperhaut ist dunkel und die Augenfarbe meist bernsteinfarben. Ein besonders bevorzugter Typ ist jener mit goldgelb aufgehelltem Deckhaar, auch als ‚Goldisabell' bezeichnet. Sehr helle ‚Palominos' werden vor allem in den USA auch ‚Isabelos' oder ‚Isabellen' genannt.

Im Gegensatz zum ‚Palomino' besitzt der ‚Buckskin' schwarze Mähnen- und Schweifhaare und Beine und ist somit ein modifizierter Brauner. Ebenso sind die Körper- und Augenfarbe von dunklem Typ. Beim ‚Buckskin' können sich in das helle Körperhaar auch schwarze Haare einmischen. Fohlen haben bei Geburt oft ein helleres Deckhaar in einem Ausmaß, dass dunkle Farbstellen erst nach einigen Wochen sichtbar werden (Bowling, 1996).

Als ,dun' oder im deutschen Sprachraum als ,Falbe' bezeichnet man jene Pferdefarbe, deren deutliche Aufhellung aller Deckhaarfarben bereits bei Geburt sichtbar ist. Rot wird zu Hellrot bis Gelb, Schwarz wird zu Grau. Die Langhaare und der Behang, meist auch der Kopf, treten deutlich weniger aufgehellt auf (von Butler-Wemken, 2004). Charakteristisch für diese Fellfärbung sind der dunkel gefärbte Aalstrich, der sich vom Widerrist bis zum Schweifansatz zieht, sowie der Schulterstreifen und die dunklen Querstreifen an den Beinen. Abhängig von der Grundfarbe lassen sich hier unterschiedlichste Farbausprägungen erkennen so z.B. die aus einem Rappen mit dem ,dun-Gen' entstehende mausgraue Körperfärbung mit schwarzem Langhaar, dem dunkel gefärbten Aalstrich, dem Schulterstreifen und den Querstreifen an den Beinen (Bowling, 1996).

Eine weitere Gruppe, die zu den aufgehellten Grundfarbtypen zählt ist jene des ,silver dapple'. Bei Rappen führt dies zu schokolade- bis dunkelschokoladefarbenen Deckhaar und das Langhaar ist silber- bis flachsfarben. Man bezeichnet diese Färbung oft auch als Kohlfuchs. Braune werden zu silbermähnigen Füchsen, wobei der Behang dunkel bleibt. Ein kleinerer Effekt wird bei Füchsen sichtbar, der sich in silberfarbenem Langhaar äußert, oft kommt es auch nur zu Einmischungen schwarzer Haare in das helle bis flachsfarbene Schutzhaar.

Der Zusatz ,dapple' oder wie es in deutscher Sprache genannt wird ,geapfelt' ist etwas unglücklich gewählt. Wie der Name sagt, müsste die Apfelung immer in Zusammenhang mit dieser Farbe auftreten, welches jedoch eher selten der Fall ist. Klassische ,silver dapple' Fohlen werden in einem hellen, rötlichen Braun mit selber Mähnen- und Schweiffarbe geboren. Nachdem der Fellwechsel stattgefunden hat, wächst das Langhaar in einem helleren Farbton nach, wobei die Fellfarbe nachdunkelt (Bowling, 1996).

In Tabelle 5 sind die für die Verdünnung bzw. Aufhellung verantwortlichen Loci mit ihren dazugehörigen Allelen und deren Wirkungen nochmals aufgezeigt.

Tab. 5. Fellfarbgene und deren Symbole (modifiziert nach Bowling, 2000)

Farbe	Locus (Symbol)	Allele (Symbol)	Beschreibung
Palomino/ Buckskin/ Cremello/Perlino	Cream (C)	Farbverdünnung (C^{Cr})	falls heterozygot → rotes Pigment verdünnt zu gelb; falls homozygot → rotes und schwarzes Pigment verdünnt zu elfenbein;
		Normalfärbung (C)	keine Farbverdünnung
Dun (Falbe)	Dun (D)	Farbverdünnung (D)	rotes Pigment verdünnt zu hellrot und schwarzes Pigment zu grau, Langhaar und Behang verdünnen nicht; Auftreten von Aalstrich, Schulterstreifen und Querstreifen an Beinen
		Normalfärbung (d)	keine Farbverdünnung
Silver	Silver (Z)	Farbverdünnung (Z)	Schwarzes Pigment verdünnt zu Schokolade; minimaler Effekt an Füchsen
		Normalfärbung (z)	Keine Farbverdünnung

Schimmel (Grey), Rotschimmel – Fuchsschimmel (Roan) und Weiss (White)

Schimmel

Schimmel ist die Folge eines Alterungsprozesses des Haares, bei dem das Farbpigment Melanin durch Luftbläschen ersetzt wird. Pferde zeigen im Gegensatz zum Menschen bereits im sehr frühen Alter sprich Fohlenalter eine beginnende, fortschreitende Ergrauung des Pferdehaares. Graue (grau wird manchmal als synonym benützt, weil der zugehörige Genort mit Gg bezeichnet wird) Pferde bzw. Schimmel werden farbig geboren, d.h. sie können als Rappe, Brauner, Fuchs etc. auf die Welt kommen und verlieren erst mit der Zeit ihre Färbung. In der einschlägigen Literatur findet man immer wieder die Beschreibung, dass die Geburtsfarbe von grauen Pferden bzw. Schimmeln meist Schwarz ist, diese Behauptung ist jedoch nicht für alle Rassen zutreffend (Bowling, 1996). Es besteht eine Interaktion zwischen Grau und den Grundfarben, welche dazu führt, dass ein Großteil der Fohlen, die Schimmel werden, zuerst einer Verdunkelung der Fellfarbe bis zu schwarz oder nahezu schwarz unterliegen (Sponenberg, 1996). Die Dauer des Ergrauungsprozesses bzw. des Prozesses der fortschreitenden Schimmelfärbung variiert von Pferd zu Pferd und ist auch von Rasse zu Rasse unterschiedlich. So ergrauen Araber Pferde oder Welsh-Ponies sehr früh während z.B. Percherons eine längere Zeit brauchen um vollständige Schimmelfärbung zu erreichen (Sponenberg, 1996).

Der Prozess der Ergrauung beginnt im Kopfbereich und hier meist rund um die Augenhöhlen sowie im Bereich der Beine mit teilweiser Einmischung unpigmentierter Haare, die mit fortschreitendem Alter zunimmt bis zur vollständigen Ergrauung. In Zwischenstadien der Ergrauung zeigen die meisten Pferde eine Apfelzeichnung, bei der hellgraue Flecken von dunkelgrauen Ringen umgeben sind. Knie, Sprung- und Fesselgelenk erscheinen dunkelgrau und behalten diese Färbung länger als die Apfelung. Im deutschen Sprachgebrauch werden solche Pferde zumeist als „Apfelschimmel" bezeichnet. Ist der Ergrauungsprozess abgeschlossen erscheint das Haarkleid in einem klaren grau oder grau mit Einmischung von färbigen „Fliegenflecken". Sind so genannte „Fliegenflecken" vorhanden, so lassen diese Zusammenhänge zu jenen Genen der Grundfarbe schließen, die durch das Grauallel überdeckt werden. Dunkles Pigment bleibt in den Augen und in der Haut erhalten auch wenn das Haarkleid nahezu weiß erscheint (Bowling, 1996).

Die Schimmelfarbe wird durch dominante Genwirkung am sogenannten G-Genort hervorgerufen und überdeckt alle anderen Fellfarben. Die Genotypen –GG- oder –Gg- führen immer zum Schimmel. Ein Elternteil eines Schimmels muss demzufolge immer ein Schimmel sein. Ein Fohlen, dessen Eltern beide Schimmel sind, hat die Chance zu 25% homozygot für Schimmel zu sein. Homozygote Schimmel dürften nur Schimmel hervorbringen (Bowling, 1996). Durch Ausschluss aller G-Träger aus einem Zuchtprogramm lässt sich die Erbanlage bereits nach einer Generation entfernen.

Schimmelfärbung findet sich in fast allen Pferderassen der Welt. Ausnahmen bilden jene Rassen, die durch ihre spezifische Fellfarbe charakteristisch sind wie z.B. Haflinger, Friesen, Cleveland Bay, Fjord etc. Beim schweizerischen Freiberger gehört die dominant vererbte Schimmelfarbe zu den seltenen Farbphänotypen. Da seit längerem keine anerkannten Schimmelhengste mehr in der Zucht eingesetzt werden, gelten alle Freibergerschimmel als heterozygot für das Allel „G" am G-Locus (Rieder et al., 2000). Bei Percheron, Shagya Araber, Andalusier sowie Connemara Pony dominieren Schimmel. Nahezu homozygot für das fortschreitende Ergrauen sind Lipizzaner, Camargue Pferde und die weißen Kladruber (von Butler-Wemken, 2004).

‚Roan' (Rotschimmel, Fuchsschimmel)

‚Roan' (Rotschimmel, Fuchsschimmel) bekannt auch als extreme Stichelhaarigkeit ist charakterisiert durch starke Einmischung weißer, nicht pigmentierter Haare in das pigmentierte Deckhaar des Pferdes. Der Kopf und die Gliedmaßen weisen eine geringere bis keine Stichelhaarigkeit auf und besitzen die Färbung der Grundfarbe. ‚Roan' ist bereits bei der Geburt des Pferdes erkennbar bzw. nach dem ersten Fellwechsel. Es unterliegt saisonalen und altersbedingten Schwankungen. So erscheinen extrem Stichelhaarige im Frühling, nach dem Wechsel des Winterfells, extrem hell und erlangen im Winter eine Fellfärbung die oft schwer von Nichtstichelhaarigen zu unterscheiden ist. Ebenso kann es zu Veränderungen der extremen Stichelhaarigkeit mit dem Alter kommen. Je nach Grundfarbe unterscheidet man unterschiedlichste Bezeichnungen der Fellfarbe mit dem ‚Roan'-Effekt. So entstehen die Farben Mohrenkopf, Blauschimmel, Braunschimmel und Rotschimmel.

Der ‚Roan'-Effekt bzw. die extreme Stichelhaarigkeit wird durch eine dominante Genwirkung von –Rn- am Rn-Genort verursacht. Hintz und Van Vleck (1979) erkannten anhand von Stutbuchaufzeichnungen der Belgierrasse in den USA, dass ‚Roan' in seiner homozygoter Form letal (tödlich, nicht lebensfähig) wirkt (Bowling, 2000). Dies bedeutet, dass der Embryo stirbt und von der Stute resorbiert wird. Infolge des frühen Embryonaltodes sahen die meisten Züchter keinen Zusammenhang mit dem homozygoten ‚Roan'-Effekt.

Weiß

Allen weißen Pferden fehlt Pigment in Haut (sie erscheint rosa) und Haaren, jedoch besitzen sie im Gegensatz zu Albinos dunkle Augen (gewöhnlich dunkelbraun). Sie sind schon bei Geburt vollständig weiß, gelegentlich können sich kleine schwarze Flecken in Haut und Haarkleid einmischen.

Die weiße Fellfarbe entsteht durch das dominante Gen –W-. In seiner homozygoten Form wirkt es letal. Weiß geborene Pferde beschäftigten Wissenschafter schon seit jeher. Pferde seltener Fellfarben, wie z.B. die weißen Pferde, waren an Höfen europäischer Adelsgeschlechter bevorzugt, da man diese bei großen Festlichkeiten präsentieren wollte. Die Zucht weißer Pferde erwies sich jedoch immer wieder als problematisch, da die Anzahl der weißen Nachkommen nicht den Erwartungen entsprach. Erste Aufzeichnungen zur weißen Fellfarbe bei Pferden findet man bereits 1912 in der Arbeit von A.H. Studervant, in der die dominant weiße Fellfarbe von der Schimmelfarbe unterschieden wird. 1969 wurde die dominante Vererbung der weißen Farbe anhand von Zucht- und Selektionsversuchen, über mehrere Jahre hinweg an einer Gruppe von Pferden durch Pulos und Hutt untersucht und konnte somit Klarheit in alle vorhergehenden Angaben bringen (Mau, 2003). Sie kamen zu der Erkenntnis, dass der homozygote weiße WW-Genotyp letal ist (Bowling, 2000). 1996 wurde von Johansson Moller et. al erkannt, dass der letale Effekt des homozygoten W-Gens aufgrund von Mutationen im KIT-Gen, dem Gen für den Tyrosinkinaserezeptor hervorgerufen wird (Bowling, 2000). Das KIT-Gen ist zusammen mit dem KIT-Liganden verantwortlich für einen normalen funktionierenden Ablauf der Melanogenese, Hämatopoese und Gametogenese (Mau et. al, 2001). Aufgrund wissenschaftlicher Untersuchungen an der Schweizer Freiberger Population an der ETH Zürich durch Dr. Christina Mau wurde 2003 „Dominant Weiß", das homozygot letale Merkmal beim Pferd, genetisch lokalisiert.

FARBVERTEILUNG BEIM LIPIZZANER

88% der Lipizzaner sind Schimmel (Tab. 6.). Innerhalb der Schimmelfarbe gibt es wiederum mehrere Abstufungen der Intensität und Art der Schimmelung, von Dunkelgrau (Eisenschimmel) bis zu fast weiß (Milchschimmel), und vom Apfelschimmel zu Fliegen- und Forellenschimmel.

Tab. 6. Darstellung der in den untersuchten Gestüten vorkommenden Farbschlägen

	Milchschimmel	Schimmel	Eisen/Apfel-schimmel	Rappe	Braun	Fuchs	Total
Beclean	–	1	–	6	20	1	28
Đakovo	33	15	1	2	4	–	55
Fogaras	50	20	10	7	3	–	90
Lipica	49	8	2	–	–	–	59
Monte rotondo	35	16	3	–	–	–	54
Piber	63	17	7	–	–	–	87
Szilvásvárad	35	15	3	5	2	–	60
Topol'čianky	29	8	1	2	2	–	42
Wien	39	23	3	–	1	–	66
t o t a l	333	123	30	22	32	1	541
Kladruby Slatiňany	22	7	4	3	15	–	51
Total	355	130	34	25	47	1	592

Folgende Abbildungen (Abb. 5 bis 7) stellen diese Varianten der Schimmelfärbung exemplarisch dar.

Abb. 5. Maestoso Platana 44, Wien 1983, Milchschimmel (Foto Szabára).

Abb. 6. Maestoso Basovizza-63, Wien 1989, Apfelschimmel (Foto Szabára).

Abb. 7. Neapolitano Gidrane-89, Piber 1993, Eisenschimmel (Foto Szabára).

Abb. 8. 590 Conversano VII Brenda, Topol'čianky 1993, Braun (Foto Szabára).

Abb. 9. Siglavy Capriola – XVII, Fogaras 1990, Rappe (Foto Szabára).

Abb. 10. Siglavy Capriola XVI-6, Beclean 1993, Fuchs (Foto Szabára).

Die detaillierte Fragestellung zum Phänomen Schimmel beim Lipizzaner bezieht sich auf folgende System-kreise: den Ergrauungsprozess und den Aspekt der Sprenkelung. Beide gehören zum Erscheinungsbild des Lipizzaners und werden trotz großer Umwelteffekte wie Alter, Fütterung, Jahreszeit zur Identifikation verwendet. Weiter besteht die Tendenz, ausschließlich weiße Pferde als Präsentationspferde zu züchten, was wiederum im Gegensatz zur Erhaltung der genetischen Vielfalt in dieser Rasse steht.

DER ERGRAUUNGSPROZESS BEIM LIPIZZANER

Die Vererbung der Fellfarbe beim Pferd wurde bislang unter einem qualitativen (Mendel'schem) Aspekt betrachtet (siehe Kap. 11). Die einzelnen Phänotypen wurden bestimmt und gewissen Kategorien zugeordnet (Schwarz, Braun, Fuchs etc.), bei welchen man vermutete, dass diese durch einige Gene mit epistatischer Wechselwirkung bestimmt werden (Rieder et al. 2001). Daß das dunkle Farbkleid der Fohlen mit zunehmendem Alter durch eine weiße Decke abgelöst wird ist ein alt bekanntes Phänomen. Die Schimmelfarbe wird durch einen dominanten Erbgang an einem Locus vererbt. Obwohl dieser Grau Locus dem Chromosom 25 zugeordnet wurde (Henner et al. 2002, Locke et al. 2002 and Swinburne et al. 2002), konnte es bislang nicht genau identifiziert werden!. Der genetische Hintergrund des Wechsels von Schwarz nach Grau ist im Lauf der Zeit als auch die Variabilität der einzelnen Abstufungen von Grau konnten nicht durch einen qualitativen genetischen Forschungsansatz erklärt werden.

Insgesamt wurden 706 Lipizzanerpferde in einem Zeitraum von vier Jahren (2000–2003) farblich vermessen (Tab. 7). Daraus resultierten 1191 Messungen, da die Tiere wiederholt untersucht wurden. Um die verschiedenen Schimmelfärbungen am Pferd zu definieren, wurden an 4 Körperstellen (Hals, Schulter, Bauch und Kruppe) mit einem Farbmessgerät Minolta Chromameter CR210, das auf Basis des zuvor beschriebenen CIE L*a*b* Farb System arbeitet, die Messungen abgenommen (Abb. 11). Durch das CIE L*a*b System werden 3 Achsen definiert, im Fall des Lipizzaners war aber nur die L Achse von Bedeutung, da diese die Schwarz-Weiß Achse beschreibt (100 = Weiß; 0 = Schwarz) beschreibt (Abb. 11).

Die Ergebnisse sind in den Abbildungen 12 bis 18 zusammengestellt.

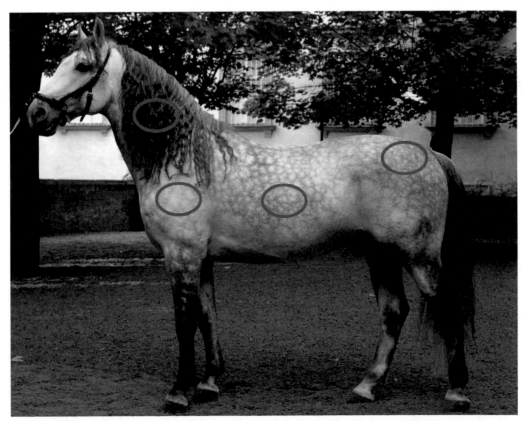

Abb. 11. Darstellung der einzelnen Messpunkte am Hengst Pluto Aquileja-73, Spanische Reitschule Wien (Foto Bundesgestüt Piber).

Tab. 7. Untersuchte Pferde in den einzelnen
Gestüten.

Gestüt	Pferde
Đakovo	89
Lipica	148
Piber	310
Szilvásvárad	77
Topolčianky	82
Gesamt	706

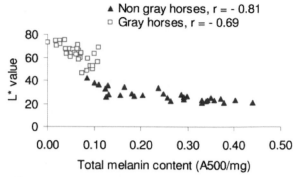

Abb. 12. Der Zusammenhang zwischen dem L Wert und dem Melanin Gehalt in den Haaren anhand von Schimmel Pferden und Dunklen Pferden (Rappe, Braun, Fuchs) (Graphik Tóth et al. 2006)

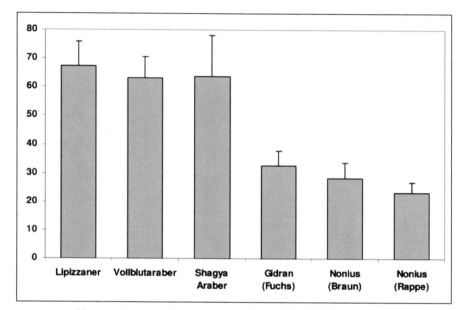

Abb. 13. L* Werte einzelner untersuchter Rassen (Graphik Tóth et al. 2004).

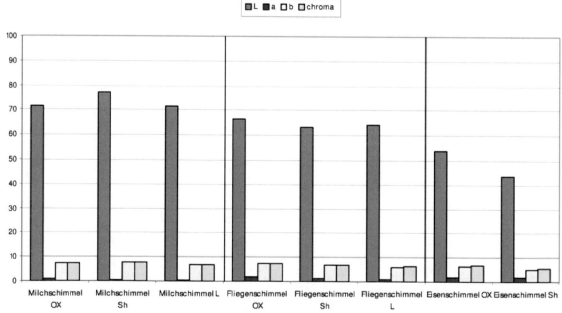

Abb. 14. Darstellung von verschiedenen Schimmelmustern aus drei Rassen, Vollblutaraber, Shagya Araber, Lipizzaner, anhand der CIE Farbskala (Graphik Tóth et al. 2006).

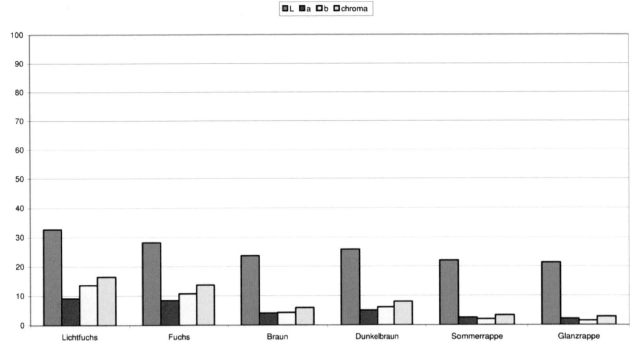

Abb. 15. Darstellung der Grundfarben Fuchs, Braun und Rappe, der Rassen Gidran (Füchse) und Nonius (Rappen und Braune) anhand der CIE Farbskala (Graphik Tóth et al. 2006).

Der Ergrauungsprozess wurde mittels nichtlinearer Wachstumsfunktionen untersucht, basierend auf individueller Informationen oder auf Mittelwerten der einzelnen Altersklassen (in Jahren außer 16 Jahre und älter).

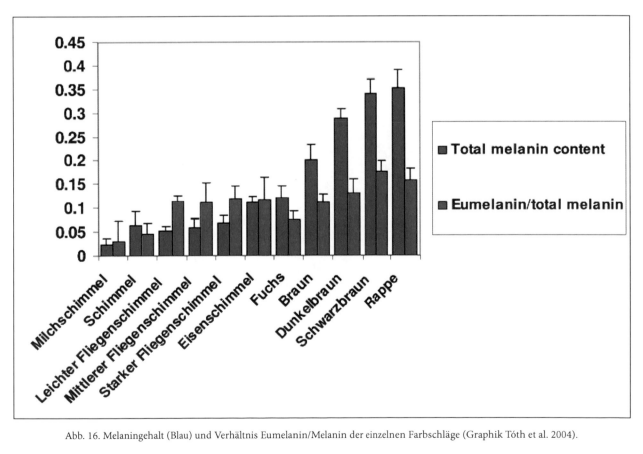

Abb. 16. Melaningehalt (Blau) und Verhältnis Eumelanin/Melanin der einzelnen Farbschläge (Graphik Tóth et al. 2004).

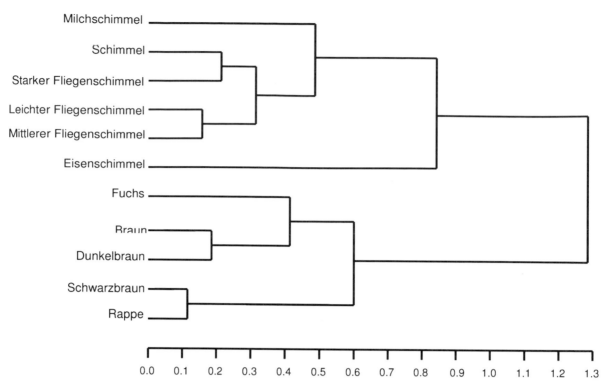

Abb. 17. Dendrogramm und Distanzen zwischen einzelnen Farbgruppen basierend auf Melaningehalt (Graphik Tóth et al. 2006).

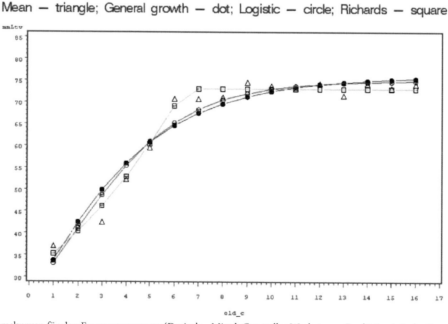

Abb. 18. Wachstumskurven für den Ergrauungsprozess (Dreieck – Mittel; Generelles Wachstum – Punkt; Logistische Kurve – Kreis; Richards – Quadrat). Varianz der Schimmelfärbung in den einzelnen Altersklassen (Graphik Čurik).

In Abbildung 18 sind verschiedene Wachstumsfunktionen für den Faktor Ergrauung dargestellt. Die Richardskurve (Quadrate) kommt der Realität am nächsten, und zeigt, dass sich die endgültige Schimmelfarbe bei einem L Wert von 73.34 (73.05 bei Mittelwerten) und einem Alter von ca. 7 Jahren einstellt. Die starken Unterschiede (Varianz) in den einzelnen Grauabstufungen von jungen und alten Pferden sind aus Abb. 19 ersichtlich. Vor allem 4-jährige Lipizzaner weisen die grösste Variabilität auf, während ab einem Alter von 8 Jahren kaum mehr grössere Unterschiede auftreten.

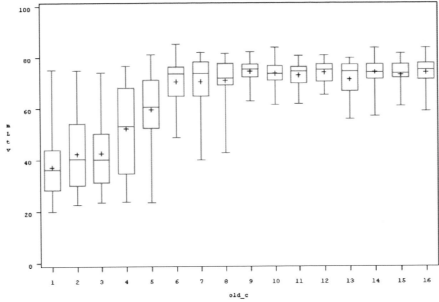

Abb. 19. Varianz des L* Wertes in den einzelnen Altersklassen (Graphik Čurik).

Aufgrund dieser Ergebnisse wurde für die Berechnungen der Erblichkeitsgrade (Heritabilitäten) der Datensatz in drei Gruppen geteilt (Tab. 8 u. 9):

Datensatz 1: Jungpferde bis 7 Jahre

Datensatz 2: Altpferde ab 6 Jahren und

Datensatz 3: alle Pferde.

Tab. 8. Heritabilitäten (h^2), Wiederholbarkeiten W (gibt an wie exakt ein Merkmal gemessen werden kann, Obergrenze für die Heritabilität), Anteil phänotypischer Varianz an der permanenten Umweltvarianz (VPE/VP) für den Ergrauungsprozess.

Datensatz	Pferde	Messungen	h^2	VPE/VP	W
Junge Pferde	377	559	0.79 ± 0.09	0.11 ± 0.08	0.90
Alte Pferde	352	632	0.58 ± 0.03	0.00 ± 0.00	0.58
Alle	706	1191	0.49 ± 0.05	0.35 ± 0.05	0.84

Tab. 9. Heritabilitäten (h^2), Wiederholbarkeiten W (gibt an wie exakt ein Merkmal gemessen werden kann, Obergrenze für die Heritabilität), Anteil phänotypischer Varianz an der permanenten Umweltvarianz (VPE/VP) für den Ergrauungsprozess

Datensatz	Merkmal	Pferde	Messungen	h^2	VPE/VP	W
Jung ()	Hals	377	559	0.65 ± 0.04	0.19 ± 0.04	0.84
	Schulter	377	559	0.75 ± 0.04	0.11 ± 0.04	0.86
	Bauch	377	559	0.80 ± 0.03	0.07 ± 0.02	0.88
	Krupp	377	557	0.77 ± 0.04	0.11 ± 0.04	0.88
Alt ()	Hals	352	632	0.39 ± 0.07	0.09 ± 0.04	0.49
	Schulter	352	632	0.30 ± 0.07	0.21 ± 0.07	0.50
	Bauch	352	632	0.47 ± 0.04	0.06 ± 0.02	0.53
	Krupp	352	632	0.55 ± 0.04	0.06 ± 0.02	0.61
Alle	Hals	706	1190	0.37 ± 0.05	0.42 ± 0.04	0.78
	Schulter	706	1191	0.42 ± 0.05	0.37 ± 0.04	0.79
	Bauch	706	1191	0.53 ± 0.05	0.29 ± 0.04	0.81
	Krupp	706	1188	0.51 ± 0.04	0.31 ± 0.04	0.81

Die Heritabilität für den Ergrauungsprozess ist mit 0.79 sehr hoch. Der Schätzwert mit 0.49 - basierend auf allen Pferden - ist um einiges kleiner, was auf die Berücksichtigung aller Altersklassen im Modell zurückzuführen ist. Es wurden auch jene Pferde, die bereits ausgefärbt waren, und demzufolge weniger Varianz aufwiesen, miteinbezogen. Die verfügbaren Informationen erlauben nicht, diese Restvarianz auf den Genotyp des Schimmel Locus (homozygoter GG versus heterozygoter Gg Locus) zurückzuführen, da keine Genotypinformation verfügbar war.

Die Frequenz des g Allels in der Population dürfte relativ klein, also um die 0.10 sein. Čurik et al. (2004) zeigten auch, dass es in der Gruppe der weißen Schimmel hohe genetische Unterschiede gibt. Sie berechneten bei Pferden über 6 Jahren eine Heritabilität von 0.58. Dieses Ergebnis dürfte mit dem Farb-Phänotyp des Fliegen-, Apfel- und Forellenschimmel, die in der Lipizzanerrasse relativ häufig auftreten, in Zusammenhang stehen (Bowling, 2000, Tóth et al., 2004) (Tab. 8 und 9).

DAS PHÄNOMEN DER FLIEGEN- UND FORELLENSCHIMMEL BEIM LIPIZZANER

Dieses generell für das arabische Pferd typische Schimmelmuster tritt auch relativ häufig bei Lipizzanerpferden auf. Insgesamt trifft man bei 71% der Lipizzaner Pferden in den einzelnen Gestüten diese Art der Fleckung an (Tab. 10). Definiert ist dieses Muster als Restpigmentation, welche in kleinen Flecken über den Körper verteilt ist. Im Englischen existiert nur die Bezeichnung flea-bitten, während in der deutschen, kontinentalen Nomenklatur zwischen dem Fliegenschimmel, kleine dunkelgraue Fleckung, und dem Forellenschimmel, rötliche Fleckung, differenziert wird. Diese Ausprägungen gehören zwar zur Nomenklatur der Fellfarben (Sponenberg and Beaver 1983), werden aber aufgrund der grossen Umwelteffekte nicht als Identifikationsmerkmale benützt (Brem 1998). Folgende Abbildungen (Abb. 20 bis 24) geben Aufschluss über die verschiedenen Ausprägungen an gefleckten Lipizzanerschimmeln.

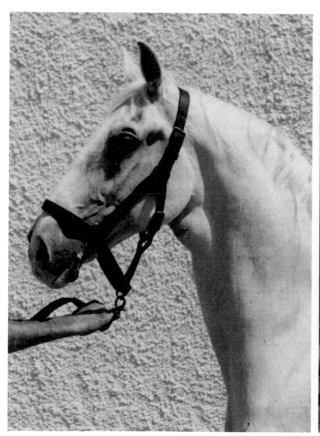

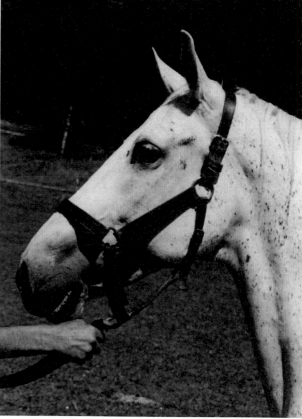

Abb. 20. Siglavy Beja, 1964 Piber, Milchschimmel (Foto Szabára).   Abb. 21. Recolta-18, 1982 Piber, Forellenschimmel (Foto Szabára).

Abb. 22. 546 Neapolitano XXV-39, 1983 Fogaras, starker Forellenschimmel (Foto Szabára).

Abb. 23. 544 Maestoso XXXVII-24, 1983 Fogaras, starker Fliegenschimmel (Foto Szabára).

Vereinzelt kommen auch braune und rote Flecken gemeinsam zum Vorschein. Eine sehr seltene aber hippologisch interessante Ausprägung ist die sogenannte „Blutschulter" (Abb. 24).

Abb. 24. Rumänische Lipizzanerstute mit Blutschulter (Archiv Druml).

Tab. 10. Verteilung in Prozent der in den untersuchten Gestüten vorkommenden Fliegen- und Forellenschimmel.

Gestüt	Monat	% starke Fliegen-schimmel	% leichte Fliegen-schimmel	% starke Forellen-schimmel	% leichte Forellen-schimmel	Summe %	Index Grau: Braun
Monterotondo	Mai	2	46	–	21	69	0.75
Szilvásvárad	Mai	6	26	9	41	82	0.55
Lipica	Juni	2	40	4	29	75	2.00
Piber	Juni	2	47	4	14	67	1.11
Wien	Juli	–	34	–	23	57	1.10
Kladruby	Juli	–	14	2	26	42	0.46
Đakovo	Juli	4	48	5	20	77	1.91
Fogaras	August	3	17	16	39	75	0.29
Topolčianky	Oktober	2	40	–	29	71	1.17

Wie oben dargestellt gilt die Schimmelfarbe als Charakteristikum des Lipizzaners.

VOM HERMELIN ZUM KAISERSCHIMMEL

Lipizzanerpferde werden allgemein oft mit dem Synonym der „edlen weißen Pferde" gleichgesetzt, ein Image, welches wesentlich durch die Medien und die Spanische Reitschule in Wien geprägt wurde. In der Terminologie der Tierzucht sind diese Pferde keineswegs weiß, sondern Schimmel, die mittlerweile dominante Farbausprägung in dieser Rasse (Druml, 2003).

Da für die Zeit vor den napoleonischen Kriegen keine genauen Informationen bezüglich der Fellfarbe vorlagen, wurden die Fellfarben von Lipizzanerhengsten des 19. Jahrhunderts aus der Spanischen Reitschule in Wien erhoben. Als Quelle dienten die Stallbücher des sogenannten „spanischen Stalles" aus dem Haus, Hof und Staatsarchiv Wien.

Abb. 25. Stutenherde in Lipizza, Gemälde von George Hamilton 1727 (Foto Habe).

Viele Gestüte Europas führten in der Barockzeit diese bunten Pferdeherden (Abb. 25). In einem Gemälde von Julius v. Blaas gegen Ende des 19. Jahrhunderts, wird die Lipizzanerstutenherde im Gestüt Lipizza ca. 150 Jahre später dargestellt (Abb. 26). Diese besteht zum Großteil aus Schimmeln, gescheckte Pferde existieren in dieser Darstellung nicht mehr.

Abb. 26. Stutenherde in Lipica um 1900, Julius von Blaas. (Archiv Brabenetz).

Thema des Beitrages ist es, diese Entwicklung nachzuzeichnen und deren Ursachen zu diskutieren. Datengrundlage dafür bildeten die „Pferdestände im Spanischen Stall" aus den Pferdegrundbüchern des K.K. Oberststallmeisteramtes. Daten über 351 Reithengste, die in der Spanischen Reitschule in Wien stationiert wurden, waren für den Zeitraum von 1825 – 1885 verfügbar.

Wie bereits erwähnt, erfreuten sich ungewöhnlich gefärbte Pferde im Barock besonderer Beliebtheit. Im 19. Jahrhundert, dem Zeitalter der Industrialisierung und des Bürgertums etablierten sich in den Gestüten Europas eher profane Fellfarben wie zum Beispiel ein sattes Braun, Schwarz oder die Schimmelfarbe. Natürlich ist diese Veränderung auch eine Auswirkung vom vermehrten Zuchteinsatz englischer und arabischer Vollbluthengste in den europäischen Pferdepopulationen. Dies wiederum ist auf die veränderte Kriegstaktik der Kavallerie und dem allgemeinen Drang nach schnellerer Fortbewegung zurückzuführen. Der österreichische Hof, der eher als konservativ denn als aufgeklärt galt, hat mit seiner Haltung eine Verzögerung dieser Entwicklung bzw. eine Konservierung des barocken Lipizzanertyps bewirkt. Dennoch hat sich das bunte Bild der Lipizzanerherden zu Beginn des 19. Jahrhunderts wesentlich vereinheitlicht.

In Abbildung 27 ist die Farbverteilung in der spanischen Reitschule der Periode 1825-1885 dargestellt. Wenn man das Jahr 1825 als Ausgangspunkt nimmt, bietet sich uns ein noch mäßig buntes Bild. Der Anteil von Schimmeln gleicht nahezu dem der Braunen, auch sind zu 20% Falben vertreten.

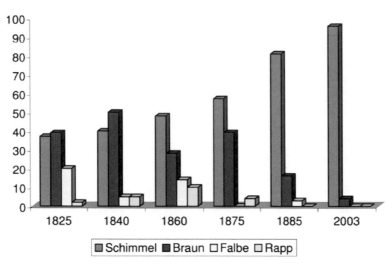

Abb. 27. Verteilung der Reithengste nach Farben in Prozent(Graphik Druml)

Dieser heterogene Zustand lässt sich auf den Einfluss der alten Hengststämme und des Genpools der Gründertiere aus dem 18. Jahrhundert, sowie auf alte Zuchtvorstellungen zurückführen. Trotzdem ist die Darstellung zur Zeit nach den napoleonischen Kriegen nicht mehr repräsentativ für die Hengstpopulation eines klassischen Barockgestüts. Zwischen 1824 und 1887 standen im „Spanischen Stall" in Wien noch ein Hermelin (Hellisabell), 4 Füchse (die Fuchsfarbe war, da nicht geschätzt, ziemlich selten im Barock) und zwei Porzellanschecken. Der letzte gescheckte Lipizzaner war der zuerst in der Spanischen Reitschule stationierte Hengst Pluto Lina, geb. 1913 in Lipizza. Er wurde verkauft und begründete später die deutsche Scheckenzucht von Paul Lehmann. Die Mutterstute Lina, geb. 1899 in Lipizza, war eine braun gescheckte Halbtraberstute. Da die Tobianoscheckung dominant vererbt wird, stammten diese „Farbgene" direkt von der englischen Halbblutstute Dolly, geb. 1835, die in Lipizza stationiert war. Um 1860 existierten mehrere Darstellungen von 4er und 6er Zügen mit gescheckten Halbblutpferden im Gebrauch des Wiener Hofs (Abb. 28). Jedoch konnte eine Verbindung zwischen dem Hofgestüt Lipizza und der Verwendung gescheckter Pferde im königlichen Marstall nicht hergestellt werden. Es ist aber anzunehmen, dass diese Pferde aus k.u.k. Gestüten stammten.

Abb. 28. Ausflug von Kaiserin Sissi nach Bad Ischl 1853 (Archiv Brabenetz)

Unter den 351 Reithengsten aus dem Zeitraum 1825–1885, die in der „Hohen Schule" ausgebildet wurden, fanden sich neben reinrassigen Lipizzanerpferden 25 orientalische Vollblutaraber, 3 englische Vollblüter, 2 Trakehner und 1 Hannoveraner.

Bis ca. 1860 bleibt das Verhältnis Schimmel und Farbige etwa gleich, obwohl man eine leichte Aufwärtstendenz bei den Schimmeln erkennen kann. Um 1870 scheint etwas Bewegung in die Angelegenheit zu kommen. Ab diesem Jahr wächst der Schimmelanteil von 57 % auf 81 % im Jahr 1885 zu Lasten der farbigen Hengste.

Das Jahr 1870 erscheint als Wendepunkt im Verhältnis Schimmel zu Braun. Innerhalb von 15 Jahren wächst der Schimmelanteil um fast 42%. Man kann es waghalsig formulieren: Dieses Jahr ist das Geburtsjahr einer bis heute währenden Tradition. Es ist naheliegend dieses Phänomen mit dem vermehrten Zuchteinsatz Arabischer Pferde in Verbindung zu bringen, die in den 50er Jahren des 19. Jahrhunderts. nach Lipizza importiert wurden. Aber um eine Steigerung des Schimmelanteils von 50 % auf 81 % in 15 Jahren zu bewirken, reicht ein erhöhter arabischer Genanteil allein nicht aus, wobei noch dazu von den 6 wichtigsten Araberhengsten in der Lipizzanerzucht nur 3 Schimmel waren. Diese massive Steigerung lässt die Wirkung der Selektion, verbunden mit einer Änderung des Zuchtziels erkennen. Ab Mitte des 19. Jahrhunderts werden in den k.u.k. Hofgestüten hauptsächlich „Kaiserschimmel" gezogen, eine mittlerweile fortbestehende fest verankerte Tradition.

Abb. 29. Der Rapp Hengst Conversano X Cela aus dem Gestüt Topolčianky (Horny).

Über die Gründe, die zu diesem Ergebnis führten, kann nur spekuliert werden. Verschiedene Theorien könnten angeführt werden. Hier soll aber nur die Plausibelste diskutiert werden. Zum Einen ist es möglich, dass durch die Kreuzungszucht zwischen Arabern und Lipizzanern Mitte des 19. Jahrhunderts., der sogenannte „gemischte Karster" (Lipizzaner mit 20-40 % arabischen Blutanteil, hauptsächlich als schnelleres Kutschpferd für den Wiener Hof genutzt) aufgrund des hohen Bedarfes in der Selektion begünstigt wurde. Die Schwierigkeit für ein Gestüt in der Bereitstellung von Gespannen besteht darin, dass man imstande ist pro Jahr eine gewisse Menge von Passergespannen (möglichst ähnlich in Gestalt, Schritt und Farbe) zu liefern. Für diesen Zweck ist die Schimmelfarbe geradezu prädestiniert, da sie schnell verbreitet werden kann und uniform ist. Zum anderen wurde diese Vorgangsweise mit der Auflösung des Hofgestüts Koptschan und der Einrichtung einer Wagenpferdezucht in Kladruby im Jahr 1826 bereits vorexerziert. In Kladruby etablierten sich daraufhin ein weißer und ein schwarzer Wagenschlag, mit dem Zweck als Paradekutschpferd in Galaanspannung zu dienen.

Abb. 30. Zeitgenössische Abbildung eines bäuerlichen Fuhrwerkes in Rumänien (Archiv Druml).

Mittlerweile gilt die weiße Fellfarbe beim Lipizzaner als Markenzeichen und teilweise sogar als Rassestandard, was aber nicht heißen soll, dass Lipizzaner prinzipiell Schimmel sind. In den Ländern des ehemaligen Ostblocks, wo die Gestüte in die Landeszuchten integriert waren und sind, gibt es viel mehr farbige Lipizzaner (Abb. 29 und 30). Dies hängt unter anderem mit der bäuerlichen Präferenz für dunkle Pferde zusammen, da diese wesentlich pflegeleichter sind.

Abb. XV. Exterieurlehre im 16. Jahrhundert nach Frederico Grisone. Die Elementelehre spielte damals auch in der Pferdebeurteilung eine wichtige Rolle. (Archiv Druml)

Kapitel 15

PETER ZECHNER

Morphometrische Charakterisierung der Lipizzaner-Stammpopulation

1. EINLEITUNG

Morphometrische Messungen sind eine klassische Methode in der Pferdekunde (Hippologie). Erste umfassende Standardwerke, die auch den Beginn der modernen Tierzucht charakterisieren, stammen aus dem frühen 20. Jahrhundert und sind mit so bedeutenden Namen wie Simon v. Nathusius, J. Ulrich Duerst (1922) und Gustav RAU (1935) verbunden. Aber auch in der modernen Pferdezucht ist das Vermessen von Zuchttieren und deren Nachkommen eine Standardmethode, die einen festen Platz im Selektionszyklus hat. Über Mindest- und Höchstmaße im Bereich der Körpergröße und Knochenstärke wird versucht für jede Rasse und Nutzung die Übereinstimmung mit dem Zuchtziel festzustellen und funktionale Zusammenhänge zu erkennen um gemeinsam mit Leistungsprüfungsergebnissen eine optimale Selektionsentscheidung zu treffen. Deshalb wurden auch die klassischen und praktisch sehr bedeutenden Methoden der morphometrischen Charakterisierung umfassend, dem heutigen Stand der Wissenschaft angepaßt, angewendet.

Die praktische Relevanz der morphometrischen Untersuchungen für die Lipizzanerpopulation besteht darin, die Lipizzaner als Pferderasse möglichst genau zu charakterisieren und signifikante Unterschiede zwischen Pferden einzelner Gestüte, falls vorhanden, aufzuzeigen. Diese Unterschiede können durch verschiedene Zuchtziele und daraus resultierende Selektionsmaßnahmen bedingt sein. Aufgrund dieser Ergebnisse können Auswirkungen verschiedener Selektionsmaßnahmen diskutiert werden und wertvolle Erkenntnisse für notwendige Austausche von Zuchttieren gewonnen werden.

Zur Festlegung der Meßmerkmale wurde der von Oulehla (1996) entwickelte Standard, der 37 Körpermaße beinhaltet, verwendet. Oulehla wählte aus den von Rau (1935) vorgeschlagenen 61 Längenmaßen und 10 Winkelmaßen die aussagekräftigsten 37 Maße aus. Es sollen dabei unter anderem Ansprüche wie die Erfassung des ganzen Pferdekörpers, die Einfachheit der Messungen und eine gute Reproduzierbarkeit erfüllt werden.

2. DATENMATERIAL UND AUSWERTUNGSMETHODEN

2.1 Allgemeines

Da der Lipizzaner zu den spätreifen Pferderassen zählt ist sein Längenwachstum im Unterschied zu anderen Warmblutpferden erst mit 4–5 Jahren abgeschlossen. Um Verzerrungen in den Auswertungen durch weiteres Längenwachstum, bzw. durch die unterschiedliche Altersstruktur auf den verschiedenen Gestüten zu vermeiden, wurden in den traditionellen Lipizzanergestüten nur Zuchttiere mit einem Alter von über 4 Jahre vermessen. Die exakte Anzahl an vermessenen Pferden ist aus Tabelle 1 ersichtlich.

Tab. 1. Vermessene Pferde in den Gestüten

Gestüt	Stuten	Hengste	Gesamt	Wiederholt gemessen
Beclean – Rumänien	24	4	28	6
Đakovo – Kroatien	39	14	53	12
Fogaras – Rumänien	79	9	88	15
Lipica – Slowenien	40	18	58	12
Monterotondo – Italien	0	15	15	6
Piber – Österreich	81	72	153	26
Szilvásvárad – Ungarn	68	8	76	13
Topolčianky – Slowakei	37	5	42	10
Summe der Pferde	368	145	513	100

Mit Ausnahme des italienischen Gestütes Monterotondo beziehen sich die Auswertungen auf 4-jährige und ältere Zuchtstuten und Hengste. In Monterotondo waren für die morphometrischen Auswertungen nur Hengst-daten erhebbar. Generell ist anzumerken, daß die Datenstruktur bei den Hengsten wesentlich unbalancierter als bei den Stuten ist. So wurden z.B. in Beclean 4 Hengste, aus der Zucht von Piber aber 72 Hengste gemessen. Durch die stark unterschiedliche Nutzung und Haltung der Hengste kommen Umwelteffekte in einem viel stärkeren Ausmaß zum Tragen als bei den Stuten. So sind z.B. die Hengste der Spanischen Reitschule in Wien, die in Piber gezüchtet werden, Reitpferde auf höchstem Niveau. Sie sind von den Anforderungen her mit Pfer-den im Spitzensportbereich (S-Niveau) vergleichbar und deshalb mit einer dementsprechenden athletischen Körperausbildung ausgestattet sind. Ein Deckhengst aus Monterotondo ist bei der dort praktizierten Harems-haltung (10-15 Stuten/Hengst) auf großflächigen, extensiven Weiden naturgemäß ganz anders konditioniert.

Da nicht alle Meßpunkte einfach zu ertasten sind, ist eine Markierung ganz weniger Punkte vor dem Be-ginn der Messungen von großem Vorteil. In der Abbildung 1 sind diese 7 Meßpunkte dargestellt.

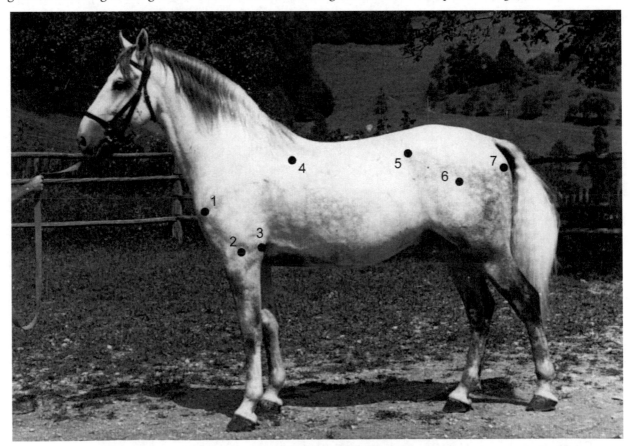

Abb. 1. Charakteristische Messpunkte (Foto Bundesgestüt Piber)

Die Meßpunkte sind das Buggelenk (1 – Bezeichnung auf der Abbildung), das Ellbogengelenk (2), der Ellbogenhöcker (3), der hintere Rand des Schulterblattes (4), der Hüfthöcker (5), das Hüftgelenk (6); genau die Pars cranialis des Trochanter majors (der große Umdreher) und schließlich noch der Mittelpunkt des Sitzbeinhöckers (7).

Um eine möglichst hohe Genauigkeit der Messungen zu gewährleisten wurden die Pferde von vertrauten Personen, also vom jeweiligen Stallpersonal, gehalten. Alle Pferde wurden von der linken Seite und ausnahmslos von derselben Person gemessen. Bei unruhigen Pferden wurde als Zwangsmaßnahme eine Nasenbremse angelegt. Auf eine Sedierung der Pferde wurde verzichtet, da Körpermessungen an sedierten Tieren starken Schwankungen unterworfen sind. Wenn es trotzdem zu Störungen des Meßprozesses kam, wurden die Daten nicht in die Auswertung aufgenommen. Die Genauigkeit der Messungen wurde durch Zweitmessungen überprüft.

2.2 Meßgeräte

Für die beschriebenen Messungen (auf 0,5 cm genau) wurden folgende Meßinstrumente verwendet:

1. Viehmeßstock (auch Lydtischer Stock genannt) zur Messung der 3 Höhenmaße.
2. Hippometer: Der Viehmeßstock wurde durch einen zweiten aufklappenden Arm als sogenanntes Hippometer verwendet. Mit diesem Zangenmaß wurden gerade Längenmaße gemessen.
3. Schublehre: Mit der Schublehre wurden kürzere, gerade Längenmaße gemessen.
4. Bandmaß: Mit dem Bandmaß, einem beschichteten und nicht dehnbahren Stoffband wurden Bandmaß, Brustumfang, Röhrbeinumfang vorne und hinten gemessen.
5. Inklinometer: Für alle Winkelmaße wurde ein Inklinometer (Genauigkeit: 1 Grad) verwendet. Dieses Gerät ermöglichte Gelenkswinkelmessungen zur Horizontalen und Vertikalen. In starrer Verbindung mit der Schiene einer Schublehre konnte dieses Gerät auch bei längeren Auflageflächen , z.B. dem Schulterwinkel, einfach angewendet werden.

2.3 Verwendete Meßpunkte und deren Beschreibung

Nach einem Meßprotokoll wurden in gleicher Reihenfolge wie bei der nachfolgenden Auflistung die angeführten Maße erhoben; diese Maße werden im folgenden auch kurz anatomisch beschrieben (in der Klammer das verwendete Meßgerät).

Längenmaße:
- Widerristhöhe (Meßstock):
  Lot des höchsten Punktes der Dornfortsätze der Brustwirbel zum Boden (später nur mehr als Widerrist bezeichnet)
  Rückenhöhe (Meßstock):
- Lot vom tiefsten Punkt des Rückens zum Boden
- Kreuzbeinhöhe (Meßstock):
  Lot vom höchsten Punkt des Kreuzbeins oder des Darmbeins zum Boden
- Rumpflänge (Hippometer):
  Körperlänge von der Bugspitze (Sternumspitze) bis zum hinteren Ende des Sitzbeinhöckers, horizontal gemessen
- Vorhandlänge (Hippometer):
  von der Bugspitze (Sternumspitze) horizontal bis zur senkrechten Verlängerung des Hinterrandes des Schulterblattes
- Mittelhandlänge (Hippometer):
  vom Hinterrand des Schulterblattes bis zum cranialen und dorsalen Punkt des Hüfthöckers
- Nachhandlänge (Hippometer):
  vom cranialen und dorsalen Punkt des Hüfthöckers bis zum hinteren Ende des Sitzbeinhöckers

- Brusttiefe (Hippometer):
  vom Widerrist bis zum Brustbein, vertikal gemessen
- Brustbreite (Hippometer):
  Abstand zwischen linken und rechten Humerus, Pars cranialis des Tuberculum majus humeri
- Hüftbreite (Hippometer):
  Abstand zwischen linken und rechten Hüfthöcker
- Hüftgelenksbreite (Hippometer):
  Abstand zwischen linken und rechten Trochanter major femoris, Pars cranialis
- Halslänge (Hippometer):
  vom Genickkamm (Crista nuchae) bis zum Widerrist bei normaler Kopfhöhe
- Schulterlänge (Hippometer):
  vom Widerrist bis zum Buggelenk, Tuberculum majus humeri
- Bandmaß (Maßband):
  vom Widerrist senkrecht zum Boden
- Brustumfang (Maßband):
  auf Höhe des Sattelgurtes möglichst vertikal gemessen
- Röhrbeinumfang vorne (Maßband):
  Umfang der dünnsten Stelle der Vorderröhre (Os metacarpale III)
- Röhrbeinumfang hinten (Maßband):
  Umfang der dünnsten Stelle der Hinterröhre (Os metatarsale III)
- Kopflänge (Schublehre):
  vom Genickkamm bis zum Alveolarrand der Schneidezähne I1 im Oberkiefer
- Ganaschenbreite (Schublehre):
  Abstand der Unterkieferäste am caudodistalen Rand des Unterkieferwinkels
- Oberarmlänge 1 (Schublehre):
  vom Tuberculum majus humeri bis zum distalen Rand des Epicondylus lateralis des Humerus
- Oberarmlänge 2 (Schublehre):
  vom Tuberculum majus humeri bis zum caudalen Rand des Tuber olecrani
- Unterarmlänge (Schublehre):
  vom proximalen lateralen Bandhöcker des Radius zum Processus styloideus ulnae des Radius
- Vorderröhrenlänge (Schublehre):
  vom lateralen Bandhöcker des Os metacarpale IV (Griffelbeinköpfchen) bis zur Mitte des Fesselgelenks
- Vorderfessellänge (Schublehre):
  von der Mitte des Fesselgelenks bis zum dorsalen Kronrand
- Oberschenkellänge (Schublehre):
  von der Pars cranialis des Trochanter majors bis zum Halbierungspunkt vom distalen Rand der Patella und dem proximalen Rand der Tibia
- Unterschenkellänge (Schublehre):
  vom Condylus lateralis der Tibia proximal bis zum Malleolus lateralis der Tibia distal
- Hinterröhrenlänge (Schublehre):
  vom lateralen Bandhöcker des Os metatarsale IV (Griffelbeinköpfchen) bis zur Mitte des Fesselgelenks
- Hinterfessellänge (Schublehre):
  von der Mitte des Fesselgelenks bis zum dorsalen Kronrand

Winkelmaße:
- Schulterwinkel (Inklinometer):
  Winkel zwischen Schulterblattgräte (Spina scapulae) und der Horizontalen
- Oberarmwinkel (Inklinometer):
  Winkel zwischen Horizontaler und Oberarm, Verbindungspunkte sind Pars cranialis des Tuberculum majus humeri und Epicondylus lateralis distal. Schulterwinkel und Oberarmwinkel zusammen ergeben den Schultergelenkswinkel

- Radialiswinkel (Inklinometer):
  Winkel zwischen Verbindungslinie des proximalen Bandhöckers des Radius mit dem Processus styloideus ulnae und der Horizontalen nach hinten
- Röhrbeinachse vorne (Inklinometer):
  Anlegen des Inkliometers ohne Schiene dorsal am Röhrbein
- Fesselwinkel vorne (Inklinometer):
  Anlegen des Inklinometers ohne Schiene dorsal am Fesselbein
- Hufwinkel vorne (Inklinometer):
  Anlegen des Inklinometers ohne Schiene an der dorsalen Hufwand
- Beckenachse (Inklinometer):
  Winkel zwischen der Verbindungslinie des dorsalen und cranialen Punktes des Hüfthöckers mit dem Mittelpunkt des Sitzbeinhöckers caudal und der Horizontalen
- Fesselwinkel hinten (Inklinometer):
  Anlegen des Inklinometers ohne Schiene dorsal am Fesselbein
- Hufwinkel hinten (Inklinometer):
  Anlegen des Inklinometers ohne Schiene an der dorsalen Hufwand

2.4 Statistische Methoden

2.4.1 Mittelwerte

Die Mittelwerte der einzelnen Meßmerkmale wurden nach Gestüten geordnet einer Varianzanalyse mit angeschlossenem paarweisen Mittelwertsvergleich (Bonferroni – Holm, Signifikanzniveau 0,05, siehe ESSL, 1987) unterzogen, um festzustellen ob signifikante Unterschiede in den Meßmerkmalen zwischen den Pferden der verschiedenen Gestüte auftraten.

2.4.2. Wiederholbarkeit

Die Schätzung der Wiederholbarkeit ermöglicht eine Aussage über die Zuverlässigkeit der Messungen. Dazu wurde der Effekt des Tieres als zufällig aufgefaßt. Die Wiederholbarkeit errechnete sich aus dem Anteil der Tiervarianz an der Gesamtvarianz.

2.4.3. Heritabilitäten

Der Schätzung der Heritabilitäten ermöglicht eine Aussage über die Erblichkeit der einzelnen Körpermaße.

Es wurde folgendes stochastisches Modell zugrundegelegt:

$$Y_{ijk} = \mu + Gestüt_i + Alter_j + a_k + e_{ijk}$$

wobei

$Y_{ijk} =$ Beobachtungswert
$Gestüt_i =$ fixer Effekt des Gestütes, i = 1, ..., 7
$Alter_j =$ fixer Effekt des Alters, j = 4, 5, ..., 14, 15+
$a_k =$ zufälliger Tiereffekt, i = 1, ..., 3290
$eijk =$ zufälliger Resteffekt

Die Varianz – Covarianz der Tiereffekte ist $A\sigma^2_a$ wobei A die Verwandtschaftsmatrix und σ^2_a die additiv genetische Varianz ist. Der gesamte verfügbare Pedigree der Tiere (teilweise mehr als 20 Generationen) wurde in die Schätzung mit einbezogen.

2.4.4. Multivariate Methoden - Diskriminanzanalyseprozeduren

Zur weiterführenden Analyse und Quantifizierung auftretender morphologischer Unterschiede zwischen den Gestüten wurden Prozeduren der Diskriminanzanalyse herangezogen (SAS Institute Inc., 1988). Damit kann man Daten mit einer Klassifikationsvariablen, in unserem Fall durch die Gestüte definiert und mehreren numerischen Variablen (Meßwerte), mit welchen die Klassen getrennt werden sollen, analysieren. Mit der Diskriminanzanalyse wird eine zur Trennung der Gruppen (Gestüte) optimale Funktion (Diskriminanzfunktion) der Variablenwerte (Meßwerte) erstellt und Unterschiede aufgrund der Kenntnis der Variablenwerte (Meßwerte) werden quantifiziert. Es wurde eine schrittweise und eine kanonische Diskriminanzanalyse durchgeführt. Bei der schrittweisen Diskriminanzanalyse werden Variablen sukzessiv in die Diskriminanzfunktion aufgenommen und so eine Aussage über die relative Bedeutung der Variablen bezüglich der Unterscheidung der Gestüte getroffen. Bei der kanonischen Diskriminanzanalyse werden Linearfunktionen (Trennfunktionen) erstellt, welche die Gruppen von Beobachtungen optimal trennen. Dazu wurde der gesamte Datensatz (37 Meßmerkmale) verwendet.

3. ERGEBNISSE UND DISKUSSION

3.1. Gestütsmittel

Die Schwierigkeit, eine ausreichend genaue Messung zu erhalten, liegt an mehreren möglichen Fehlerquellen. Nach einer anatomischen Einschulung können zwar die Messpunkte ertastet und markiert werden, jedoch bedingt durch die Größe der Knochenpunkte und die Verschieblichkeit der darüberliegenden Haut sind nicht immer gleiche Ergebnisse zu erzielen (BURCZYK, 1989). Der Einfluß des Pferdes auf den Messvorgang und damit auf den Messfehler ist wesentlich größer als der personenbezogene Messfehler. Es ist daher unbedingt wichtig, Pferde in ruhiger Umgebung und mit der nötigen Geduld und Zeit zu vermessen.

Die Exterieurbeurteilung von Pferden mittels Körpervermessung kann keine Bonitätsbeurteilung ersetzen, sondern nur als objektives Hilfsmittel dafür dienen. Der relativ geringe materielle Aufwand und der geringe Zeitaufwand rechtfertigen die Vermessung des ganzen Pferdekörpers jedoch.

Die Gestütsmittelwerte der einzelnen Messmerkmale sind nach Geschlecht getrennt in Tab. 2 (Stuten) und Tab.3 (Hengste) zusammengestellt. Durch eine Varianzanalyse mit angeschlossenen paarweisen Mittelwertsvergleichen sieht man, daß sich die Pferde der einzelnen Gestüte anhand der Einzelmessungen in sehr vielen Messmerkmalen signifikant unterscheiden.

3.1.1. Längenmaße

Die exakten paarweisen Gestütsmittelwertvergleiche finden sich in Tab. 2 und 3 . Unterschiedliche hochgestellte Buchstaben zeigen signifikante Unterschiede zwischen Gestüten an. Im Text werden exemplarisch nur die wichtigsten Unterschiede besprochen.

Die größte durchschnittliche Widerristhöhe wurde in Szilvásvárad ermittelt. Bei den Stuten unterschieden sich nur die Pferde aus Đakovo nicht signifikant von den Erstgenannten.Die anderen Gestüte inklusive Đakovo unterschieden sich nicht voneinander.

Bei den Hengsten unterschieden sich Piber und Szilvásvád signifikant, alle anderen Gestüte unterschieden sich nicht von diesen beiden und auch nicht untereinander.

Die Hengste unterschieden sich nicht signifikant in der Rückenhöhe, bei den Stuten gaben Szilvásvárad die obere und Lipica die untere Grenze an, ebenso bei der Kreuzbeinhöhe. Bei den Hengsten gab es signifikante Unterschiede, wobei der obere Wert von Đakovo repräsentiert wurde und der untere von Piber.

Bei der Rumpflänge (Stuten) unterschied sich Szilvásvárad (Maximumwert) von allen anderen, bei den Hengsten Topolčianky (Maximimwert) von allen anderen außer von Szilvásvárad.

Anhand dieser wenigen Maße sieht man bereits, daß sich die Pferde aus Szilvásvárad von den anderen meist deutlich unterscheiden. Hier werden die Lipizzaner erfolgreich für den Fahrsport gezüchtet, was großrahmigere Pferdetypen erfordert. Die Mittelwerte der Gestüte Lipica, Piber und Topolčianky sind sehr ähnlich. Die Messungen bestätigen den Lipizzaner als Pferd, das überwiegend im Rechteckmodell steht, das heißt die Rumpflänge ist um zumindest 1 cm größer als die Widerristhöhe. In allen Gestüten mit Ausnahme von Monterotondo sind die Mittelwerte des Widerristes 3-8 cm kleiner als die Mittelwerte der Rumpflänge. Nach BURCZYK (1989) bedeutet das für den Pferdekörper in Bewegung einen elastisch schwingenden Rücken und damit

Tab. 2. Gestütsmittelwerte und paarweiser Vergleich der morphometrischen Messungen – Stuten. Angabe der Längenmaße in cm und der Winkelmaße in Grad.

Merkmal	Gestüt							
	Beclean	Đakovo	Fogaras	Lipica	Piber	Szilvás-várad	Topol'-čianky	S_e^1
Widerristhöhe	153,7[a]	155,4[ab]	154,7[a]	153,2[a]	153,3[a]	156,8[b]	153,2[a]	3,61
Rückenhöhe	143,0[ad]	145,0[bcd]	144,9[bcd]	142,6[a]	143,9[ac]	146,2[b]	142,4[ad]	3,61
Kreuzbeinhöhe	152,5[ab]	153,7[bc]	154,2[b]	150,5[a]	151,8[ac]	154,2[b]	151,0[a]	3,71
Rumpflänge	160,9[ac]	160,8[ac]	159,4[ac]	158,5[c]	160,2[ac]	164,8[b]	161,6[a]	4,17
Vorhandlänge	35,3[a]	37,9[b]	36,4[a]	39,1[b]	38,8[b]	41,3[c]	38,6[b]	2,30
Mittelhandlänge	77,0[a]	73,1[bd]	74,8[ad]	68,4[c]	73,1[b]	74,4[bd]	73,7[bd]	3,52
Nachhandlänge	48,0[a]	50,3[de]	46,5[c]	51,1[bd]	48,8[a]	50,7[bd]	49,4[ae]	2,21
Brusttiefe	72,1[a]	74,1[bc]	72,1[a]	72,8[ac]	72,2[a]	74,9[bd]	73,5[acd]	2,48
Brustbreite	39,1[a]	42,4[bc]	38,5[a]	41,9[b]	41,2[b]	43,3[c]	41,2[b]	2,43
Hüftbreite	53,7[a]	53,7[a]	53,1[a]	53,1[a]	52,9[a]	56,3[b]	53,0[a]	2,16
Hüftgelenksbreite	48,9[a]	51,8[c]	49,9[a]	49,9[a]	53,0[b]	51,5[c]	52,5[bc]	2,23
Halslänge	67,9[a]	72,4[b]	68,5[a]	76,5[cd]	75,6[ce]	78,5[d]	73,9[be]	4,17
Schulterlänge	56,6[cd]	58,4[ad]	56,6[c]	57,8[ac]	58,4[a]	59,9[b]	58,2[ad]	2,43
Bandmaß	160,8[a]	164,7[bef]	163,8[cde]	162,1[ad]	162,5[ad]	165,4[be]	162,3[acf]	3,81
Brustumfang	178,9[a]	193,3[b]	181,6[a]	188,0[c]	190,1[bc]	189,3[c]	191,4[bc]	5,99
Röhrbeinumfang vorne	19,5[cd]	20,4[b]	19,6[c]	19,2[ac]	19,2[ad]	20,5[b]	19,5[ac]	3,39
Röhrbeinumfang hinten	22,1[ad]	22,9[b]	22,2[a]	21,6[cd]	21,4[c]	22,9[b]	22,0[ad]	0,80
Kopflänge	59,5	59,5	59,3	59,4	59,3	60,8	59,7	6,01
Ganaschen	14,8[a]	15,6[ab]	15,3[ab]	15,1[a]	16,1[b]	15,1[a]	15,6[ab]	2,31
Oberarmlänge 1	30,3[a]	31,9[c]	30,4[a]	28,5[b]	31,5[c]	30,5[a]	31,1[ac]	1,64
Oberarmlänge 2	37,6[ab]	38,0[bd]	37,3[ad]	35,7[c]	37,6[ad]	38,5[b]	37,0[a]	1,35
Unterarmlänge	40,0[a]	39,5[ab]	39,9[a]	39,1[ab]	38,6[b]	39,9[a]	39,1[ab]	1,57
Vorderröhrenlänge	24,3[a]	23,8[a]	24,3[a]	23,2[c]	24,1[a]	25,3[b]	23,9[a]	0,96
Fesselgelenk vorne	15,0[a]	14,8[ab]	14,6[ab]	14,4[b]	14,4[b]	14,5[ab]	14,9[a]	0,76
Oberschenkellänge	40,6[a]	40,4[a]	41,1[a]	40,9[a]	40,7[a]	42,1[b]	41,4[ab]	1,90
Unterschenkellänge	37,8[ac]	38,0[ac]	37,4[a]	36,8[a]	38,4[c]	39,8[b]	37,6[ac]	1,95
Hinterröhrenlänge	29,1[a]	28,6[a]	28,9[a]	27,7[b]	28,7[a]	28,8[a]	28,5[a]	1,17
Fesselgelenk hinten	15,3	15,1	14,8	14,7	14,9	14,9	15,1	0,79
Schulterwinkel	60,0[acd]	58,1[bd]	60,9[a]	57,6[b]	59,1[bc]	58,7[bd]	60,5[ac]	2,90
Oberarmwinkel	30,4	30,7	30,0	30,1	30,5	31,0	30,6	2,91
Radialiswinkel	91,3[a]	91,6[b]	91,2[a]	92,6[c]	92,4[c]	91,2[c]	92,4[b]	3,13
Röhrbeinachse	91,8[ab]	90,0[b]	92,0[ab]	92,3[ab]	91,9[ab]	92,4[a]	92,9[a]	3,55
Fesselwinkel vorne	59,6[a]	61,9[a]	62,7[a]	67,4[b]	62,8[a]	63,0[a]	62,6[a]	5,37
Hufwinkel vorne	55,0	53,1	53,2	52,7	53,8	53,7	53,8	4,12
Fesselwinkel hinten	59,3[ab]	57,8[a]	58,5[a]	62,3[b]	57,6[a]	59,4[ab]	55,2[a]	6,21
Hufwinkel hinten	55,5[ac]	51,8[bde]	55,5[a]	51,5[bd]	53,1[cd]	54,0[ace]	54,8[ac]	4,11
Beckenachse	15,8[c]	12,9[a]	16,3[c]	10,9[b]	12,1[ab]	11,2[b]	13,2[a]	2,94

1, Residualstandardabweichung

auch einen korrekt sitzenden und einwirkenden Reiter. Wenn die Länge des Rumpfes beim rechteckigen Pferdetypus zu lang wird, fällt es dem Pferd schwerer unter den Schwerpunkt zu treten und sich zu versammeln, was für schwierige Dressurlektionen Voraussetzung ist. Für den Fahrsport ist eine solche Merkmalsausprägung allerdings akzeptabel. Die Lipizzaner sind in keinem der in die Untersuchung aufgenommenen Gestüten überbaut, das heißt in allen Gestüten sind die Mittelwerte der Widerristhöhe zumindest gleich groß oder größer als die Kreuzbeinhöhe. Für eine entsprechende Versammlung in der Dressurarbeit ist diese Ausprägung eine unbedingte Voraussetzung.

Obwohl die Hengste von Lipica und Monterotondo in der Widerristhöhe nicht stark von den anderen Gestüten abwichen, fällt eine relativ kurze Mittelhandlänge in diesen beiden Gestüten auf. Bei den Stuten in Lipica

Tab. 3. Gestütsmittelwerte und paarweiser Vergleich der morphometrischen Messungen – Hengste. Angabe der Längenmaße in cm und der Winkelmaße in Grad.

Merkmal	Beclean	Đakovo	Fogaras	Lipica	Monte-rotondo	Piber	Szilvás-várad	Topol'-čianky	S_e
Widerristhöhe	156,3[ab]	156,5[ab]	156,8[ab]	155,1[ab]	154,2[ab]	153,6[b]	158,2[a]	156,8[ab]	3,50
Rückenhöhe	144,4	146,1	145,9	144,4	144,9	144,0	147,5	145,7	3,64
Kreuzbeinhöhe	154,3[ab]	156,2[a]	154,3[ab]	153,0[ab]	154,3[ab]	152,3[b]	156,1[a]	154,4[ab]	3,62
Rumpflänge	161,1[abcd]	161,1[acd]	159,5[abcd]	157,5[db]	155,2[b]	158,4[c]	163,1[ac]	165,2[a]	4,33
Vorhandlänge	37,6[ab]	39,1[ab]	38,2[b]	38,9[b]	39,1[ab]	39,0[b]	41,8[a]	39,9[ab]	2,27
Mittelhandlänge	70,8[ab]	71,2[a]	70,4[ab]	66,4[b]	66,3[b]	71,6[a]	68,6[ab]	74,1[a]	3,70
Nachhandlänge	50,5[abc]	49,9[abc]	48,5[ab]	51,6[c]	47,5[ab]	48,4[ab]	51,5[c]	49,9[abc]	2,39
Brusttiefe	72,5	73,3	72,7	72,7	71,9	71,4	73,8	73,4	2,09
Brustbreite	42,9[abc]	44,7[ac]	42,6[abc]	45,4[a]	40,2[b]	42,7[c]	45,8[ac]	44,4[ac]	2,86
Hüftbreite	51,4[abc]	51,7[a]	51,1[ac]	52,1[ab]	48,8[c]	51,0[a]	54,3[b]	51,1[ac]	1,88
Hüftgelenksbreite	49,3[ac]	51,4[ab]	50,7[abc]	49,8[ac]	48,6[c]	52,6[b]	51,1[abc]	52,3[a]	1,94
Halslänge	74,3[bcd]	73,1[c]	76,3[abcd]	76,3[cd]	67,9[b]	77,6[d]	82,1[ad]	79,0[acd]	4,33
Schulterlänge	59,9[ab]	59,0[ab]	61,2[a]	59,1[ab]	58,1[b]	59,5[ab]	59,6[ab]	62,5[a]	2,26
Bandmaß	164,8[abc]	166,7[ac]	167,9[a]	164,5[abc]	162,9[c]	163,0[bc]	167,3[ac]	166,6[abc]	3,60
Brustumfang	181,9[b]	191,3[c]	189,7[ac]	187,5[ac]	180,3[b]	185,0[a]	187,4[ac]	191,5[c]	4,86
Röhrbeinumfang vo.	20,4[cd]	20,9[de]	20,7[de]	20,4[cd]	20,2[cd]	20,0[bce]	21,5[ade]	21,0[acd]	0,60
Röhrbeinumfang hi.	22,9[abc]	23,3[c]	22,6[bc]	22,4[b]	22,1[b]	22,4[b]	23,9[ac]	23,3[abc]	0,77
Kopflänge	60,1	60,2	60,6	59,3	59,2	59,7	60,7	59,8	1,59
Ganaschen	16,0[ab]	16,5[ab]	15,9[ab]	16,4[ab]	16,3[ab]	16,7[b]	15,7[a]	16,3[ab]	0,85
Oberarmlänge 1	32,5	32,7	31,3	32,5	31,4	32,6	31,4	33,1	1,37
Oberarmlänge 2	38,1	39,0	37,7	38,0	37,8	38,8	38,9	39,3	1,45
Unterarmlänge	40,3[ab]	40,3[b]	39,8[ab]	39,2[ab]	38,9[ab]	38,9[a]	40,3[ab]	40,4[ab]	1,42
Vorderröhrenlänge	24,6[bde]	24,4[ab]	24,2[abe]	23,3[e]	24,6[bd]	24,2[abc]	25,6[d]	25,0[acd]	0,88
Fesselgelenk vorne	15,4	15,4	15,6	15,0	15,3	15,2	14,8	14,7	0,73
Oberschenkellänge	42,8	42,4	40,9	41,5	40,9	41,8	42,9	43,4	1,65
Unterschenkellänge	39,5[a]	39,1[a]	37,8[ab]	36,6[b]	38,3[a]	38,9[a]	39,3[a]	39,4[a]	1,38
Hinterröhrenlänge	30,0[a]	29,5[a]	28,8[ab]	28,0[b]	29,4[a]	28,8[a]	29,0[ab]	29,6[a]	0,99
Fesselgelenk hinten	16,1	15,5	15,8	15,2	15,6	15,3	14,9	15,6	0,85
Schulterwinkel	57,3[abc]	56,2[b]	60,6[c]	58,3[abc]	56,5[b]	58,7[ac]	58,5[abc]	60,4[ac]	2,28
Oberarmwinkel	31,5[ab]	31,4[ab]	29,0[a]	29,2[a]	33,8[b]	30,0[a]	32,5[ab]	28,8[a]	2,93
Radialiswinkel	91,3	91,5	91,7	92,1	92,9	91,7	90,6	92,6	2,81
Röhrbeinachse	92,3	91,9	93,4	92,6	91,9	92,1	91,8	93,0	2,64
Fesselwinkel vorne	59,5	62,8	61,6	62,2	65,2	64,9	63,6	63,4	5,77
Hufwinkel vorne	51,8[acd]	51,6[acd]	49,9[d]	54,7[c]	52,1[acd]	57,9[b]	52,3[acd]	52,0[acd]	3,82
Fesselwinkel hinten	55,3[abc]	56,7[bc]	58,0[abc]	61,8[abcd]	64,5[d]	58,5[c]	63,8[acd]	58,6[abcd]	3,29
Hufwinkel hinten	55,3[ab]	51,4[b]	54,1[ab]	57,0[a]	54,8[ab]	56,7[a]	53,8[ab]	57,0[a]	3,29
Beckenachse	12,5[ab]	11,6[ab]	13,6[ab]	11,2[a]	14,2[b]	12,4[ab]	10,3[a]	10,6[ab]	2,41

1, Residualstandardabweichung

wurde dieses Ergebnis bestätigt. In Lipica und Monterotondo waren die insgesamt kürzesten Lipizzaner, wobei die Unterschiede in den anderen beiden Längenmaßen Vorhandlänge und Nachhandlänge nicht auffallend waren. Für größten Raumgriff, der beim Fahrsport erforderlich ist, hatten die ungarischen Lipizzaner die mit Abstand längste Vorhandlänge. Die Maße Brusttiefe, Brustbreite und Hüftbreite korrelierten mit der Größe der Pferde und zeigten keine nennenswerten Besonderheiten. Die Hüftgelenksbreite, gemessen über mehr oder weniger starken Muskeln, zeigte in Piber die größten Werte, was auch für eine ausreichende Bewegung der Zuchtstuten spricht. In Piber wird auch durch eine entsprechende Aufzucht (Alpung - Weiden in Gebirgsgebieten mit zum Teil steilem Gelände, die aufgrund ihrer Exponiertheit und der Kürze der Vegetationsperiode nur im Sommer bewirtschaftet werden können und auf einer Seehöhe um die 1600 m liegen) der Jungpferde eine athletische Grundausbildung bewirkt und damit auch eine entsprechend stark ausgeprägte Glutealmuskulatur.

Kopf und Hals sind für den Bewegungsablauf, bzw. die Balance des Pferdes von großer Bedeutung. Der Kopf spielt bei der Typbeurteilung eine wichtige Rolle. Interessanterweise traten bei der Kopflänge keine signifikanten Unterschiede zwischen den Gestüten auf. Beim Lipizzaner wünscht man sich einen hoch aufgesetzten gebogenen Hals. Um allerdings nicht den Schwerpunkt durch einen zu großen Kopf zu weit nach vorne zu verlagern, sollten die Werte nicht zu extrem ausfallen. In der Halslänge unterschieden sich die Gestüte sehr stark. Interessanterweise haben die Pferde der Gestüte Lipica, Piber und Topolčianky nach Szilvásvárad die längsten Hälse, obwohl sie im Rahmen eher kleiner sind als die Pferde der anderen Gestüte. Die Hengste aus Monterotondo, bzw. die Stuten aus Rumänien fielen durch kurze Hälse auf. Bedingt durch verschiedene Haltungsformen und Ernährungsweisen waren die Mittelwerte des Brustumfanges der rumänischen und auch der italienischen Pferde wesentlich geringer.

Wenig aussagen läßt sich aus den Längenmaßen der Extremitäten. Diese Maße verhalten sich proportional zur Körpergröße, wobei aus den Mittelwerten keine Rückschlüsse auf spezifische Unterschiede zwischen den Gestüten zu ziehen sind.

3.1.2. Winkelmaße

Die Schulterwinkel und Oberarmwinkel verhielten sich bei allen Gestüten annähernd gleich. Es sind hier aus der Aufstellung der Mittelwerte bei den Stuten lediglich Đakovo und Szilvásvárad mit eher flacheren Schultern zu erwähnen. Bei den Hengsten hatten Beclean, Đakovo und Monterotondo flache Schulterwinkel. Die Summe der beiden Winkel ergab aber immer einen Wert um 90°. Der Wert des Radialiswinkels war ebenfalls sehr ausgeglichen. Es ist zu erwähnen, daß dieser Wert von 90° nach oben abwich, jedoch nie nach unten. Genauso verhielt sich die Röhrbeinachse. Bei der Messung der Fesselwinkel sind die Messschwierigkeiten zu bedenken. In kurzen Momenten der Gewichtsverlagerung der Pferde ändert sich auch der Winkel der Fesselgelenke. Bei unruhigen Pferden sind diese Winkel, besonders der hinteren Extremitäten, nur unter Berücksichtigung dieser Schwierigkeiten beim Messen zu sehen.

3.2 Wiederholbarkeiten

Um den Einfluß der angesprochenen Schwierigkeiten beim Messen, bzw. den Einfluß der Messperson festzustellen wurden in den einzelnen Gestüten etwa 20% (100 Tiere) der Pferde doppelt vermessen. Die Wiederholungsmessungen wurden nach Möglichkeit zumindest einen Tag nach der Erstmessung durchgeführt um sicherzustellen, daß die Meßperson nicht mehr durch die Ergebnisse der ersten Messung unbewußt beeinflußt wurde. Auf diesen wichtigen Aspekt wies schon Weber (1957) hin. Die Wiederholbarkeiten (siehe Tab. 4) geben die Unterschiede in Bezug auf die Meßgenauigkeit der einzelnen Merkmale sehr gut wieder. Die Wiederholbarkeit ist bei den häufigst abgenommenen Messwerten bei Pferden zum Teil sehr hoch (Widerristhöhe 0,95, Röhrbeinumfang 0,95). Beim Brustumfang ist sie mit 0,45 jedoch im niedrigen bis mittleren Bereich. Generell zeichnen sich einfache Längenmaße durch eine hohe Wiederholbarkeit aus; je stärker jedoch leichte Unterschiede in der Körperhaltung der Pferde auftreten können, desto mehr sinkt die Wiederholbarkeit, wie z.B. bei der Halslänge (0,58). Die Werte bei den Winkelmaßen bewegen sich von 0,33 (Radialiswinkel und Fesselwinkel vorne) bis zu 0,86 (Beckenachse). Die hohen Werte für die Hufwinkel (vorne 0,70 und 0,81 hinten) sind durch die feste Struktur der Hufwand bedingt. Der Wert für die Beckenachse ist mit einem Wert von 0,86 erstaunlich hoch, da hier ein korrektes Aufstellen der Tiere besonders wichtig ist. Winkelmessungen sind generell durch eine niedrigere Wiederholbarkeit gekennzeichnet.

Die Wiederholbarkeiten scheinen insgesamt recht hoch, da Werte um 0,1, wie sie Grundler und Pirchner (1991) für Hals, Ganaschen und Schulter feststellten, nicht auftraten. Auch die von Averdunk et al. (1970) ermittelten Wiederholbarkeiten von Messungen bei Kühen (Widerristhöhe, Mittelhandmaß) sind etwas niedriger, der Wert für den Brustumfang jedoch deutlich höher.

Tab. 4. Wiederholbarkeiten (w) und Heritabilitäten (h^2) von Körpermaßen und deren
Standardabweichungen (s_h^2)

Merkmal	n	w	h^2	s_h^2
Widerristhöhe	368	0,95	0,52	0,11
Rückenhöhe	368	0,94	0,39	0,12
Kreuzbeinhöhe	368	0,94	0,15	0,10
Rumpflänge	368	0,91	0,29	0,11
Vorhandlänge	368	0,73	0,00	-
Mittelhandlänge	368	0,77	0,06	0,13
Nachhandlänge	368	0,81	0,29	0,12
Brusttiefe	368	0,78	0,24	0,11
Brustbreite	368	0,87	0,36	0,10
Hüftbreite	368	0,89	0,31	0,11
Hüftgelenksbreite	368	0,82	0,00	–
Halslänge	367	0,58	0,05	0,09
Schulterlänge	368	0,74	0,00	–
Bandmaß	368	0,91	0,37	0,12
Brustumfang	368	0,45	0,26	0,09
Röhrbeinumfang vorn	366	0,95	0,52	0,10
Röhrbeinumfang hinten	365	0,93	0,36	0,10
Kopflänge	365	0,24	0,15	0,08
Ganaschen	366	0,78	0,00	–
Oberarmlänge 1	368	0,48	0,04	0,08
Oberarmlänge 2	368	0,69	0,00	–
Unterarmlänge	368	0,72	0,51	0,13
Vorderröhrenlänge	368	0,43	0,00	–
Fesselgelenk vorne	368	0,62	0,26	0,11
Oberschenkellänge	368	0,70	0,19	0,13
Unterschenkellänge	368	0,57	0,27	0,11
Hinterröhrenlänge	368	0,62	0,09	0,10
Fesselgelenk hinten	368	0,56	0,55	0,10
Schulterwinkel	368	0,47	0	–
Oberarmwinkel	362	0,35	0,14	0,09
Radialiswinkel	366	0,33	0	–
Röhrbeinachse	366	0,38	0,42	0,10
Fesselwinkel vorne	365	0,33	0,14	0,10
Hufwinkel vorne	366	0,70	0,36	0,10
Fesselwinkel hinten	362	0,53	0,18	0,10
Hufwinkel hinten	362	0,81	0,11	0,09
Beckenachse	368	0,86	0,16	0,11

3.3 Heritabilitäten

Für die Schätzung der Heritabilitäten wurde nur der besser balancierte Datensatz der Stuten herangezogen. Dadurch ergibt sich ein Datenumfang, je nach Merkmal, von 362 bis 368 Tieren. Die verwendeten Pedigrees sind sehr lang (bis zu 25 Generationen).

Die Schätzung der Heritabilitäten erbrachte die in Tab. 4 dargestellten Ergebnisse. Es wurden niedere bis mittlere geschätzte Heritabilitäten gefunden, welche meist im Bereich der Literaturangaben liegen. Der Wert für die Widerristhöhe war mit 0,52 hoch. Butler-Wemken (1990) schätzte 0,26. Der Wert für den Brustumfang war mit 0,26 beinahe ident mit dem von Butler-Wemken (1990) ermittelten Wert von 0,25. Casanova (1996) schätzten bei Rindern die Heritabilität des Brustumfanges auf 0,28. Der Wert für die Brustbreite war in der vorliegenden Arbeit wesentlich größer als der von KÜHL et.al (1994) gefundene Wert von 0,15, bzw. auch größer als der von Brotherstone et.al. (1990) bei Rindern ermittelte Wert von 0,26. Die Werte für den Röhrbeinumfang stimmten mit den in der Literatur gefundenen Werten überein (Butler-Wemken 1990; 0,45). Für die Kopf- (0,36 - 0,40) und die Halslänge fanden Weymann und Glodek (1993) wesentlich höhere Werte. Der Wert für die Beckenachse stellte die untere Grenze der in der Literatur gefundenen Angaben dar. Laschtowiczka (1993) errechnete anhand von 2494 Fleckviehkühen einen ähnlichen Wert (0,17).

Es ist jedoch anzumerken, daß die hier geschätzten Werte eine gewisse Inkonzistenz aufweisen, und daher nicht überbewertet werden sollen. Das geht aus den extrem hohen Schwankungen zwischen den hochkorrelierten Werten Widerristhöhe, Rückenhöhe und Kreuzbeinhöhe hervor, die sehr hohe, mittlere, bzw. niedere Schätzwerte für diese Merkmale repräsentieren. Wie bereits erwähnt, war der Datensatz relativ klein.

3.4. Multivariate Auswertungen – Stufenweise und Kanonische Diskriminanzanalyse

3.4.1. Stuten

Tabelle 5 zeigt das Ergebnis der stufenweise Diskriminanzanalyse, gereiht nach den 20 aussagekräftigsten Merkmalen.

Die Gestüte unterschieden sich demnach am stärksten durch die Halslänge, am zweitstärksten durch den Röhrbeinumfang vorne unter Berücksichtigung der Halslänge u.s.w. Das Ergebnis läßt einen Diskussionsspielraum, nämlich inwieweit diese Unterschiede von hippologischer Bedeutung sind, bzw. ob sich unterschiedliche Zuchtziele oder das Haltungsregime auswirkten.

Tab. 5. Schrittweise Diskriminanzanalyse - Stuten (Standardisierte Gestütsmittel, bezogen auf die mittlere Standardabweichung innerhalb von Gestüten)

Merkmal	Gestüt						
	Beclean	Ðakovo	Fogaras	Lipica	Piber	Szilvásvárad	Topolčianky
Halslänge	−1,39	−0,31	−1,23	0,67	0,46	1,12	0,04
Röhrbeinumfang vorne	−0,35	0.99	−0,16	−0,71	−0,80	1,27	−0,37
Brustumfang	−1,44	0,94	−1,02	0,10	0,40	0,28	0,63
Vorhandlänge	−1,37	−0,26	−0,89	0,22	0,18	1,24	0,08
Oberarmlänge 1	−0,21	0,74	−0,18	−1,27	0,50	−0,11	0,24
Vorderröhrenlänge	0,07	−0,45	0,02	−1,08	−0,11	1,16	−0,37
Nachhand	−0,50	0,61	−1,18	0,87	−0,15	0,75	0,14
Bandmaß	−0,67	0,35	0,10	−0,32	−0,23	0,53	−0,28
Hüftgelenksbreite	−1,06	0,27	−0,65	−0,60	0,78	0,10	0,56
Hüftbreite	−0,05	−0,01	−0,29	−0,29	−0,40	1,17	−0,37
Fessellänge vorne	0,59	0,26	−0,01	−0,32	−0,27	−0,08	0,42
Rumpflänge	−0,01	−0,03	−0,37	−0,58	−0,21	0,92	0,15
Schulterwinkel	0,21	−0,40	0,57	−0,57	−0,11	−0,25	0,40
Fesselwinkel vorne	−0,64	−0,22	−0,02	0,81	−0,04	0,00	−0,08
Kopflänge	−0,03	−0,02	−0,13	−0,10	−0,54	0,75	0,12
Unterschenkellänge	−0,16	−0,05	−0,38	−0,68	0,15	0,87	−0,27
Beckenachse	0,91	−0,10	1,07	−0,75	−0,34	−0,65	0,01
Röhrbeinumfang hinten	−0,04	0,90	0,14	−0,70	−0,96	0,92	−0,12
Rückenhöhe	−0,34	0,20	0,15	−0,46	−0,12	0,53	−0,53
Oberarmlänge 2	0,11	0,36	−0,10	−1,30	0,02	0,76	−0,30

So spielte zum Beispiel nach Schwark (1984) der Hals in der Exterieurbeurteilung eine wichtige Rolle, da er in Verbindung mit dem Nackenapparat als Hebel wirkt und die Spannung des Rückens sowie die Entlastung der Hinterhand bewirkt. Mit zunehmender Halslänge ist bei Sprung- und Dressurpferden ein kontinuierlicher Leistungsanstieg zu erkennen. Nach dem Ergebnis der stufenweisen Diskriminanzanlyse haben die rumänischen Lipizzaner wesentlich kürzere Hälse.

Beim Röhrbeinumfang vorne (der ein Maß für die Knochenstärke ist) traten ebenfalls aussagekräftige Unterschiede auf, welche auch für die Typdiskussion von Interesse sind, denn im allgemeinen haben edlere Pferde feinere Extremitäten. Die Pferde aus Szilvásvárad und Đakovo wiesen überdurchschnittliche Röhrbeinumfänge auf, während Pferde aus Lipica und Piber in diesem Merkmal im Mittel rund zwei Standardabweichungen unter den vorgenannten Gestüten lagen.

Da der Begriff "Typ" in diesem Buch mehrmals verwendet wird, soll er kurz erörtert werden (siehe auch Kap. 7). Nach Brem und Kräusslich (1998) ist die Typbeurteilung beim Pferd nach wie vor von großer Bedeutung. Unter Typ versteht man die Zusammenfassung der für eine Rasse oder Nutzungsrichtung gewünschten Eigenschaften und Charakteristika. Der Typ ist objektiv nicht eindeutig festzustellen, sondern er hebt relative Unterschiede zwischen Pferden, oder z.B. Zuchtrichtungen heraus. Da die Erscheinungsformen des Körpers wesentlich den Typ bedingen sind Auswertungen, die den ganzen Pferdekörper umfassend beschreiben für die Typbeurteilung von Bedeutung. Der Typ trägt dem in den Zuchtzielen geforderten Merkmalen (Exterieur, Leistung) Rechnung. In der klassischen Lipizzanerzucht wäre das der Typ des „Barocken Pferdes" mit der Eignung für die klassische Reitkunst.

Der Brustumfang ist ein Maß für die Geräumigkeit, Breite und Tiefe des Brustkorbes und steht damit in Verbindung mit der Kapazität der inneren Organe wie Herz und Lunge. Es ist jedoch zu beachten, daß hier Haltungs- und Aufzuchtbedingungen (vor allem bei der Fütterung) eine Rolle spielen. Es ist durchaus denkbar, daß die negativen Abweichungen der rumänischen Lipizzaner auf solche Bedingungen zurückzuführen sind. Ein interessanter Aspekt bei der Unterscheidung der Gestüte nach den verschiedenen Messmerkmalen ist, daß das erste Höhenmaß, mit dem Bandmaß, an achter Stelle auftritt, während z.B. der Widerrist nicht unter den 20 wichtigsten Maßen aufscheint. Das kann jedoch durch die hohe Korrelation von 0,87 zwischen diesen beiden Merkmalen erklärt werden (wenig zusätzliche Information durch die Widerristhöhe).

Die kanonische Diskriminanzanalyse brachte das in Abb.2 gezeigte Ergebnis. Durch die erste kanonische Variable kommt es zur Trennung der rumänischen (Beclean und Fogaras) von den anderen Gestüten. Mit der zweiten kanonischen Variablen wird Szilvásvárad von den restlichen Gestüten abgetrennt. Die dritte kanonische Variable, die aus graphischen Gründen nicht mehr dargestellt ist, trennt Lipica von Đakovo, Piber und Topol`cianky. Die vierte kanoniche Variable trennt Đakovo von Piber und Topolčianky.

Weiters wurde im Rahmen der kanonischen Diskriminanzanalyse eine Schätzung der Mahalanobis-Distanzen vorgenommen, wodurch man die Ähnlichkeit bzw. Unähnlichkeit zwischen Gestüten paarweise feststellen kann. Die Ergebnisse der Mahalanobis-Distanzen finden sich in Tabelle 6.

Tab. 6. Mahalanobis- Distanzen zwischen Gestüten – Stuten

Gestüt	Beclean	Đakov	Fogaras	Lipica	Piber	Szilvásvárad	Topol'čianky
Beclean	0	–	–	–	–	–	–
Đakovo	19,14	0	–	–	–	–	–
Fogaras	6,85	17,60	0	–	–	–	–
Lipica	36,23	19,60	32,85	0	–	–	–
Piber	27,72	12,06	24,88	19,96	0	–	–
Szilvàsvàrad	27,43	19,86	28,85	21,51	19,62	0	–
Topol'cianky	16,49	9,49	16,41	18,74	6,54	21,15	0

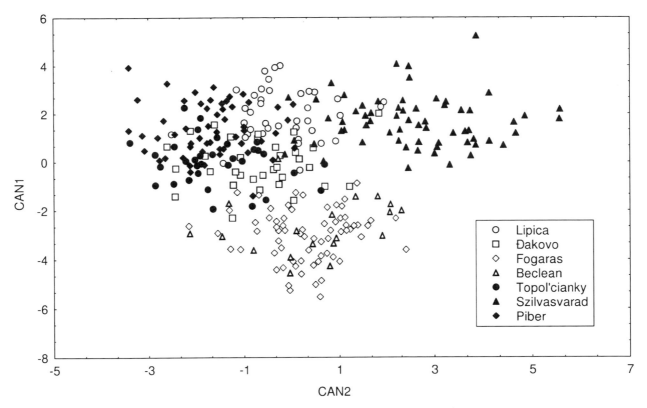

Abb. 2. Kanonische Diskriminanzanalyse – Stuten. (1. und 2. kanonische Variable, can1, can2) (Graphik Zechner)

Es kann festgestellt werden, daß sich die Stuten der einzelnen Gestüte im Gesamttyp (alle Messmerkmale einbezogen) signifikant unterschieden. Alle P-Werte für Distanzen waren kleiner als 0,001 (auch nach Korrektur für multiple Tests nach Bonferroni-Holm, ESSL, 1987). Die Gestüte Piber und Topol'cianky wiesen auf Grund der 37 Messmerkmale die geringste Distanz auf, gefolgt von den beiden rumänischen Gestüten Die größte Distanz aufgrund morphometrischer Messungen trat zwischen den Gestüten Lipica und Beclean auf.

3.4.2. Hengste

Das Ergebnis der schrittweisen Diskriminanzanalyse war bei den Hengsten (Tab. 7) weniger aussagekräftig als bei den Stuten, da wie bereits in der Einleitung erwähnt, größere Umwelteinflüße wirkten.

Das wurde bereits am wichtigsten Merkmal zur Trennung der Gestüte ersichtlich, der Hüftgelenksbreite (Distanz der beiden Trochanter major). Sie war stark umweltbeeinflußt, da die Messpunkte bei entsprechend trainierten Pferden durch starke Muskelpakete überlagert wurden und dadurch eine Beeinflußung der Messwerte gegeben war. Die drei wichtigsten Merkmale zur Trennung der Stuten (Halslänge, Röhrbeinumfang vorne, Brustumfang) waren aber auch bei den Hengsten unter den sechs wichtigsten Merkmalen zur Trennung der Gestüte. Es kam zu ähnlichen Unterschieden in Standardabweichungen ausgedrückt wie bei den Stuten. Zum Teil noch größere Unterschiede entstanden durch die Hereinnahme der Hengste aus Monterotondo, deren Werte den Schluß zulassen, daß erhebliche Unterschiede zu Hengsten anderer Gestüte bestanden, bzw. ein anderer Pferdetyp vorlag.

Anhand dieser Messungen waren diese Pferde generell mit weniger Kaliber ausgestattet. Bei weiterführenden Auswertungen ergaben sich auch Unterschiede im Format, bzw. Modell (Verhältnis von Widerrist : Rumpflänge) der Tiere. Während die Hengste der anderen Gestüte sich überwiegend im Rechteckformat befanden, waren die Hengste aus Monterotondo im Quadratpferdemodell. Da nach Pedigreeanalysen kein größerer Einfluß arabischer Pferde als in anderen Gestüten festgestellt wurde, könnte eine Selektion nach klassischer Kavallerietradition, oder auch zufällige Wirkungen (Erhaltungszucht) zu diesen Unterschieden im Modell ge-

Tab. 7. Schrittweise Diskriminanzanalyse – Hengste (Standardisierte Gestütsmittel, bezogen auf Mittlere Standardabweichung innerhalb von Gestüten)

Merkmal:	Beclean	Đakovo	Fogaras	Lipica	Monte-rodondo	Piber	Szilvás-várad	Topol'-čianky
Hüftgelenkbreite	−1,11	0,03	−0,38	−0,88	−1,71	0,60	−0,18	0,46
Brustumfang	−0,85	1,16	0,76	0,31	−1,37	−0,22	0,29	1,13
Hüftbreite	0,10	0,31	−0,07	0,45	−1,36	−0,12	1,66	−0,45
Vorderröhrenlänge	0,42	0,11	−0,09	−1,02	0,24	−0,06	1,56	0,85
Halslänge	−0,49	−0,72	−0,03	−0,04	−1,86	0,30	1.32	0,60
Röhrbeinumfang vorne	0,05	1,02	0,53	0,11	−0,36	−0,52	1,90	1,08
Mittelhand	0,14	0,22	0,06	−1,05	−1,29	0,40	−0,45	1,05
Kreuzbeinhöhe	0,27	0,74	0,27	−0,12	0,20	−0,30	0,79	0,31
Unterschenkellänge	0,67	0,39	−0,57	−1,42	−0,32	0,26	0,49	0,60
Hufwinkel vorne	−0,95	−0,88	−1,44	−0,12	−0,64	0,70	−0,81	−0,88
Nachhand	0,57	0,38	−0,27	1,05	−0,86	−0,31	0,98	0,32
Schulterlänge	0,15	−0,23	0,73	−0,19	−0,52	−0,02	0,03	1,32
Schulterwinkel	−0,49	−0,94	0,96	−0,06	−0,60	0,12	0,06	0,90
Oberarmlänge 1	0,15	0,32	−0,75	0,11	−0,77	0,16	−0,63	0,59
Fesselwinkel hinten	−0,86	−0,61	−0,30	0,43	1.04	−0,17	0,88	−0,17
Fesselwinkel vorne	−0,75	−0,20	−0,40	−0,30	0,26	0,17	−0,05	−0,08
Bandmass	0,19	0,73	1,11	0,11	−0,60	−0,37	0,93	0,72
Hinterröhrenlänge	1,17	0,65	−0,04	−0,91	0,26	−0,08	0,13	0,76
Oberschenkellänge	0,60	0,33	−0,50	−0,20	−0,66	−0,02	0,71	0,99
Brustbreite	−0,12	0,53	−0,21	0,74	−1,19	−0,17	0,88	0,41

führt haben. Nach LÖWE (1988) steht das arabische Pferd für das Quadratpferdemodell, bzw. wurden für militärische Zwecke Quadratpferdetypen aufgrund ihrer größeren Tragfähigkeit und Ausdauer bevorzugt.

Das Ergebnis der kanonischen Diskriminanzanalyse der Hengste (Abb. 3) ergab ein anderes Bild als bei den Stuten. Durch die erste kanonische Variable kam es zur Abtrennung der Hengste aus Piber von den übrigen Hengsten. Die zweite kanonische Variable trennte die in sich sehr homogene Gruppe aus Monterotondo von den übrigen Gestüten. Die dritte kanonische Variable trennte Szilvasvárád von Fogaras und diese beiden Gestüte von allen anderen, die vierte Đakovo und Topolčianky von den restlichen Gestüten.

Bei den Mahalanobis Distanzen - Hengste zwischen Gestüten (Tab.8), kann man grundsätzlich die gleichen Aussagen treffen wie bei den Stuten: Die Hengste der einzelnen Gestüte unterschieden sich im Gesamttyp (alle Meßmerkmale einbezogen) signifikant. Alle P-Werte für Distanzen waren kleiner als 0,001 (auch nach Korrektur für multiple Tests nach Bonferroni-Holm).

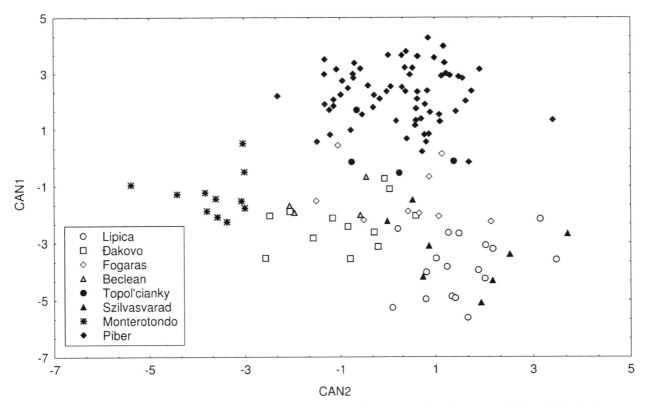

Abb. 3. Ergebnis der kanonischen Diskriminanzanalyse – Hengste (1. und 2. kanonische Variable, can1, can2) (Graphik Zechner)

Tab. 8. Mahalanobis – Distanzen zwischen Gestüten – Hengste

Gestüt	Beclean	Đakovo	Fogaras	Lipica	Monte-rodondo	Piber	Szilvás-várad	Topoľ-čianky
Beclean	0	–	–	–	–	–	–	–
Đakovo	23,18	0	–	–	–	–	–	–
Fogaras	33,83	28,53	0	–	–	–	–	–
Lipica	34,37	24,92	30,59	0	–	–	–	–
Monterotondo	29,33	27,99	39,91	36,88	0	–	–	–
Piber	32,58	31,22	31,24	42,06	32,13	0	–	–
Szilvàsvàrad	45,86	38,11	56,37	34,31	48,79	51,39	0	–
Topoľčianky	27,02	24,83	30,06	41,10	38,86	21,37	45,29	0

Anhand dieser Ergebnisse sieht man, daß die größten Distanzen immer im Zusammenhang mit Szilvás-várad auftraten. Die in Szilvásvárad gemessenen Hengste repräsentierten den Typus des Fahrpferdes auf Leistungssportniveau. Es ist verständlich, daß das Zuchtziel bei Deckhengsten durch die höhere Selektionsintensität noch stärker zum Vorschein kommt als bei den Stuten. So konnte durch vergleichende Analysen unter Einbeziehung der Kladruber (ebenfalls eine barocke Pferderasse, die jedoch das Modell des größeren "Karossiers" darstellte und auch heute noch für hervorragende Fahrpferde steht) festgestellt werden, daß Lipizzanerhengste aus Szilvásvárad eine geringere Distanz aufgrund morphometrischer Messungen (unter Einbeziehung aller Messmerkmale) zu den Kladrubern aufwiesen als zu den Lipizzanerhengsten der übrigen Gestüte. Bei den Stuten wurde dieser Effekt nicht feststellt. Diese Ergebnisse sind insofern verständlich, als beide Gestüte Spitzenpferde im Fahrsport bringen und deshalb ein ähnliches Zuchtziel vorlag.

Die geringste Distanz trat wie bei den Stuten zwischen Piber und Topol'cianky auf. Bei den Mahalanobis Distanzen läßt sich auch der Einsatz von Hengsten anderer Gestüte nachvollziehen, so sind sieben der dreizehn Hengste aus Đakovo Söhne des Hengstes Maestoso X Mahonia aus Topol'cianky, wodurch sich die relativ geringe Distanz zwischen beiden Gestüten erklärte.

3.2.1 Hengstlinien

In der Lipizzanerzucht wird mit sechs klassischen, bzw. zum Teil mit acht Hengstlinien gezüchtet. Das bedeutet, daß sich alle Hengste in väterlicher Linie lückenlos auf diese Linienbegründer zurückführen lassen. Diese sechs klassischen Gründerhengste wurden zwischen 1760 und 1810 geboren und waren italienischen/spanischen und arabischen Ursprungs. Die Namensgebung der Hengste geht auf diese Gündertiere zurück. Es wird diesen Hengstlinien zum Teil noch heute ein gewisser Typus mit entsprechender Kopfform zugeordnet. So schrieb LÖWE (1988): "Weiter ist interessant, daß sich über Jahrhunderte hinweg in den einzelnen Hengststämmen spezifische Merkmale und die Eignung für bestimmte Disziplinen der klassischen Reitkunst erhalten haben."

Die vorliegende Auswertung bezog sich auf die Hengste aus Piber, da nur dort alle Hengstlinien in ausreichender Anzahl vorhanden sind. Es wurden die sechs klassischen Hengstlinien (Hengstlinie/Anzahl: Pluto/6, Conversano/16, Favory/9, Neapolitano/11, Siglavy/22, Maestoso/6), mit welchen in Piber gezüchtet wird, in diese Untersuchung einbezogen.

Es wurden alle bereits verwendeten Analysen durchgeführt, wobei zwischen den untersuchten Hengstlinien keine signifikanten Unterschiede auftraten. Dieses Ergebnis war zu erwarten, da sich die Hengstlinie nur auf das äußerst rechte Tier im Pedigree bezieht. Das bedeutet, daß z.B. in der fünften Generation ein $1/_{32}$, in der sechsten nur mehr ein $1/_{64}$ der Gene u.s.w. von diesem Gründertier stammen. Ähnlichkeiten müßten eher auf eine Akkumulation im gesamten Pedigree zurückzuführen sein und haben mit der Benennung einen nur zufälligen Zusammenhang.

4. SCHLUSSFOLGERUNG UND ZUSAMMENFASSUNG

Grundlage für die morphometrische Auswertung der Lipizzanerstammpopulation bildeten die Vermessung von 368 Zuchtstuten und 145 Hengste aus Staatsgestüten sieben europäischer Länder (Italien, Kroatien, Österreich, Rumänien, Slowakei, Slowenien und Ungarn). Das Ziel war eine genaue Charakterisierung der Subpopulationen (Gestüte), um eventuell auftretende Unterschiede festzustellen, die bei einem möglichen Zuchttieraustausch zu berücksichtigen sind. Weiterhin stellte sich die Frage inwieweit sich verschiedene Zuchtziele auswirkten. Pro Pferd wurden 37 Längen- und Winkelmaße erfaßt, die eine vollständige morphometrische Charakterisierung der Pferde erlauben. Die Pferde der einzelnen Gestüte unterschieden sich in der überwiegenden Anzahl der Messmerkmalen signifikant (Stuten in 34 von 37; Hengste in 29 von 37 Messmerkmalen). Die Wiederholbarkeiten der Messungen ergaben ein gutes Abbild der Schwierigkeiten, die beim Messvorgang bei den einzelnen Messmerkmalen auftreten. Jene Messmerkmale, die in der Pferdebeurteilung am häufigsten erfaßt werden (Widerristhöhe 0,95, Röhrbeinumfang 0,95) zeichnen sich durch eine sehr hohe Wiederholbarkeit aus. Der Brustumfang wies jedoch nur eine mittlere Wiederholbarkeit von 0,45 auf. Generell zeigten Längenmaße eine wesentlich bessere Wiederholbarkeit als Winkelmaße, die außer den Hufwinkeln (vorne 0,70, hinten 0,81) und der Beckenachse mit 0,86, im Bereich von 0,33 bis 0,53 lagen. Die gefundenen Heritabilitäten für die einzelnen Messmerkmale lagen zum größten Teil in dem auch in der Literatur angegebenen Bereichen. Die Ergebnisse der Heritabilitätsschätzung waren jedoch durch den geringen Datensatz von einer gewissen Inkonzistenz gekennzeichnet, ersichtlich durch stark unterschiedliche Werte in den hochkorrelierten Merkmalen Widerristhöhe (0,52) und Kreuzbeinhöhe (0,15).

Alle angewandten multivariaten Methoden zeigten signifikante Unterschiede zwischen den Pferden der einzelnen Gestüte im Hinblick auf die morphometrischen Messungen. Unterschiede wurden sowohl bei Einzelmerkmalen (stufenweise Diskriminanzanalyse), wie auch unter der Einbeziehung aller Merkmale (kanonische Diskriminanzanalyse) gefunden.

Die grundsätzlichen Ergebnisse wurden auch durch die schlechter balancierten und einem größeren Umwelteinfluß ausgesetzten Hengstdaten bestätigt. Bei einem Zuchttieraustausch wären diese je nach Zuchtziel und Ausmaß entsprechend zu berücksichtigen.

Die Zuchtstrategien der verschiedenen Gestüte können folgendermaßen interpretiert werden. Die beiden Gegenpole werden von Piber und Szilvásvárad gebildet, wo jeweils Spitzenpferde für unterschiedliche Einsatzbereiche gezüchtet werden. In Piber für die klassische "Hohe Schule" (Spanische Reitschule zu Wien), die das ursprüngliche Zuchtziel seit der Rassenentstehung darstellt. In Szilvásvárad werden Fahrpferde für den Spitzensport gezüchtet, die einen anderen Pferdetypus repräsentieren. Klassisch angelehnt sind die Zuchten in Topol'čianky, was durch die Ähnlichkeit zu Piber verdeutlicht wird, sowie Lipica und Đakovo. Dieses Ergebnis kann auch durch einen entsprechenden Zuchttieraustausch dokumentiert werden.

Durch die große Bedeutung des Pferdes als landwirtschaftliches Betriebsmittel in Rumänien sind die dortigen Lipizzaner durchaus auch diesem Bereich zuzuordnen. Wie bereits gezeigt, waren die Lipizzaner aus Monterotondo in den letzten Jahrzehnten unter anderen Gesichtspunkten als in der klassischen Zucht selektiert worden. Weiters konnte die unterschiedliche Haltung der Pferde in den verschiedenen Gestüten (Monterotondo, Beclean, Fogaras) zu scheinbar größeren Unterschieden (gewisse Messmerkmale betreffend, wie z.B. den Brustumfang) geführt haben. Eine zusätzlich durchgeführte stufenweise Diskriminanzanalyse unter Weglassung der rumänischen Gestüte ergab aber keine wesentliche Änderung bezüglich der Wichtigkeit der verschiedenen Merkmale bei der Unterscheidung der übrigen Gestüte.

Eine Untersuchung, ob Hengstlinien morphologisch zu unterscheiden sind, brachte kein signifikantes Ergebnis.

Abb. XVI. (Foto Habe)

KAPITEL 16

ROLAND ACHMANN, THOMAS DRUML und GOTTFRIED BREM

Genetische Diversität und Populationsstruktur des Lipizzaners

EINLEITUNG

Die Bedeutung von genetischer Vielfalt in kleinen Nutztierpopulationen

Die wesentlichen Triebkräfte der Akkumulation genetischer Diversität während der Domestikation von Nutztieren im Verlauf der letzten 10000 bis 12000 Jahre waren Mutation, genetische Drift in kleinen, isolierten Populationen, Migration und natürliche Selektion unter verschiedenen Umwelt- und Haltungsbedingungen. Außerdem hat der Mensch bei der Zucht von Haustieren in starkem Maße die Zunahme genetischer Unterschiede zwischen Rassen und Populationen durch gezielte züchterische Selektionsmaßnahmen forciert. Die genetische Vielfalt innerhalb einer Art zeigt sich heute in phänotypischen Unterschieden zwischen Rassen, Populationen und Individuen. Weltweit lässt sich bei allen Nutztierarten allerdings ein verstärkter Verlust von Rassen und damit von züchterisch nutzbaren genetischen Ressourcen beobachten (FAO, 2000). Die Erhaltung der genetischen Vielfalt ist ein wesentliches Element nachhaltiger Tierzucht und gewinnt sowohl aus umweltpolitischer Sicht als auch unter wissenschaftlichen, ökonomischen, kulturellen und historischen Aspekten zunehmend an Bedeutung (Rege u. Gibson 2003). Es erscheint gegenwärtig unmöglich und es ist auch in der Zukunft nicht wahrscheinlich, dass alle relevanten Eigenschaften einer Rasse anhand experimenteller Prüfungen beschrieben werden können. Folglich wird eine Alternative für die Bewertung genetischer Ressourcenpopulationen benötigt, auf deren Basis Konzepte für den Schutz von bestimmtem Rassen begründet werden können. Gegenwärtig weithin akzeptiert ist, dass erhaltenswerte Rassen und Populationen solche sind, die eine hohe genetische Distanz zu anderen aufweisen und eine eigenständige Entwicklungsgeschichte haben.

Der Lipizzaner, ein europäisches Kulturerbe

Der Lipizzaner, eine der ältesten und berühmtesten Pferderassen Europas, gilt als europäisches Kulturerbe. Seine Geschichte ist eng mit der Geschichte der ehemaligen k.u.k. Monarchie Österreich-Ungarn verbunden. Obwohl der Fortbestand der Rasse durch die napoleonischen Kriege und die beiden Weltkriege im 20. Jahrhundert mehrfach bedroht wurde, überlebte die Rasse bis heute. Historische Aufgabe der Zuchtgestüte war es unter anderem, exklusive und edle Pferde für den kaiserlichen Hof in Wien zur Verfügung zu stellen. Die Zucht der Lipizzaner war daher für mehrere Jahrhunderte auf einige wenige Staatsgestüte beschränkt. Auch wenn seit der Mitte des 20. Jahrhunderts Lipizzanerpferde in private Hand gekommen sind, liegt die Zahl der reinrassigen Pferde unter 3000 Tieren. Der größte Anteil der Lipizzaner wird heute in einigen wenigen Staatsgestüten in Österreich, Ungarn, Slowenien, Italien, Kroatien und Rumänien gehalten. Aufgrund von züchterischen, geographischen und politischen Barrieren war längere Zeit kein kontinuierlicher Genfluss zwischen verschiedenen Lipizzanergestüten gewährleistet. Für die vergleichsweise kleine, abgeschlossene Lipizzanerpopulation bestand und besteht die Gefahr, dass durch Inzucht genetische Variabilität verloren gehen könnte. Eine eingeschränkte genetische Variabilität könnte zu Inzuchtdepressionen führen und den Fortbestand des Lipizzaners als eigenständige Rasse gefährden. Mit dem Verlust der genetischen Vielfalt des Lipizzaners würde auch die Geninformation von längst ausgestorbenen Pferderassen, die der Lipizzaner aufgrund seiner Abstammungs- und Zuchtgeschichte bisher bewahrt hat, untergehen. Für den Schutz des Lipizzaners als eigenständige Rasse ist daher die Kenntnis seiner genetischen Ressourcen eine wichtige Voraussetzung für eine flexible Zuchtarbeit, mit dem Ziel, die genetische Basis der Population möglichst breit zu erhalten.

Der rasante Fortschritt in der Molekulargenetik und Computertechnologie in den letzten 20 Jahren eröffnete völlig neue Möglichkeiten, die genetischen Ressourcen von Individuen, Populationen, Rassen und Arten auf Ebene des Erbinformationsträgers, der DNA, zu charakterisieren. Als besonders wertvoll für die Beschreibung der genetischen Diversität, der Populationsdifferenzierung und der genetischen Verwandtschaftsbeziehung von Rassen hat sich die Entwicklung eines besonderen DNA-Markersystems, den sogenannten DNA-Mikrosatellitenmarkern, erwiesen (z.B. Baumung et al. 2006, Schwend 2001).

Der folgende Beitrag fasst die Ergebnisse einer Untersuchung zur genetischen Diversität des Lipizzaners mit Hilfe von DNA-Mikrosatellitenmarkern zusammen.

Die wichtigsten Ziele der Studie waren:
- Darstellung der genetischen Diversität des Lipizzaners mit Hilfe von DNA-Mikrosatellitenmarkern.
- Vergleich der genetischen Diversität des Lipizzaners mit der anderer Pferderassen.
- Abschätzung des Inzuchtgrades eines Tieres über molekulargenetische Analysen.
- Beschreibung der genetischen Differenzierung der untersuchten Lipizzanerpopulationen (Gestüte).

DNA-Mikrosatellitenmarker

Im Zellkern der Zellen von Eukaryoten befindet sich, aufgeteilt auf die Chromosomen, das Genom. Das Pferdegenom besteht aus 32 Chromosomenpaaren (31 Autosomenpaare und ein Paar Geschlechtschromosomen). Die haploide Genomgröße beträgt ungefähr drei Milliarden Basenpaare. Nur ein Bruchteil des Genoms sind kodierende Sequenzen (Gene). Der größere Teil besteht aus nicht kodierenden, repetitiven Sequenzen, deren Funktion bisher nur teilweise verstanden ist. Eine besondere Klasse repetitiver Sequenzen sind DNA-Mikrosatelliten und DNA-Minisatelliten (VNTRs = variable number of tandem repeats), die insbesondere durch ihre Verwendung beim Erstellen genetischer Fingerabdrücke einer breiteren Öffentlichkeit bekannt sind (siehe Box 1).

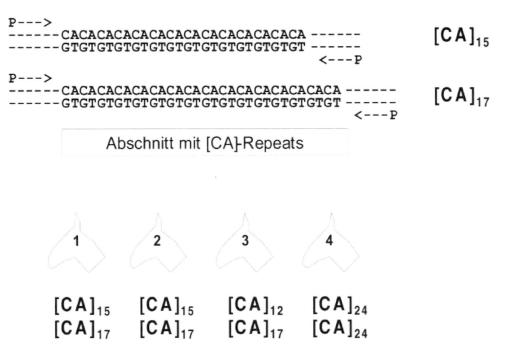

Abb. 1. Schematische Darstellung der Struktur eines DNA-Mikrosatellitenmarkers. Abgebildet sind zwei Allele mit unterschiedlicher [CA]-Repeatzahl. Repeatzahlunterschiede werden als Fragmentlängenunterschiede aufgrund der locusspezifischen flankierenden Sequenzen mit spezifischen Primern (P) nachgewiesen. Exemplarisch ist die Allelkombination (Genotyp) für vier Pferde gezeigt. Drei Pferde sind heterozygot, weil sie unterschiedliche Markerallele tragen. Ein Pferde ist homozygot und zeigt nur ein Markerallel. Die Ähnlichkeit der Markerallele zwischen verschiedenen Tieren ist Grundlage für Abstammungsuntersuchungen und populationsgenetische Analysen (Grafik Achmann).

Box 1: Der genetische Fingerabdruck in der Forensik

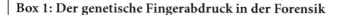

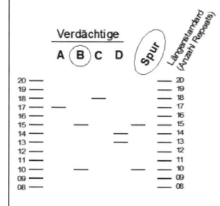

In kriminaltechnischen (= forensischen) Laboratorien werden genetische Fingerabdrücke untersucht, um die Überführung oder die Entlastung eines Verdächtigen an Hand von am Tatort gefundenen Spuren zu ermöglichen. Auch Verwandtschaftsverhältnisse (z.B. Vaterschaft) lassen sich durch diese Methode klären (basierend auf der Tatsache, dass der genetische Fingerabdruck nach den Mendelschen Regeln je zur Hälfte von jedem Elter vererbt wird.)

Für den **genetischen Fingerabdruck** werden zehn bis 15 Abschnitte aus der DNA eines oder mehrerer Probanden und einer biologischen Tatortspur (z.B. Blutfleck) mit Hilfe der Polymerase-Kettenreaktionsmethode (PCR) vervielfältigt. Untersucht werden dabei keine Gene, sondern kleine, sich wiederholende Abschnitte im Erbgut, die DNA-Minisatelliten (VNTRs = *variable number tandem repeats*) oder DNA-Mikrosatelliten genannt werden. Bei diesen DNA-Abschnitten handelt es sich um tandemartige Wiederholungen (Repeats) eines bestimmten Sequenzmotivs. Die Anzahl der Wiederholungen ist variabel. Die Anzahl dieser Wiederholungen – und nicht die DNA-Sequenz der betreffenden Abschnitte – wird mit dem genetischen Fingerabdruck untersucht. In Abhängigkeit von der Wiederholungszahl hat der vervielfältigte Abschnitt eine bestimmte Länge, die sich z. B. über eine Gel-Elektrophorese im Agarose-Gel als Bande darstellen lässt (siehe auch schematische Darstellung Abb. 1). Ist ein Mensch an einem Markerort heterozygot (besitzt er beispielsweise zwei unterschiedliche Allele mit zehn und 15 Repeats wie der Verdächtige B), entstehen zwei Banden mit unterschiedlicher Länge.

Die Wahrscheinlichkeit, dass zwei Individuen an einem Markerlocus eine unterschiedliche Anzahl von Wiederholungen haben, ist sehr hoch. Wenn mehrere Marker untersucht werden, ergibt sich somit ein Bandenmuster oder DNA-Profil. Die statistische Wahrscheinlichkeit, dass zwei nicht miteinander verwandte Individuen ein identisches Bandenmuster aufweisen, ist extrem gering. Bei zehn bis 15 untersuchten Markern liegt diese Wahrscheinlichkeit rechnerisch in einem Bereich von eins zu mehreren Milliarden. Im Gegensatz zu anderen DNA-Analysen, bei denen mittels der Gensequenzierung durchaus Rückschlüsse z. B. auf die Haut-, Augenfarbe oder Krankheiten des Individuums möglich sind, lassen sich mit dem genetischen Fingerabdruck keine Eigenschaften des Individuums ableiten. Allerdings wird immer über einen zusätzlichen Locus das Geschlecht bestimmt.

Mit dem genetischen Fingerabdruck (auch „DNA-Profil" oder „DNA-Fingerprinting" genannt) haben die Strafverfolgungsbehörden seit Mitte der 80er Jahre ein ausgesprochen wirksames Mittel zur eindeutigen Identifizierung von Personen in der Hand

DNA-Mikrosatelliten liegen in großer Zahl an unterschiedlichen Orten (Loci) im Genom vor. Für das Pferd sind beispielsweise über 20000 DNA-Mikrosatelliten beschrieben (Mittmann et al. 2009). Jeder Locus ist durch einen zentralen Bereich repetitiver DNA, der durch locusspezifische Bereiche von „single copy DNA" flankiert wird, charakterisiert. Der repetitive Anteil ist eine periodische Wiederholung (Wiederholungsgrad n = 5 bis 50) einer aus zwei bis fünf Nukleotiden bestehenden Sequenzabfolge (Repeats), wie z.B. [CA]n (Abb. 1). Diese repetitive Anordnung der Repeats begünstigt Mutationsereignisse, die dann zu neuen Varianten, d.h. zu neuen Allelen eines DNA-Mikrosatelliten führen, die sich von anderen Allelen in der Regel nur durch die Anzahl der Repeats unterscheiden (z.B. [CA]15, [CA]17). Normalerweise können in einer Population für einen bestimmten Locus also eine ganze Reihe von Allelen nachgewiesen werden (Abb. 1). Über spezifische Primer, die in den Repeatbereich flankierenden Sequenzen lokalisiert sind, lassen sich DNA-Mikrosatelliten mit Hilfe der Polymerasekettenreaktion (PCR) als definierte genetische Marker untersuchen. Repeatzahlunterschiede der Allele lassen sich mit Hilfe einfacher molekulargenetischer Methoden als verschieden lange DNA-Fragmente darstellen. Die ermittelte Allelkonstellation eines Markers (d.h. sein Genotyp) ist die Grundlage für eine Vielzahl von genetischen Untersuchungen (Abb. 1).

Aus dem Vergleich der bei verschiedenen Individuen für etwa zehn verschiedene DNA-Mikrosatellitenmarker nachgcwiesenen Allele lässt sich beispielsweise für ein Indextier die Abstammung ermitteln. Werden größere Gruppen von Tieren mit mehreren DNA-Mikrosatellitenmarkern untersucht, können die gewonnenen Alleldaten zur Klärung von populationsgenetischen Fragestellungen verwendet werden. In Box 2 sind Eigenschaften von DNA-Mikrosatellitenmarkern zusammengestellt, die für die genetische Charakterisierung von Individuen, Rassen und Arten von zentraler Bedeutung sind.

Box 2: Eigenschaften von DNA-Mikrosatellitenmarkern
• Gleichmäßig über das gesamte Genom verteilt
• Hohe Mutationsrate
• In der Regel selektionsneutral
• Hoher Polymorphie- und Heterozygotiegrad
• Ko-dominante Vererbung
• Locus-Spezifität
• Einfache und automatisierbare Analysierbarkeit
• Untersuchungsergebnisse standardisierbar und vergleichbar

MATERIAL & METHODIK

Probenmaterial

In den Jahren 1997 und 1998 wurden im Verlauf von mehrtägigen Exkursionen in verschiedene Lipizzanergestüten Blutproben und Stammbaumdaten von 145 Hengste und 421 Stuten, gesammelt (Tab. 1). Die Tiere gehörten den Geburtsjahrgängen 1964 bis 1995 an, wobei 90% der Lipizzaner 1980 oder später geboren worden waren. Aufgrund der besonderen Rolle des Kladrubers als Mitbegründer der Lipizzanerrasse (Gründerhengst Favory 1779) wurden 50 Kladruber (Schimmel, Rappen, Braune) aus den Gestüten Kladruby bzw. Slatiňany zu Vergleichszwecken mit untersucht. Für die genetischen Untersuchungen wurde aus den Blutproben DNA extrahiert. Die genetische Diversität des Lipizzaners wurde mit der von anderen Rassen verglichen. Die Daten für Englisches Vollblut, Trakehner, Haflinger, Holsteiner, Hannoveraner sowie für das Quarter Horse wurden der Literatur entnommen (Bowling et al 1997, Wimmers et al. 1998).

Tab. 1. Besuchte Lipizzaner- bzw. Kladrubergestüte und Anzahl gewonnener Blutproben

Gestüt [Land]	Hengste	Stuten	gesamt
Beclean [RO]	4	24	28
Ðakovo [HR]	15	40	55
Fogaras (Simbata de Jos) [RO]	9	81	90
Lipica [SLO]	19	40	59
Monterotondo [I]	13	50	63
Piber [A]	6	81	87
Spanische Reitschule (Piber) [A]	66	–	66
Szilvásvárad [H]	8	68	76
Topolčianky [SL]	5	37	42
Kladruber (Kladruby, Slatiňany) [CZ]	20	30	50
total	165	451	616

Verwendete DNA-Mikrosatellitenmarker

Insgesamt wurden 22 pferdespezifische DNA-Mikrosatellitenmarker, die auf verschiedenen Chromosomen lokalisiert sind, untersucht (Tab. 2). Die Marker wurden so ausgewählt, dass die erhaltenen Ergebnisse möglichst gut mit denen aus anderen Untersuchungen verglichen werden konnten. Zwölf der untersuchten Marker entsprechen dem Markersatz eines kommerziellen Testsystems (StockMarks for Horses, Applied Biosystems, Wien), das weltweit zur Abstammungskontrolle bei Pferden verwendet wird. Der Vorteil dieses Kitsystems besteht darin, dass mehrere Marker gemeinsam in sogenannten „Multiplex-PCRs" untersucht werden können. Für die Amplifikation der DNA-Mikrosatellitenmarker wurden fluoreszenzfarbstoffmarkierte Primer verwendet, welche die Genotypisierung der PCR-Produkte auf einem halbautomatischen Kapillarelektrophoresegerät (ABI310, Applied Biosystems) erlaubten. Die Identifizierung der Allele und populationsgenetischen Auswertungen wurden mit Spezialsoftware durchgeführt (siehe Achmann et al. 2004). Dabei wurde nicht immer der gesamte Datensatz verwendet, sondern an die jeweilige Fragestellung angepasste Datensätze.

Tab. 2. Untersuchte DNA-Mikrosatellitenmarker. Mit * markierte Marker stammen aus dem kommerziellen Testsystem "StockMarks for Horses".

Marker	Chromosom	Referenz	Marker	Chromosom	Referenz
VHL20 *	30	Van Haeringen et al. 1994	HMS2 *	10	Guerin et al. 1994
HTG4 *	9	Ellegren et al. 1992	HMS1	15	Guerin et al. 1994
AHT4 *	24	Binns et al. 1995	HMS8	19	Guerin et al. 1994
HMS7 *	1	Guerin et al. 1994	NVHEQ18	10	Roed et al. 1997
HTG6 *	15	Ellegren et al. 1992	UCDEQ405	25	Eggleston-Stott et al. 1997
HMS6 *	4	Guerin et al. 1994	UCDEQ437	3	Eggleston-Stott et al. 1997
HTG7 *	4	Marklund et al. 1994	UCDEQ505	16	Eggleston-Stott et al. 1997
HMS3 *	9	Guerin et al. 1994	Mpz002	16	Breen et al. 1994
AHT5 *	8	Binns et al. 1995	AHT21	1	Swinburne et al. 1997
ASB2 *	15	Breen et al. 1997	LEX053	23	Coogle et al. 1997
HTG10 *	21	Marklund et al. 1994	LEX054	18	Coogle et al. 1997

ERGEBNISSE

Genetische Diversität von DNA-Mikrosatelliten beim Lipizzaner

Bei den 561 Lipizzanern wurden für 22 untersuchte Mikrosatellitenmarker insgesamt 153 verschiedene Allele identifiziert (Tab. 3). Die Erfolgsrate der Genotypisierung betrug 97,7%, d.h. für 2,3% der untersuchten Mikrosatellitenmarker wurde kein auswertbares Ergebnis erhalten. Der Marker HTG7 zeigte mit drei Allelen die geringste, der Marker NVHQ18 mit 11 Allelen die höchste Alleldiversität in der Lipizzanerpopulation. Im Durchschnitt wurden 6,95 Allele pro Mikrosatellitenmarker nachgewiesen. Die erwartete Heterozygotie der Marker bewegte sich zwischen 0,822 (NVHQ18) und 0,511 (AHT21) mit einem Mittelwert bei 0,677. Der Vergleich von nach dem Hardy-Weinberg-Gesetz erwarteter Heterozygotie und der tatsächlich beobachteten Heterozygotierate zeigt in den meisten Fällen keine deutlichen Unterschiede.

Insbesondere lässt sich mit wenigen Ausnahmen kein statistisch signifikanter Homozygotenüberschuss feststellen, wie er z.B. zu erwarten wäre, wenn in der untersuchten Lipizzanerpopulation in der Regel näher verwandte Tiere für die Zucht verwendet worden wären. Eine Ausnahme stellen die Marker HMS3, MPZ002 und LEX054 dar. Für diese Marker wurden gegenüber dem Erwartungswert statistisch signifikant mehr homozygote Tiere gefunden. Weiterführende genetische Analysen ergaben, dass für den Marker HMS3 ein Mikrosatellitenallel mit den Standarduntersuchungsmethoden nicht verlässlich nachgewiesen werden kann, so dass in manchen Fällen heterozygote Pferde fälschlicherweise als homozygot bestimmt worden sein könnten (Achmann et al. 2001). Auch für den Marker ASB2 wurde ein schwer nachweisbares Allel gefunden. Im Unterschied zu HMS3, MPZ002 und LEX054 war der für ASB2 beobachtete Homozygotenüberschuss statistisch allerdings nicht signifikant.

Tab. 3. Kenngrößen der untersuchten DNA-Mikrosatellitenmarker. Für eine Lipizzanerpopulation spezifische Allele sind mit hochgestellten Buchstaben kenntlich gemacht (FB = Fogaras/Beclean, D = Đakovo, L = Lipica, P = Piber/Span. Hofreitschule, S = Szilvásvárad).

Marker	nachgewiesene Allele [angegeben als Länge in Basenpaaren]	Anzahl Allele	beobachtete Heterozygotie	erwartete Heterozygotie
AHT4	144, 146, 148, 150[P], 155, 157, 159	7	0,716	0,732
AHT5	127, 129, 131[D], 134, 136, 138	6	0,758	0,746
AHT21	195, 199, 201, 203, 207, 209, 211	7	0,481	0,511
ASB2	235, 239, 241, 243, 245, 247, 251	7	0,725	0,774
HMS1	174L, 176, 180[FB], 182, 184	5	0,538	0,527
HMS2	217, 219, 221, 223, 225, 227, 232, 236	8	0,720	0,737
HMS3	149, 158, 160, 162, 164, 166, 169	7	0,591	0,778 #
HMS6	157, 159, 162, 164, 166, 168	6	0,665	0,638
HMS7	171, 173, 175, 180, 182, 184, 186	7	0,732	0,754
HMS8	205, 207, 209, 211, 221	5	0,635	0,674
HTG4	127, 129, 131, 133, 135, 137	6	0,647	0,661
HTG6	78, 82, 84, 91, 95, 97	6	0,544	0,568
HTG7	118, 124, 126	3	0,643	0,646
HTG10	86[FB], 90, 92, 94, 99, 101, 102, 104, 106, 108[S]	10	0,682	0,685
LEX053	122, 124, 126, 128, 132	5	0,730	0,716
LEX054	164, 170, 172, 174, 176, 180[FB], 182	7	0,509	0,577 #
MPZ002	72, 77, 85, 87, 89	5	0,374	0,590 #
NVHEQ18	112, 118, 120, 122, 124, 126, 130, 132, 134[S], 136, 150[FB]	11	0,785	0,822
UCDEQ405	247, 256, 258, 264, 268, 270, 274[FB]	7	0,579	0,608
UCDEQ437	165, 175, 177, 179, 181[FB], 183, 185, 187, 191	9	0,590	0,647
UCDEQ505	175, 179, 181, 183, 185, 187, 189, 191, 193, 195	10	0,724	0,730
VHL20	86, 90[FB], 92, 95, 97, 99, 101, 103, 105	9	0,765	0,765

 # statistisch mehr Homozygote detektiert

Schwer oder nicht nachweisbare Allele, sogenannte Nullallele, sind bei DNA-Mikrosatellitenmarkern häufiger beschrieben. Wenn sie, wie im Falle des Markers *HMS3*, mit einer größeren Häufigkeit in der Population vorkommen, sollte der betreffende Marker nicht für Abstammungstests genutzt werden. Da in bestimmten Fällen Pferde für *HMS3* als homozygot erscheinen obwohl sie tatsächlich aber heterozygot sind, kann dies zu einem falschen Ergebnis im Abstammungstest führen (Achmann et al. 2001).

In der untersuchten Lipizzanerpopulation traten 19 Allele (12,4 %) mit einer Häufigkeit von weniger als 1 % auf. Das bedeutet, dass diese Allele nur bei sehr wenigen untersuchten Lipizzanern nachgewiesen werden konnten (bei ein bis 10 Pferden). Für seltene Allele besteht im Vergleich zu häufigeren Allelen eine größere Gefahr, durch Einflussfaktoren wie z.B. genetische Drift oder Selektion, aus der Population verloren zu gehen. Unter der Annahme, dass die Variabilität von DNA-Mikrosatelliten ein Maß für die gesamte genetische Diversität der Population ist, würde der Verlust von seltenen Mikrosatellitenallelen auch einen Verlust für die Vielfalt an züchterisch relevanten Genomabschnitten, nämlich den Genen, bedeuten. Interessanterweise traten 37 % der seltenen Allele nur in den beiden rumänischen Gestüten Fogaras und Beclean auf.

Ein Vergleich der Alleldiversität zwischen Lipizzanergestüten zeigt, dass im Gestüt Piber die größte Allelvielfalt vorhanden ist, während im Gestüt Monterotondo die geringste Diversität gefunden wurde (Abb. 2a). Bei Lipizzanern wurden 31 Allele gefunden, die bei Kladrubern nicht auftraten. Kladruber zeigten im Vergleich mit Lipizzanern sechs für die Rasse spezifische Allele. Die Unterschiede in der Allelvielfalt sind zwischen Lipizzanergestüten und zwischen Lipizzaner und Kladrubern nicht besonders stark ausgeprägt (Abb. 2a).

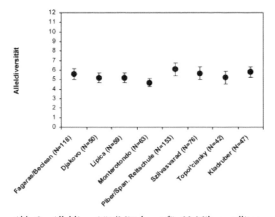

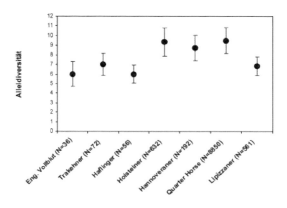

Abb. 2a. Alleldiversität (Mittelwert für 22 Mikrosatellitenmarker ± 95% Konfidenzintervall) in Lipizzaner- und Kladrubergestüten. Für die Berechnung wurden nur Pferde berücksichtigt, für die mehr als 10 Mikrosatellitenmarker erfolgreich typisiert werden konnten.

Abb. 2b. Alleldiversität (Mittelwert für 10–12 Mikrosatellitenmarker ± 95% Konfidenzintervall) für verschiedene Pferderassen. Zahlen an Abszisse geben die Anzahl untersuchter Tiere an (Grafiken Achmann).

Die Alleldiversität des Lipizzaners entspricht mit etwa sieben Allelen pro Mikrosatellitenmarker im Wesentlichen der von anderen Pferderassen (Abb. 2b). Für manche Pferderassen wie z.B. Holsteiner, Hannoveraner oder Quarter Horse wurden in Vergleichsuntersuchungen mit neun Allelen allerdings deutlich mehr Allele pro Marker nachgewiesen als für den Lipizzaner. Eine Erklärung für die höhere Alleldiversität in den genannten Rassen könnte neben der Zuchtgeschichte (Holsteiner, Hannoveraner) auch darin gegeben sein, dass eine wesentlich größere Anzahl an Tieren (Quarter Horses) untersucht worden ist. Je mehr Tiere untersucht werden umso wahrscheinlicher ist es, dass auch Allele, die nur relativ selten in der Population vorkommen, gefunden werden und zur Diversität beitragen. Auch im Vergleich mit anderen Nutztierrassen wie Rind, Schaf, Ziege oder Schwein lässt sich beim Lipizzaner keine reduzierte Alleldiversität, wie sie infolge von erhöhter Inzucht zu erwarten wäre, nachweisen. Selbst im Vergleich mit Wildtieren, für die in etwa acht Allele pro Marker gefunden werden, ergibt sich kein Hinweis auf eine deutlich eingeschränkte genetische Diversität in der Lipizzanerrasse.

Die beobachtete Heterozygotierate der untersuchten Mikrosatellitenmarker variierte von 51 bis 82 % (gemittelt über Gestüte). Die mittlere Heterozygotie (Mittelwert über alle Marker und Gestüte), die ebenfalls ein Maß für die genetische Diversität der Population darstellt, betrug 67 %. Es konnte kein statistisch signifikanter Unterschied in der Heterozygotierate zwischen den Gestüten festgestellt werden (Abb. 3a). Der Heterozygotiegrad in der Lipizzanerpopulation entspricht der anderer Pferderassen (Abb. 3b) und bestätigt die Einschätzung, dass der Lipizzaner keine besonderen Auffälligkeiten hinsichtlich der genetischen Diversität zeigt.

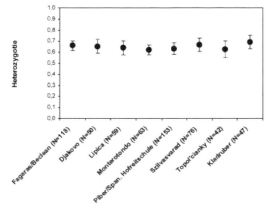

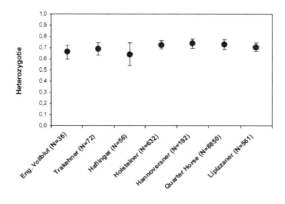

Abb. 3a. Heterozygotie (Mittelwert für 22 Mikrosatellitenmarker ± 95% Konfidenzintervall) in Lipizzaner- und Kladrubergestüten. Für die Berechnung wurden nur Pferde berücksichtigt, für die mehr als 10 Mikrosatellitenmarker erfolgreich typisiert werden konnten.

Abb. 3b. Heterozygotie (Mittelwert für 10–12 Mikrosatellitenmarker ± 95% Konfidenzintervall) für verschiedene Pferderassen. Zahlen an Abszisse geben die Anzahl untersuchter Tiere an (Grafiken Achmann).

Inzuchtkoeffizient und Homozygotie

Unter Verwendung der gesammelten Stammbaumdaten wurde überprüft, ob der daraus berechnete individuelle Inzuchtkoeffizient mit der beobachteten Homozygotie (Anteil homozygoter Markerorte) eines Pferdes übereinstimmt. Theoretisch würde man erwarten, dass Inzuchtkoeffizient und Homozygotie eines Pferdes positiv miteinander korreliert sind, d.h. Tiere mit höheren Inzuchtkoeffizienten sollten im Mittel auch einen höheren Homozygotiegrad zeigen als Pferde mit niedrigem Inzuchtkoeffizienten. Am Beispiel der untersuchten Pferde aus dem Bundesgestüt Piber zeigte sich, dass keine signifikante positive Korrelation zwischen individueller Homozygotie und individuellem Inzuchtkoeffizient gefunden werden konnte (Abb. 4). Das gleiche Ergebnis - kein Zusammenhang zwischen Inzuchtgrad und Homozygotie - wurde erhalten, wenn alle untersuchten Pferde berücksichtigt wurden. Das bedeutet, dass zumindest mit einfachen statistischen Verfahren allein aufgrund von genetischen Untersuchungen keine Aussage darüber getroffen werden kann, welche Lipizzaner als „ingezüchtet", „weniger ingezüchtet" oder „nicht ingezüchtet" zu klassifizieren sind.

Es gibt mehrere Gründe, warum kein Zusammenhang zwischen Inzuchtgrad und Homozygotie gefunden wurde. Simulationsstudien ergaben, dass sehr viele Mikrosatellitenmarker untersucht werden müssten, damit die Homozygotie eines Tieres den wahren Autozygotiegrad (der mit dem Homozygotiegrad korreliert ist) widerspiegelt (Baumung u. Sölkner, 2003). Selbst wenn keine Beschränkung hinsichtlich der Untersuchungskosten für die Erhebung der Genotypen existieren würde und 100 Marker untersucht werden könnten, ist eine Aussage, ob ein Tier tatsächlich ingezüchtet ist, momentan nur eingeschränkt möglich. Abstammungsüberprüfungen haben zudem ergeben, dass die Stammbaumdaten der untersuchten Lipizzaner zum Teil falsch sind. Nicht korrekte Abstammungen führen dazu, dass fehlerhafte Inzuchtkoeffizienten errechnet werden, die keine eindeutige Beziehung zur Homozygotie zeigen.

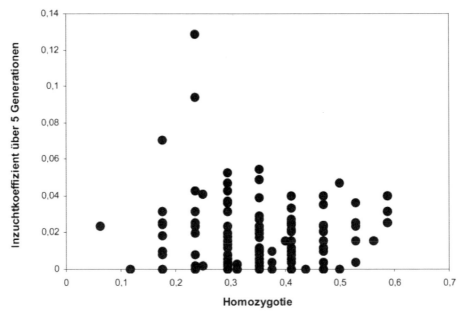

Abb. 4. Korrelation zwischen individueller Homozygotie (Anteil homozygoter Mikrosatellitenloci; 18 Mikrosatellitenmarker berücksichtigt) und individuellem Inzuchtkoeffizienten am Beispiel von 153 Lipizzanern aus Piber. Es besteht keine statistisch signifikante Korrelation zwischen Homozygotiegrad und Inzuchtkoeffizienten (r = –0,097) (Grafik Achmann).

Überprüfung von Pedigreedaten

In Abhängigkeit von der Untersuchungsmethodik und der Tierart werden bei Abstammungsüberprüfungen zwischen 2% und bis zu 20 % Fehlabstammungen festgestellt. Dieser relativ hohe Anteil an nachgewiesenen Fehlabstammungen bei verschiedenen Nutztierarten macht deutlich, dass neben einer formalen Dokumentation der Abstammung im Zuchtbuch, eine unabhängige Überprüfung der Eintragungen notwendig ist. Für Pferde wurde in den letzten drei Jahrzehnten ein blutgruppenserologischer Abstammungsnachweis durchgeführt. Weltweit gesehen nimmt der Stellenwert der serologischen Verfahren innerhalb der Veterinärgenetik allerdings deutlich ab. Neue DNA-gestützte Methoden, insbesondere die Analyse von Mikrosatellitenmarkern spielen im Bereich der Abstammungsüberprüfung eine immer wichtigere Rolle. Ein Grund für die zunehmende Verbreitung von DNA-Tests liegt in den vergleichsweise geringen Anforderungen, die an das benötigte Probenmaterial gestellt werden. Im Gegensatz zur Blutgruppentypisierung, für die unbedingt frische Blutproben erforderlich sind, kann für DNA-Tests unterschiedliches Probenmaterial wie eingelagertes gerinnungsgehemmtes (EDTA)-Blut, Gewebe, Haarwurzeln, Haut, Schleimhaut oder Speichel verwendet werden.

Das Grundprinzip der biologischen Abstammungskontrolle besteht darin, an einer größeren Anzahl von polymorphen Markerorten die Allele bei Eltern und Nachkommen festzustellen. Da das Muttertier bei Säugetieren - mit Ausnahme von Embryotransfertieren - in der Regel sicher angegeben werden kann, wird meist gefragt, ob ein bestimmtes männliches Tier als Vater in Frage kommt. Wenn der fragliche Nachkomme Markerallele zeigt, die nicht von der Mutter stammen können und beim angegebenen Vater nicht vorhanden sind, so ist die Elternschaft dieses Vatertieres zu bestreiten. Im Prinzip handelt es sich bei der Abstammungssicherung also um ein Ausschlussverfahren. Die allgemeine Chance für den Ausschluss einer Vaterschaft ist eine statistische Kenngröße, die beschreibt, welcher Anteil von Nichtvätern durch das Testsystem als solcher erkannt und ausgeschlossen wird. Die Ausschlusschance eines Tests hängt in erster Linie von der Anzahl und Variabilität der Marker ab. Je mehr variable Marker untersucht werden, umso größer ist die Sicherheit, mit der eine falsche Abstammung erkannt werden kann. Normalerweise werden für einen aussagekräftigen Abstammungstest 10 bis 12 variable Mikrosatellitenmarker untersucht.

Die Ergebnisse der Untersuchung zeigen, dass Mikrosatellitenmarker sehr gut für die Abstammungsüberprüfung beim Lipizzaner geeignet sind. Bis auf die Marker NVHQ18 sind alle anderen 21 untersuchten Marker (zum Teil mit Einschränkung) für einen DNA-Test nutzbar. Mit einem Standardsatz von 12 Marken, der identisch mit den Markern des StockMarks Kit for Horses ist, wird, wenn beide Elterntiere für den Test zur Verfügung stehen und die Abstammung für ein Elternteil als gesichert angesehen werden kann, eine Ausschlusschance von 99,959 % erreicht. Ist die Abstammung für beide Elternteile fraglich, liegt dieser Wert bei 98,756 %. Selbst wenn für eine Vaterschaft z.B. zwei Brüder in Frage kommen, kann mit einer Sicherheit von etwa 96 % der Nichtvater von der Vaterschaft ausgeschlossen werden (Voraussetzung: die mütterliche Abstammung ist sicher und die Mutter steht für den Test zur Verfügung). In schwierigeren Fällen, wenn z.B. als Putativ-Väter zwei Brüder in Frage kommen und die Mutter für den Test nicht zur Verfügung steht, müssen allerdings zusätzliche Marker untersucht werden.

Aufgrund der vorhandenen Pedigree-Informationen konnte für 112 Lipizzaner die väterliche und für 141 Tiere die mütterliche Abstammung überprüft werden. Die Ergebnisse der Überprüfung sind in Tab. 4 zusammengefasst.

Tab. 4. Häufigkeit von Fehlabstammungen in Lipizzanergestüten

Gestüt [Land]	väterliche Fehlabstammung (112 überprüft)	Mütterliche Fehlabstammung (141 überprüft)
Beclean [RO]	0	0
Đakovo [HR]	0	2
Fogaras (Simbata de Jos) [RO]	1	1
Lipica [SLO]	0	0
Monterotondo [I]	0	6
Piber [A]	0	0
Spanische Reitschule (Piber) [A]	0	0
Szilvásvárad [H]	1	1
Topoľčianky [SL]	0	1
total in %	1,8	7,8

Erstaunlicherweise war die mütterliche Abstammung weit häufiger falsch als die väterliche Abstammung. Auffällig war, dass im Gestüt Monterotondo 6 von 19 (32 %) überprüften Abstammungen nicht richtig waren. Nachgewiesene mütterliche Fehlabstammungen wurden auch durch mitochondriale DNA-Untersuchungen (siehe Kap. 17) bestätigt.

Populationsdifferenzierung

Die Allelfrequenzverteilungen der untersuchten Mikrosatellitenmarker wiesen zwischen den Gestüten Unterschiede auf. Für einige Marker konnten sogenannte „private Allele", d.h. Allele, die nur in einem Gestüt auftreten, nachgewiesen werden. In Lipica wurde zum Beispiel ein privates Allel für *HMS1* oder in Szilvásvárad für den Marker *HTG10* gefunden. Vergleichsweise viele private Allele zeigten die rumänischen Gestüte Fogaras und Beclean (Tab. 3). In die Untersuchung mit aufgenommene Kladruber unterschieden sich hinsichtlich der auftretenden Allele bzw. ihrer Allelfrequenzen von allen Lipizzanerpopulationen. Trotz der historischen Beziehungen zwischen der Lipizzaner- und der Kladruberrasse sind heute lebende Kladruber und Lipizzaner genetisch verschieden. Die genetischen Unterschiede zwischen Lipizzanern und Kladrubern sind sicher darauf zurückzuführen, dass für die Züchtung der Rassen auf unterschiedliche Genpools zurückgegriffen wurde und beide Rassen weitgehend unabhängig voneinander gezüchtet wurden.

Um die genetische Differenzierung zwischen Lipizzanergestüten näher zu quantifizieren wurden *Fst*-Werte für Gestütspaare berechnet. Der *Fst*-Wert beschreibt den Anteil der genetischen Variation, der aufgrund von genetischen Unterschieden zwischen Subpopulationen erklärt werden kann (*s* = Subpopulation; *t* = Total). Er kann zwischen einem theoretischen Minimum von 0 (d.h. keine genetische Differenzierung) und einem Maximum von 1 (vollständige genetische Differenzierung, d.h. Subpopulationen sind bezüglich alternativer Allele fixiert) schwanken. Alle berechneten *Fst*-Werte zeigten eine signifikante Differenzierung zwischen Gestütspaaren an. Die geringste Populationsdifferenzierung wurde zwischen den österreichischen und slowenischen Lipizzanern gefunden (*Fst* = 0,038), die stärkste Differenzierung zwischen dem Gestüt Topoľčianky und dem italienischen Gestüt Monterotondo (*Fst* = 0,101). Der mittlere *Fst*-Wert für paarweise Vergleiche zwischen Lipizzanergestüten betrug 0,067 und zeigt damit eine geringe bis mäßige genetische Differenzierung zwischen den Gestüten an. Nur etwa 7 % der gesamten beobachteten genetischen Variation kann auf genetische Unterschiede zwischen Gestüten zurückgeführt werden, während 93 % der gesamten genetischen Variabilität der Lipizzaner innerhalb der Gestüte zu finden ist. *Fst*-Werte für paarweise Vergleiche zwischen Kladrubern und Lipizzanern waren signifikant höher als für paarweise Vergleiche zwischen Lipizzanergestüten. Der mittlere *Fst*-Wert von 0,103 für Vergleiche zwischen Kladrubern und Lipizzanern spiegelt die stärkere genetische Differenzierung zwischen Kladrubern und Lipizzanern als zwischen verschiedenen Lipizzaner-Subpopulationen wider (Abb. 5).

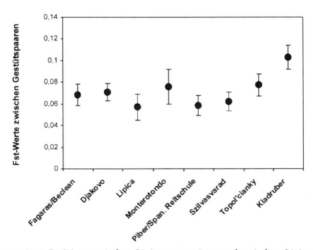

Abb. 5. Vergleich der mittleren paarweisen *Fst*-Werte zwischen Lipizzanergestüten und zwischen Lipizzanern und Kladrubern (reduzierter Datensatz von 18 Mikrosatellitenmarkern für 407 Lipizzaner und 47 Kladruber; Mittelwert ± 95 % Konfidenzintervall) (Grafik Achmann).

Als ein weiteres Maß für die genetische Ähnlichkeit zwischen Gestüten wurde der Anteil gemeinsamer Allele P_s zwischen Individuen verschiedener Gestüte für alle untersuchten Loci bestimmt. Als Distanzmaß wurde $1 - P_s$ verwendet (DAS Distanz Matrix). Abb. 6 zeigt ein UPGMA-Dendrogramm, das auf Basis der genetischen Distanzen zwischen den untersuchten Gestüten berechnet wurde. Um die Sicherheit der Verzweigungspunkte abzuschätzen, wurde ein sog. „Bootstrap-Test" durchgeführt.

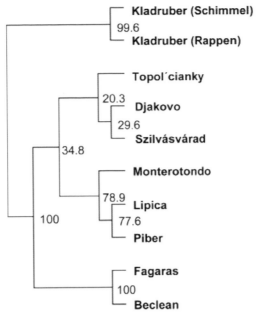

Abb. 6. Rekonstruierter phylogenetischer Baum für die untersuchten Populationen auf Basis der genetischen Distanz 1 − P$_s$. Kompletter Datensatz (561 Lipizzaner, 47 Kladruber). Die Zuverlässigkeit der Verzweigungen wird durch die Angabe der „Bootstrap-Werte" angezeigt (Grafik Achmann).

Hohe Bootstrap-Werte (Maximalwert = 100) weisen darauf hin, dass die Äste, welche von einem Verzweigungspunkt ausgehen, tatsächlich eine genetisch ähnliche Gruppe bilden. Das Dendrogramm zeigt drei Hauptgruppen. In die erste Gruppe fallen die beiden Kladruberpopulationen. Die zweite Gruppe besteht aus den Lipizzanergestüten und lässt sich in drei Untergruppen teilen. Eine Untergruppe bilden die rumänischen Gestüte. Relativ hohe Bootstrap-Werte unterstützen außerdem die Gruppierung der Gestüte Lipica, Piber und Monterotondo, während Verzweigungspunkte, welche die anderen Gestüte miteinander verbinden, aufgrund der niedrigen Bootstrap-Werte nicht als robust anzusehen sind.

Eine weitere Möglichkeit, die Beziehung der untersuchten Gestüte graphisch darzustellen, ist die Hauptkomponentenanalyse. Sie ist ein statistisches Verfahren das verwendet wird, um multivariate Daten zu vereinfachen. Abb. 7 und 8 zeigen die graphische Darstellung der Ergebnisse der Hauptkomponentenanalyse (Achmann et al. 2004). Der besseren Übersicht wegen wurden nur die Mittelwerte (über alle Individuen eines Gestüts) der Faktorladungen aufgetragen. Der Graph zeigt eine der phylogenetischen Analyse sehr ähnliche Gruppierung der Gestüte. Wiederum sind die beiden rumänischen Gestüte stärker von den anderen Lipizzanergestüten separiert. Die Gestüte Lipica, Monterotondo und Piber bzw. Djakovo, Szilvásvárad und Topol'čianky gruppieren näher zusammen. Die Kladruber sind deutlich von den Lipizzanern abgesetzt.

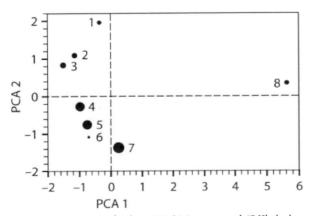

Abb. 7. Hauptkomponentenanalyse (Principal Component Analyse) von 561 Lipizzanern und 47 Kladrubern. Die Bubble Plot Grafik basiert auf einer DAS Distanz Matrix, hergeleitet von 18 Mikrosatellitenmarkern. Hauptkomponente 1 (PCA1) erklärt 64% der Gesamtvariation, Hauptkomponente 2 (PCA2) erklärt 16.8%. 1 = Monterotondo; 2 = Lipica; 3 = Piber/Span. Reitschule; 4 = Topol'čianky; 5 = Đakovo; 6 = Szilvásvárad; 7 = Fagaras/Beclean, 8 = Kladruber (Achmann et al. 2004).

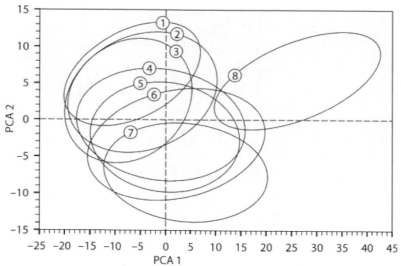

Abb. 8. Hauptkomponenten dargestellt in Ellipsen mit 75% Konfidenzintervall (Ellipsen stellen den Streuungsbereich dar, in dem 75% der Daten enthalten sind), gleiche Datengrundlage wie in voriger Abbildung (Achmann et al. 2004)

Die genetische Struktur des Lipizzaners anhand von Einzeltierinformationen

Stützten sich die Methoden bislang auf die a priori Definition von Gestüts- und Populationszugehörigkeit, so wird im folgenden Ansatz diese Information, die auch eine Einschränkung sein kann, verworfen. Man läßt hier quasi den Computer nach der wahrscheinlichsten genetischen Struktur im gesamten Datensatz suchen und kann so aus einem anderen Blickwinkel heraus die genetischen Zusammenhänge der einzelnen Subpopulationen neu betrachten und beurteilen. Die Suche nach unterschiedlichen Genpools erfolgt schrittweise und wurde hier auf k=11 Pool beschränkt. Mit dem Computerprogramm STRUCTURE wurden die Wahrscheinlichkeiten der einzelnen k Such- bzw. Simulationsschritte berechnet. Jener Durchgang mit dem höchsten Likelihood Wert (LnP(D)) entspricht dem wahrscheinlichsten Szenario und wird zur weiteren Diskussion und Interpretation herangezogen.

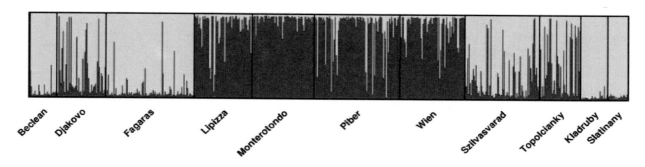

Abb. 9. Zwei genetische Pole (Grafik Druml)

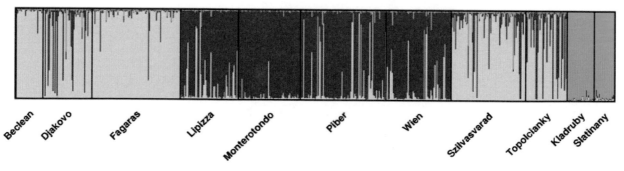

Abb. 10. Drei Genetische Pole (Grafik Druml)

Bei den Suchen nach 5 bis 8 unterschiedlichen Genpools war die Varianz der Ergebnisse relativ hoch - die Schätzer dementsprechend unsicher. Bei k=9 erreichten die Likelihood Werte ein Plateau, als die höchste Wahrscheinlichkeit, und daher entsprechen 9 genetische Poole am ehesten der Realität in der untersuchten Lipizzaner und Kladruber Population.

Folgende Abbildung illustriert den Genpool der 608 untersuchten Lipizzaner und Kladruber, wenn man davon ausgeht, dass alle Gestütspopulationen zwei verschiedenen Polen entspringen (K = 2; Abb. 9).

Jeder Längs Balken kennzeichnet ein Individuum, die Farben Gelb und Violett die zwei a priori definierten genetischen Zweige. In dieser ersten Differenzierungsstufe ist gut erkennbar, dass sich die klassischen Gestüte Lipizza, Monterotondo, Piber und Wien von den Restpopulationen abtrennen. Interessanterweise ist der genetische Unterschied von Kladrubern zu Lipizzanern in dieser ersten Phase nicht so ausgeprägt. Kladruber Pferde differenzieren sich erst in der nächsten Abbildung (3 genetische Pole; K = 3; Abb. 10) von Lipizzaner Pferden.

Die Pferde der Gestüte Topoľčianky und Đakovo zeigen sich in diesen zwei Phasen relativ stark von den klassischen Zuchten beeinflusst. Hingegen weisen die rumänischen und ungarischen Lipizzaner hauptsächlich einen eigenen Genpool (gelb) auf. Schon hier kann ein wesentliches Charakteristikum dieser Methode beobachtet werden: es ist möglich auf Individuenbasis sogenannte Kreuzungstiere zu definieren. Diese Pferde tragen im Wesentlichen andere nicht für das eigene Gestüt charakteristische Allele. Im nächsten Schritt fügen wir einen weiteren genetischen Pol ein, der ziemlich präzis durch die rumänischen Gestüte Beclean und Fogaras definiert ist (Abb. 11).

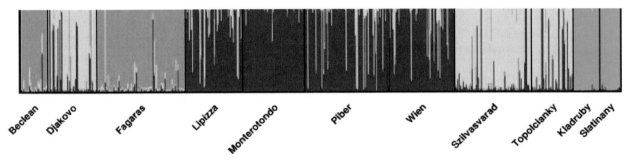

Abb. 11. Vier Genetische Pole (Grafik Druml)

Einen Schritt weiter (K = 5) differenzieren sich die klassischen Gestüte, eine Teilung die größtenteils durch historische Fakten erklärt werden kann. Die italienische Lipizzanerzucht entwickelte sich nach der Trennung 1945 relativ autark und geschlossen weiter. Es ist daher nicht verwunderlich, dass der „klassische" Einfluss auf die Gestüte Đakovo, Szilvásvárad und Topoľčianky durch den neuen Cluster (rot) repräsentiert durch die österreichische und slowenische Zucht abgelöst wird. Monterotondo war nicht im selben Maß in den Zuchttieraustausch nach 1945 involviert wie die restlichen genannten Gestüte (Abb. 12).

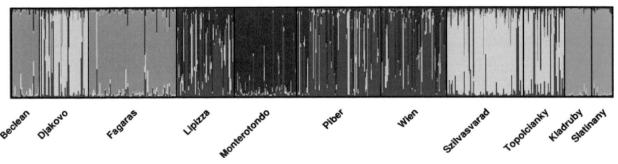

Abb. 12. Fünf Genetische Pole (Grafik Druml)

In weiterer Folge (K = 6) separieren sich die beiden Gestüte Ðakovo und Topoľcianky von der ungarischen Lipizzanerzucht. Beide Gestüte haben eine gemeinsame jüngere Zuchtgeschichte: den Hengst Maestoso X Mahonia aus der slowakischen Zucht der einige Jahre in Kroatien als Hauptbeschäler gewirkt hat und dem zu Folge einige Nachkommen in Ðakovo hinterlassen hat. Diese aus den 1990er Jahren stammende starke Verbindung schlägt sich auch in den vorliegenden Marker Allelen nieder (Abb. 13).

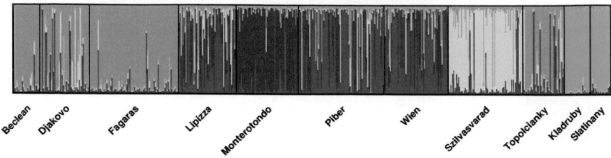

Abb. 13. Sechs Genetische Pole (Grafik Druml)

Der hellblaue genetische Pol (K = 7; Abb. 14) in folgender Abbildung kann eigentlich nicht genau einem Gestüt zugeordnet werden. Er tritt am häufigsten in Lipizza und der österreichischen Zucht auf und kann als Sub-Pol der klassischen Zuchten bezeichnet werden.

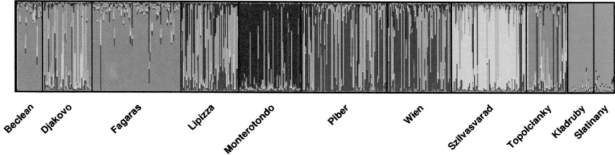

Abb. 14. Sieben Genetische Pole (Grafik Druml)

Bei acht definierten genetischen Zweigen (Abb. 15) differenziert sich relativ genau das slowakische Gestüt als eigene genetische Einheit und die Verbindung über den Hengst Maestoso X Mahonia wird gelöst.

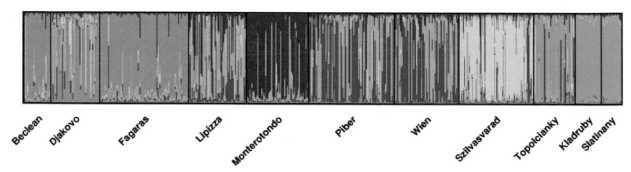

Abb. 15. Acht Genetische Pole (Grafik Druml)

Neun genetische Zweige (Abb. 16) stellen den Zustand dar, welcher statistisch am ehesten die Realität repräsentiert. Hier entsteht ein eigener slowenischer Genpool. Somit sind nun die zuerst klassischen Gestüte in vier Pole geteilt, wobei die österreichische Zucht die höchste Diversität erahnen lässt. Am klarsten sind die Rumänischen Gestüte und die Kladruber Gestüte differenziert, danach schließen sich die Gestüte Monterotondo und Szilvásvárad an. In diesen genannten Gestüten existieren quantitativ die typischsten Allelkombinantionen, in den anderen Gestüten wechseln sich die verschiedensten Kombinationsmöglichkeiten ab.

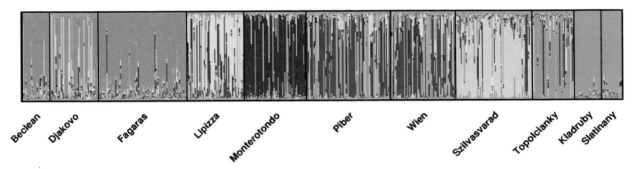

Abb. 16. Neun Genetische Pole (Grafik Druml)

Die klassischen Zuchten stellen sich mittlerweile etwas heterogen dar. Dies spiegelt die Züchtungspraxis als auch den in den letzten 20 Jahren erfolgten Zuchttieraustausch wieder. Der eigenständige italienische Pol innerhalb des klassischen Kontexts lässt sich auf eine engere Verwandtschaft und geringere Heterozygotie innerhalb dieser Herde zurückführen (Abb. 16).

Aus dem gesamten Differenzierungsablauf von 2 bis 11 genetischen Polen, kann optisch auch der Distanzbaum aus vorigem Kapitel abgeleitet werden. Diese Methode ist generell für den Züchter und Praktiker relevant, da durch die Darstellung der Genanteile die Information qualitativ verwertbar wird (Abb. 17).

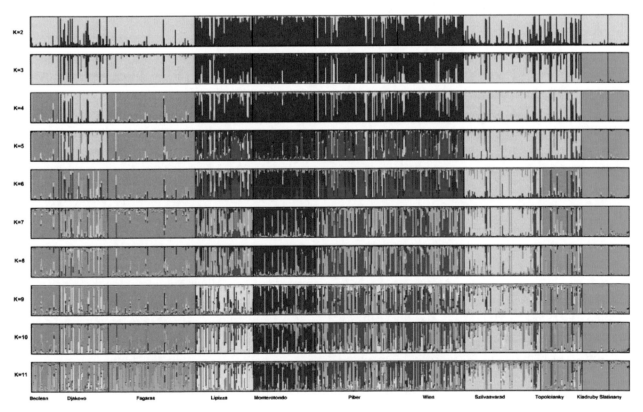

Abb. 17. Darstellung der Genanteile (Grafik Druml)

Die Genpoole auf Populationsebene sind in Abb. 18 dargestellt. Die genetische Struktur der einzelnen Gestüte ist hier gut erkennbar und da 9 Pole den Ist-Zustand am besten erklären beziehen wir uns des Weiteren auf die Darstellung mit K = 9.

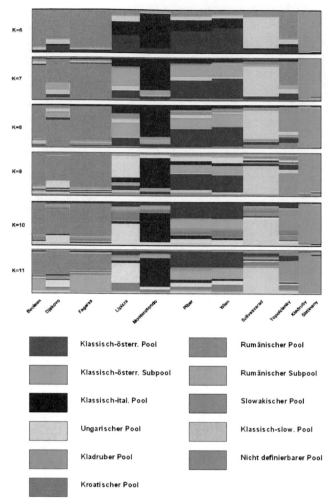

Abb. 18. Genpoole auf Populationsebene (Grafik Druml)

Rumänische Lipizzaner und Kladruber sind genetisch nahezu gleich weit entfernt oder eigenständig. Der rumänische Genpool erfasst 78.1% der Erbanlagen im Gestüt Beclean und 81.1% im Gestüt Fogaras. Kladruber Pferde tragen im Gestüt Kladruby 91.9% und im Gestüt Slatiňany 86.9% an Kladruber-typischen Genen. Diese Gestüte sind stark genetisch eigenständig determiniert.

Die Gestüte Kroatiens, Ungarns und der Slowakei weisen einen Eigenständigkeitsgrad von 59.9% in Đakovo, 54.2% in Topoľčianky und 66.5% in Szilvásvárad auf.

Die Klassische Gruppe stellt sich bis auf Ausnahme Monterotondos heterogen dar. Lipizza weist einen eigenen Genpool von 51.5% auf, der Piberaner Pool setzt sich aus 38.3% plus einen Subpool mit 20.8% zusammen. Die Hengste in der Spanischen Reitschule in Wien sind naturgemäß ähnlich zu der Herde in Piber: 41.1% Piberaner Pool und 21.9 Subpool. Nur das italienische Gestüt Monterotondo, dessen Pferde einen geringeren Heterozygotiegrad und einen höheren Inzuchtkoeffizienten aufweisen, sind genetisch weiter abgegrenzt als Lipizzaner aus den klassischen Zuchten und Lipizzaner aus Kroatien, Ungarn und der Slowakei.

Fallbeispiel: Reithengste in der Spanischen Reitschule in Wien

Die Population der Hengste in der Spanischen Reitschule ist in Abb. 19 dargestellt. Die Hengste sind sortiert nach Anteil ihres klassischen österreichischen Genpools. Es stellt sich die Frage inwieweit diese Informationen züchterisch oder praktisch relevant sind, denn generell dient die angewandte Methode zur Strukturfindung bei Populationen ohne Pedigreeinformationen. Um die zwei österreichischen genetischen Subpole zu unterscheiden wurden mehrere Hengste, welche jeweils für beide Pools charakteristisch sind, zufällig ausgewählt (Tab. 5).

Tab. 5. Die exemplarisch ausgewählten Hengste beider genealogischen (Alellfrequenz basierend) Subpole.

Klassischer österr. Pol – rot (dominierend)		Klassischer österr. Subpol – blau	
Maestoso Fabiola P 1993	p = 74%	Siglavy Superba P 1986	q = 87%
Siglavy Mantua P 1979	p = 71%	Siglavy Cäcilia P 1991	q = 92%
Neapolitano Nima P 1981	p = 55%	Siglavy Dubovina P 1992	q = 83%
Pluto Mantua P 1987	p = 96%	Pluto Dubovina P 1993	q = 86%

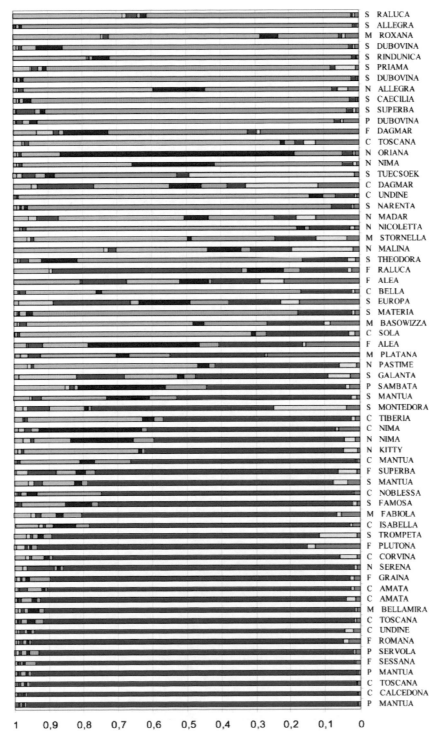

Abb. 19. Hengste der Spanischen Reitschule in Wien, und deren genetische Zusammensetzung (Genpools der k=9 Untereinheiten) (Grafik Druml).

Die Informationen aus Abb. 19 wurden mit den Pedigrees der einzelnen Hengste verglichen und die Abstammungen dem jeweiligen genetischen Pol farblich zugeordnet (Abb. 20 bis 23). Schon anhand der acht dargestellten unterschiedlichen Hengste kann man erkennen, dass der Hauptbeschäler Siglavy Beja (geb. 1964), eine tragende Rolle bezüglich der genetischen Struktur in der österreichischen Lipizzanerzucht spielt.

Abb. 20a. Siglavy Mantua (Archiv Piber)

Siglavy Mantua I m. P 1979	Siglavy Plutona m. P 1971	Siglavy V Africa m. P 1964	196 Siglavy IV Bona m. WI 1951	1457 Siglavy II Brezovica m. F 1931
				Bona f. WI 1946
			48 Africa f. P 1955	159 Conversano III Montebella m. WI 1947
				4 Oma f. WI 1947
		100 Plutona f. P 1965	Conversano IV Soja m. WI 1952	Conversano Bonavista m. P 1925
				19 Soja f. WI 1945
			70 Perfetta f. P 1959	142 Neapolitano IV Brenta m. WI 1945
				33 Perfetta f. P 1951
	Mantua f. P 1969	Neapolitano VII Bresciana II m. P 1949	313 Neapolitano III m. P 1922	Neapolitano Capriola m. L 1905
				45 Siglavy Monterosa f. RAD 1913
			76 Presciana I f. P 1939	907 Maestoso VI Theodorosta m. P 1924
				28 Presciana f. P 1929
		Troja f. P 1957	Maestoso VIII Capriola C. m. 1936	907 Maestoso VI Theodorosta m. P 1924
				3 Neapolitano Capriola f. P 1926
			Tiberia f. L 1943	1121 Favory Slava II m. ST 1931
				Trompeta III f. L 1930

Abb. 20b. Pedigree Siglavy Mantua I

Abb. 21a. Maestoso Fabiola 91 (Archiv Piber)

Maestoso Fabiola m. P 1993	Maestoso Saffa m. P 1970	198 Maestoso IX Ancona m. WI 1951	101 Maestoso Alea m. P 1941	907 Maestoso VI Theodorosta m. P 1924
				32 Alea f. P 1928
			24 Ancona f. WI 1946	Favory Santa I m. ST 1931
				32 Valdamora f. P 1933
		Saffa f. P 1964	Neapolitano V Wanda II m. P 1949	313 Neapolitano III m. P 1922
				Wanda f. P 1931
			Sessana f. P 1956	142 Neapolitano IV Brenta m. WI 1945
				22 Stornella f. WI 1946
	Fabiola f. P 1986	Pluto Rowina m. P 1972	Pluto IX Basilica m. P 1962	205 Pluto VI Theodorosta I m. P 1952
				44 Basilica f. P 1954
			73 Rowina f. P 1960	146 Favory X Kitty 1-2 m. WI 1946
				Primavera f. P 1955
		Contessa f. P 1978	Conversano VII Valdamora m. P 1959	159 Conversano III Montebella m. WI 1947
				Valdamora f. WI 1951
			32 Dagmar f. P 1972	Neapolitano VIII Gigina m. P 1958
				90 Fabiola f. P 1963

Abb. 21b. Pedigree Maestoso Fabiola 91

Abb. 22a. N Nima 80 (Archiv Piber)

			313 Neapolitano III	Neapolitano Capriola m. L 1905
Neapolitano Nima m. P 1981	Neapolitano Navarra m. P 1969	Neapolitano VII Brescians II m. P 1949	m. P 1922	45 Siglavy Monterosa f. RAD 1913
			76 Presciana I	407 Maestoso VI Theodorosta m. P 1924
			f. P 1930	26 Prescana f. P 1922
		Navarra f. P 1959	142 Neapolitano IV Brenta m. WI 1945	750 Neapolitano Slavonia I m. ST 1928
				Brenta f. L 19335
			19 Soja f. WI 1945	1121 Favory Slava II m. ST 1931
				Strana f. L 1931
	Nima f. P 1964	196 Siglavy IV Bona m. WI 1951	1457 Siglavy I Brenovich m. P 1931	24 Siglavy Strana m. L 1913
				5 Pinto II-2.1. P 1920
			Bona f. WI 1946	Pluto Marina m. L 1939
				Romida f. L 1933
		Arva f. WI 1947	1294 Favory VII Ancona m. P 1928	31 Favory Gratiosa VI m. L 1916
				41 N II f. P 1919
			Odaliska II f. F 1939	398 Neapolitano Gaetana m. ST 1925
				Odaliska f. F 1925

Abb. 22b. N Nima 80

Abb. 23a. F Superba 11 (Archiv Piber)

			236 Favory XI Bora I, P. 1956	1294 Favory VII Ancona, P. 1928
Favory Superba, P. 1990	Favory Europa, P. 1975	Favory XII Beja, P. 1963		93 Bora, Ho. 1943
			25 Beja, P. 1949	313 Neapolitano III, P. 1925
				95 Biondella, Ho. 1944
		Europa, P. 1966	Conversano IV Soja, P. 1952	Conversano Bonavista, P. 1925
				19 Soja, Wi. 1945
			Troja, P. 1957	Maestoso VIII Capriola I, P. 1936
				Tiberia, L. 1943
	Superba, P. 1973	Neapolitano IX Nautika, P. 1958	142 Neapolitano IV Brenta, Ho. 1945	750 Neapolitano Slavonia I, St. 1928
				Brenta, L. 1935
			30 Nautika, P. 1949	Maestoso VII Betalka, P. 1934
				89 Bonavia I, P. 1942
		84 Stella, P. 1962	206 Pluto Theodorosta I, P. 1952	Pluto V Prescians, P. 1932
				66 Theodorosta I, P. 1938
			22 Stornella, Wi. 1946	Conversano Primula, E. 1931
				Stornella IV, L. 1931

Abb. 23b. F Superba 11

Für die Bezeichnung der Genpole wurden bewusst die Mendelschen Frequenzparameter p (roter Pool) und q (blauer Pool) gewählt, da diese Pole hauptsächlich auf diversen Allelen oder Allelkombinationen beruhen. Zieht man alle Hengste heran, deren Anteil am blauen Pool größer als 50% (q>0.5) ist, so hat man eine recht große Halbgeschwistergruppe des Hengstes Siglavy Beja (Abb. 25) vor sich.

	Siglavy Raluca P 1991	q = 59%
	Siglavy Allegra P 1987	q = 96%
	Siglavy Dubovina P 1990	q = 95%
	Siglavy Rindunica P 1989	q = 70%
	Siglavy Priama P 1991	q = 82%
Siglavy Beja P 1964	Siglavy Dubovina P 1992	q = 83%
	Siglavy Caecilia P 1991	q = 92%
	Siglavy Superba P 1986	q = 87%
	Siglavy Narenta P 1989	q = 88%
	Siglavy Materia P 1989	q = 77%
	Siglavy Theodora P 1993	q = 66%
	Pluto Dubovina P 1993	q = 86%

Abb. 25. Halbgeschwistergruppe des Hengstes Siglvy Beja (Grafik Druml)

Somit ist dieser klassische österreichische Subpool hauptsächlich auf den breiten Einsatz dieses Hengstes zurückzuführen und ein Ergebnis der letzten ein bis zwei Generationen der Lipizzanerzucht in Piber, in der Siglavy Beja seine Allelkombinationen auf die Nachkommenschaft übertragen hat.

DER GENETISCHE AUSTAUSCH ZWISCHEN DEN LIPIZZANERGESTÜTEN

Der Zuchttieraustausch und genealogische Zusammenführungen oder Trennungen spielten in der Geschichte der Lipizzanerzucht seit jeher eine große Rolle. Die Umschichtungen in der ungarischen Zucht oder der ehemaligen Jugoslawischen Zucht waren zum Beispiel Typprägend für die entstanden Zweige des Lipizzaners. Weiter entstanden im 20. Jahrhundert aufgrund der beiden Weltkriege weitere Differenzierungsprozesse – Trennungen von Lipizza 1919 und 1946, oder aber auch eine Zusammenführung in der Hostauer Periode 1941-45. Diese Veränderungen sind dokumentiert in den Zuchtbüchern und Abstammungsdokumenten. Vor allem durch das LIF (Atjan Hop) wurden und werden die Dokumente und die Familienstrukturen gründlich aufgearbeitet. Gerade die private Lipizzanerzucht oder Landeszucht der ehemaligen Kronländer litt wie so viele andere Pferderassen unter den wirtschaftlichen und soziologischen Einwirkungen der zweiten Hälfte des 20. Jahrhunderts.

Molekulargenetische Methoden können auch zu diesem Zweck verwendet werden, wie folgende Beispiele illustrieren. In den nächsten zwei Abbildungen (Abb. 26 und 27) wurden die einzelnen Pferde anhand ihrer Markerinformationen den einzelnen Zuchtstätten zugeordnet. Diese zwei Grafiken zeigen jeweils die Fehlzuordnungen in Prozent. Der Anteil an Tieren, der nicht eindeutig zum Stammgestüt passt, wird dann der jeweiligen Tendenz nach anderen Gestüten zugeordnet. Es ergibt sich so eine Art Austausch oder Ähnlichkeitsmatrix.

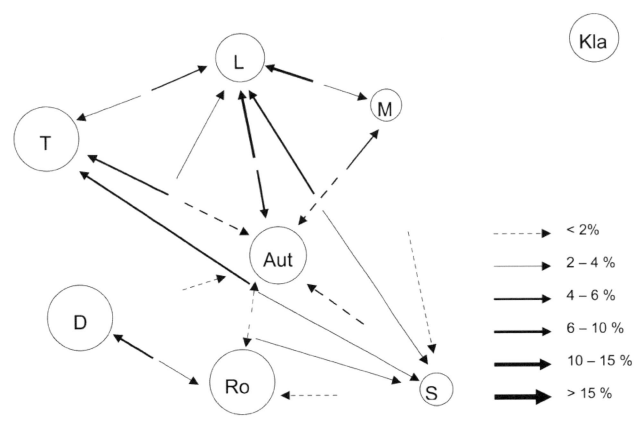

Abb. 26. Genetische Zuordnung (Population assignment) der Tiere zu den einzelnen Gestüten anhand genetischer Markerinformation mit reduziertem Datensatz, (Zuchttieraustausch in den letzten 2 Generationen wurde berücksichtigt und die Gestütspopulationen um diese Fremdtiere bereinigt). Fehlzuordnungen liegen alle unter 10%. (Grafik Druml).

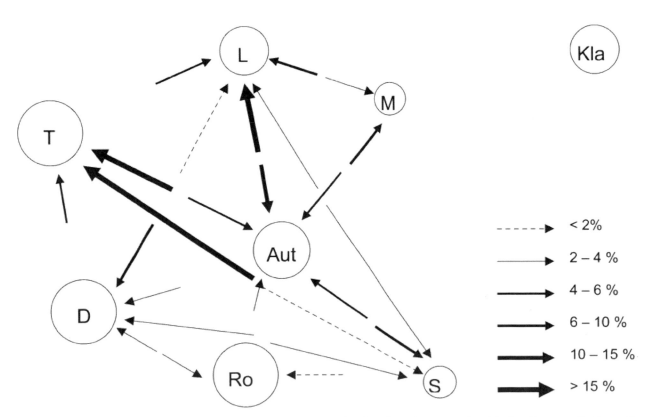

Abb. 27. Genetische Zuordnung der Tiere zu den einzelnen Gestüten anhand Markerinformation mit originalem Datensatz (Ist-Zustand) (Grafik Druml)

In Tab. 6 wurde der Zuchttieraustausch, ausgedrückt in E(I)mmigranten per Generation, berechnet. Gut erkennbar ist die österreichische Zucht mit ca. 34 Importtieren und 30 Exporttieren, die gut vernetzt mit den anderen Lipizzanerpopulationen ist.

Tab. 6. Zuchttieraustausch oder Genfluß anhand von genetischer Markerinformation, ausgedrückt in Tieren per Generation (Importtiere = Immigranten; Exporttiere = Emmigranten).

	Österreich	Đakovo	Szilvás-várad	Monte-rotondo	Rumänien	Topol'-čianky	Lipizza	Emigranten (total)
Österreich		0	4.0	4.0	6.0	4.5	12.0	30.5
Đakovo	4.5		0.5	0	0.9	0	0.5	14.5
Szilvásvárad	7.0	3.0		0	1.0	0.5	0	11.5
Monterotondo	8.0	0	0		0	0	0.5	8.5
Rumänien	0.5	0	1.0	0		0	0	1.5
Topol'čianky	3.0	0	3.0	0	0.5		0	6.5
Lipizza	11.0	3.0	0	0	0	0		14.0
Immigranten (total)	34.0	6.0	8.5	4.0	7.5	14.0	13.0	87.0

SCHLUSSFOLGERUNGEN

Die Auswertung der molekulargenetischen Analysen (DNA-Mikrosatellitenmarker und mtDNA) des zur Verfügung stehenden Datenmaterials zeigte, dass die Lipizzaner eine relativ homogene Population darstellen, die sich deutlich von den ihnen nahe stehenden Kladrubern unterscheidet. Eine stärkere genetische Differenzierung zwischen Lipizzanerpopulationen wäre überraschend gewesen, weil alle untersuchten Gestüte Beziehungen zur „Urpopulation" in Lipica aufweisen und eine Trennung der Lipizzaner in einzelne Gestüte erst vor relativ kurzer Zeit stattgefunden hat. Die Ausbildung von genetischen Unterschieden zwischen Populationen aufgrund von Mutation, Selektion und genetischer Drift ist jedoch ein Vorgang, der vergleichsweise langsam voranschreitet. Zu dem ist es in der Zuchtgeschichte des Lipizzaners immer wieder zur Zusammenführung einzelner Populationen (Gestüte) bzw. zum Austausch von Zuchttieren zwischen Gestüten gekommen. Dieser „Genfluß" trägt dazu bei, dass genetische Unterschiede zwischen Populationen fortdauernd nivelliert wurden und werden. Am genetisch ähnlichsten sind sich die Gestüte Lipica, Monterotondo und Piber. Lediglich die rumänischen Lipizzaner setzen sich von den restlichen Lipizzanergestüten relativ deutlich ab. Dies könnte vor allem daran liegen, dass in Rumänien häufiger auf Stutenlinien zurückgegriffen wurde, welche in den anderen Gestüten nicht zur Zucht eingesetzt wurden. Inwieweit die Stellung der rumänischen Gestüte im Hinblick auf die Gesamtdiversität des Lipizzaners besonders zu bewerten ist, sollte diskutiert werden.

Hinsichtlich der genetischen Diversität gibt es keine auffallenden Unterschiede zwischen den untersuchten Lipizzanergestüten. Lipizzaner weisen trotz der vergleichsweise geringen Populationsgröße keine geringere Alleldiversität oder Heterozygotie auf als andere Pferderassen. Die molekulargenetischen Daten lassen nicht erkennen, dass Verwandtschaftspaarung (Inzucht) im großen Ausmaß stattgefunden hat. Zytogenetische Untersuchungen ergaben ebenfalls keinen Hinweis auf auffällige Aberrationen, so dass sich die untersuchte Lipizzanerpopulation als „normale" Pferderasse darstellt.

Auffallend war, dass die genetischen Untersuchungen von DNA-Mikrosatelliten und mtDNA mehrfach Widersprüche zwischen tatsächlicher und der im Stammbaum dokumentierten Abstammung aufdeckten. Bei der Analyse von DNA-Mikrosatelliten fiel insbesondere der vergleichsweise hohe Anteil (7%) an falschen Mutterschaften auf. Es zeigte sich, dass dieses Problem vor allem im italienischen Gestüt Monterotondo auftrat, wo jede dritte untersuchte Abstammung falsch war. Schwierigkeiten bei der Zuordnung von Fohlen und Mutter wurden wahrscheinlich durch das in Monterotondo praktizierte Haltungssystem (Weidehaltung in Kleinherden) begünstigt. mtDNA-Analysen (siehe Kap. 17) konnten zudem belegen, dass in 28,5 % der untersuchten mütterlichen Linien mindestens einmal eine falsche Abstammung ins Zuchtbuch eingetragen worden war.

Da der Stammbaum der Lipizzaner zumindest teilweise fehlerhaft ist, sind alle Berechnungen, die auf Grundlage des Stammbaums basieren, wie zum Beispiel die Berechnung des Blut- oder Genanteils und des Inzuchtkoeffizienten, nicht zuverlässig. Selbst wenn mit sehr großem Aufwand weitere genetische Untersuchungen durchgeführt werden würden, ließe sich das genaue Ausmaß der Fehler kaum klären. Eine nachträgliche Korrektur des Stammbaums, vor allem bei älteren Generationen, würde außerordentlich arbeitsaufwändig sein und wahrscheinlich nicht alle Zweige des Pedigrees richtig rekonstruieren können.

Damit in Zukunft die Genauigkeit der Zuchtbucheintragungen verbessert werden kann, sollten in allen Gestüten Anstrengungen unternommen werden, die Fehlabstammungsrate so weit wie möglich zu senken. Abstammungsüberprüfungen auf Basis der DNA-Mikrosatellitenanalysen sind dazu absolut geeignet und notwendig. Prinzipiell könnten die Mikrosatellitendaten auch für Anpaarungsempfehlungen genutzt werden. Interessant wäre es zu prüfen, ob Anpaarungsempfehlungen die auf Mikrosatelliten- bzw. Blutgruppendaten beruhen zum gleichen Schluss kommen. Günstig wäre es sicherlich, wenn die Mikrosatelliten-Analysen von einem Zentrallabor durchgeführt werden würden, das die notwendige Expertise (z.B. Teilnahme an internationalem Vergleichstests) aufweisen kann.

Bei der Einführung eines DNA-Abstammungstests sollte besonderes Augenmerk auch der ständigen Evaluierung des Testsystems gewidmet werden. Durch die genaue Charakterisierung von Nullallelen könnten wichtige Detailkenntnisse gewonnen werden, die auch für Abstammungstests bei anderen Rassen von internationalem Interesse sind. Da für die Mikrosatellitenanalyse kein empfindliches Probenmaterial, wie z.B. Blut, benötigt wird, könnten Proben in Form von Schleimhautabstrichen oder Haarwurzeln zum Abstammungstest eingesandt werden. Die DNA, die aus diesem Probenmaterial isoliert wird, könnte sehr gut eingelagert und auch für ergänzende genetische Untersuchungen genutzt werden. Gerade im Hinblick auf eine weitere Erforschung von genetischen Merkmalen des Pferdes wie z.B. die Charakterisierung von bestimmten Leistungsgenen, Resistenzgenen oder auch Genen, die für die Ausprägung bestimmter Erbkrankheiten wichtig sind, würde eine gut zugänglich und optimal gemanagte Pferderasse, wie sie der Lipizzaner darstellt, wertvolles Untersuchungsmaterial für die Wissenschaft liefern können.

Abb. XVII. Ein „Herrenfahrer" mit zwei Lipizzanerschimmeln um die Jahrhundertwende (Archiv Brabenetz)

KAPITEL 17

PETER DOVČ, TATJANA KAVAR und GOTTFRIED BREM

Mitochondriale DNA Typen bei Lipizzanern

Die Lipizzaner gehören weltweit zu den ältesten Kulturpferderassen und den am besten dokumentierten Haustierrassen. Deshalb sind sie für populationsgenetische Studien und für die Überprüfung der Stammbaumdaten mit molekulargenetischen Methoden hervorragend geeignet. Neben den Mikrosatelliten (siehe Kap. 16), die u.a. für die Rekonstruktion der Vererbung der chromosomalen DNA verwendet werden, wird die mitochondriale DNA (mtDNA) als genetischer Marker für zytoplasmatische Vererbung verwendet. Die molekulargenetische Analyse der mtDNA erlaubt es, die Geschichte von Populationen erfolgreich zu rekonstruieren und bietet wegen der matroklinen Vererbung die Möglichkeit, Stammbaumdaten mütterlicherseits zu überprüfen.

DIE MITOCHONDRIALE DNA

Mitochondrien sind Zellorganellen, die in eukaryotischen Zellen für den Energiemetabolismus verantwortlich sind. Jede Zelle enthält hunderte Mitochondrien mit jeweils ca. 2–10 mtDNA-Kopien. In Zellen, die viel Energie verbrauchen, befinden sich besonders viel Mitochondrien. Eine höhere Anzahl von Mitochondrien ist typisch für aktivere Zellen, wie zum Beispiel Leber-, Muskel- oder Herzmuskelzellen. Die Anzahl der Mitochondrien pro Zelle steht also in engem Zusammenhang mit der metabolischen Aktivität der Zelle. Die Anzahl von Mitchondrien in der Muskelzelle ist entscheidend für die Festlegung des Muskelfasertyps. Schnell kontrahierende Muskelfasern des anaeroben Typs haben weniger Mitochondrien als langsam kontrahierende Muskelfasern des aeroben Typs. Deswegen kann man die berechtigte Frage stellen, ob Tiere mit höherer Anzahl von Mitochondrien in den Muskelzellen der wichtigsten Skelettmuskel auch über ein größeres athletisches Potenzial verfügen. Die Anzahl von Mitochondrien in der Zelle spielt eine wichtige Rolle bei der Festlegung des Potenzials der Zelle für die oxidative Phosphorylierung, die für die eukaryotische Zelle die effizienteste Art der Energiespeicherung in Form von ATP ist.

Trotz ihrer zentralen Bedeutung für eine normale Zellfunktion interessiert im Rahmen dieses Kapitels viel mehr als die physiologische Funktion der Mitochondrien das einzigartige, vom Zellkern weitgehend unabhängige, genetische System der Mitochondrien. Die kreisförmige Mitochondrien-DNA (mtDNA) stellt das mitochondriale Pendant zum chromosomal genetischen System des Zellkerns dar, das die genetische Information des Zellkerns im Mitochondrium entscheidend komplementiert. Bei den Wirbeltieren, und das Pferd ist hier keine Ausnahme, ist die mtDNA etwa 16.500 Basenpaare lang und voll gepackt mit genetischer Information. Mitochondriale DNA enthält keine Introns, keine „Junk" DNA und es gibt keine Rekombination. Im Normalfall sind alle mtDNAs in einer Zelle identisch (= Homoplasmie). Da es für die mitochondriale DNA kein effektives Reparatursystem gibt, ist die nachweisbare Mutationsrate (ca. 1×10^{-7} Mutationen pro bp pro Generation) höher als im Kern-Genom (ca. 2×10^{-8} pro bp pro Generation).

Die mtDNA kodiert zwei Untereinheiten der ribosomalen RNA (12S und 16S), 22 tRNA Moleküle und 13 Enzym-Untereinheiten, die zusammen mit den chromosomal kodierten Enzymen, die enzymatische Maschinerie des Mitochondriums bilden. Die mtDNA ist, mit einer einzigen Ausnahme der regulatorischen Region (die bei verschiedenen Tierarten von 800 bis 1200 Basenpaare lang ist), komplett mit kodierenden Sequenzen besetzt, wobei die Gene für die tRNA Moleküle oft als Trennung zwischen proteinkodierenden Sequenzen dienen. Auf den ersten Blick mag die nicht kodierende Region der mtDNA weitgehend unbedeutend und uninteressant erscheinen. Aber diese nicht kodierende Region übernimmt innerhalb der mtDNA regulatorische Funktionen, die sowohl über die Replikation als auch über die Transkription der mtDNA entscheiden. Diese regulatorische Region trägt wegen der spezifischen Strukturen, die bei der Replikation der mtDNA entstehen, auch den Namen D-loop (abgeleitet aus dem englischen „displacement loop", Verdrängungsschleife)(Abb. 1). In dieser Region befinden sich wichtige Bindungsstellen für die Proteine (Transkriptionsfaktoren), die die beiden genannten, für die Funktion und Erneuerung der Mitochondrien innerhalb der Zelle unentbehrlichen Prozesse, steuern. Allerdings befinden sich in der Umgebung dieser Bindungsstellen Nukleotidfolgen, die für die Funktion der mtDNA nicht so bedeutend sind und deswegen anfälliger für die Akkumulation von Mutationen im Laufe der Evolution waren. Diese Nukleotidfolgen können deswegen als „biologische Uhr" verwendet werden, die uns einen Eindruck über die Evolution oder über die wichtigen Ereignisse in der Geschichte biologisch enger oder weiter verwandten Tierarten vermitteln. In der Evolutionsbiologie, die sich mit der Entstehung der Arten und deren Geschichte beschäftigt (Phylogenie), ist die mtDNA ein wichtiges und oft untersuchtes Molekül. Die DNA-Reparaturmechanismen in Mitochondrien sind viel uneffizienter als im Zellkern und die mtDNA ist ständig dem oxidativen Stress, der durch die hohen Konzentrationen der reaktiven Sauerstoffarten verursacht wird, unterworfen. Daraus resultiert, verglichen mit der Kern-DNA, ein um eine Grössenordnung häufigeres Vorkommen der Mutationen im D-loop der mtDNA. Deshalb unterscheiden sich in dieser mtDNA Region auch relativ eng verwandte Tierarten deutlich nach der Nukleotidreihenfolge, die durch relativ häufig auftretende Mutationen relativ schnell verändert wird. Die Nachkommen erhalten ihre mtDNA vom Zytoplasma der Eizelle und haben deswegen eine der Mutter identische mtDNA, was in der Sprache der Genetiker den gleichen Haplotyp bedeutet. Deshalb bietet die mtDNA eine Gelegenheit, die Herkunft der Tiere mütterlicherseits zu überprüfen. Das Mitochondrium beinhaltet normalerweise mehrere identische mtDNA Moleküle. Für die mtDNA wird deswegen Polyploidität, Homozygotie und ein strikt maternaler Erbgang angenommen (Hutchinson et al., 1974). Exakt formuliert, gelten die oben genannten Eigenschaften als Standard. Für die letzten zwei Eigenschaften gelten manchmal gut dokumentierte Ausnahmen: Heteroplasmie – in einer Zelle können manchmal zwei oder sogar mehrere mtDNA-Typen gefunden werden: paternaler Beitrag – in extrem seltenen Ausnahmefällen kann eine Beteiligung von Mitochondrien der Samenzelle an denen der Zygote nicht ausgeschlossen werden und so den strikt maternalen Erbgang brechen. In den folgenden Betrachtungen der mtDNA werden beide Ausnahmeerscheinungen weitestgehend ignoriert.

DIE MTDNA BEIM PFERD

Die ersten Untersuchungen der mtDNA des Pferd wurden von Ishida et al. (1994) durchgeführt. Anhand der Nukleotidreihenfolge im D-loop von drei englischen Vollblütern wurde die Struktur der nicht kodierenden Region der Pferde-mtDNA bestimmt. Ähnlich wie bei den anderen Säugetierarten findet man auch beim Pferd innerhalb des D-loops eine zentrale konservierte Region *(Conserved Sequence Block, CSB)* und drei kürzere konservierte Regionen (CSB1, CSB2 und CSB3). Für die Pferde mtDNA sind die mehrfachen Wiederholungen (2–29) eines kurzen, 8 Basenpaare langen Motivs (GTGCACCT) in der 3'-Hälfte des D-loops typisch (Abb. 1). Die gesamte mtDNA beim Pferd ist 16660 Basenpaare lang und hat im Fall der 29 Oktanukleotid-Wiederholungen eine 1192 Basenpaare lange nicht kodierende Region (Xu und Arnason, 1994). Die Anzahl dieser Wiederholungen variiert sogar zwischen verschiedenen mtDNA Molekülen eines Tieres und ist deswegen die häufigste Ursache für mitochondriale Heteroplasmie, also das Auftreten von unterschiedlichen mtDNA Molekülen in einem Individuum. Deshalb wird diese Oktanukleotid- Region bei der mtDNA Analyse üblicherweise nicht in Betracht gezogen. Die meisten Mutationen wurden am Anfang und am Ende der mtDNA D-loop Region gefunden und dann in verschiedenen Populationsstudien verwendet (Abb.1). Aufbauend auf dem Nukleotidsequenz-Vergleich des 270 Basenpaare langen Abschnittes der mtDNA zwischen tRNA^{Pro} und CSB, wurde die Mutationsrate auf 2–4 $\times 10^{-8}$ pro Nukleotidposition pro Jahr geschätzt (Ishida et al., 1995). In der gleichen Studie wurde auch gezeigt, dass die Przewalski-Pferde laut phylogenetischer Analyse der mtDNA nicht die früheste (anzestrale) Position im phylogenetischen Baum der Pferderassen einnehmen. Deshalb kann ihre mtDNA nicht als Archetyp für die modernen Pferderassen betrachtet werden. Oakenfull und Ryder (1998) haben die Variabiliät der mtDNA bei Przewalski-Pferden und bei modernen Pferderassen verglichen und dabei keine bedeutenden Unterschiede in der Varianzverteilung zwischen den beiden Gruppen gefunden. Die beobachteten Varianzen sind eher eine Folge von mtDNA-Polymorphismen, die Przewalski-Pferde und moderne Pferderassen von ihren gemeinsamen Vorfahren geerbt haben, als eine Folge divergierender Evolution nach der Trennung der beiden Gruppen (Kavar und Dovč, 2005).

Hohe Variabilität der mtDNA haben auch Lister et al. (1998) in einer Vergleichstudie der mtDNA D-loop Sequenzen von 29 Pferden unterschiedlicher Rassen gefunden und damit gezeigt, dass die gefundenen mtDNA Haplotypen schon vor dem Herausbilden der modernen Pferderassen entstanden sein müssen. Es konnte keine Verbindung zwischen dem mtDNA Haplotyp und der Zugehörigkeit zu einer bestimmten Rasse hergestellt werden. Die Autoren nahmen an, dass bereits die Pferdepopulation zwischen dem mittleren und späten Pläistozen diese mtDNA Mutationen angesammelt hatte. Aus dieser Population gingen sowohl Przewalski - Pferde als auch moderne Pferderassen hervor. Alle modernen Pferderassen stammen folglich von einer Urpopulation an Wildpferden ab, die auf einem weiten geographischen Gebiet gelebt haben (Vila et al., 2001; Jansen et al., 2002).

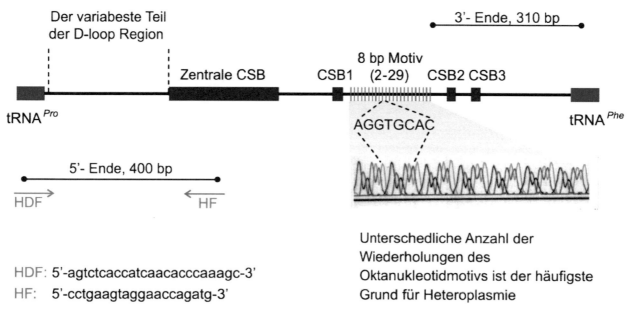

Abb. 1. Die Struktur der D-loop Region der Pferde-mtDNA. Das 5'- und 3'-Ende stellen die am häufigsten für phylogenetische Studien verwendete Regionen dar. HDR und HF sind Primer für die Amplifikation der 5'-Endregion (Grafik Dovć).

DIE MTDNA KANN ALS GENETISCHER MARKER INNERHALB DER RASSE VERWENDET WERDEN

Die relativ kleinen Unterschiede in der Nukleotid-Reihenfolge innerhalb des D-loops wurden schon lange als genetische Marker in der Phylogenie und Phylogeographie verwendet. Der Einsatz dieser Region in genetischen Untersuchungen innerhalb einer Rasse ist jedoch relativ neu. Die erwartete Mutationsrate ist mit $1*10^{-5}$ relativ hoch und erlaubt die Identifikation von Sequenzunterschieden, die im Laufe von 80–100 Generationen zu erwarten wären. Zugleich ist aber die Mutationsfrequenz so gering, dass man im Laufe der bei Haustieren üblicherweise betrachteten 10 Generationen, kaum neue Mutationen, die die Kontinuität der mtDNA Haplo -typen gefährden könnten, erwarten muß. Das macht die mtDNA zu einem geeigneten Marker für die Verfolgung maternaler Linien, die auch beim Lipizzaner in der Geschichte der Rasse gebildet worden sind. Die Lipizzaner sind die erste Pferderasse, bei denen die genetische Variabilität der mtDNA zwischen verschiedenen maternalen Linien erfolgreich demonstriert worden ist (Kavar et al., 1999, Kavar et al., 2002). Später haben ähnliche Studien bei amerikanischen Arabern (Bowling et al., 2000), englischen Thoroughbred (Hill et al., 2002) und einigen anderen Pferderassen (Mirol et al., 2002) bestätigt, dass die mtDNA sowohl wertvolle Informationen über die genetische Struktur der Rassenpopulationen als auch über die Geschichte der Rassen liefern kann. Zusätzlich bietet die Analyse der mtDNA auch eine Möglichkeit, eventuelle Stammbuch-Fehler aufzudecken. Einer römischen Rechtsregel folgend heißt es zwar „*Mater semper* certa *est*", (die Mutter ist immer sicher) und nur die Angaben über die Vaterschaft unzutreffend sein können, aber gerade mtDNA Studien haben gezeigt, dass entgegen der Erwartung, auch die Abstammung mütterlicherseits in den Stammbüchern falsch angegeben sein kann.

DIE MATERNALEN LINIEN BEIM LIPIZZANER

Ähnlich wie die klassischen Lipizzaner-Hengststämme, sind in der Geschichte der Rasse auch zahlreiche Stutenlinien entstanden. Die 18 Stutenlinien, die im historischen Gestüt von Lipica gezogen worden sind, werden als klassische Stutenlinien bezeichnet (Nürnberg, 1993). Aus den historischen Aufzeichnungen über die Geschichte der Lipizzaner ergibt sich, dass am Anfang der Zucht die Stammherde aus Stuten, die verschiedenen Rassen angehört haben, geformt wurde (die lokale Karster-Rasse, Andalusier) und auch später die Aufnahme von Stuten aus unterschiedlichen Populationen (Neapolitaner, Araber, Frederiksborger etc.) eine weit verbreitete züchterische Maßnahme war (Nürnberg, 1998). Daher war zu erwarten, dass die mtDNA Hinweise auf die unterschiedlichen genetischen Herkünfte zeigen würde. Zugleich war es, trotz der mit mehr als 400 Jahren relativ langen Geschichte der Rasse wenig wahrscheinlich, dass stochastisch auftretende Mutationen zu relevanten Unterschieden geführt haben könnten. Diese, auf die geschätzte Mutationsrate gestützten Erwartungen, haben sich als richtig erwiesen. Für die meisten Stutenlinien konnten ein oder mehrere typische mtDNA Haplotypen bestimmt werden. Von den 18 klassischen Stutenlinien wurden 11 im 18. Jahrhundert aus Stutenlinien in Gestüten in Lipica (Sardinia, Spadiglia, Argentina), Kladruby (Afrika, Almerina, Presciana, Englanderia, Europa), Kopčany (Stornella, Famosa) und Frederiksborg (Deflorata) gegründet. Im 19. Jahrhundert trugen die Importe von arabischen Suten am meisten zur genetischen Basis des Lipizzaners bei. So wurde der Grundstein für vier arabische Stutenlinien, die noch heute in Lipica vorhanden sind (Gidrane, Djebrin, Mercurio und Theodorosta), gelegt. Im letzten Jahrhundert entstand in Lipica auch noch die Stutenlinie Thais (Rebecca), die ebenso arabischer Herkunft ist (Dolenc, 1980). Neben den klassischen Stutenlinien, die aus dem historischen Gestüt in Lipica stammen, wurden auch in den anderen Gestüten (Lipica, Piber, Monterotondo, Đakovo, Beclean, Fogaras, Topolčianky und Szilvásvárad) zahlreiche Stutenlinien gegründet.

DIE LIPIZZANER MTDNA HAPLOTYPEN

Im Rahmen des INCO-Copernicus Projektes wurde die mtDNA von mehr als 350 Lipizzanern, also der Mehrheit der zur Zeit in den sechs traditionellen Lipizzaner-Gestüten vorhandenen Tieren, analysiert. Diese einmalige Gelegenheit erlaubte es, die erstellte mtDNA Haplotypen der Lipizzaner-Population mit den Stammbuchdaten zu vergleichen. Als Zielregion der mtDNA wurden zwei Abschnitte der D-loop Region, das variablere 5'- Ende und das etwas weniger variable 3'-Ende, gewählt. Die zwei, in unserer Analyse untersuchten D-loop Bereiche sind in Abb. 1 als 5'-Ende und 3'-Ende der D-loop Region dargestellt (Kavar et al., 1999). Die Sequenz analyse der 5'-Region ergab 37 unterschiedliche Haplotypen, die im Fall der klassischen Linien nach prominenten Stuten dieser Linien, benannt wurden (z. B. Batosta, Capriola, Dubovina).

Die anderen Haplotypen wurden nach dem Alphabet benannt. Dieser Katalog der mtDNA Typen beim Lipizzaner konnte durch die Variabilität der 3'- Region nicht vergrößert werden, denn keiner der 37 Haplotypen wies nach der Sequenzanalyse der 3'-Region weitere Unterschiede auf. Vielmehr zeigten die 3'-Ende-Haplotypen wichtige Ähnlichkeiten unter den einzelnen Haplotypen und unterstützten die Bildung von vier Hauptgruppen von Haplotypen, die allerdings auch bei anderen Pferderassen auftreten. Die Sequenzunterschiede zwischen den einzelnen Haplotypen und den vier Haplotypen-Hauptgruppen können aus Abb. 2 entnommen werden. Insgesamt wurden in den 37 Haplotypen 61 polymorphe Stellen gefunden. Unter diesen bilden Transitionen (Austausch eines Purins oder Pyrimidins durch eine andere, also z.B. G zu A oder C zu T), die in 57 Fällen vertreten sind, die große Mehrheit. Transversionen (Austausch eines Pyrimidins gegen ein Purin oder umgekehrt, also z.B. A zu C) und Insertionen (Einbau einzelner Nukleotiden oder von kürzeren DNA-Stücken) sind nur mit je einem Beispiel und Deletionen (Verlust eines Bausteines oder ganzer Stücke) mit zwei Fälle vertreten. Der Vergleich der sequenzierten Regionen auf beiden Seiten der D-loop Region zeigt, dass 47 von 61 Mutationen, in der 5'-Region vorkommen und nur 14 in der 3'-Region. Die Polymorphismen in der 3'-Region bilden nur 12 verschiedene Haplotypen. Für die in den Sequenzen sehr ähnlichen 5'-Ende Haplotyp-Gruppen ist es typisch, dass die Mitglieder solcher Gruppen oft die gleiche Sequenz am 3'-Ende haben. So findet man die bei Lipizzanern am häufigsten vorkommende Variante am 3'-Ende bei neun Haplotypen, die am 5'-Ende unterschiedliche Sequenzen haben.

Der Nukleotidsequenzvergleich der mtDNA Haplotypen im 5'-Bereich beim Lipizzaner zeigt, dass für einige Haplotypen das Vorkommen von gleichen Nukleotidvarianten an den gleichen Stellen charakteristisch ist. Anhand dieser Übereinstimmung konnten die mtDNA Haplotypen in vier Hauptgruppen unterteilt werden: C1, C2, C3 und C4. Diese Verteilung stimmt auch gut mit der generellen Unterteilung der Pferde mtDNA Haplotypen überein, die bei den meisten Pferderassen gefunden wird. Das unterstützt auch die Hypothese der Entstehung der Pferderassen aus einer großen Urpopulation. Die Distanzen zwischen den Haplotyp-Hauptgruppen sind graphisch in der Abb. 3 dargestellt.

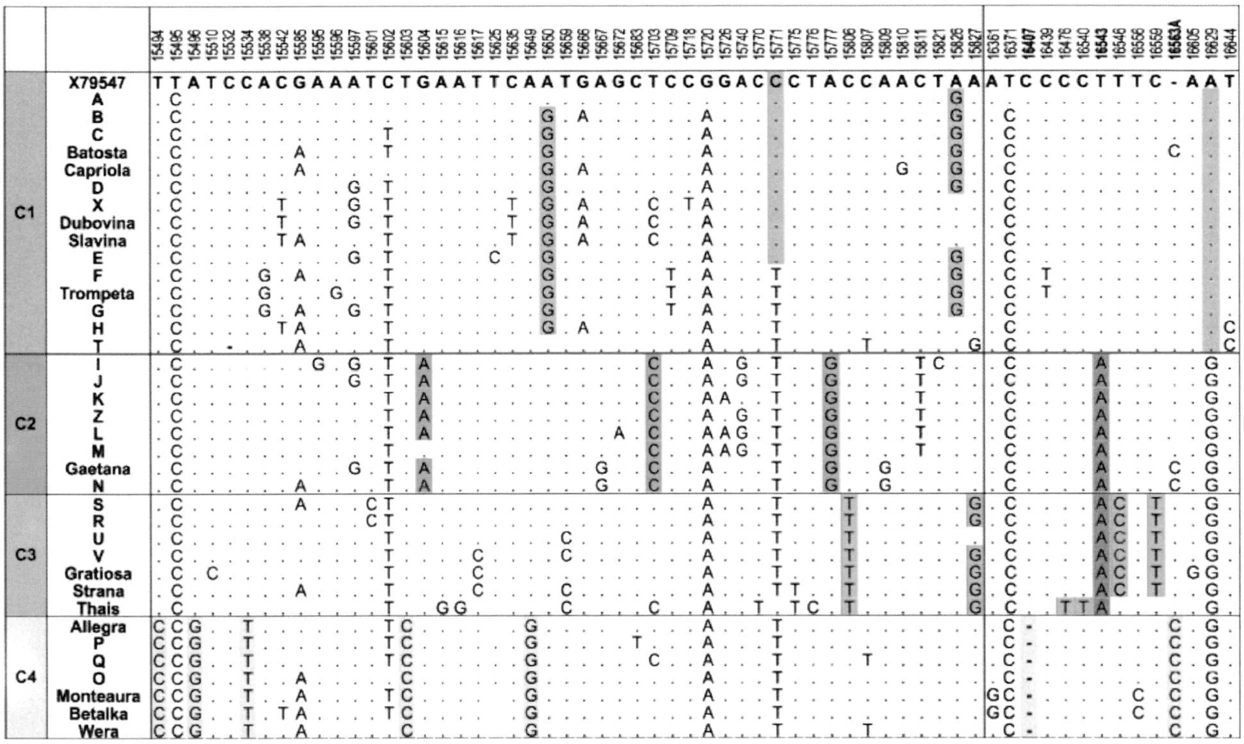

Abb. 2. Zusammenfassung der Lipizzaner mtDNA Polymorphismen und Gruppierung der Lipizzaner Haplotypen in vier Haplotypen-Hauptgruppen (Grafik Dovć).

Tab. 1. Verteilung der mtDNA Haplotypen in vier Gruppen

Gruppe	C1	C2	C3	C4
Typische Positionen	15650, 16629, 15771*, 15826*	15604, 15703, 15777	15806, 15827	15494, 15496, 15534, 15603, 15649, 16407
Stutenlinien	Batosta, Capriola, Dubovina, Slavina, Trompeta, A, B, C, D, X, E, F, G, H, T	Gaetana, I, J, K, Z, L, M, N	Gratiosa, Strana, Thais, S, R, U, V	Allegra, Monteaura, Betalka, Wera, P, Q, O

*nur teilweise identisch

Diese Verteilung der mtDNA Haplotypen in vier Hauptgruppen stimmt auch mit den vorkommenden Sequenzvarianten am 3'-Ende gut überein. So ist für die C1 Gruppe typisch, dass in 15 Haplotypen nur 5 Sequenz varianten am 3'-Ende vorkommen, die sich untereinander nur um ein Nukleotid unterscheiden; die häufigste Variante kommt in neun Haplotypen vor. In der C2 Gruppe treten zwei in einem Nukleotid unterschiedliche Varianten auf und in der C3 Gruppe haben fünf Haplotypen die gleiche Sequenz am 3'-Ende; der Haplotyp

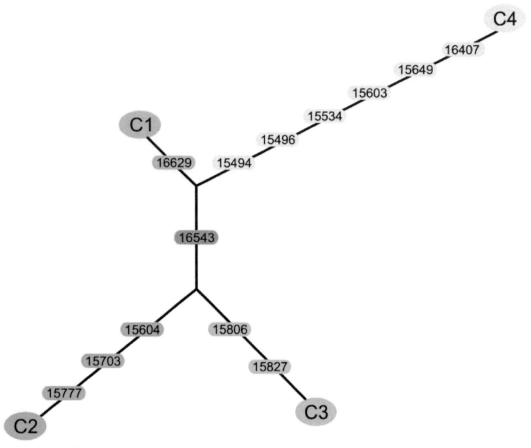

Abb. 3. Beziehungen zwischen den Haplotyp-Hauptgruppen. Die Zahlen bedeuten Nukleotidpositionen, an denen sich die Haupt-Haplotypen unterscheiden (Grafik Dové).

Gratiosa unterscheidet sich von den anderen nur in einem Nukleotid, nur der Haplotyp Thais hat eine eigene Variante am 3'-Ende. Für die Gruppe C4 sind zwei Varianten typisch, die sich nur in zwei Nukleotiden unterscheiden. Die genetischen Distanzen zwischen den Haplotypen wurden nach der Kimura 2-Parameter Methode geschätzt. Die Lipizzaner Haplotypen unterscheiden sich in 1 bis 24 Nukleotiden, was 0,14% bis 3,5% Sequenzdivergenz ausmacht. Innerhalb der Hauptgruppen betragen die Sequenzunterschiede 0,48% in der Gruppe C4 und bis zu 0,97% in der Gruppe C1. Thais ist der Haplotyp, der in der Gruppe C3 zu relativ großen Unterschieden zwischen den Gruppenmitgliedern beiträgt. Die Unterschiede zwischen den Hauptgruppen betragen von 1,06% zwischen den Gruppen C2 und C3 bis 1,72% zwischen den Gruppen C3 und C4. Die genetischen Distanzen zwischen den Haplotypen aus verschiedenen Gruppen und die durchschnittliche Distanzen zwischen den Hauptgruppen sind in Tab. 2 dargestellt.

Tab. 2. Durchschnittliche Distanzen zwischen den Haplotypen der unterschiedlichen Haplotypgruppen (oberhalb der Diagonale) und durchschnittliche Distanzen zwischen den Hauptgruppen (unterhalb der Diagonale).

	C1	C2	C3	C4
C1	XXXX	0,0189	0,0200	0,0214
C2	0,0108	XXXX	0,0184	0,0224
C3	0,0107	0,0106	XXXX	0,0241
C4	0,0117	0,0167	0,0172	XXXX

Die Beziehungen zwischen den mtDNA Haplotypen sind in Abb. 4 gezeigt. Die Hauptgruppen C2, C3 und C4 sind kompakt und statistisch gut abgegrenzt. Die größte Gruppe C1 ist relativ heterogen und weist ungelöste Beziehungen zwischen den Gruppenmitgliedern auf. Die meisten Haplotypen in dieser Gruppe haben die

Wurzel in der gemeinsamen Verzweigung der C1 Haplotypen. Innerhalb der C1 Gruppe bilden die drei Haplotypen, Dubovina, Slavina und X, eine eigene Untergruppe, die andere Untergruppe ist durch die Haplotypen Trompeta, G und F vertreten. Die C2 Gruppe ist ebenfalls in zwei Untergruppen unterteilt, eine vereinigt die Haplotypen Gaetana und N, die andre die Haplotypen I, J, Z, M, K und L. In der C3 Gruppe ist die besondere Stellung des Haplotypes Thais am auffälligsten, der nur einen kürzeren Teil des Astes mit den anderen Haplotypen teilt. Die C4 Gruppe ist relativ homogen, nur die Haplotypen Betalka und Monteaura bilden eine eigene Untergruppe, die durch eine andere Sequenz am 3'-Ende charakterisiert ist.

Beim Vergleich mit anderen Pferderassen wurden zusätzlich zu den 37 Lipizzaner-Haplotypen bei den anderen Rassen noch 52 weitere Haplotypen gefunden. Von den Lipizzaner Haplotypen wurden 12 auch bei diesen Rassen gefunden. Höchstwahrscheinlich wäre aber der Anteil von gemeinsamen Haplotypen noch höher, wenn bei den anderen Rassen mehr Sequenzen zur Verfügung gestanden hätten. Für die meisten Rassen waren aber, im Gegensatz zu den Lipizzanern, nur wenige Sequenzen einzelner Tieren vorhanden, so dass die Variabilität der mtDNA Haplotypen innerhalb der Rassen wahrscheinlich stark unterschätzt wurde. Auch im Vergleich zwischen den Rassen hat sich die 5'-Region als die variabelste gezeigt, innerhalb der Region wurden die Positionen 15585 und 15597 als Mutation-Hot-Spots identifiziert. Im 3'- Bereich kommen die Mutationen am häufigsten innerhalb der Reihenfolge von sechs oder sieben Cytosin-Resten vor, wo es häufig zu Insertionen und Deletionen von einzelnen Nukleotiden kommt.

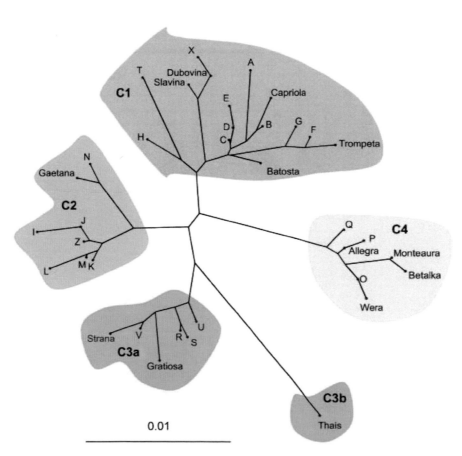

Abb. 4. Phylogenetischer Baum (Neighbour Joining Tree) der Lipizzaner mtDNA Haplotypen (Grafik Dovć).

Einen besonders interessanten Vergleich liefert die Sequenzanalyse der Lipizzaner-Haplotypen (Kavar et al., 1999, 2002) mit den mtDNA Haplotypen, die in der amerikanischen Population der Araber gefunden worden sind (Bowling et al., 2000). Wegen der historischen Verknüpfung der Araber mit den Lipizzanern war zu erwarten gewesen, dass sich die Rassen viele mtDNA Haplotypen teilen. Der Vergleich von 37 Lipizzaner-Haplotypen mit 27 Araber-Haplotypen zeigt, dass beide Rassen 10 gemeinsame Haplotypen besitzen. Weitere 10 Haplotypen unterscheiden sich nur an einer Position, fünf an zwei, und zwei and drei beziehungsweise vier Positionen (Abb.5). Sowohl die Lipizzaner- als auch die Araber-Haplotypen konnten in vier Hauptgruppen (C1-C4) unterteilt werden. Die Anteile der Haplotypen in den Hauptgruppen sind für beide Rassen ähnlich. Am unterschiedlichsten sind die Anteile in der Gruppe C2, wo bei den Arabern der häufigste Haplotyp A1 mit 10,5% dominiert. Der Haplotyp wurde über die Stute OX Gidrane in die Lipizzanerpopulation gebracht (dort Gaetana genannt). Dieser Vergleich liefert einen überzeugenden molekulargenetischen Nachweis für die geschichtliche Verknüpfung zwischen der Lipizzaner- und der Araber-Population bzw. den Einfluß der Araber auf die Lipizzaner.

Die Verteilung der mtDNA Haplotypen in verschiedenen Lipizzaner-Gestüten war sehr ungleichmäßig und nur die Haplotypen Batosta und Capriola konnten in allen Gestüten, mit Ausnahme des Gestüts Đakovo, gefunden werden. Elf Haplotypen wurden in drei bis fünf Gestüten gefunden und 24 Haplotypen waren nur in einem oder zwei Gestüten aufgetreten. Die beiden rumänischen Gestüte (Beclean und Fagaras) waren durch

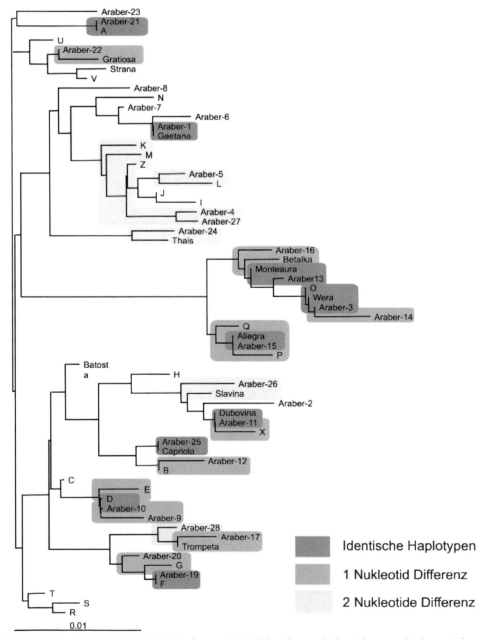

Abb. 5. Vergleich der Lipizzaner und Araber mtDNA Haplotypen. Die Nukleotidunterschiede sind mit verschiedenen Farben gekennzeichnet (Grafik Dovć).

acht Haplotypen charakterisiert, für das Gestüt Đakovo durch vier, Lipica und Szilvásvárad durch je drei und sowohl Piber als auch Monterotondo durch je einen Haplotyp. Die größte Anzahl von mtDNA Haplotypen (17) wurde in Piber und die kleinste in Topolćianky (5) gefunden. In anderen Gestüten wurden zwischen acht und 13 Haplotypen gefunden (Abb.6). Auffallend ist, dass die Gestüte Lipica, Piber und Monterotondo am besten mit klassischen Haplotypen bestückt sind. Bei den anderen Gestüten kommen zahlreiche jüngere Haplotypen vor. Der am häufigsten vertretene Haplotyp ist Capriola mit 26% Anteil, gefolgt von Batosta mit 10%. Alle anderen Haplotypen haben kleinere Anteile. In der gesamten Population haben die klassischen Haplotypen einen Anteil von 75% (Abb. 7).

VORKOMMEN DER MTDNA HAPLOTYPEN IN DEN LIPIZZANER-GESTÜTEN

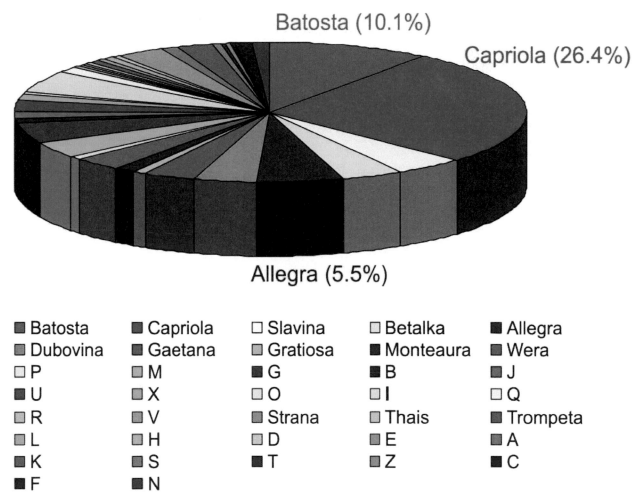

Abb. 6. Frequenzen der mtDNA Haplotypen in der Lipizzaner-Population (Grafik Dovć).

VERGLEICH DER STAMMBUCHDATEN MIT DEN MTDNA HAPLOTYPEN

Sowohl die Stammbuchdaten als auch die molekulargenetischen Daten haben für die Abstammungsanalyse ihre Vor- und Nachteile. Während die Stammbuchdaten sehr anfällig für menschliche Fehler sind, sind die molekulargenetischen Daten von der Mutationsrate abhängig. Deshalb lassen sich in der Regel anhand molekulargenetischer Kriterien weniger maternale Linien unterscheiden als durch Stammbuchdaten. Die Kombination von beiden Methoden ermöglicht allerdings durch gegenseitige Aufhebung der Nachteile einen relativ guten Überblick über die Stutenlinien.

Die Vertreter von allen 56 Stutenlinien, die in den Lipizzaner Stammbüchern erwähnt werden, wurden molekulargenetisch untersucht. Die Mutationsrate am 5'-Ende der mtDNA D-loop Region hatte für die Unter-

Gestüt	Batosta	Capriola	Slavina	Betalka	Allegra	Dubovina	Gaetana	Gratiosa	Monteaura	Wera	P	M	G	B	J	U	X	O	I	Q	R	V	Strana	Thais	Trompeta	L	H	D	E	A	K	S	T	Z	C	F	N
Piber	4	18	2	11	3	6	3	1		3	1	1	2	2	2	9		3	1																		
Monterotondo	4	7	5	1	7	5		1	2					2	5	2	5																				
Đakovo	3		5		1	3	5		2																	2	3	2	13								
Lipica	4	9	5	4	5	2	2	2	2	3													2	2	2												
Szilvasvarad	12	20			7		1					5							19	6	2	1															
Beclean	1	5									4		3																	1	4	1	1				
Fagaras	3	34									3	8	15																	3	5	1	1	1	1	4	5
Topolćianky	11	17	1				3			6																											
Total	42	110	18	16	23	16	14	4	6	12	8	14	20	4	7	11	5	3	20	6	2	1	2	2	2	2	3	2	13	4	9	2	2	1	1	4	5
Frequenz (%)	10,1	26,4	4,3	3,8	5,5	3,8	3,4	0,7	1,4	2,9	1,9	3,4	4,8	1	1,7	2,6	1,2	0,7	4,8	1,4	0,5	0,2	0,5	0,5	0,5	0,5	0,7	0,5	3,1	1	2,2	0,5	0,5	0,2	0,2	1	1,2

Abb. 7. Verteilung der mtDNA Haplotypen in acht Lipizzaner Gestüten. Die Frequenzen der einzelnen Haplotypen sind in der unteren Zeile als Prozentanteil von allen analysierten Tieren angegeben (Grafik Dové).

scheidung von 37 Stutenlinien ausgereicht. Einigen der 56 im Stammbuch vorhandenen Stutenlinien mußten die gleichen mtDNA Haplotypen zugeordnet werden. Bei 40 Stutenlinien wurde nur ein mtDNA Haplotyp pro Linie gefunden, das entsprach auch der Erwartung, dass alle Tiere, die der gleichen Stutenlinie angehören, den gleichen mtDNA Haplotyp haben. Im Gegensatz zu dieser Erwartung wurden 16 Stutenlinien gefunden, bei denen mehr als ein Haplotyp vorhanden war: bei 11 Stutenlinien zwei, bei fünf Linien sogar drei Haplotypen.

Unsere Analysen haben gezeigt, dass einige jüngere Stutenlinien, vor allem die aus dem 20. Jahrhundert, oft die gleichen mtDNA Haplotypen aufweisen wie die älteren, unter denen sich auch klassischen Stutenlinien befanden. So fand sich der Haplotyp Capriola bei drei klassischen und bei fünf jüngeren Stutenlinien. Ähnliches wurde bei den Haplotypen Batosta, Allegra und Gaetana, aber auch bei den Halotypen I und G beobachtet. Vermutlich stammt die Mehrheit der jüngeren Stutenlinien aus den klassischen Linien, allerdings besteht auch die Möglichkeit, dass es sich um die Stutenlinien handelt, die schon vor Jahrtausenden getrennt worden sind und nun rein zufällig unter die Gründerinnen der Lipizzaner Stutenlinien geraten waren. Das letztere ist wahrscheinlicher in den Fällen wo es sich um ältere Stutenlinien handelt, die von verschiedenen Pferderassen stammten. Die so genannten Vorfahren-Haplotypen sind nämlich in mehreren Rassen vertreten. Zusammenfassend bliebt zu konstatieren, dass die Stutenlinien mit identischen Haplotypen nach der Abstammung sehr weit entfernt (einige tausend Jahre) oder relativ nahe (einige Generationen) sein können.

Das Auftreten von mehreren mtDNA Haplotypen innerhalb einer Stutenlinie weist auf Pedigreefehler hin und die molekulargenetische Analyse zeigte, dass während der Geschichte der Lipizzanerzucht mindestens 21 verschiedene historische Fehler im Bezug auf die mütterliche Abstammung passiert sein mussten. Daraus folgert, dass im Durchschnitt ein Fehler pro 70 Einträge in das Stammbuch passiert. Allerdings ist der Anteil der Tiere, die dadurch in eine falsche Stutenlinie eingeordnet worden sind, wegen der weiteren „Vererbung" bzw. Fortschreibung dieser Fehler, noch höher und beläuft sich auf mindestens 8%.

Die mtDNA Haplotypen können wegen der Stammbuchfehler und den nicht verzweigten Stammbäumen, die die Überprüfung der Stammbuchdaten verhindern, nicht mehr mit den Gründer-Stuten verbunden werden. Weil es aber meistens innerhalb der Gestüte zu Fehlern kam, kann man die mtDNA Haplotypen folgendermaßen aufteilen:

- Haplotypen, typisch für die klassischen Stutenlinien: Batosta, Capriola, Slavina, Betalka, Allegra, Dubovina, Gaetana, Gratiosa, Monteaura, Wera J, U und X
- Haplotypen, typisch für die Stuten kroatischer Herkunft: B, D, E, H, O, Strana, L, Trompeta
- Haplotypen, typisch für die Stuten slowenischer Herkunft: Thais
- Haplotypen, typisch für die Stuten rumänischer Herkunft: P, G, A, K, S, T, Z, C, F, N
- Haplotypen, typisch für die Stuten ungarischer Herkunft: M, Q, R, I, V

Die Stammbuchfehler wurden als Austausch des für die Stutenlinie typischen Haplotypen mit dem Haplotypen einer anderen Stutenlinie aufgedeckt. Typischerweise blieben solche Verwechslungen auf die Haplotypen im gleichen Gestüt begrenzt. Natürlich konnten die Verwechslungen zwischen Linien mit identischen Haplotypen nicht entdeckt werden. Am problematischsten ist das für den Haplotypen Capriola, der bei mehr als einem Viertel der alten Lipizzanern vorhanden ist. Dieser Haplotyp ist bestimmt über Stammbuchfehler in einige der Stutenlinien geraten. Deswegen ist möglich, dass der Haplotyp Capriola für einige Stutenlinien erst nach so einem Fehler typisch geworden ist.

Bei den meisten (Eintragungs)Fehlern in der Lipizzaner Population unterscheiden sich die verwechselten Haplotypen um mehr als ein Nukleotid. Deshalb können analytische Fehler bei der Haplotypbestimmung ausgeschlossen werden. In dieser Hinsicht war die Situation bei den amerikanischen Arabern anders: bei den untersuchten Tieren wurden nur zwei gefunden, die zwar einen falschen Haplotyp aufwiesen, aber der Unterschied lag in beiden Fällen in einem einzelnen Nukleotid (Bowling et al., 2000). Deswegen haben die Autoren auch die Möglichkeit nicht ausschliessen können, dass es sich um eine unterschiedliche Fixierung der Heteroplasmie handelte. Der wesentliche Unterschied zwischen der Lipizzaner-Studie und der gerade erwähnten Araber-Studie liegt aber auch darin, dass bei den Arabern in der Regel nur ein Tier pro Stutenlinie untersucht worden ist, bei den Lipizzanern aber mehrere Tiere pro Linie. Erst dadurch wurde es möglich, das Auftreten von mehreren Haplotypen innerhalb einer Stutenlinie nachzuweisen. Die Stammbuchfehler tragen zu einer ungleichmäßigen Verteilung der Haplotypen bei. Schon eine relativ niedrige Fehlerrate bedeutet, dass besonders in den nichtverzweigten Stammbäumen die Stammbuchdaten nicht mehr zuverlässig sind. Allerdings bedeutet das auch, dass sich dadurch einige Haplotypen trotz der vorherrschenden Zuchtstrategie erhalten haben. Obwohl die molekulargenetische Analyse zahlreiche Informationen über die genetische Struktur der Population bietet, die anhand von Stammbuchdaten nicht aufgeklärt werden konnten, kann sie den genauen Ablauf der Verwechslungen und die zweifelsfreie Beziehung zwischen den heutigen und den Gründer-mt DNA-Haplotypen nicht liefern. Allerdings wäre es möglich, in einigen wenigen Fällen anhand molekulargenetischer Daten die Stammbuchdaten so zu korrigieren, dass ein bemerkenswert größerer Anteil der Population die Stammdaten erhalten würde, die im Einklang mit ihren mtDNA Haplotypen stünden. Es muss aber dringend betont werden, dass es in der Lipizzaner-Population nur wenige klare Fälle gibt, wo man ohne jegliche Zweifel solche Korrekturen vorschlagen könnte.

Abb. XVIII. (Foto Bundesgestüt Piber)

KAPITEL 18

BARBARA WALLNER und GOTTFRIED BREM

Untersuchung paternaler Linien beim Lipizzaner mit Y-chromosomalen DNA-Markern

EINLEITUNG

Seit den Anfängen der systematischen Tierzucht kommt der väterlichen und mütterlichen Abstammung eine bedeutende Rolle zu. So sind väterliche Stammbäume mit wenigen Gründertieren typisch für viele Haustierrassen. Auch die Population der heutigen Lipizzaner leitet sich im Wesentlichen von 8 Gründerhengsten (siehe Kap. 3) unterschiedlicher Herkunft ab. Gegen 1800 wurde die Zucht des Lipizzaners aus strategischen und wirtschaftlichen Gründen reorganisiert. Dieser Umstrukturierung fielen auch mehrere alte Hengststämme zum Opfer, deren Gene ausschließlich über deren Töchter in unsere Zeit überlebt haben (siehe Kap. 11). Die Gestütsleitung entschloss sich daher nach den Napoleonischen Kriegen die gesamte Herde auf Basis von sechs Hengsten weiterzuzüchten. Fünf dieser Hengste waren Altspanischer Herkunft, stammten jedoch aus verschiedenen Gegenden: Favory aus dem Hofgestüt Kladruby, Pluto aus dem dänischen Gestüt Fredricksborg, Conversano aus einem italienischen Gestüt, die Hengste Maestoso und Neapolitano aus Lipizza. Der sechste klassische Lipizzanerstamm Siglavy war ein Original Araber und leitete diese neue Zuchtepoche verbunden mit einem Typwandel des Lipizzaners ein. Zwei nicht klassische Hengststämme, der rumänisch-ungarische Incitato Stamm und der kroatische Tulipan Stamm, erlangten Mitte des 19. Jahrhunderts größtenteils regionale Bedeutung. Da alle Hengste europäischer Lipizzanergestüte traditionell nach ihrem Vater benannt werden, lassen sich die heute lebenden Hengste an Hand ihres Namens jeweils einer dieser Hengststämme zuordnen. Neben dieser Zuchtbucheintragung und Namensgebung wurde untersucht, ob die Zugehörigkeit eines Hengstes zu einer bestimmten Linie mit Hilfe variabler genetischer Marker auf dem Y-Chromosom, die in der Abstammungslinie ausschließlich vom Vater an den Sohn vererbt werden, ebenfalls möglich bzw. überprüfbar ist.

Y-CHROMOSOM

Der Chromosomensatz eines Pferdes besteht aus 64 Chromosomen (siehe Kap. 16). Neben den zwei Geschlechtschromosomen (Heterochromosomen) enthält er 62 Autosome, die in diploiden Zellen als 31 Paare homologer Chromosomen existieren. Geschlechtschromosomen bilden nur bei weiblichen Individuen ein homologes Paar aus zwei X-Chromosomen. Männliche Tiere enthalten neben einem X-Chromosom ein deutlich kleineres Y-Chromosom. Das Y-Chromosom rekombiniert während der Meiose nicht. Es wird unverändert in männliche Spermien verpackt und an männliche Nachkommen weitergegeben.

Eine Ausnahme bildet die pseudoautosomale Region, die einem Teil des X-Chromosoms homolog und für die exakte Paarung zwischen X- und Y-Chromosom während der Meiose (Reduktionsteilung) verantwortlich ist. Sie liegt an einem Schenkelende des Y-Chromosoms und macht beim Pferd etwa 3,6 % des Y-Chromosoms aus. In diesem Bereich werden sehr hohe Rekombinationsraten zwischen X- und Y-Chromosom beobachtet. DNA-Sequenzen in diesen Regionen werden folglich nicht gekoppelt mit dem Geschlecht vererbt.

Nachfolgend wird als „Y-Chromosom" nur der nicht rekombinierende Anteil, der den größten Teil des Chromosoms ausmacht, bezeichnet. Das Y-Chromosom kommt nur einmal in den Zellen männlicher Individuen vor. Es macht mit einer Gesamtgröße von etwa 50 Megabasen etwa 1 % des Gesamtgenoms aus und besteht zu einem großen Teil aus hochrepetitivem, nicht kodierendem Heterochromatin. Das Y- Chromosom hat mit nur 32 Genen die geringsten Gendichte (Abb. 1). Ein Teil der bislang am Y-Chromosom des Pferdes lokalisierten Gene dient der Ausprägung des männlichen Geschlechts (Chowdhary et al., 2008).

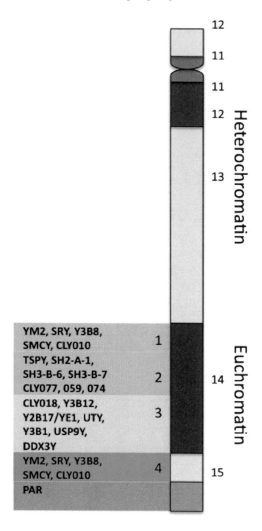

Abb. 1. Y-chromosom Pferd. Heterochromatin, wichtigste Gene und Marker, pseudoautosomale Region (PAR) (Raudsepp et al. 2004; modifiziert nach Chowdhary et al., 2008)

KLONALE VERERBUNG VON Y-CHROMOSOM UND MITOCHONDRIALER DNA

Bei der Befruchtung einer Eizelle kommt es mit dem Verschmelzen der beiden Gameten zur Syngamie und damit zur Vereinigung des haploiden Chromosensatzes des Vaters und des haploiden Chromosensatzes der Mutter zur Zygote. Der genetische Beitrag des Spermiums unterscheidet sich von dem der Eizelle in zwei wesentlichen Punkten:

- Vom Spermium wird das „Y-Chromosom" übertragen. Bei der Hälfte aller Befruchtungen wird das männliche Geschlechtschromosom des Nachkommen chromosomal determiniert.
- Das Spermium überträgt keine väterliche mitochondriale DNA (mtDNA) und damit das männliche Geschlecht auf das neue Individuum. Die mtDNA wird rein matroklin, d.h. ausschließlich von der Mutter weitergegeben bzw. vererbt (siehe Kap. 17). Die wenigen väterlichen Mitochondrien, die an der Bildung des Spermiums (Mittelstück) beteiligt sind, werden in der frühen Embryogenese lysiert, so dass keine mtDNA vom Vater auf den Nachkommen vererbt wird (Sutovsky et al., 1999).

Weder das mitochondriale Genom noch das Y-Chromosom rekombinieren während der Meiose. Beide Formen der DNA werden demzufolge, abgesehen von zufälligen Einzelmutationen, unverändert an den Nachkommen weitergegeben. Der autosomale Genotyp eines Individuums setzt sich aufgrund von Segregation zu gleichen Anteilen aus dem der Elterntiere zusammen. Im Gegensatz dazu stammt der mitochondriale Genotyp männlicher und weiblicher Nachkommen ausschließlich von der Mutter, der Y-chromosomale Genotyp eines männlichen Individuums ausschließlich vom Vater. Aufgrund der fehlenden Rekombination sind mitochondriale und Y-chromosomale Genotypen eines Individuums gleichzeitig auch Haplotypen.

Da mitochondriale und und Y-chromosomale DNA ohne Rekombination vererbt werden, lassen sich verwandtschaftliche Linienbeziehungen anhand dieser Moleküle über viele Generationen hinweg verfolgen, selbst wenn in den verschiedenen Generationen Ahnen fehlen, bzw. deren DNA nicht mehr für eine Analyse zur Verfügung steht. Im Gegensatz dazu benötigt die molekular-genealogische Analyse auf autosomaler Basis für eine zuverlässige Abstammungssicherung alle zwischen Vorfahr und Proband aufgetretenen Ahnen, da durch die zufällige Neuverteilung und Rekombination von Autosomen während der Meiose die Verwandtschaftsbeziehungen schnell „verwischt" werden (Abb. 2).

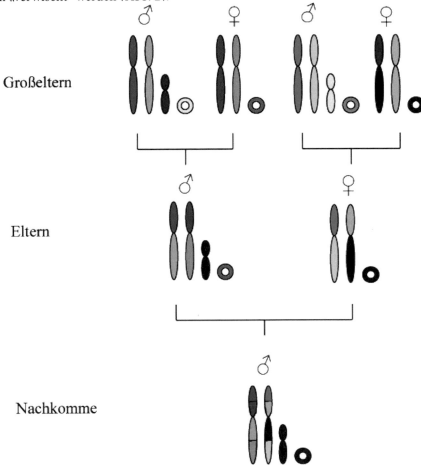

Abb. 2. Vererbung autosomaler, Y-chromosomaler und mitochondrialer DNA-Sequenzen. Autosomale Sequenzen (großes Chromosomenpaar) rekombinieren bei jeder Generation, Y-chromosomale (kleines Chromosom) und mtDNA (Ring) hingegen nicht. Folglich besitzt ein Individuum (unten) autosomale Gene von vielen Vorfahren. Die nicht rekombinierende Region des Y-Chromosoms und die mitochondriale DNA leiten sich hingegen nur von jeweils einem Elterntier ab (Grafik Wallner).

Der quasi klonale, d.h. nicht durch Rekombination beeinflußte Vererbungsmechanismus führt dazu, dass sich alle gegenwärtig beobachteten mitochondrialen Genotypen einer Art auf einem mütterlichen, alle Y-chromosomalen auf einen väterlichen Vorfahren zurückführen lassen (Abb. 3).

Dieses Vererbungsmuster nutzt z.B. die molekulare Anthropologie um Fragen zum Ursprung und zur Entwicklung des modernen Menschen zu klären (Cann et al., 1987; Jorde et al., 1995; Ruiz Linares et al., 1996; Seielstad et al., 1999; Hammer et al., 1998; Underhill et al., 2000).

Die mittels dieser DNA-Sequenzen hergeleiteten phylogenetischen Stammbäume haben die gleiche Eigenschaft wie Stammbäume, die aus fossilen Funden abgeleitet werden: sie gehen auf einen gemeinsamen Ahnen zurück. Der Unterschied zwischen paläoontologischen und molekulargenetischen Bäumen oder Entwicklungsreihen ist lediglich das Ausgangsmaterial. Im Falle eines molekularen Stammbaumes stellt der letzte gemeinsame Ahne einen ursprünglichen Haplotyp dar, der aufgrund seiner Entwicklungsgeschichte in verschiedene aktuelle Zustandsformen mutiert ist. Dieser ursprüngliche Haplotyp wird gängigerweise als „molekulare Eva" (bei der Verwendung von mtDNA) oder als „molekularer Adam" (bei der Verwendung von Y-chromosomaler DNA) bezeichnet. Der Zeitpunkt, wann die „molekulare Eva" beziehungsweise der „molekulare Adam" vermutlich gelebt haben, wird über die beobachtete Sequenzvariabilität in der Gesamtpopulation geschätzt. Durch Mutationen entstehen immer neue Varianten (Allele). Unter der Hypothese einer „Molekularen Uhr" ist die molekulare Evolutionsrate über die Zeit konstant (KING u. JUKES, 1969). Das bedeutet: je länger die Zeitspanne zum ersten gemeinsamen Vorfahren, um so größer die beobachtete Variabilität in der Population.

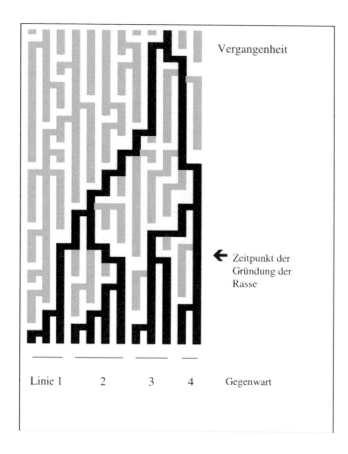

Abb. 3. Y-chromosomale Linien. In jeder Generation (Reihen) werden einige Y-Chromosomen an die nächste Generation weitergegeben und einige nicht. Folglich können alle resultierenden Y-Chromosomen auf ein einziges Chromosom zurückverfolgt werden (schwarz). Hochvariable Markersysteme werden benötigt, um die väterlichen Linien innerhalb einer Rasse zu diskriminieren (Linie 1–4) (Grafik Wallner).

Die Verteilung maternaler und paternaler Linien innerhalb einer Population dokumentiert wesentliche Informationen der Entstehungsgeschichte. Die unterschiedlichen Haplotypen, die innerhalb einer Population oder Rasse vorhanden sind, geben Einblick in die demografische Struktur dieser Gruppe. Informationen über das Paarungsverhalten und geschlechtsspezifisches Migrationsverhalten von Tieren sowie über Änderungen in der Populationsgröße im Laufe der Generationen können nachvollzogen werden. Weiters ist, wie schon erwähnt, auch die Überprüfung von weit zurückreichenden Stammbäumen mit rein maternal und paternal vererbten DNA-Markern möglich.

In Abb. 3 wird jedoch die Problematik deutlich, wenn in einer Untersuchung mütterliche und väterliche Linien innerhalb einer Population molekulargenetisch charakterisiert werden. Bei der Charakterisierung von mütterlichen und väterlichen Linien innerhalb einer domestizierten Haustierrasse müssen genetische Unterschiede detektiert werden, die im Vergleich zum Zeitrahmen, der für die Entstehung von Arten notwendig war, in verschwindend kurzer Zeit entstanden sind.

So wird die phylogenetische Trennung von Pferd und Esel vor etwa zwei bis vier Millionen Jahren angenommen (Vila et al., 2000). Die Domestikation des Pferdes erfolgte ca. 4000 Jahre vor Christus (Bowling u.

Ruvinsky, 2000). Gezielte Zuchtprogramme mit Führen eines Stutbuches wurden erst vor wenigen hundert Jahren eingeführt. Die Rassen mit den ältesten Pedigreeaufzeichnungen sind der Lipizzaner (seit Beginn des 18. Jahrhunderts) und das Englische Vollblut (Ende des 18. Jahrhunderts). Die gezielte Zucht des arabischen Pferdes geht zwar viel weiter zurück als die des Lipizzaners oder des Englischen Vollblutes, doch wurden schriftliche Aufzeichnungen erst seit etwa 100 Jahren geführt. Heute vertretene Linien können nur bis längstens 1800 zurückverfolgt werden.

Sollen väterliche Linien und mütterliche Linien innerhalb einer Rasse diskriminiert werden, ist es essentiell, mit einem hochvariablen DNA-Markersystem zu arbeiten, das genetische Unterschiede zwischen den Linien detektierbar macht.

DNA-MARKERSYSTEME ZUR CHARAKTERISIERUNG VON PATERNALEN LINIEN

Als polymorpher genetischer Marker wird jeder DNA-Abschnitt bezeichnet, der zwei oder mehr Allele in einer Population zeigt.

• Basensubstitutionen

Der einfachste Unterschied zwischen Allelen kann von einem Basenaustausch herrühren. Er wird als **Single Nucleotide Polymorphism (SNPs)** bezeichnet. Basensubstitutionen treten am Y-Chromosom allerdings relativ selten auf. SNPs sind daher für die Unterscheidung paternaler Linien beim Pferd nur sehr eingeschränkt nutzbar. Um eine für die Liniendifferenzierung ausreichende Menge an SNP-Markern zu finden, müssten große DNA-Abschnitte am Y-Chromosom bei vielen Individuen sequenziert werden (Dorit et al., 1995; Hammer, 1995; Whitfield et al., 1995).

Y-chromosomale SNP-Markersysteme eignen sich für die Untersuchung von Fragestellungen bezüglich phylogenetischer Beziehungen zwischen verschiedenen Arten. Für die Analyse historischer Prozesse, wie die Entwicklung von diversen Nutztierrassen innerhalb der Spezies, die sich über einen viel kürzeren Zeitraum erstreckt, bieten variable **DNA-Mikrosatellitenmarker** (siehe Kap. 16), die eine wesentlich höhere Auflösungskrafthaben eine höhere Wahrscheinlichkeit für das Auffinden von Unterschieden (Roewer et al., 1996).

• DNA-Mikrosatelliten

Bei bestimmten repetitiven DNA-Abschnitten, wie zum Beispiel bei **DNA-Mikrosatelliten (MS)**, unterscheiden sich die Allele nicht durch Einzelbasenaustausche, sondern durch Längenunterschiede eines repetitiven Bereiches (siehe Kap. 16). Die Mutationsrate von MS ist um ein vielfaches höher als das Auftreten von Basensubstitutionen. Dies begünstigt die Entstehung neuer Allele. Der hohe Polymorphiegrad – ein MS weist im Schnitt 7,7 Allele in einer Population auf – (Dewoody u. Avise, 2000), die große Anzahl – etwa 10 000 bis 100 000 im Genom von Vertebraten – und die einfachen Analysemethoden machten MS in den letzten Jahren auf vielen Gebieten der Genetik zu einem bevorzugten Markersystem (Goldstein u. Schlötterer, 1999).

Y-chromosomale MS sind genauso polymorph wie autosomale und eignen sich daher sehr gut für die Untersuchung paternaler Linien in einer Population (Heyer et al., 1997). Mittels Analyse variabler Y-chromosomaler Mikrosatelliten-Marker beim Menschen konnten patrilineale Genealogien konstruiert werden, die bestimmte Vererbungstraditionen in ethnischen Gruppen, wie z.B. die Weitergabe von Namen (Hill et al., 2000; Sykes u. Irven, 2000) oder Ämtern (Skorecki et al., 1997) in der väterlichen Linie widerspiegeln. Bhattacharyya et al. (1999) wiesen mit Y-chromosomalen Markern nach, dass in Indien auf männlicher Seite kein Genaustausch zwischen den verschiedenen, in Kasten eingeteilten, ethnischen Gruppen stattgefunden hat. Auch die Überprüfung von väterlichen Stammbäumen, die einige Generationen zurückreichen, ist mittels Analyse variabler Y-chromosomaler Marker möglich (Foster et al., 1998). Y-chromosomale MS sind in der Abstammungskontrolle bei speziellen Fällen besonders nützlich, nämlich dann, wenn keine DNA-Probe des potentiellen Vaters eines männlichen Individuums zur Verfügung steht, und die Untersuchung des Y-chromosomalen Genotyps eines paternalen Verwandten des Vaters anstelle dessen durchgeführt werden kann (Kayser et al., 2000).

Die Untersuchungen Y-chromosomaler Varianten bei Haustieren zeigte Variabilität von Y-chromosomalen Markern beim Rind (Liu et al., 2003), Hund (Natanaelsson et al., 2006) und Schaf (Measows et al., 2006).

Die klassischen Hengstlinien beim Lipizzaner

Die Lipizzanerrasse basiert auf der Strukturierung in klassische Stammlinien – den Hengststämmen und den Stutenfamilien. Die sechs alten Hengststämme des klassischen Lipizzaners prägten diese Zucht entscheidend. Da die Pedigreeaufzeichnungen seit 1701 vorliegen, kann jeder der heute lebenden Lipizzanerhengste nahezu lückenlos bis zu seinen Stammvater zurückverfolgt werden. Ähnlich der Vererbungstradition der Nachnamen beim Menschen, tragen beim Lipizzaner männliche Jungtiere traditionell den Stammnamen des Vaters. Jeder Hengst wird nach wie vor nach seinem Ahnherrn benannt. Der Sohn eines Favory trägt wieder den Namen Favory, der männliche Nachkomme eines Pluto bleibt ein Pluto (siehe Abb. 4).

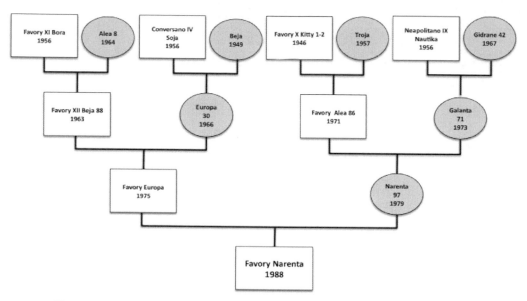

Abb. 4. Stammbaum von Favory Narenta 1988, männliche Pferde weiß, weibliche grau (Grafik Wallner).

In Abbildung 5 sind die väterlichen Verwandtschaftsbeziehungen von 17 heute noch lebenden Hengsten der Linie Favory und ihr Geburtsort als Beispiel dargestellt.

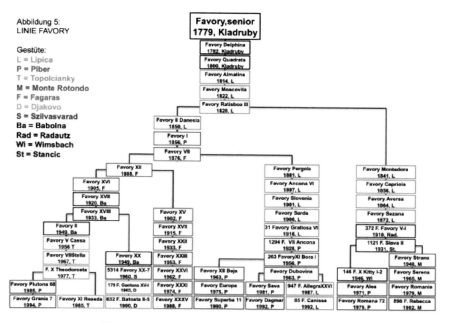

Abb. 5. Linie Favory – Stammbaum (Grafik Wallner).

GENETISCHE CHARAKTERISIERUNG DER LIPIZZANERSTÄMME MIT Y-CHROMOSOMALEN MARKERN

Die Zucht nach Hengststämmen hat sich beim Lipizzaner über zwei Jahrhunderte bewährt. Diese enorme Relevanz in der Lipizzanerzucht führte zu einem Projekt mit der Zielsetzung die Hengstlinien des Lipizzaners genetisch zu charakterisieren. Damit sollte ihre Herkunft gesichert und gleichzeitig das Zuchtbuch überprüft werden.

Sequenzvariation am Y-Chromosom

Zur genetischen Differenzierung der Hengstlinien beim Lipizzaner wurden erstmals Y-chromosomale DNA-Abschnitte beim Pferd gezielt isoliert (Wallner, 2001). Es wurden 6 DNA Abschnitte mit einer Gesamtlänge von 2638 bp bei jeweils einem der heute lebenden Vertreter der acht Hengststämme des Lipizzaners sequenziert. Obwohl die Gründerhengste der Lipizzanerpopulation aus zum Teil sehr unterschiedlichen Rassen und geographisch entfernten Gegenden stammen, konnten zwischen den heute lebenden Vertretern der einzelnen Linien in diesen Abschnitten keine Sequenzunterschiede am Y-Chromosom detektiert werden.

Es wurde jeweils 1 Hengst aus einem Hengststamm sequenziert. Bei allen Tieren wurde eine identische Sequenz gefunden. Zwischen Pferd und Przewalskipferd (2 Punktmutationen) beziehungsweise Pferd und Esel (44 Punktmutationen) wurden hingegen sehr wohl Unterschiede gefunden (Wallner et al., 2003).

Y-chromosomale Mikrosatelliten

Da Punktmutationen nicht das geeignete Markersystem schienen um die Hengstlinien zu charakterisieren, wurden 6 Y-chromosomale Mikrosatellitenmarker isoliert (Wallner et al., 2004). Auch mit diesen Mikrosatelliten, die aufgrund ihrer höheren Mutationsrate ein besser geeignetes Markersystem sind, konnten keine Unterschiede zwischen den Vertretern der heute lebenden Hengste verschiedener Linien festgestellt werden. Alle untersuchten Tiere hatten denselben Haplotyp (siehe Abb. 6).

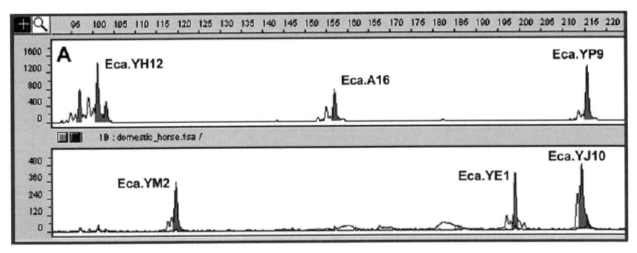

Abb. 6. Amplifikationsprofil der Y-chromosomalen Mikrosatelliten bei allen untersuchten Lipizzanerhengsten: Die schwarzen Spitzen zeigen die Allellänge des Mikrosatelliten. Der Mikrosatellit Eca.A16 hat somit ein Allel mit der Länge 157. Eca.YH12 liegt als Triplikat (in dreifacher Kopienzahl) am Y-chromosom und jeder Genort hat ein andere Länge (nämlich 96, 100 und 102). Siehe auch Wallner et al. (2004)

Welche Ursachen können zu diesem Ergebnis führen:

1. Es gibt Fehler im Pedigree des Lipizzaners, so dass die heute lebenden Tiere nicht mehr den Y-chromosomalen Genotyp des Gründerhengstes repräsentieren.

Diese Möglichkeit scheint eher unwahrscheinlich. In genetischen Untersuchungen der mitochondrialen DNA (siehe Kap. 17) konnten die Stutenlinien beim Lipizzaner gut charakterisiert werden (Kavar et al., 2002).

2. Die Sequenzvariabilität am Y-Chromosom des Pferdes ist so niedrig, dass alle Gründerhengste denselben Y-chromosomalen Haplotyp hatten. Dadurch ist eine genetische Charakterisierung der Linien nicht möglich.

Um diese Hypothese zu prüfen, wurde der Datensatz erweitert und 41 Tiere aus sehr distinkten Rassen in die Untersuchung miteinbezogen (siehe Tab. 1). Die DNA- Proben der untersuchten Hengste, stammten von Tieren, die sich noch im ursprünglichen Zuchtgebiet befanden. Im erweiterten Datensatz waren Tiere, die den Gründerrassen des Lipizzaners angehörten, wie der Araber, Andalusier und der Kladruber. Weiters wurden Vertreter von Rassen ausgewählt, die aufgrund ihrer Zuchtgeschichte eine geringe Durchmischung mit Tieren anderer Rassen erwarten ließen. Hierzu zählt das Englische Vollblut, für das seit 1793 ein geschlossenes Zuchtbuch existiert. Das Islandpferd hat insofern eine besondere Zuchtgeschichte, als in Island bereits im Jahr 930 nach Christus ein Einfuhrverbot für Pferde verhängt und der Bestand seit dieser Zeit in isolierter Reinzucht erhalten wurde (SCHWARK, 1988). Phänotypisch sehr unterschiedliche Tiere wie Shetland Pony und Noriker, sowie Tiere aus geographisch sehr entfernten Zuchtgebieten (Achal Tekkiner aus Rußland, Mongolisches Kleinpferd) wurden ebenfalls in die Untersuchung miteinbezogen.

Tab. 1. Untersuchte Pferderassen

Achal Tekkiner	American Saddlebred Horse	Andalusier
Appaloosa	Originalaraber	Österreichisches Warmblut
Berber	Connemara Pony	Islandpferd
Irischer Tinker	Kladruber	Lipizzaner
Mangolarga Marchoder	Minishetty	Missourie Foxtrotter
Mongolisches Hauspferd	New Forest Pony	Noriker
Norwegisches Fjordpferd	Oldenburger	Paint
Pinto	Quarter Horse	Shagya Araber
Shetland	PonyShire Pferd	Tarpan (Rückzüchtung)
Englisches Vollblut	Trakehner	Traber
Welsh Pony	Württemberger	

Das Ergebnis dieser Untersuchungen war eindeutig. Auf einer Gesamtlänge von 2638 bp wurden keine Sequenzunterschiede zwischen den Hengsten der untersuchten Rassen detektiert. Auch die Y-chromosomale Mikrosatellitenanalyse ergab bei allen Hengsten dasselbe Ergebnis. Alle 41 untersuchten Hengste unterschiedlichster Herkunft hatten denselben Y-chromosomalen Haplotyp. Dies läßt vermuten, dass auch die Begründer der Hengstlinien des Lipizzaners, höchstwahrscheinlich diesen Haplotyp hatten.

Das Pferd besitzt als einzige Haustierspezies die genetische Besonderheit, dass am Y-Chromosom bislang keine Variabilität gefunden wurde. Im Gegensatz dazu sind bei der zur Charakterisierung von mütterlichen Linien untersuchten mitochondrialen DNA sehr viele Varianten gefunden worden (siehe Kap. 17) und zwar sowohl beim Lipizzaner (Kavar et al., 2004) als auch bei anderen Rassen (Vila et al., 2001 fanden 90 verschiedene mtDNA Haplotypen).

Lindgren et al. (2004) überprüften die Beobachtungen von Wallner (2001) durch Sequenzierung von insgesamt 14 300 bp am Y-Chromosom des Pferdes bei 52 Pferden aus 15 verschiedenen Rassen. Weiters wurden die 6 oben beschriebenen Mikrosatelliten (Wallner et al., 2004) typisiert. Auch diese Arbeitsgruppe konnte keine Polymorphismen am Y-Chromosom des Pferdes feststellen. Die Berechnungen ergaben eine Variabilität am Y-Chromosom des Pferdes, die 10 bis 30 mal niedriger ist als beim Menschen.

HYPOTHESEN ZUR NIEDRIGEN SEQUENZVARIABILITÄT AM Y-CHROMOSOM DES PFERDES

Es wurde diskutiert, dass Selektion für die niedrige Sequenzvariabilität am Y-Chromosom verantwortlich sein könnte. Unter den bislang beschriebenen 32 Genen am Y-Chromosom des Pferdes befinden sich Gene, (vor allem Sry und weiters Usp9y) die für die Ausprägung eines funktionsfähigen männlichen Phänotyps verantwortlich sind. Aufgrund der fehlenden Rekombination am Y Chromosm verhält sich das gesamte Y-Chromosom wie eine einzige Kopplungsgruppe, so dass sich positive und negative Mutationen direkt und unmittelbar auswirken. Eine einzige vorteilhafte Basensubstitution an irgendeinem Genort kann unter Umständen zu einer

Fixierung des gesamten Chromosoms führen („genetic hitchhiking") – alle anderen Y-chromosmalen Varianten gehen dabei verloren (Maynard Smith u. Haigh, 1974). Obwohl es keine konkreten Publikationen gibt, die dieses Phänomen beim Pferd beschreiben, ist „genetic hitchhiking" als Ursache für die beobachtete niedrige Variabilität nicht auszuschließen.

Andererseits wird die beobachtete Variabilität an einem DNA-Abschnitt in der Population durch die Mutationsrate und die effektive Populationsgröße (siehe Kap. 11) bestimmt (Hartl u. Clark, 1989). Die effektive Populationsgröße des Y-Chromosoms korreliert direkt mit der Anzahl der männlichen Tiere, die zur Zucht eingesetzt werden. Für das ebenfalls haploide mitochondriale Genom, das maternal vererbt wird, gilt dieselbe Korrelation mit der Populationsgröße der weiblichen Tiere (Hedrick, 2000).

Die effektive Populationsgröße des Y-Chromosoms und der mitochondrialen DNA ist bei gleich vielen männlichen und weiblichen Individuen, die an der Reproduktion teilnehmen, gleich groß. Diese Annahme wird aber in der Realität beim Pferd nicht erreicht, weder unter natürlichen Verhältnissen noch in Populationen, die unter züchterischem Einfluß stehen. Dass die effektive Populationsgröße für Zuchthengste und Zuchtstuten nicht gleich groß, ist zeigen die Zahlen in den Stutbüchern. So waren beispielsweise im Jahr 1993 in der deutschen Traberzucht 3583 Stuten mit 321 Hengsten belegt worden. Insgesamt sind 4764 Stuten und 266 Hengste in der deutschen Trakehnerzucht zugelassen, wovon 61 dieser Hengste väterlicherseits auf den Hengst „Dampfroß" zurückgehen. Vergleichsweise wurden in der gesamten Gestütspopulation Europas 420 Lipizzanerstuten von 82 Hengsten gedeckt, ein weit günstigeres Verhältnis als es in den zuvor erwähnten kommerziellen Pferderassen beobachtet werden konnte. Das Phänomen eines monomorphen Y-Chromosoms, mit vergleichbar hoher mitochondrialer Variabilität (siehe Kap. 17), passt somit zu dem starken Geschlechtsungleichgewicht in der Pferdezucht. Nur eine geringe Anzahl von Hengsten trug genetisch zum heutigen „domestizierten Pferd" bei. Auch in modernen Züchtungsstrategien werden wenige Hengste bei vielen Stuten eingesetzt, ein Schema, das die Anzahl an väterlichen Linien reduziert.

Die Polygenie in der Pferdezucht allein kann jedoch nicht zum gänzlichen Verlust Y-chromsomaler Variabilität führen. Es müssten zumindest Unterschiede zwischen den Rassen gefunden werden. Lindgren et al., 2004 kommen zu dem Schluss, dass bereits in der Altsteinzeit, als Pferde als wichtiges Nahrungsmittel dienten, ein starkes Reproduktionsungleichgewicht bestand. Mit Stuten wurde gezüchtet, die meisten Hengste fielen bereits vor der Teilnahme an der Reproduktion der Nahrungslieferung anheim. Folglich war eventuell die Variabilität am Y-Chromosom schon reduziert, als vor etwa 6000 Jahren wilde Pferde erstmals domestiziert wurden. Als dann Haustiere, oder die Kenntnisse der Tierhaltung selbst, von einer Sippe an die nächste weitergegeben wurden, könnte das durch Austausch von domestizierten Hengsten passiert sein, während bei den Stuten wildlebende autochthone Tiere hinzugefangen wurden.

Abschließend kann festgehalten werden, dass das am Y-Chromosom und der mitochondrialen DNA des Lipizzaners und der gesamten Pferdepopulationen beobachtete DNA-Sequenzmuster das Ergebnis einer sehr langen Zuchtpraxis ist, und dass manche Ursachen auch bereits lange vor der Domestikation gewirkt haben. Eine endgültige schlüssige Erklärung für die beschriebene Monomorphie am Y- Chromosom des Pferdes gibt es nicht.

Abb. XIX. (Bundesgestüt Piber)

KAPITEL 19

MONIKA SELTENHAMMER, ELIANE MARTI, SÁNDOR LAZÁRY, INO ČURIK,

THOMAS DRUML und JOHANN SÖLKNER

Gesundheit, Resistenz und Disposition

Lipizzanerpferde sind auch für Studien über Krankheiten oder biologische Prozesse eine nahezu ideale Population, da es sich um eine genetisch gut definierte, geschlossene Population handelt und sie in größerer Zahl unter gleichen Umweltbedingungen gehalten werden. In diesem Kapitel werden Untersuchungen über Krankheiten und über die Immunantwort, die an Lipizzanerpferden durchgeführt und veröffentlicht wurden, zusammengefasst. Keine der hier beschriebenen Krankheiten ist spezifisch für den Lipizzaner oder kommt bei Lipizzanern häufiger als bei anderen Pferderassen vor. Obschon Wollinger et al. (1979) die Vermutung äußerten, dass die damals zunehmenden Fertilitäts- und Vitalitätsprobleme der österreichischen Lipizzaner eine Folge von Inzuchtdepression sind, wurden in den letzten Jahren keine wissenschaftlichen Untersuchungen durchgeführt, die diese Vermutung hätten beweisen können.

MELANOME

Melanome (=melanozytische Tumoren) sind Tumore, die sich aus melaninproduzierenden Zellen (Melanozyten) zusammensetzen (Pully und Stannard, 1990). Beim Pferd sind Melanome ein besonderes Phänomen der alternden, ergrauenden Tiere, der sogenannten echten ("veränderlichen") Schimmel (Kitt, 1921). Der Pigmentzelltumor repräsentiert bei dieser Tierart 6 % (Head, 1953) bis 15 % (Cotchin, 1960) der Hauttumoren. Mit

Abb. 1. Auch die Lipizzaner kommen meist schwarz, jedoch immer farbig zur Welt (Foto Slawik).

einer Häufigkeit von 3,8 % liegt das Melanom laut Sundberg et al. (1977) nach dem equinen Sarkoid und dem verhornenden Plattenepithelkarzinom an dritter Stelle aller Tumoren.

Das Melanom tritt gewöhnlich ohne Geschlechtsdisposition beim erwachsenen bzw. alternden Pferd auf (McMullan, 1982). Unumstritten ist dabei die Beziehung zwischen der Fellfarbe der Tiere und dem Auftreten des Tumors. Bereits McFadyean beschreibt 1933 in seiner Arbeit, daß etwa 80 Prozent der Schimmel, die älter als 15 Jahre sind, klinisch ein Melanom aufweisen; nur manchmal sind Pferde anderer Fellfarbe davon betroffen (diese altersunabhängig). Dementsprechend trifft man das Melanom besonders in jenen Pferderassen häufig an, wo auch die Schimmelfarbe frequenter vertreten ist (d. h. Lipizzaner, Camargue-Pferde, Araber, Percherons, Cartujano, Andalusier, Lusitanos).

Evolutionär gesehen könnte aber die Fähigkeit zur Ergrauung (also weniger „aktive" Melanozyten) Schimmelpferden mit Melanomen gegenüber andersfarbigen Pferden (mit normal „aktiven" Melanozyten) einen Selektionsvorteil verschafft haben. Bei andersfarbigen Pferden ist der Krankheitsverlauf viel aggressiver, und sie sterben eher an den Folgen der Melanome als ergrauende Tiere. Daraus läßt sich vielleicht auch erklären, warum sich dieser Tumor praktisch ausschließlich bei echten Schimmeln manifestiert, also bei jenen Pferden, die farbig zur Welt (Abb. 1) kommen und mit zunehmendem Alter mehr oder weniger rasch ergrauen (Evans et. al., 1990) und einen weitgehend gutartigen Charakter aufweist.

Jeglum (1999) vertritt die These, daß es im Zuge des Ergrauungsprozesses, der um die Augen und Analregion beginnt (die wiederum neben anderen als Prädilektionsstellen für das Schimmelmelanom bekannt sind) und aufgrund des damit veränderten Melaninmetabolismus zu einer Stimulierung neuer Pigmentzellen kommt. Diese können dann entweder maligne entarten oder stimulieren ihrerseits wahrscheinlich eine Überproduktion an Melanin in der Dermis, und zwar gerade an jenen Stellen, wo das Melanom primär auftritt.

Ab etwa der zweiten Lebenshälfte zeigt bei einem Teil der Schimmelpferde auch die bis dahin pigmentierte Haut Depigmentierungserscheinungen. Dieser Hautpigmentverlust scheint genetisch determiniert zu sein, dehnt sich im noch höheren Alter auf die gesamte Hautoberfläche aus, um sich unabhängig von der Melanomausprägung zu manifestieren (Gebhart und Niebauer, 1977).

Derzeit gibt es verschiedene Vermutungen über die Pathogenese des Melanoms beim Schimmel, eine eindeutige Erklärung hat man bis dato noch nicht gefunden. Auch Yager et al. (1993) unterscheiden beim Pferd unterschiedliche Melanomgenesen.

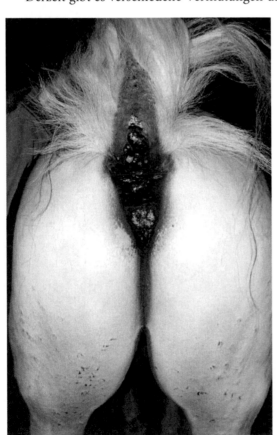

Gerade die Tatsache, daß ergrauende Pferde in einer besonderen Art und Weise von diesem Merkmal betroffen, jedoch häufig verschieden stark befallen sind, läßt auf einen genetischen Einfluß auf dieses Geschehen schließen. Daraus ergibt sich auch die Komplexität des Problems, da sehr viele Gene an der Melaninsynthese bzw. an der finalen Reifung der Melanozyten beteiligt sind (Desser et al., 1980).

Wie bereits angedeutet, sind als Prädilektionsstellen für primäre Melanome, die sowohl solitär, jedoch häufiger multipel auftreten, die Schweifrübenunterseite (Abb. 2), das Perineum und die äußeren Genitale zu nennen. Primärtumoren sind von kleiner als 1 cm bis über 20 cm groß, sie sind flach, erhaben oder gestielt und ulzerieren manchmal (Dahme und Weiss, 1999; Fleury et al., 2000 a,b). Weitere Stellen, die ebenfalls betroffen sein können, sind Ohrspeicheldrüse (Parotis) bzw. Parotislymphknoten, Euter, Paralumbar- und Halsmuskulatur, distale Extremitäten, Augen (Abb.3a und

Abb. 2. Noduläre Melanomausprägung (bis Hühnereigröße), teilweise konfluierend, perianal sowie an der Ventralseite der Schweifrübe (Grad 4) (Foto Seltenhammer)

b), Maul (Lippen) (Fleury et al., 2000 a,b) und auch der Wirbelkanal. An letzteren genannten Stellen können auch Metastasen auftreten. An den zuerst erwähnten Regionen (Lippen, Augenlider, Nüstern, Präputium und Analgegend), wo die Dermis besonders reich pigmentiert ist (Talukdar et al., 1972; Talukdar, 1973), manifestieren sich diese kutanen (dermalen) Primärtumoren als erbsen- bis kirschengroße Knoten.

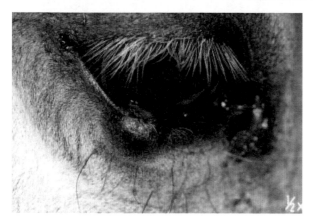 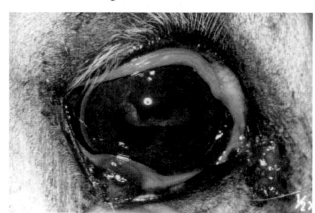

Abb. 3 a und b. Melanom am unteren Lidrand (Foto Seltenhammer).

Abgesehen von den beschriebenen Prädilektionsstellen findet man in der Literatur zahlreiche Berichte über gelegentliche Primärtumoren an anderen Lokalisationen.

Obwohl ein Großteil der Melanome zu Beginn ein gutartiges Wachstumsverhalten aufweist, besteht dennoch die Möglichkeit, daß sie sich zu bösartigen Tumoren enwickeln (Gorham und Robl, 1986). Pully und Stannard (1990), Levene (1979) und Jubb et al. (1993) sind dagegen der Meinung, daß fast alle Melanome des Schimmels gutartig seien. Als Synthese der unterschiedlichen Meinungen ergibt sich für das Melanom beim Schimmelpferd folgendes Bild: Der Pigmentzelltumor verhält sich über Jahre hinweg gutartig und beginnt erst im Alter zu metastasieren. Die Metastasen weisen rein makroskopisch betrachtet meist ein expansives und nur selten ein infiltratives Wachstum auf, wobei eine hohe Affinität des Melanoms zum Lymphgewebe besteht (lymphogene Metastasierung).

Der Lipizzaner eignet sich optimal zur Untersuchung des „Schimmelmelanoms", da einerseits die überwiegende Farbe dieser Pferderasse die Schimmelfarbe ist, andererseits die gesicherte Abstammung durch die Gestütsbuchführung auch die Beurteilung eines genetischen Effekts auf das Auftreten dieser Krankheit zulassen.

Im Rahmen einer Studie (Seltenhammer et al. 2001) wurden insgesamt 296 Lipizzaner fünf verschiedener Gestüte klinisch (adspektorisch und palpatorisch) auf Melanome untersucht. Tiere, die jünger als 4 Jahre alt waren sowie Andersfarbige als Schimmel, wurden von der Studie ausgeschlossen. Tab. 1 zeigt die Verteilung der untersuchten Pferde:

Tab. 1. Untersuchte Lipizzaner der verschiedenen Gestüte

GESTÜT	STUTEN	HENGSTE	GESAMT
Piber & Wien (A)	68	60	128
Đakovo (HR)	26	7	33
Topolčianky (SK)	27	4	31
Lipica (SLÓ)	35	17	52
Silvásvárad (H)	50	2	52
GESAMTSUMMEN	206	90	296

Die Diagnosen wurden in insgesamt 6 verschiedene Grade (Grad 0: melanomfrei bis Grad 5: umfangreiche Organmetastasen mit metabolischen Stoffwechselstörungen einhergehend) dem jeweiligen Erscheinungsbild entsprechend eingeteilt (Tab. 2).

Tab. 2. Klinische Grade der Melanomausprägung (1 – 5).

Grad 0:	Klinisch Melanom frei.
Grad 1:	Solitäres, bis linsengroßes Knötchen sowie Melanom-Vorstufen in Form von plaque-artigen Effloreszenzen der Haut der Schweifrübenunterfläche, perianal oder perineal, welche Lokalisationen gleichzeitig als Prädilektionsstellen für Melanome beim Schimmel gelten.
Grad 2:	Mehrere bis linsengroße Knötchen oder solitäres bis bohnengroßes Knötchen häufig neben plaque-artigen Vorstufen an Prädilektionsstellen.
Grad 3:	Ein- oder mehrere, bis hühnereigroße Knoten intra- oder subcutan an Prädilektionsstellen, fallweise auch am Präputium, kleinere Knoten eventuell auch an anderen Körperstellen (z. B.: Lippen).
Grad 4:	Ausgedehnte, konfluierende Knoten, von Haut noch bedeckt, kleine Ulzerationen, Melanome an Haut-Schleimhaut-Übergängen (Rektum, Vulva), Anzeichen von Destruktion und Metastasierung.
Grad 5:	Exophytisches Wachstum, Tumorknoten zeigen feuchte Oberfläche sowie großflächige Ulzerationen, Destruktion, paraneoplastische Syndrome (wie Kachexie), meist Organmetastasen.

Insgesamt konnte festgestellt werden, daß auch beim Lipizzaner die Prädilektionsstellen des Tumors vorwiegend die Schweifrübenunterseite sowie die Anal- und Perianalgegend sind (siehe Abb. 4a und 4b). Insbesondere an der ventralen Seite des Schweifrübenansatzes konnte man häufig nur ganz kleine hirsekorngroße Läsionen beobachten, die manchmal plaqueartig zu konfluieren schienen. Hierzu wurde der Schweif zum Spannen der Haut maximal nach dorsal gebogen. Vereinzelt waren ulzerierende Primärtumoren an der Schweifrübenunterseite respektive Anal-, Perianalregion zu beobachten.

Grad 1   Grad 3

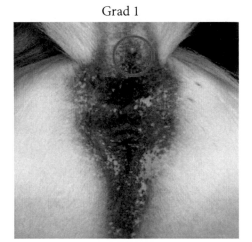
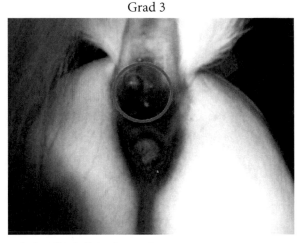

Abb. 4a und 4b. Abstufungen des Melanomgrades laut Tab. 2. (Seltenhammer).

Eine Erkrankung „Grad 1" stellte sich meist in Form eines hirsekorngroßen derben Knötchens an der Ventralseite der Schweifrübe dar. Frühstadien in Form von konfluierenden plaqueartigen Läsionen wurden ebenfalls als „Grad 1" klassifiziert. Bei insgesamt 5 Tieren waren Veränderungen an der Anal- bzw. Perianalgegend zu erkennen, ohne daß die Schweifrübe in irgendeiner Form betroffen war. Bei 2 Tieren (1 Stute und 1 Hengst) konnte je ein kinderfaustgroßer, pararektaler Melanomknoten diagnostiziert werden. Dieser war in beiden Fällen gegenüber dem umliegenden Gewebe gut abgegrenzt, verschieblich (nicht mit der Darmwand verwachsen), derb-elastisch und schien das Rektum nicht einzuengen. Die Parotis war bei 3 Pferden der untersuchten Lipizzanerpopulation geringgradig involviert. Bei 4 Fällen konnte eine Ulzeration des Tumors festgestellt werden. 2 Stuten zeigten tumoröse Veränderungen an der Haut-Schleimhaut-Übergangsstelle der Vulva, die ebenfalls die Mucosa der Vagina miteinbezogen. Bei 3 weiteren Pferden waren derb-elastische melanomatöse Veränderungen auch am Euter zu erkennen. Bei insgesamt 3 Hengsten konnten derbe kleine Läsionen am Scrotum diagnostiziert werden. Veränderungen an anderen Körperstellen, wie etwa Gesicht, Rumpf oder Gliedmaßen, waren bei insgesamt 3 Tieren feststellbar, wobei ein derber Melanomknoten am Unterkiefer eines Hengstes, ein weiterer derb-elastischer Tumorknoten ca. 2 cm vom rechten nasalen Augenwinkel eines anderen Hengstes zu erkennen waren. Ein dritter Hengst wies einen Tumorknoten in der Nähe des Musculus semimembranosus bzw. semitendinosus auf. Betroffene Augenlider konnten im Rahmen dieser Untersuchung nicht festgestellt werden.

Allein durch die klinische Untersuchung - ohne weitere Spezialuntersuchungen – konnte bei den untersuchten Tieren kein Grad 5 festgestellt werden konnte, da selbst Tiere, die einen Grad 4 aufwiesen, durch ihre gute Körperkonstitution (keines der Tiere war in seiner Verwendung, sei dies nun als Zuchttier, Reit- oder Fahrpferd, beeinträchtigt) auf keine metabolischen Stoffwechselstörungen aufgrund etwaiger massiver Organmetastasen hinwiesen.

Abbildung 5 stellt die Verteilung der jeweiligen Ausprägungsgrade in den Altersgruppen 4 – 15 (228 Pferde) sowie 16 und älter (68 Pferde) prozentuell dar. 75 % der Pferde, die älter als 15 Jahre waren, sind klinisch an einem Melanom erkrankt, wovon 11 % dem Grad 4 zuzuordnen waren. Diese Graphik zeigt deutlich, daß mit 57,5 % über die Hälfte der jüngeren Pferde einen Krankheits-Grad 0 bzw. lediglich 2,2 % einen Grad 4 aufwiesen. Somit ist auch die Altersabhängigkeit des Auftretens der Melanomerkrankung klar ersichtlich.

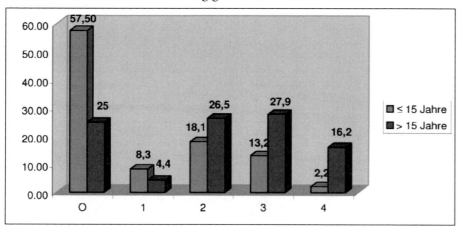

Abb. 5. Melanomausprägung in Abhängigkeit vom Alter – in %. (Graphik Seltenhammer)

Fleckenförmiger, vitiligoartiger Pigmentverlust in der Perianal- und Analregion konnte bei etwa 50 % der Pferde, insbesondere bei über 10 Jahre alten Tieren festgestellt werden. Bei 6 Tieren schien dieses Phänomen sehr stark ausgeprägt zu sein. Innerhalb der depigmentierten Flecken stellten sich die fast ausschließlich dermalen Melanome graublau dar und erinnerten an das klinische Bild des Naevus coerulus (Blauen Naevus des Menschen. Die Abb. 6 zeigt die prozentuelle Verteilung der verschiedenen Prädilektionsstellen an den betroffenen Körperregionen.

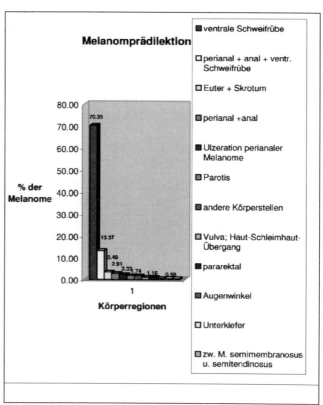

Abb. 6. Prädilektionsstellen des Melanoms beim Schimmel (Grafik Seltenhammer)

Die rektale Palpation der Klinikpatienten ergab, daß sowohl Darm (Rektum) als auch Sakrallymphknoten frei von tumorverdächtigen Veränderungen waren. Die beiden pararektalen Melanome ließen sich klar abgrenzen, waren etwas verschieblich und derb-elastisch. Die Tiere wurden dadurch in keiner Weise an der Defäkation gehindert.

Genetische Analyse der Merkmalskomplexe Melanom, Vitiligo und Ergrauung beim Lipizzaner

Die erbliche Komponente von Melanomen bei Schimmel Pferden wurde erstmals von Rieder et al. (2000) und von Seltenhammer et al. (2003) untersucht. Rieder et al. (2000) konnten mittels Segregationsanalysen (Gene dropping durch den Pedigree vgl. Kap. 11) keinen klaren Vererbungsweg nachweisen (Einzelgenetischer, polygenetischer, gemischter Erbgang), obwohl jene Modelle welche eine polygenetische Komponente berücksichtigten signifikant besser zum Datensatz passten als jene Modelle ohne genetische Komponente. Die Anzahl an untersuchten Pferden in dieser Untersuchung (N = 71) bot nicht genügend Daten um Aussagen über den Erbgang des Melanoms zu tätigen. Basierend auf einem Datensatz von 296 Lipizzanerpferden wurde eine Heritabilität von 0.36 für das Merkmal Melanomausprägung geschätzt. Aufgrund des gleichzeitigen Auftretens gutartiger Melanome und der Schimmelfarbe, im Gegensatz zu normalfarbenen Pferden, kann auf einen genetischen Zusammenhang zwischen Melanomausprägung und Schimmelfärbung geschlossen werden. Der Ergrauungsprozess wurde in den Arbeiten von Čurik et al. (2002; 2004) beschrieben (vgl. Kap. 14).

Abb. 7. Schimmelherde mit noch dunklen Fohlen in Piber (Foto Bundesgestüt Piber, c Slawik).

Die Ergrauungsstufen „grey level" wurden mittels des sogen. L* Parameters der L*a*b Farbscala (definiert von CIE Commission Internationale de l'Eclairage, 1976) erfasst. Dieser Parameter war direkt proportional zum Melaningehalt in der Haut, der mit dem Spektrophotometer gemessen wurde (Toth et al. 2004). Čurik et al. (2002) berechneten mit einem erweiterten Datensatz von 351 Pferden eine Heritabilität von 0.24 für die Melanomausprägung und von 0.46 für die Ergrauung beim Schimmel. Beide Merkmale waren mit 0.46 korreliert. Vitiligo ist eine Erkrankung, welche sich durch Depigmentierung der Haut bemerkbar macht. In der Haut gehen die Melanocyten (Farbzellen) verloren. Dadurch kommt es zu depigmentierten Flecken unterschiedlicher Größe im Bereich wenig behaarter Stellen (Augen, Maul, After). Diese Erkrankung ist beim Menschen gut erforscht. Man geht hier von einer Autoimmunerkrankung aus (Ongenae et al. 2003). Ein ähnliches Krankheitsbild wurde bei Mäusen, Hunden, Schweinen, Wasserbüffeln und Hühnern beobachtet. Über die genetische Koppelung von Vitiligo und Melanom bei Schimmel Pferden, wo Vitiligo meist in der Genital- After und Gesichtsregion auftritt, wurde viel spekuliert, ohne jedoch ein schlüssiges Ergebnis zu erlangen (Lerner and Cage, 1973; Gebhart and Niebauer, 1977; Levene, 1980; McMullan, 1982; Fleury et al., 2000 a,b; Seltenhammer, 2000). Im Folgenden wird der genetisch bedingte Zusammenhang dieser drei Komplexe Ergrauung, Melanomausprägung und Vitiligo genauer erörtert. Ein vergleichsweise großer Datensatz wurde über eine Periode von 5 Jahren bei regelmäßigen Gestütsbesuchen in den Lipizzanergestüten Österreichs, Kroatiens, Ungarns, Sloweniens und der Slowakei gesammelt. Der klassische populationsgenetische Ansatz der Heritabilitätsschätzung und Korrelationsschätzung ist ein erster Schritt zur Klärung der genetischen Mechanismen in der Bildung dieser drei Phänomene.

Um den Ergrauungsgrad (Tab. 3) zu definieren wurde die Fellfarbe der Pferde an vier Stellen (Hals, Schulter, Flanke und Kruppe) bestimmt. Die Messung erfolgte mittels des im Kap. 14 beschriebenen Minolta Chramameters CR210 auf Basis des CIE L*a*b* Farb Spektrums. Dieses Meßsystem wurde bislang in der Wissenschaft beim Menschen bei der Hautbräunung (Adhoute et al. 1994) und bei tierzüchterischen Studien über Fleischfarbe und Produktqualität (e.g., Hopkins and Fogarty 1998) angewandt. Bis zu Beginn des COPERNICUS Projekts war keine Publikation im Bereich der quantitativen Farbgenetik bei Tieren bekannt.

Tab. 3. Zusammenfassende Statistik von Melanom Grad und Ergrauungsstufe (L) abhängig vom Alter bei Messung.

Alter bei Messung (Jahre)	Melanom Grad		Ergrauungs Stufe	
	Mittel	STD	Mittel	STD
3	0.27	0.54	42.63	13.35
5	0.93	0.91	57.92	15.34
7	0.53	0.86	68.29	10.36
9	1.09	1.04	73.95	4.51
11	1.10	1.01	73.16	4.92
13	1.54	1.14	72.94	6.06
15 und 16	1.78	1.10	72.83	6.23
> 20	2.23	1.04	76.43	4.11

Die Varianz bezüglich der Ergrauungsstufe bei Fohlen kann in Abb. 7 und 8 nachvollzogen werden.

Abb. 8. Stutenherde mit unterschiedlich stark ergrauten Fohlen. (Foto Soelkner).

Das Merkmal Vitiligo wurde durch Adspektion der betroffenen Stellen wie der Anal-, Perianal-, Perineal-, Euterregion, dem Präputium, speziell im Gesicht (Augen, Nüstern) nach einem Punkteschema beurteilt. Für die Analyse wurden die einzelnen Vitiligograde an den verschiedenen Stellen gemittelt. Abbildung 8 verdeutlicht die Unterschiede zwischen den einzelnen Stufen.

Grad 0   Grad 1   Grad 2   Grad 3

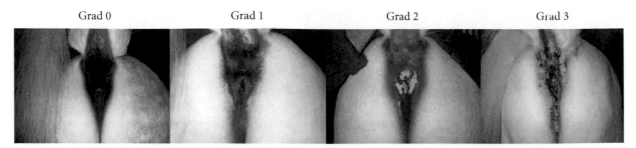

Abb. 9. Abstufung der Vitiligograde von 0 bis 4 in der Afterregion. (Foto Soelkner)

Für die Schätzung der Heritabilitäten wurden folgende Umwelteffekte in das statistische Model miteinbezogen: Gestüt x Jahr x Geschlecht Interaktion, Altersklasse. Zufällige Effekte waren definiert als: Additiver genetischer Tiereffekt, da wiederholte Messungen am Tier, und einen permanenten Umwelteffekt. Die meiste Information in derartigen Berechnungen stammte aus väterlichen und mütterlichen Halbgeschwistergruppen. In einzelnen Fällen wurden selbst von Stuten eine beachtliche Familie aufgestellt: max. Zahl Nachkommen mütterlicherseits 27, gleich der größten paternaler Gruppe. Die Variation der drei Merkmale Ergrauung, Melanomstatus, Vitiligo und dem Alter stellt sich unterschiedlich dar, wie aus Abb.9 zu ersehen ist.

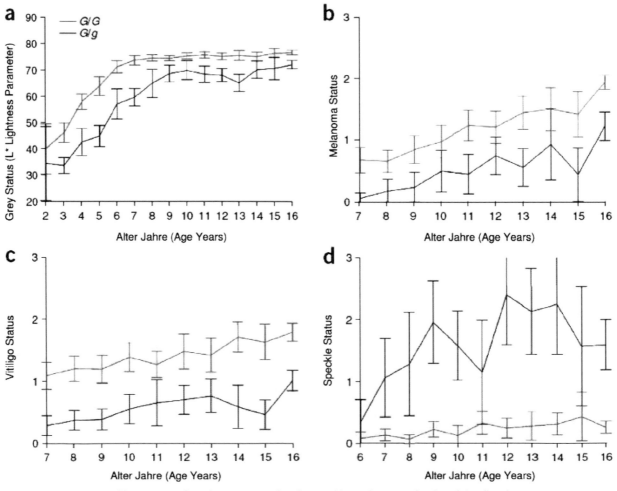

Abb. 10. Graustufe, Melanomstatus und Vitiligo in Abhängigkeit vom Alter (Graphik Sölkner)

Im Alter von 10 Jahren haben alle Lipizzaner ihre endgültige Schimmelfärbung erreicht. Untersucht man die Geschwindigkeit der Ergrauung, so sind die Daten auf jene Altersklassen, welche noch genügend Variation aufweisen, zu stutzen. Die Entwicklung des Melanoms und der Depigmentierung (Vitiligo) beginnt in einer späteren Lebensperiode, ab dem 5.-6. Lebensjahr. In diesem Fall musste ebenfalls der Datensatz zurechtgestutzt werden. Da der Zeitpunkt dieser zwei Entwicklungen aus den Graphen nicht klar ersichtlich ist (Abb. 10), wurden zwei verschiedene Datensätze für die genetische Parameterschätzung verwendet. Im ersten Datensatz wurden Tiere, die jünger waren als 7 Jahre für die Ergrauung berücksichtigt und Tiere, die älter waren für die Merkmale Melanom und Vitiligo. Der zweite Datensatz berücksichtigt für die Ergrauung Tiere < 8 Jahre und gleichzeitig für Melanome und Vitiligo Tiere > 4 Jahre. Tab. 4 gibt Aufschluss über diese zwei verschiedenen Datensätze.

Tab. 4. Datenstruktur

	Schimmel <7, Mel., Vit. > 6		Schimmel < 8, Mel. Vit. > 4	
	Pferde	Beobachtungen	Pferde	Beobachtungen
Graustufen	378	573	426	646
Melanom	361	700	476	892
Vitiligo	316	379	397	469

Heritabilitäten und genetische Korrelationen sind in folgenden beiden Tab. 5 und 6 basierend auf den beiden Datensätzen dargestellt.

Tab. 5. Heritabilitäten (diagonal, obere Zeile), Varianzanteil erklärt durch permanente Umwelt (diagonal, untere Zeile), genetische Korrelationen (Offdiagonale, obere Zeile) und permanente Umweltkorrelationen (Offdiagonale untere Zeile) für Datensatz 1

	Ergrauung	Melanom	Vitiligo
Ergrauung	0.76 ± 0.07 0.13 ± 0.07	−0.03 ± 0.12	0.66 ± 0.10
Melanom	0.69 ± 0.31	0.36 ± 0.10 0.32 ± 0.09	0.01 ± 0.20
Vitiligo	0.98 ± 0.08	0.55 ± 0.17	0.36 ± 0.07 0.33 ± 0.08

Tab. 6. Heritabilitäten (diagonal, obere Zeile), Varianzanteil erklärt durch permanente Umwelt (diagonal, untere Zeile), genetische Korrelationen (Offdiagonale, obere Zeile) und permanente Umweltkorrelationen (Offdiagonale untere Zeile) für Datensatz 2

	Ergrauung	Melanom	Vitiligo
Ergrauung	0.76 ± 0.05 0.10 ± 0.05	0.10 ± 0.14	0.69 ± 0.09
Melanom	0.89 ± 0.15	0.19 ± 0.07 0.41 ± 0.06	−0.06 ± 0.21
Vitiligo	0.86 ± 0.17	0.54 ± 0.12	0.32 ± 0.07 0.36 ± 0.07

Die Heritabilität für den Ergrauungsprozess ist mit 0.76 sehr hoch. Der Schätzwert von Čurik et al. (2002) war mit 0.46 um einiges kleiner, was aber auf die Berücksichtigung aller Altersklassen im Modell zurückzuführen ist. Die Erblichkeit der Melanomausprägung liegt in einem mittleren Bereich $h^2 = 0.36$ mit Bezug auf ältere Pferde. Berücksichtigt man auch 5 und 6 jährige (Datensatz 2) so sinkt die Erblichkeit auf 0.12. Dennoch impliziert diese Heritabilität eine starke genetische Basis für die Verbreitung des Melanoms, welche durch weitere molekulargenetische Methoden geklärt werden könnte. Das Merkmal Vitiligo zeigt eine ähnliche erbliche Komponente mit einer Heritabilität von 0.36 mit fallender Tendenz bei Berücksichtigung jüngerer Pferde in der Analyse. Das interessanteste Ergebnis dieser Analyse jedoch sind die genetischen Korrelationen zwischen den drei Merkmalen. Melanome sind scheinbar nicht korreliert mit der Geschwindigkeit des Ergrauens und dem Auftreten von Vitiligo. Dieses Ergebnis ist konträr zu bisherigen bekannten Hypothesen (Lerner and Cage,

1973; Gebhart and Niebauer, 1977; Levene, 1980; McMullan, 1982; Fleury et al., 2000 a,b; Seltenhammer, 2000). Die positive genetische Korrelation von 0.46 zwischen Graustufe und Melanom in der Studie von Čurik et al. (2002) war anscheinend ein Zufall, der auf die gemeinsame Analyse von jungen und alten Pferden für beide Merkmale zurückzuführen ist. Eine ähnliche mit dem kompletten Datensatz durchgeführte Analyse ergab eine Korrelation von 0.27. Vitiligo ist stark mit der Geschwindigkeit des Ergrauens korreliert, ein Zusammenhang der bislang nicht untersucht wurde.

Aus diesen Resultaten ist abzuleiten, dass mindestens ein Drittel (36 %) des Merkmals Melanom genetischer Natur ist. Somit könnte das Ausmass der Melanomerkrankung züchterisch beeinflusst werden. Es wurde auch untersucht, ob es einen Zusammenhang zwischen Inzuchtgrad und Melanombefall gibt. Es konnte kein eindeutiger Beweis erbracht werden, dass Inzucht den Grad der Melanomerkrankung beeinflusst (Čurik et al. 2000).

Im Jahr 2005 ist es einer schwedischen Forschergruppe - geleitet von Leif Andersson – gelungen, die Suche nach dem ursächlichen Grau-Gen auf das Chromosom 25 (ECA25) einzuschränken. Da diese Region jedoch keine offensichtlichen Kandidaten Gene hinsichtlich Pigmentstoffwechsel oder Melanomentstehung beherbergt, ging man davon aus, dass eine Mutation eines neuartigen Genes den Phänotyp des Schimmels verursacht (Pielberg et al., 2005). Schließlich konnte infolge einer SNP Analyse und dem LD (Linkage Disequilibrium) ein entscheidender Intervall auf dem ECA25 lokalisiert werden, womit die Suche auf vier mögliche Kandidaten Gene fokussiert werden konnte. Mittels genauerer Analyseverfahren, in welchen auch die riesige Datenflut der bereits zahlreich veröffentlichten Erkenntnisse über die Ergrauung und die Entstehung von Melanomen beim Lipizzaner berücksichtigt wurden, konnte eine spezielle Insertion in einem dieser vier Kandidatengene (STX17) von Pielberg et al. (2008) entdeckt und somit das Geheimnis des Grau-Gens entschlüsselt werden, für welches nun auch ein Gentest zur Verfügung steht.

Somit konnten sämtliche bisher gefundenen Daten über den Verlauf des Ergrauens, der Entwicklung und Entstehung, von Vitiligo und Sprenkelung (Phänomen der Fliegen- und Forellenschimmel) unter einem neuen Licht betrachtet werden und ihre Bestätigung finden.

Dieser Gen-Test ermöglicht nicht nur die eindeutige Identifizierung von homo- und heterozygoten Individuen, sondern auch den Grad des Einflusses dieses Gens auf den Phänotyp mit samt seinen „Begleiterscheinungen": homozygote Tiere werden doppelt so schnell grau / weiß, der Ergrauungsprozess beginnt viel früher, und neigen doppelt so häufig zur Melanom- und Vitiligoentstehung. Fliegen- und Forellen-Schimmel können fast immer als heterozygot betrachtet werden.

Chronische Bronchitis/Bronchiolitis

Die chronische Bronchitis/Bronchiolitis (CB) ist eine Überempfindlichkeitsreaktion gegen Schimmelpilzsporen, die sich im Heu und Stroh befinden. Diese Krankheit wird durch chronischen Husten, manchmal Nasenausfluss, verminderte Leistungsfähigkeit und – in schlimmen Fällen – Atemnot charakterisiert. Im fortgeschrittenen Stadium der CB spricht man auch von Dämpfigkeit. Im Durchschnitt leiden 30% der im Stall gehaltenen Pferde an chronischer Bronchitis. Diese Krankheit kann bei allen Pferderassen vorkommen, auch beim Lipizzaner. Das Vorkommen einer erblichen Veranlagung für die chronische Bronchitis wurde bei Lipizzanern, wie auch bei Deutschen und Schweizer Warmblutpferden nachgewiesen (Marti et al. 1991, Marti 2001). Bei allen drei Pferderassen wiesen kranke Elterntiere signifikant mehr kranke Nachkommen auf als gesunde Eltern. Bei den Lipizzanern sahen die Ergebnisse folgendermassen aus: Bei 42 Pferden aus dem Bundesgestüt Piber und aus der Spanischen Hofreitschule war bekannt, ob ihre Eltern an CB litten oder gesund waren. Diese 42 Pferde wurden nach der eigenen Diagnose (gesund oder an CB erkrankt) und nach der Diagnose der Elterntiere (beide Eltern gesund, ein Elternteil krank, beide Eltern krank) aufgeteilt (Tab. 3). Nur 6% (=1 Pferd) der 16 Pferde, die zwei gesunde Elternteile aufwiesen, litt an CB. Aus Paarungen mit einem erkrankten Elternteil (Hengst oder Stute) hat sich dieser Anteil auf 35% (=6 Pferde) der 17 Nachkommen erhöht. Schließlich sind Vier (44%) der 9 Nachkommen mit zwei kranken Eltern an CB erkrankt. Im Durchschnitt war der Anteil an CB-erkrankten Pferde bei den Lipizzanern gleich hoch wie bei den 150 untersuchten Schweizer Warmblutpferden (26%). Von den 90 Deutschen Warmblutpferden litten dagegen 40% der Tiere an CB. Wir wissen nicht, ob dieser Unterschied auf Umwelt- oder genetische Faktoren zurückzuführen ist.

Serum Immunglobulin E gegen Schimmelpilze

Immunglobulin E (IgE) ist eine Antikörperklasse, die eine wichtige Rolle bei gewissen Arten von Allergien, sogenannten Typ I Allergien, und bei der Abwehr gegen Endoparasiten spielt. Beim Menschen ist seit langem bekannt, dass es eine genetische Veranlagung für allergische IgE-vermittelte Erkrankungen, sogenannte atopische Erkrankungen, wie zum Beispiel Asthma, gibt. Es wurde beim Menschen auch wiederholt gezeigt, dass die Fähigkeit, viel oder wenig IgE zu produzieren durch genetische Faktoren beeinflusst wird. Voraussetzung für die Produktion von IgE ist der Kontakt mit Allergenen. Das sind eigentlich harmlose Stoffe, wie zum Beispiel Blütenstaub, Katzenhaare oder Schimmelpilze, die bei den meisten Menschen zu keinen Krankheiten führen, die aber bei genetisch prädisponierten Menschen eine Allergie auslösen können.

Beim Pferd ist noch sehr wenig über die Rolle von IgE Antikörpern bei allergischen Krankheiten bekannt. Man vermutet aber, dass IgE gegen Schimmelpilze eine Rolle bei der Entstehung der chronischen Bronchitis/Bronchiolitis (CB), einer Überempfindlichkeitsreaktion gegen Schimmelpilze, spielen könnte (siehe oben). Schimmelpilze bestehen aus sehr viel verschiedenen Stoffen, und die Allergene sind nur ein kleiner Bestandteil des ganzen Schimmelpilzextraktes. Dies erschwert die Forschung und Diagnose von Schimmelpilzallergien. Beim Menschen wurden vor kurzen mehrere spezifischen Schimmelpilzallergene identifiziert und als reine rekombinante Proteine produziert (Crameri 1998). Pferde mit CB wiesen häufiger IgE Antikörper gegen gewisse rekombinante Schimmelpilzallergene im Serum auf als gesunde Tiere (Eder et al. 2000). Zur Untersuchung, ob eine genetische Veranlagung für die IgE Produktion beim Pferd nachgewiesen werden kann, mußte der Gestütseffekt, d.h. Umweltfaktoren, berücksichtigt werden, da die Pferde je nach Heuqualität, d.h. Gehalt an Schimmelpilzen mehr oder weniger starken Kontakt mit den Allergenen hatten. Für diese Untersuchung stellten die Lipizzaner eine nahezu ideale Population dar, da ihre Abstammung über mehrere Generationen verfolgt werden konnte, und dank den Gestüten in den verschiedenen Ländern auch der Umwelteinfluss untersucht werden konnte. IgE Antikörper wurden gegen 2 Schimmelpilzextrakte (*Aspergillus fumigatus und Alternaria alternata*) und gegen drei verschiedene reine rekombinante Schimmelpilzallergene im Serum von 448 Lipizzaner Hengste und Stuten aus 6 verschiedenen Gestüten gemessen (Đakovo, Lipizza, Monterotondo, Piber, Wien, Szilvásvárad und Topoľčianky). Die Ergebnisse dieser Studie zeigen, dass das Gestüt einen hochsignifikanten Einfluss auf die IgE-Werte ausübt. Dies ist nicht erstaunlich, da das Klima in diesen verschiedenen Ländern zum Teil sehr unterschiedlich ist, und das verfütterte Heu somit mehr oder weniger mit Schimmelpilzen befallen war. Sehr interessant ist aber, dass beim Lipizzaner wie beim Menschen, die Fähigkeit viel oder wenig IgE zu produzieren vererbt wird. Die Heritabilität für IgE gegen Schimmelpilzeextrakte und IgE gegen das rekombinante Allergen rAsp f 8 wurde auf 0.33 beziehungsweise auf 0.21 geschätzt (Eder et al. 2001). Für die beiden anderen rekombinanten Allergene (rAlt a 1 und r Asp f 7) konnte keine Heritabilität nachgewiesen werden. Da bei diesen Pferden die Leukozytenantigene bestimmt worden waren, wurde auch untersucht, ob eine Assoziation zwischen IgE-Werten und ELA gefunden werden kann, d.h. ob gewisse ELA Allele bei Tiere mit hohen IgE-Werten häufiger vorkommen als bei Pferden mit tiefen IgE-Werten oder das Gegenteil. Die ELA befinden sich auf der Oberfläche der Leukozyten (weiße Blutkörperchen) und spielen eine wichtige Rolle bei der Immunantwort, wie zum Beispiel bei der Antikörperproduktion gegen spezifische Stoffe. In Szilvásvárad wurde eine signifikante Assoziation zwischen dem ELA-A8 und IgE gegen rekombinante Aspergillus fumigatus Allergene nachgewiesen. Pferde, die das ELA-A8 tragen haben viel seltener nachweisbares IgE gegen diese Allergene als Pferde, die diese ELA-A8 nicht aufweisen. Interessant ist, dass dieses ELA-A8 vor allem bei Pferden in Gestüt Szilvásvárad vorkommt und in den restlichen Gestüten sehr selten war. Mit dieser Untersuchung wurde zum ersten Mal beim Lipizzaner gezeigt, dass es eine genetische Veranlagung für die IgE-Produktion gibt und dass die Leukozytenantigene die IgE-Antwort gegen spezifische Allergene beeinflussen (Čurik et al. 2003). Diese Befunde gelten sehr wahrscheinlich auch für Pferde anderer Rassen und werden helfen, die Entstehung von allergischen Krankheiten beim Pferd besser zu verstehen.

Hufhorn

Josseck führte zwischen 1989 und 1991 eine Untersuchung über Hufhornveränderungen und deren Behandlung mit Biotin bei Hengsten an der Spanischen Hofreitschule durch (Josseck 1991). Im Doppelblindversuch wurde gezeigt, dass eine Biotinzugabe (20 mg/Tag) während 9 Monaten zu einer signifikanten Verbesserung des Hufzustandes bei behandelten Lipizzanern führte. Zusätzlich wurden auch die Hufe von 29 Zuchtstuten und 7 Zuchthengste aus Piber und von 22 Zuchttieren aus Gestüten von anderen Ländern beurteilt. Die österreichischen Lipizzaner wiesen häufig Veränderungen der weissen Linie auf. Das Kronhorn war bei vielen Pferden spröde und rissig. Die Sohle war vielfach weich. Dies war bei den Wiener Hengsten häufiger festzustellen als bei den auf der Weide gehaltenen Tieren in Piber. Die 22 Pferde, die aus anderen Ländern stammten, wiesen im allgemeinen einen besseren Hufstatus auf als die österreichischen Tiere. Tendenziell konnte ein Zunehmen der Hufschäden mit steigendem Inzuchtgrad festgestellt werden, eine Abhängigkeit zwischen Hufschäden und Heterozygotiegrad konnte aber nicht nachgewiesen werden. Da in gewissen Familien mehr schadhafte Hufe als bei den übrigen Tieren zu sehen waren, wird vermutet, dass die Hufhornqualität vererbt wird. Weitere Untersuchungen sind aber notwendig, um diesen Befund statistisch zu untermauern.

Equine Herpesvirus 1

Die Infektion durch das Equine Herpes Virus 1 (EHV-1, Synonym: Equines Rhinopneumonitis Virus) kann folgende Krankheitssyndrome hervorrufen:
1. Akute Form: Fieberhafter Husten mit Lungenerscheinungen
2. Spätfolgen: Fruchttod mit Abortus bei trächtigen Stuten und manchmal Lähmungen.

Im Frühjahr 1983 brach in Piber eine EHV-1 Seuche aus, die zu 31 Aborten und 10 tödlichen Lähmungsfällen führte (Bürki et al. 1984). Die Lipizzaner aus Piber waren vor dem Seuchenausbruch gegen EHV-1 nicht geimpft worden. Nach dieser Seuche wurde von Bürki und Kollegen (Bürki et al. 1989a und b) untersucht, welcher käufliche Impfstoff und welche Impfstrategie sich am besten eignet, um die Lipizzaner gegen EHV-1 zu schützen. Wie bei anderen Herpesviren ist die Impfprophylaxe mit EHV-1 problematisch, da es nur schwach immunogen ist. Dies wurde auch bei anderen Pferderassen belegt. Bürki kam zu dem Schluss, dass eine viermalige Verabreichung von Pneumabort K® im ersten Lebensjahr notwendig ist, um Schutz bei Jährlingen gegen EHV-1 Infektionen hervorzurufen (Bürki 1989b).

Antikörperbildung nach Impfung

Fohlen aus 8 verschiedenen ungarischen Gestüten wurden gegen Influenza A equi-1 und 2, und gegen Equines Herpes Virus 1 (EHV-1) geimpft und die Antikörperproduktion wurde bei diesen 184 Fohlen gemessen (Bodo et al. 1994). Darunter befanden sich auch 18 Lipizzanerfohlen aus dem Gestüt Szilvásvárad. Die anderen Fohlen gehörten unterschiedlichen Rassen an (Warmblut, Nonius, Englisches Vollblut und Traber). Auffallend war, dass nur 30% der Lipizzanerfohlen nach zweimaliger Impfung neutralisierende Antikörper gegen EHV-1 aufwiesen. Die Englischen Vollblutfohlen schnitten nach den Lipizzanern am schlechtesten ab: nur bei 43% der 16 Fohlen konnten Antikörper gegen EHV-1 gemessen werden. Bei den Fohlen anderer Rassen konnten im Durchschnitt bei 87% (60-100% je nach Gestüt) der Tiere nach der Impfung Antikörper gegen EHV-1 gefunden werden. Die Antikörperproduktion der Lipizzanerfohlen gegen Influenza war dagegen nicht bedeutend schlechter als die der anderen Fohlen. Weitere Untersuchungen sind notwendig um festzustellen, ob die schlechte Immunantwort gegen EHV-1 bei den Lipizzaner- und Vollblutfohlen wiederholt nachweisbar ist und mit Inzucht zu tun haben könnte, oder ob andere Faktoren daran beteiligt sind.

Bildnachweise

KAP. 1 – HISTORISCHE HERKUNFT DER RASSE (Druml)

Bildnachweis:
Abb. I Slawik
Abb. 1 Könemann
Abb. 2 Tiergarten Schönbrunn
Abb. 3 Tiergarten Schönbrunn
Abb. 4 Privatarchiv Thomas Druml
Abb. 5 Privatarchiv Thomas Druml
Abb. 6 Könemann
Abb. 7 Könemann
Abb. 8 Hardy Oelke
Abb. 9 Privatarchiv Thomas Druml
Abb. 10 Könemann
Abb. 11 Könemann
Abb. 12 Privatarchiv Thomas Druml
Abb. 13 Privatarchiv Thomas Druml
Abb. 14 Taschen Verlag
Abb. 15 Privatarchiv Thomas Druml
Abb. 16 Privatarchiv Thomas Druml
Abb. 17 Privatarchiv Hans Brabenetz
Abb. 18 Gassebner H. Die Pferdezucht in den im Reichsrathe vertretenen Königreichen und Ländern der österreichisch-ungarischen Monarchie. Band 1 und Band 3. Wien 1898.
Abb. 19 Taschen Verlag
Abb. 20 Privatarchiv Thomas Druml
Abb. 21 Taschen Verlag
Abb. 22 Tiergarten Schönbrunn
Abb. 23 Taschen Verlag, Georges Duby und Jean Daval, Skulptur von der Renaissance bis zu Gegenwart, Taschenverlag, Köln 2006, S. 911 Bildhauer: Emmanuel Fremiet, Fotos stammen von: Peter Willi, Paris.
Abb. 24 Wrangel C.G., Die ungarische Pferdezucht in Wort und Bild. Band 1–4. Stuttgart 1895

KAP. 2 – HISTORISCHE ENTWICKLUNG DER LIPIZZANERGESTÜTE (Druml, Brem)

Bildnachweis:
Abb. II Privatarchiv Hans Brabenetz
Abb. 1 Privatarchiv Thomas Druml
Abb. 2 Privatarchiv Hans Brabenetz
Abb. 3 Gassebner H. Die Pferdezucht in den im Reichsrathe vertretenen Königreichen und Ländern der österreichisch-ungarischen Monarchie. Band 1 und Band 3. Wien 1896.
Abb. 4 Privatarchiv Hans Brabenetz
Abb. 5 Bundesgestüt Piber
Abb. 6 Privatarchiv Hans Brabenetz

Abb. 7 Gassebner H. Die Pferdezucht in den im Reichsrathe vertretenen Königreichen und Ländern der österreichisch-ungarischen Monarchie. Band 1 und Band 3. Wien 1896.

Abb. 8 Privatarchiv Hans Brabenetz

Abb. 9 Gassebner H. Die Pferdezucht in den im Reichsrathe vertretenen Königreichen und Ländern der österreichisch-ungarischen Monarchie. Band 1 und Band 3. Wien 1896.

Abb. 10 Privatarchiv Hans Brabenetz

Abb. 11 Wrangel C.G. 1895. Die ungarische Pferdezucht in Wort und Bild. Band 1-4. Stuttgart.

Abb. 12, 13 Privatarchiv Hans Brabenetz

Abb. 14 Privatarchiv Thomas Druml

Abb. 15–18 Privatarchiv Hans Brabenetz

Abb. 19 Mato Cacic

Abb. 20 Privatarchiv Thomas Druml

KAP. 3 – DIE LIPIZZANER HENGSTSTÄMME UND STUTENFAMILIEN (Druml)

Bildnachweis:

Abb. III Slawik

Abb. 1, 2 Nürnberg Heinz Der Lipizzaner, Magdeburg 1993

Quellen:

Computerauszug über die Rumänischen Stutenlinien „Lignes maternelles des juments Lipizzans de la Roumanie" AJH/LIF 1993.

Bestimmungen des L.I.F. 1994

KAP. 4 – DIE STAATLICHEN LIPIZZANER – GESTÜTE EUROPAS UND IHRE ZUCHTZIELE (Bodó, Habe)

Quellen:

Unveröffentlichte Mitschriften der Gestütspräsentationen anlässlich der 400 Jahrfeier in Lipica. Privatarchiv Hans Brabenetz.

Bildnachweis:

Abb. IV Habe

Abb. 1–4 Habe

Abb. 5 Privatarchiv Thomas Druml

Abb. 6–8 Habe

Abb. 9a – 9c Miroslav Urosevic

Abb. 10 Privatarchiv Hans Brabenetz

Abb. 11–15 Habe

Abb. 16 Bundesgestüt Piber

Abb. 17 Slawik

Abb. 18 Habe

Abb. 19 Privatarchiv Thomas Druml

Abb. 20 Habe

Abb. 21–22 Horny

Abb. 23 Privatarchiv Hans Brabenetz

Abb. 24–26 Privatarchiv Thomas Druml

KAP. 5 – DAS BUNDESGESTÜT PIBER (Dobretsberger, Brem)

Bildnachweis:
Abb. V Bundesgestüt Piber
Abb. 1 Privatarchiv Hans Brabenetz
Abb. 2 Bundesgestüt Piber
Abb. 3 Privatarchiv Hans Brabenetz
Abb. 4. Privatarchiv Hans Brabenetz
Abb. 5 Privatarchiv Hans Brabenetz
Abb. 6 Bundesgestüt Piber
Abb. 7 Privatarchiv Hans Brabenetz
Abb. 8 Privatarchiv Hans Brabenetz
Abb. 9 Privatarchiv Hans Brabenetz
Abb. 10 Privatarchiv Hans Brabenetz

KAP. 6 – DIE NACHZUCHTLÄNDER UND DER LIPIZZANER-WELTVERBAND – IHR BEITRAG FÜR DEN FORTBESTAND DER RASSE (Hop)

Bildnachweis:
Abb. VI Bundesgestüt Piber
Abb. 1 Atjan Hop

KAP. 7 – DIE BEDEUTUNG DES TYPS IN DER ZUCHT UND ERHALTUNG DER LIPIZZANER RASSE (Bodó, Szabára, Eszes)

Bildnachweis:
Abb. VII Szabára
Abb. 1 Privatarchiv Thomas Druml
Abb. 2, 3 Wrangel C.G., Die ungarische Pferdezucht in Wort und Bild. Band 1–4. Stuttgart 1895
Abb. 4 Eszes
Abb. 5, 6 Szabára
Abb. 7 Eszes
Abb. 8, 9, 10 Szabára
Abb. 11
Abb. 12, 13, 14 Szabára

KAP. 8 – DIE SPANISCHE REITSCHULE – „VON DER KOPPEL ZUR KAPRIOLE" (Dobretsberger)

Bildnachweis:
Abb. VIII Spanische Reitschule
Abb. 1 Bundesgestüt Piber
Abb. 2 Privatarchiv Hans Brabenetz
Abb. 3 Bundesgestüt Piber
Abb. 4 Privatarchiv Thomas Druml
Abb. 5 –9 Privatarchiv Hans Brabenetz

KAP. 9 – LIPIZZANER UND DRESSUR (KLASSISCHE REITKUNST) (Zechner, Druml)

Bildnachweis:
Abb. IX Privatarchiv Hans Brabenetz
Abb. 1 Bundesgestüt Piber
Abb. 2 Archiv des Instituts für Nutztierwissenschaften, Universität für Bodenkultur, Wien
Abb. 3, 4 Privatarchiv Hans Brabenetz
Abb. 5 Bundesgestüt Piber
Abb. 6 Johann Privatarchiv Thomas Druml
Abb. 7–10 Privatarchiv Hans Brabenetz
Abb. 11 Archiv des Instituts für Nutztierwissenschaften, Universität für Bodenkultur, Wien
Abb. 12 Privatarchiv Thomas Druml, Ridinger
Abb. 13 Privatarchiv Hans Brabenetz
Abb. 14 Bundesgestüt Piber

KAP. 10 – DIE REINRASSIGKEITSKRITERIEN DES LIF UND DIE NEUE EINTEILUNG DER STUTENFAMILIEN (Hop)

Quellen:
Königlich ungarisches Lipizzanergestüt Fogaras, Grundbücher 1–5 (1874–1912) – Archiv Lipizzaner Zuchtverband Ungarn (Magyar Lipicai Lótenyésztök Országos Egyesülete), Szilvásvárad
K.u.K. Militärgestüt Mezöhegyes, Grundbücher 1786–1883, Stutenprotokolle ab 1785, Beschälerlisten ab 1786 – Archiv Staatsgestüt Mezöhegyes, Archiv Landwirtschaftsmuseum (Magyar Mezögazdásagi Muzeum), Budapest
Ausgearbeitete Lipizzaner Stutenfamilien – Manuskript (verm. Dr.Heinrich Lehrner) – Archiv Bundesgestüt Piber
K.u.K.Karster Hofgestüt Lippiza, Grundbücher, Fohlenregisters, Belegregisters, Beschälerregisters 1822–1919 – Archiv Bundesgestüt Piber.
Privatarchiv Atjan Hop, Leiden (NL)

Bildnachweis:
Abb. X. Privatarchiv Hans Brabenetz
Abb. 1 Atjan Hop
Abb. 2 Privatarchiv Hans Brabenetz

KAP. 11 – DIE GRUNDLAGEN DER GENETIK (Druml, Brem)

Bildnachweis:
Abb. XI Horny
Abb. 1–9 Thomas Druml

KAP. 12 – DIE GRÜNDERPOPULATION DER LIPIZZANERRASSE UND DEREN ZUCHTGESCHICHTE ANHAND VON GENANTEILEN (Druml, Sölkner)

Quellen:
Österreichisches Haus, Hof und Staatsarchiv.

Bildnachweis:
Abb. XII Bundesgestüt Piber
Abb. 1 Privatarchiv Hans Brabenetz
Abb. 2, 3 Thomas Druml
Abb. 4 Karster Stutenherde der Zweigstelle Postojna, Gemälde von Johann Georg von Hamilton, um 1725, Kunsthistorisches Museum Wien, Gemäldegalerie Invt.-Nr. 7493.
Abb. 5 Thomas Druml
Abb. 6 Der Karster Hengst Valido, Beschäler in Halbthurn, später nach Lipizza überstellt. Hamilton 1720, Schönbrunn Rösslzimmer, Invnr. 7489k KHM.
Abb. 7 Thomas Druml
Abb. 8 Wrangel C.G., Die ungarische Pferdezucht in Wort und Bild. Band 1–4. Stuttgart 1895
Abb. 9 Bundesgestüt Piber
Abb. 10 Thomas Druml
Abb. 11 Motloch R., Geschichte und Zucht der Kladruber Rasse. Wien 1886
Abb. 12 Gassebner H., Die Pferdezucht in den im Reichsrathe vertretenen Königreichen und Ländern der österreichisch-ungarischen Monarchie. Band 1 und Band 3. Wien 1896
Abb. 13 Kreidezeichnung Franz v. Stückenberg, Wagenburg, KHM Inv.-Nr. Z 24.
Abb. 14, 15 Gassebner H., Die Pferdezucht in den im Reichsrathe vertretenen Königreichen und Ländern der österreichisch-ungarischen Monarchie. Band 1 und Band 3. Wien 1896
Abb. 16 Kreidezeichnung Franz v. Stückenberg, Wagenburg, KHM Inv.-Nr. Z 23.
Abb. 17 Wrangel C.G., Die ungarische Pferdezucht in Wort und Bild. Band 1–4. Stuttgart 1895
Abb. 18 Bundesgestüt Piber
Abb. 19, 20 Thomas Druml
Abb. 21 Gemälde von Wilhelm Richter 1865, Wagenburg, KHM, Inv.-Nr. Z 52.
Abb. 22 Thomas Druml.
Abb. 23 Kreidezeichnung Franz v. Stückenberg, Wagenburg, KHM Inv.-Nr. Z 25.
Abb. 24 Thomas Druml
Abb. 25–27 Privatarchiv Hans Brabenetz
Abb. 28 Kreidezeichnung Franz v. Stückenberg, Wagenburg, KHM Inv.-Nr. Z 22
Abb. 29 Thomas Druml
Abb. 30 Privatarchiv Hans Brabenetz
Abb. 31 Thomas Druml
Abb. 32, 33 Privatarchiv Hans Brabenetz
Abb. 34 Bundesgestüt Piber
Abb. 35 Privatarchiv Hans Brabenetz
Abb. 36–42 Privatarchiv Thomas Druml
Abb. 43 Gassebner
Abb. 44 Privatarchiv Hans Brabenetz
Abb. 45, 46 Wrangel C.G., Die ungarische Pferdezucht in Wort und Bild. Band 1–4. Stuttgart 1895

KAP. 13 – STAMMBAUMANALYSE DER LIPIZZANERPOPULATION (SÖLKNER, DRUML)

Bildnachweis:
Abb. XIII Bundesgestüt Piber
Abb. 1 Sölkner
Abb. 2 Sölkner
Abb. 3 Wrangel C.G., Die ungarische Pferdezucht in Wort und Bild. Band 1–4. Stuttgart 1895
Abb. 4 Bundesgestuet Piber
Abb. 5 Privatarchiv Hans Brabenetz
Abb. 6 Habe
Abb. 7 Privatarchiv Hans Brabenetz

KAP. 14 – DIE VARIABILITÄT DER FELLFARBEN BEIM LIPIZZANER (Bodó, Čurik, Lackner, Szabára, Tóth)

Bildnachweis:
Abb. XIV Privatarchiv Hans Brabenetz.
Abb. 1–4 Wikimedia
Abb. 5 – 10 László Szabára
Abb. 11 Bundesgestüt Piber
Abb. 12 – 17 Zsuzsa Tóth et al.
Abb. 18, 19 Ino Čurik
Abb. 20 – 23 László Szabára
Abb. 24 Privatarchiv Thomas Druml
Abb. 25 Franc Habe
Abb. 26 Privatarchiv Hans Brabenetz
Abb. 27 Privatarchiv Thomas Druml
Abb. 28 Privatarchiv Hans Brabenetz
Abb. 29 Michael Horny
Abb. 30 Privatarchiv Thomas Druml

KAP. 15 – MORPHOMETRISCHE CHARAKTERISIERUNG DER LIPIZZANER-STAMMPOPULA-TION (Zechner)

Bildnachweis:
Abb. XV Privatarchiv Thomas Druml
Abb. 1 Bundesgestüt Piber
Abb. 2, 3 Zechner

KAP. 16 – GENETISCHE DIVERSITÄT UND POPULATIONSSTRUKTUR DES LIPIZZANERS (Achmann, Druml, Brem)

Bildnachweis:
Abb. XVI Habe
Abb. 1. Roland Achmann
Box 1 Roland Achmann
Abb. 2a, 2b Roland Achmann
Abb. 3a, 3b Roland Achmann
Abb. 4–8 Roland Achmann
Abb. 9–19 Thomas Druml
Abb. 20a Bundesgestüt Piber
Abb. 20b Thomas Druml
Abb. 21a Bundesgestüt Piber
Abb. 21b Thomas Druml
Abb. 22a Bundesgestüt Piber
Abb. 22b Thomas Druml
Abb. 23a Bundesgestüt Piber
Abb. 23b Thomas Druml
Abb. 24a Bundesgestüt Piber
Abb. 24b Thomas Druml
Abb. 25–27 Thomas Druml

KAP. 17 - MITOCHONDRIALE DNA TYPEN BEI LIPIZZANERN (Dovč, Kavar, Brem)

Bildnachweis:
Abb. XVII Privatarchiv Hans Brabenetz
Abb. 1–7 Peter Dovć

KAP. 18 – UNTERSUCHUNG PATERNALER LINIEN BEIM LIPIZZANER MIT Y-CHROMOSMALEN DNA-MARKERN (Wallner, Brem)

Bildnachweis:
Abb. XVIII Bundesgestüt Piber
Abb. 1–6 Barbara Wallner

KAP. 19 – GESUNDHEIT, RESISTENZ UND DISPOSITION (Seltenhammer, Marti, Lazáry, Čurik, Sölkner)

Bildnachweis:
Abb. XIX Bundesgestüt Piber
Abb. 1 Slawik
Abb. 2, 3a, 3b, 4a, 4b, 5, 6 Seltenhammer
Abb. 7 Bundesgestüt Piber, Slawik
Abb. 8, 9, 10 Sölkner

Literaturverzeichnis

Aberle, K., Wrede, J., Distl, O. (2003a) Analysis of the population structure of the Black Forest Draught Horse. Berl Munch Tierarztl Wochenschr., 116 (7–8): 333–9.

Aberle, K., Wrede, J., Distl, O. (2003b) Analyse der Populationsentwicklung des Schleswiger Kaltbluts. Züchtungskunde, 75, 163–175.

Aberle, K., Wrede, J, Distl, O. (2004) Analysis of the population structure of the South German coldblood in Bavaria, Germany. Berl Münch Tierärztl Wochenschr., 117 (1–2), 57–62.

Achmann, R., Curik, I., Dovc, P., Kavar, T., Bodo, I., Habe, F., Marti, E., Sölkner, J., Brem, G. (2004) Microsatellite diversity, population subdivision and gene flow in the Lipizzan horse. Anim Genet. 35, 285–292.

Achmann, R., Huber, T., Wallner, B., Dovc, P., Muller, M., Brem, G. (2001) Base substitutions in the sequences flanking microsatellite markers HMS3 and ASB2 interfere with parentage testing in the Lipizzan horse. *Animal Genetics*, 32, 52.

Ackerl, F. & Lehmann, H. (1942) Die edlen Lipizzaner und die spanische Reitschule, Weimar

Adhoute, H., Colin, F., Reygagne, P., Eugene, M. (1994) The pharmacokinetics study of relipidization of the hair follicle by NMR spectroscopyNouvelles Dermatologiques, 13 (6), 458–461.

Alderson, L. (1989) The chance to survive, A. H. Jolly Ltd. 143 p.

Angyal, G., Bodó, I., Sári, P., Szabára, L. (2001). Parabole on the head of the Lipizzan horse. EAAP meeting Budapest H.6.5.

Averdunk, G., Flatnitzer, F., Gottschalk, A., Schwarz, E. (1970) Über die Genauigkeit der Messung einiger Körpermaße bei Kühen. Bayer. Lw. Jb. 47, 599–604.

Baum, M. (1991) Das Pferd als Symbol, Frankfurt/Main

Baumung, R., Cubric-Curik, V., Schwend, K., Achmann, R., Sölkner, J. (2006). Genetic characterisation and breed assignment in Austria sheep breeds using microsatellite marker information. J Anim Breed Genet. 123, 265–271.

Baumung, R., Sölkner, J. (2003) Pedigree and marker information requirements to monitor genetic variability. Genet Sel Evol. 35, 369–383.

Bhattacharyya, N. P., Basu, P., Das, M., Pramanik, S., Banerjee, R., Roy, B., Roychoudhury, S., Majumder P. P. (1999) Negligible male gene flow across ethnic boundaries in India, revealed by analysis of Y-chromosomal DNA polymorphisms Genome Res. 9, 711–719.

Bilek, F. (1914) Über den Einfluß des arabischen Blutes bei Kreuzungen, mit besonderer Hinsicht auf das Lipizzanerpferd (Sonderdruck aus dem Jahrbuch für wissenschaftliche und praktische Tierzucht), Prag

Billmeyer, F.W. Jr., Saltzman, M. (1981) Principles of Color Technology, 2nd ed. Wiley, New York, 196 p.

Binnebös, W. (1980) Galoppsport in Wien, Wien

Binns, MM., Homes, NG., Holliman, A., Scott, AM. (1995) The identification of polymorphic microsatellite loci in the horse and their use in thoroughbred parentage testing. Br Vet J. 151, 9–15.

Bodó, I., Marti, E., Gaillard, C., Weiss, M., Bruckner, L., Gerber, H., Lazáry, S. (1994) Association of the immune response with the major histocompatibility complex. Equine Infectious Diseases VII, 143–151.

Bodó, I., Mihók, S. (2001). Traditional horse breeds in Carpatian basin. Bulletinul Universitati de Stientiie Agricole si Medicina Vetrinaria Cluj.Vol 37. 167-172 p.

Bodó, I., Mihók, S. (2002). Traditional horse breeds in Carpatian basin. Bulletinul Universitati de Stientiie Agricole si Medicina Vetrinaria Cluj. Vol 37. 167-172 p.

Bodó, I., Patay, S. (1989) The international nomenclature of horse colours. 10th Ann. Meeting EAAP Dublin H 6.6. Proc. 344.p.

Bohlin, O., Rönningen, K. (1975) Inbreeding and relationship within the North-Swedish horse. Acta Agric. Scandinavica 25, 121–125.

Boichard, D., Maignel, L., Verrier, E., (1997) The value of using probabilities of gene origin to measure genetic variability in a population. Genet. Sel. Evol., 29, 5–23.

Bowling, A.T. (1996) Horse Genetics; CAB International, Oxen UK

Bowling, A.T., Eggleston-Stott, M.L., Byrns, G., Clark, R.S., Dileanis, S., Wictum, E. (1997) Validation of microsatellite markers for routine horse parentage testing. *Animal Genetics* 284, 247–252.

Bowling, A.T., Ruvinsky, A. (2000): Genetic Aspects of Domestication, Breeds and Their Origins. In: Bowling, A., Ruvinsky, A. (Ed.): Horse Genetics. CABI Publishing, Wallingford, 25–51.

Bowling, A.T., Ruvinsky, A. (2000) The Genetics of the Horse, CABI Publishing, CAB International, Oxen UK

Bowling, A.T., Del Valle, A., Bowling, M. (2000) A pedigree-based study of mitochondrial D-loop DNA sequence variation among Arabian horses. Anim. Genet., 31, 1–7.

Brabenetz, H. (1987) Das K.u.K. Staatsgestüt Radautz und seine Pferde, Gerlikon

Branderup, B. (1995) Knabstrubber, Wentorf

Brem, G., Kräusslich, H. (1998) Ziele der Exterieurbeurteilung - Begriffe und Definitionen, aus: Exterieurbeurteilung landwirtschaftlicher Nutztiere (Hrsg. BREM, G) Verlag Ulmer, Stuttgart.

Breen, M., Lindgren, G., Binns, M.M., Norman, J., Irvin, Z., Bell, K., Sandberg, K., Ellegren, H. (1997) Genetical and physical assignments of equine microsatellites – first integrationof anchored markers in horse genome mapping. Mamm Genome. 8, 267–273.

Breen, M., Downs, P., Irvin, Z., Bell, K. (1994). Six equine dinucleotide repeats: microsatellites MPZ002, 3, 4, 5, 6 and 7. Anim Genet. 25, 124.Brotherstone, S., Mc Manus, C.M. und Hill, W.G. (1990) Estimation of genetic parameters for linear and miscelaneous type traits in Holstein-Friesian dairy cattle. Livestock Prod. Sci., 26, 177–192.

Brotherstone, S., Mc Manus, C.M.und Hill, W.G. (1990) Estimation of genetic parameters for linear and miscelaneous type traits in Holstein-Friesian dairy cattle. Livestock Prod. Sci., 26, 177-192.

Bürki, F., Nowotny, N., Hinaidy, B. und Pallan, C. (1984) Die Aetiologie der Lipizzanerseuche in Piber 1983: Equines Herpesvirus 1. Wien. Tierärztl. Mschr. 71, 312–320.

Bürki, F., Nowotny, N., Rossmanith, W., Pallan, C. and Möstl, K, (1989b) Schulung des Immunsystems von Fohlen gegen ERP-Virusinfekte durch frequente Impfungen mit derzeit verfügbaren Marktimpfstoffen. Deutsch. Tierärztl. Wschr. 96, 157–240.

Bürki, F., Pallan, C. und Nowotny, N. (1989a) Unbefriedigende Antikörperbildung nach Oesterreich zugekaufter Lipizzaner-Stuten anlässlich ihrer Grundimmunisierung mit ERP-Marktimpfstoffen. Wien. Tierärztl. Mschr. 76, 137–141.

Burczyk, G. (1989) Beziehungen zwischen Körpermaßen und Leistungsparametern bei Dressurpferden. Dissertation, Bamberg.

Butler-Wemken, I. (1990) Genetische Parameter für Exterieurmerkmale bei Reitpferdestuten. Landw. Jb. 67, 581–586.

Butler-Wemken, I. (2004) Faszination Pferdefarben – Eine Einführung in die Genetik der Pferdefarben, Verlag Sandra Asmussen.

Cacic, M., Caput, P., Ivankovic, A. (2005) Characterization of non-recognized maternal lines of the Croatian Lipizzan horse using Mitochondrial DNA , Zagreb

Calder, A. (1927) The role of inbreeding in the development of the Clydesdale breed of horse. Proc. Roy. Soc. Edinb. 47: 118–140.

Cann, R., Stokening, M., Wilson, A. (1987) Mitochondrial DNA and human evolution. Nature 325, 31–36.

Casanova, L. (1996) Zuchtwertschätzung Exterieur. Dreiländerseminar für Rinderzuchtberater, Herrsching, FÜAK, 88–91.

Chowdhary, B., Raudsepp, T. (2008) The horse genome derby: racing from map to whole genome sequence. Chromosome Res. 16, 109–127.

Coogle, L., Bailey, E. (1997) Equine dinucleotide repeat loci LEX049-LEX063. Anim Genet. 28, 278.

Cotchin, E. (1960) Tumours of farm animals Vet. Rec., 72, 816–823.

Crameri, R. (1998) Recombinant Aspergillus fumigatus allergens: From the nucleotide sequences to clinical applications. Int. Arch. Allergy Immunol., 115, 99–114.

Cunningham, P. (1991) Die Genetik des Vollbluts. Spektrum der Wissenschaften.

Čurik, I., Seltenhammer, M., Toth, S., Niebauer, G., Soelkner, J. (2004) Quantitative inheritance of the coat greying process in horse, 52nd Annual Meeting of the European Association for Animal Production (EAAP), September 5–9, 2004, Bled, Slovenia

Čurik, I., Seltenhammer, M., Sölkner, J., Zechner, P., Bodó, I., Habe, F., Marti, E., Brem, G. (2000) Inbreeding and melanoma in Lipizzan horses. Agriculturae Conspectus Scientificus Vol 65. No.4. 181–186.p.

Čurik, I., Seltenhammer, M., Sölkner, J. (2002): Quantitative Genetic Analysis of Melanoma and Grey Level in Lipizzan Horses. In: WCGALP-Organizing Committee (Ed.), Proceedings 7th World Congress on Genetics Applied to Livestock Production, 19.-23.8.2002, Montpellier, F; CD-ROM: Communication No, 05-09, Montpellier.

Čurik, I., Fraser, D., Eder, C., Achmann, R., Swinburne, J., Crameri, R., Brem, G., Sölkner, J., Marti, E. (2003) Association between the MHC gene region and variation of serum IgE levels against specific mould allergens in the horse. Genet. Sel. Evol. 35, 177–190.

Dahme, E., Weiss, E. (1999) Tumoren Grundriß der speziellen pathologischen Anatomie der Haustiere, 162–163.

Desser, H., Niebauer, G.W., Gebhart, W. (1980) Polyamin- und Histamingehalt im Blut von pigmentierten und melanomtragenden Lipizzanerpferden. Zbl. Vet. Med. A 27, 45–53.

Dewoody, J., Avise, J. (2000): Microsatellite variation in marine, freshwater and anadromous fishes compared with other animals. J. Fish Biol. 56, 461–473.

Dickson W.F., Lush J.L. (1933) Inbreeding and the genetic history of the Rambouillet sheep in America. J. Heredity, 24, 19–33.

Dolenc, M. (1980) Lipica. Ljubljana, Mladinska knjiga, 96 p.

Dorit, R. L., Akashi, H., Gilbert, W. (1995): Absence of polymorphism at the ZFY locus on the human Y Chromosome. Science 268, 1183–1184.

Druml, T. (2001) Analyse der Gründerpopulation in der Lipizzanerzucht, Wien

Druml, T. (2003) Vom Hermelin zum Kaiserschimmel. Blick ins Land, 6, 18–19.

Druml, T. (2006) Das Noriker Pferd, Graz

Duerst, J.U. (1922) Die Beurteilung des Pferdes. F. Enke Verlag, Stuttgart.

Eder, C., Crameri, R., Mayer, C., Eicher, R., Straub, R., Gerber, H. and Lazary, S. and Marti, E. (2000) Allergen-specific IgE levels against crude mould and storage mite extracts and recombinant mould allergens in sera from horses affected with chronic bronchitis. Vet. Immunol. Immunopathol. 73, 241–253.

Eder, C., Čurik, I., Brem, G., Crameri, R., Bodo, I., Habe, F., Lazáry, S., Sölkner, J., and Marti, E. (2001) Influence of environmental and genetic factors on allergen-specific immunoglobulin E levels in sera from Lipizzan horses. Equine Vet. J., 33, 714–720.

Edwards, E. H. (1988) Pferde, Begleiter des Menschen durch die Geschichte. Zürich, Stuttgart, Wien

Eggleston-Stott, ML., DelValle, A., Bautista, M., Dileanis, S., Wictum, E., Bowling, A.T. (1997) Nine equine dinucleotide repeats at microsatellite loci UCDEQ136, UCDEQ405, UCDEQ412, UCDEQ425, UCDEQ437, UCDEQ467, UCDEQ487, UCDEQ502 and UCDEQ505. Anim Genet. 28, 370–371.

Egri, Z. (1988) Magyar Lipicai Méneskönyv I (Hungarian stud-book of Lipizzaners I), Szilvásvárad

Egri, Z. (1991) Magyar Lipicai Méneskönyv II (Hungarian stud-book of Lipizzaners II), Szilvásvárad

Ellegren, H., Hohansson, M., Sandberg, K., Andersson, L. (1992) Cloning of highly polymorphic microsatellites in the horse. Anim Genet. 23, 133–142.

Erdelyi, M.v. (1827) Beschreibung der einzelnen Gestüte des österreichischen Kaiserstaates, nebst Bemerkungen über Hornviehzucht, Schafzucht und Ökonomie, Wien

Essl, A. (1987) Statistische Methoden in der Tierproduktion. Österreichischer Agrarverlag, Wien.

FAO (Food and Agriculture Organisation of the United Nations) (2000) World Watch List for Domestic Animal Diversity, third ed. FAO, Rome, Italy.

Diversity, third ed. FAO, Rome, Italy. Guerin, G., Bailey, E., Bernoco, D., Anderson, I., Antczak, DF., Bell, K., Binns, MM., Bowling, AT., Brandon, R., Cholewinski, G., Cothran, EG., Ellegren, H., Forster, M., Godard, S., Horin, P., Ketchum, M., Lindgren, G., McPartian, H., Meriaux, JC., Mickelson, JR., Millon, LV., Murray, J., Neau, A., Roed, K., Ziegle, J, et al. (1999). Report of the International Equine Gene Mapping Workshop: male linkage map. Anim Genet. 30, 341–354.

Fehlings, R., Grundler, C., Wauer, A., Pirchner, F. (1983) Inzucht- und Verwandtschaftsverhältnisse in bayerischen Pferderassen (Haflinger, Süddeutsches Kaltblut, Traber). Z. Tierz. Züchtungsbiologie, 100, 81–86

Finger, E. (1930) Das ehemalige k.u.k. Hofgestüt zu Lippia 1580-1920, Laxenburg

Flade, E. (1990) Das Araber Pferd, Wittenberg

Fletcher, J.L. (1945) A genetic analysis of the American Quarter Horse. J. Hered., 36, 346–352.Finger, Emil: Das ehemalige k.u.k. Hofgestüt zu Lippiza 1580-1920, Laxenburg 1930

Fletcher, J.L. (1946) A study of the first fifty years of Tennessee Walking horse breeding. J. Hered., 37, 369–373.

Fleury, C., Bérard, F., Balme, B., Thomas, L. (2000) The study of cutaneous melanomas in Camargue-type gray-skinned horses (1): Clinical-pathological characterization. Pigment Cell Research, 13 (1), 39–46.

Fleury, C., Bérard, F., Leblond, A., Faure, C., Ganem, N., Thomas, L. (2000) The study of cutaneous melanomas in Camargue-type gray-skinned horses (2): Epidemiological survey. Pigment Cell Research, 13 (1), pp. 47–51.

Foster, E., Jobling, M. A., Taylor, P. G., Donnelly, P., Knijff, P. D., Mierement, R., Zerjal, T., Tyler-Smith, C. (1998): Jefferson fathered slave's last child. Nature 396, 27–28.

Gandini, G.C., Bagnato, A., Miglior, F., Pagnacco, G., (1992) Inbreeding in the Italian Haflinger horse. J. Anim. Breed. Genet. 109, 433–445.

Gassebner, H. (1898) Die Pferdezucht in den im Reichsrathe vertretenen Königreichen und Ländern der österreichisch-ungarischen Monarchie. Band 1 und Band 3, Wien

Gebhart, W., Niebauer, G.W. (1977) Beziehungen zwischen Pigmentschwund und Melanomatose am Beispiel des Lipizzanerschimmels. Arch. Derm. Res. 259, 24–42.

Glazewska, I. (2000) The founder contribution analysis in currently living Polish Arabian brood mares. Anim. Sci. Pap. Rep., 18, 19–31.

Glazewska, I., Jezierski, T., (2004) Pedigree analysis of Polish Arabian horses based on founder contributions. Livest. Prod. Sci., 90, 293–298.

Goldstein, D. B., Schlötterer C. (1999): Microsatellites. Evolution and Applications. Oxford University Press, Oxford.

Gorham, S., Robl, M. (1986) Melanoma in the gray horse – The darker side of equine aging. Vet. Med., 81, 446.

Grundler, C. , Pirchner, F. (1991) Wiederholbarkeit der Beurteilung von Exterieurmerkmalen und Reiteigenschaften. Züchtungskunde 63, 273–281.

Guerin, G., Bertraud, M., Amigues, Y. (1994) Characterization of seven new horse microsatellites: HMS1, HMS2, HMS3, HMS5, HMS6, HMS7 and HMS8. Anim Genet. 25, 62.

Guérinière, F.R. (1802) Sieur de la. 1733, Neuauflage Marburg

Hammer, M. F. (1995): A recent common ancestry for human Y chromosomes. Nature 378, 376–378.

Haller, M. (2000) Iberische Pferde, Cham

Hartl, D. L., Clark, A. G. (1989): Principles of population genetics. 2. Auflage, Sinauer Associates, Sunderland.

Hecker, W. (1994) Bábolna und seine Araber, Gerlikon

Hedrick, P. W. (2000) Genetics of Populations. 2. Auflage, Jones and Bartlett Publishers, Inc., London.

Henner, J. E. (2002) Molekulargenetische Untersuchungen zur Fellfarbvererbung bei Pferden unter besonderer Berücksichtigung der Freibergerrasse, Dissertation, Institut für Nutztierwissenschaften der ETH Zürich

Heyer, E., Puymirat, J., Dieltjes, P., Bakker, E., Knijff, P. D. (1997): Estimating Y chromosome specific microsatellite mutation frequencies using deep rooting pedigrees. Hum. Mol. Genet. 6, 799–803.

Hill, E.W., Bradley, D.G., Al-Barody, M., Ertugrul, O., Splan, R.K., Zakharov, I., Cunningham, E.P. (2002) History and integrity of Thoroughbred dam lines revealed in equine mtDNA variation. Anim. Genet., 33, 287–294.

Hill, E. W., Jobling, M. A., Bradley, D. G. (2000): Y-Chromosome variation and Irish origins. Nature 404, 351–352.

Hintz, H.F., Van Vleck, L.D. (1979) Lethal dominant roan in horses. J. Hered, 70, pp. 145–146.

Hop, A. (1991) Vorläufige Ausarbeitung der rumänischen Lipizzaner Stutenfamilien – Manuskript, Leiden

Hop, A., Bodó, I., Egri, Z., Balan, S., Ramba, N. (1994) Maternal Genealogy of Romanian Lipizzaner – LIF Internal Report, Leiden

Hopkins, D.L., Fogarty, N.M. (1998) Diverse lamb genotypes – 2. Meat pH, colour and tenderness. Meat Science, 49 (4), 477–488.

Hučko, V. Stutbuch Nationalgestüt Topolčianky (SK), Bände 1–4

Hutchinson, C.A., Newbold, J.E., Potter, S.S., Hall Edgell, M. (1974) Maternal inheritance of mammalian mitochondrial DNA. Nature, 251, 536–8

Ilancic (1975)

Ishida, N., Hasegawa, T., Takeda, K., Sakagami, M., Onishi, A., Inumaru, S., Komatsu, M., Mukojama, H. (1994) Polymorphic sequence in the D-loop region of equine mitochondrial DNA. Anim. Genet., 25, 215–21.

Ishida, N., Oyunsuren, T., Mashima, S., Mukoyama, H., Saitou, N. (1995) Mitochondrial DNA Sequences of Various Species of the Genus Equus with Special Reference to the Phylogenetic Relationship Between Przewalskii's Wild Horse and Domestic Horse. J. of Mol. Evol. 41. 180–8.

Jansen, T., Forster, P., Levine, M.A., Oelke, H., Hurles, M., Renfrew, C., Weber, J., Olek, K. (2002) Mitochondrial DNA and the origins of the domestic horse. Proc. Natl. Acad. Sci. USA, 99 (16) 10905–10910.

Jastsenjski, S., Zlatanovic, S., Jovanovic, B. (2003) Udrezenja Odgajivaca Lipicanske Rase Konja Srbije I (Studbook of Lipizzaners from Serbia I), Beograd

Jorde, L. B., Bamshad, M. J., Watkins, W. S., Zenger, R., Fraley, A. E., Krakowiak, P. A., Carpenter, K. D., Soodyall, H., Jenkins, T., Rogers, A. R. (1995) Origins and affinities of modern humans: A comparison of mitochondrial and nuclear genetic data. Am. J. Hum. Genet. 57, 523–538.

Josseck, H. (1991) Hufhornveränderungen bei Lipizzanerpferden und ein Behandlungsversuch mit Biotin. Dissertation. Veterinärmedizinische Fakultät Zürich, Schweiz.

Jubb, T.F., Ellis, T.M., Gregory, A.R. (1993) Diagnosis of botulism in cattle using ELISA to detect antibody to botulinum toxins. Australian veterinary journal, 70 (6), 226–227.

k.u.k. Oberststallmeisteramt (1880) Das k.u.k. Hofgestüt zu Lipizza 1580-1880, Wien

Kavar, T., Brem, G., Habe, F., Sölkner, J., Dovč, P. (2002) History of Lipizzan horse maternal lines as revealed by mtDNA analysis. Genet. Sel. Evol. 34, 635–548.

Kavar, T., Habe, F., Brem, G., Dovč, P. (1999) Mitochondrial D-loop sequence variation among the 16 maternal lines of the Lipizzan horse breed. Anim. Genet. 30, 423–430.

Kayser, M., Roewer, L., Hedman, M., Henke, L., Brauer, S., Kruger, C., Krawczak, M., Nagy, M., Dobosz, T., Szibor, R., Knijff, P. D., Stokening, M., Sajantila A. (2000): Characteristics and frequency of germline mutations at microsatellite loci from the human Y chromosome, as revealed by direct observation in father/son pairs. Am. J. Hum. Genet. 66, 1580–1585.

King, J., Jukes, T. (1969): Non-Darwinian evolution. Science 164, 788–798.

Klemetsdal, G. (1993) Demographic Parameters and Inbreeding in the Norwegian Trotter. Animal Sci. 43, 1–8.

Kühl, K., Preisinger, R., Kalm, E. (1994) Analyse von Leistungsprüfungen und Entwicklung eines Gesamtzuchtwertes für die Reitpferdezucht. Züchtungskunde, 66, 1–13.

Kugler, G., Bihl, W. (2002) Die Lipizzaner der Spanischen Hofreitschule, Wien

Kurucz, J. (1985) Lipizzan Pferde in Donauländern (Dipl. Ar. Budapest Vet. Med. 58 p.)

Kurucz, J. (1985) Lipizzaner Stämme in den Donauländern, VetMed. Univ. Budapest p.56

Lacy, R.C. (1989) Analysis of Founder Representation in Pedigrees: Founder Equivalents and Founder Genome Equivalents. Zoo Biology, 8, 111–123.

Laschtowiczka, K. (1993) Schätzungen von Populationsparametern aus der linearen Beschreibung von Exterieurmerkmalen des niederösterreichischen Fleckviehs. Diplomarbeit, Universität für Bodenkultur Wien

Lehrner, H. (1982) Lipizzaner heute: 400 Jahre Gestütszucht, 2. Auflage, Limpert Verlag,. Frankfurt/Main

Lehrner, H. (1989) Menzendorf W. Piber, München

Leiner, R., Gekiere, H. (1986) Gründungsakte Lipizzan International Federation (inkl. Satzung, Interne Geschäftsordnung und Anhänge), Lipica/Brussel

Lerner, A.B., Cage, G.W. (1973) Melanomas in horses .Yale Journal of Biology and Medicine, 46 (5),. 646–649.

Levene, A. (1979) Disseminated dermal melanocytosis terminating in melanoma: A human condition resembling equine melanotic disease. British Journal of Dermatology, 101 (2), 197–205.

Levene, A. (1980) On the histological diagnosis and prognosis of malignant melanoma. Journal of Clinical Pathology, 33 (2), 101–124.

LIF International Report: „Census of the Lipizzaner world population" – Dr. Henk Merkens/Atjan Hop 1999–2000.

Lindgren, G., Backström, N., Swinburne, J., Hellborg, L., Einarsson, A., Sandberg, K., Cothran, G., Vila, C., Binns, M., Ellegren, H. (2004): Limited number of patrilines in horse domestication. Nat Genet. 36, 335–336.

Lister, A.M., Kadwell, M., Kaagan, L.M., Jordan, W.C., Richards, M.B., Stanley, H.E. (1998) Ancient and modern DNA in a study of horse domestication. Ancient Biomolecules, 2, 267–280.

Liu, WS., Beattie, CW., Ponce de Leon, FA. (2003) Bovine Y chromosome polymporphisms. Cytogenet Genome Res, 102, 53–58.

Locke, M.M., Penedo, M.C.T., Bricker, S.J., Millon, L.V., Murray, J.D. (2002) Linkage of the grey coat colour locus to microsatellites on horse chromosome 25. Animal Genetics, 33 (5), pp. 329–337.

Löhneyssen, G.E. (1977) Della Cavalleria – Über die Reuterei. Augsburg 1729, Neuauflage Hildesheim

Löwe, H. (1988) Pferdezucht. 6. Aufl., Stuttgart

Löwe, H. (1988) Pferdezucht – 6., neubearb. Aufl./von Walter Hartwig u. Erich Bruns. Verlag Ulmer, Stuttgart

MacCluer, J.W., van de Berg, J.L., Read, B., Ryder, O.A. (1986) Pedigree analysis by computer simulation, Zoo. Biol., 5, 147–160.

Marklund, S., Ellegren, H., Eriksson, S., Sandberg K., Andersson, L. (1994). Parentage testing and linkage analysis in the horse using a set of highly polymorphic microsatellites. Anim Genet. 25, 19–23.

Marti, E., Gerber, H., Essich, G., Ouhlela, J., Lazáry, S., (1991) On the genetic basis of equine allergic diseases. I. Chronic hypersensitivity bronchitis. Equine Vet. J. 23, 457–460.

Mau, C. (2003) Genetische Lokalisierung und molekulare Analyse von „Dominant Weiss (W)" einer homozygot letalten Mutation beim Pferd, Dissertation, Institut für Nutztierwissenschaften der ETH Zürich und der Veterinärmedizinischen Fakultät der Universität Zürich

Mau, C., Pinget, P. A., Bucher, B., Stranzinger, G., Rieder, S. (2004) Genetic mapping of dominant white (W), a homozygous lethal condition in the horse (Equus caballus), J. Anim. Breed. Genet. 121 (2004), 374–383, Blackwell Verlag, Berlin

Maynard Smith, J. M., Haigh, J. (1974) The hitch-hiking effect of a favourable gene. Genet. Res. 23, 25–35.

Mayr, B., Niebauer, W., Gebhart, W., Hofecker, G., Kügl, A. und Schleger, W. (1979) Untersuchungen an peripheren Leukozyten melanomtragender und melanomfreier Schimmelpferde verschiedener Altersstufen. Zbl. Vet. Med. A 26, 417–424.

Meadows, H. O., Drögemüller C., Calvo J., Godfrey R., Coltman D., Kijas JW. (2006): Globally dispersed Y chromosomal haplotypes in wild and domestic sheep. Anim Genetics 37, 444–53.

Mieck, I. (1994) Europäische Geschichte der frühen Neuzeit. Suttgart, Berlin, Köln

Mirol, P.M., Peral García, P., Vega-Pla, J.L., Dulout, F.N. (2002) Phylogenetic relationship of Argentinean Creole horses and other South American and Spanish breeds inferred from mitochondrial DNA sequences. Anim. Genet., 33, 356–363.

Mittmann, E.H., Wrede, J., Pook, J., Distl, O. (2009). Identification of 21 781 equine microsatellites on the horse genome assembly 2.0. Anim Genet. 41, 222.

Moreaux, S., Verrier, E., Ricard, A., Meriaux, J.C. (1996) Genetic variability within French race and riding horse breeds from genealogical data and blood marker polyphormisms. Genet. Sel. Evol., 28, 83–102.

Moreaux, S., Verrier, E., Ricard, A., Meriaux, J.C., (1995) Genetic variability within French race and riding horse breeds from genealogical data and blood marker polymorhisms. Genet Sel Evol 28, 83–102.

Motloch, R. (1886) Geschichte und Zucht der Kladruber Rasse, Wien

Motloch, R. (1911) Studien über Pferdezucht. Hannover

Müller, S., Schleger, W., (1981) Fitnessvarianz in Pferdepopulationen. 32. Jahrestagung der EVT, Zagreb

Natanaelsson, C., Oskarsson, MC., Angleby, H., Lundeberg, J., Kirkness, E., Savolainen, P. (2006) BMC Genet 7, 45.

Nissen, J. (1998f) Enzyklopädie der Pferderasse. Band 2 und 3, Stuttgart

Nürnberg, H. (1993) Der Lipizzaner. Magdeburg, Essen

Nürnberg, H. (1993) Der Lipizzaner Die Neue Brehm-Bücherei Bd 613. Magdeburg, Essen.

Nürnberg, H. (1993) Der Lipizzaner: mit einem Anhang über den Kladruber. Westarp Wissenschaften, Magdeburg, 250p.

Nürnberg, H. (1998) Auf den Spuren der Lipizzaner. Olms Presse, Hildesheim, Zürich, New York, p. 20–41.

Oakenfull, E.A, and Ryder, O.A. (1998) Mitochondrial control region and 12S rRNA variation in Przewalski's horse (Equus przewalskii). Anim. Genet., 29, 456–459.

Olsen, H.F., Klemetsdal, G., (2002) Genetik variasjon hos Dolehest og Nordlands/Lynghest. Husdyrforsoksmotet, 561–564.

Ongenae, K., Van Geel, N., Naeyaert, J.-M. (2003) Evidence for an autoimmune pathogenesis of vitiligo. Pigment Cell Research, 16 (2), 90–100.

Otte, M. (1994) Geschichte des Reitens, von der Antike bis zur Neuzeit, Warendorf

Oulehla, J., Mazakarini, Brabec d'Ipra (1986) Die spanische Reitschule zu Wien, Wien

Oulehla, J. (1996) Züchterische Standards in der Lipizzanerpferde-Population. Habilitationsarbeit, Brno-Piber.

Pangos, S. (1986) Maticna knjiga lipicancev iz Lipice

Pielberg, G.R., Mikko, S., Sandberg, K., Andersson, L. (2005) Comparative linkage mapping of the Grey coat colour gene in horses. Anim. Genet. 36 (5), 390–395.

Pielberg, G. R., Golovko, A., Sundström, E., Čurik, I., Lennartsson, J., Seltenhammer, M. H., Druml, T., Binns, M., Fitzsimmons, C., Lindgren, G., Sandberg, K., Baumung, R., Vetterlein, M., Strömberg, S., Grabherr, M., Wade, C., Lindblad-Toh, K., Pontén, F., Heldin, C.-H., Sölkner, J., Andersson, L. (2008) A cis-acting regulatory mutation causes premature hair graying and susceptibility to melanoma in the horse. Nat Genet. 2008 Aug; 40 (8): 2004-9. Epub 2008 Jul 20.

Pluvinel de la Baume (1728) Reitkunst Herrn Antonij de Pluvinel, darinnen er die jetzo Regierende Kön. Mayst. In Frankreich Ludoicum XIII underwiesen. (Königliche Reitschule 1627), Frankfurt am Main

Pully, L.T., Stannard, A.A. (1990) Mast cell tumours of cattle, pigs and sheep. Tumours in Domestic Animals, 44.

Rau, G. (1935) Die Beurteilung des Warmblutpferdes. Deutsche Gesellschaft für Züchtungskunde, Göttingen.

Raudsepp, T., Santani, A., Wallner, B., Kata,SR., Ren, C., Zhang, HB., Womack, JE., Skow, LC., Chowdhary, BP. (2004) A detailed physical map of the horse Y chromosome. Proc Natl Acad Sci U S A. 101, 9321-6.

Rege, JEO, Gibson, JP (2003) Animal genetic resources and economic development: issues in realtion to economic valuation. Ecological Economics 45, 319–330.

Ridinger, J.E. (1975) Vorstellung und Beschreibung derer Schul und Campagne Pferden nach ihren Lectionen 1760, Wuppertal

Rieder, S., Stricker, C., Joerg, H., Dummer, R., Stranzinger, G. (2000) A comparative genetic approach for the investigation of ageing grey horse melanoma. Jl. of Animal Breed and Gen, 117 (2), pp. 73–82.

Rieder, S., Taourit, S., Mariat, D., Langlois, B., Guerin, G. (2001) Mutations in the agouti (ASIP), the extension (MC1R) and the brown (TYRP1) loci and their association to coat color phenotypes in horses (Equus caballus), Mammalien Genome 12, 450–455.

Rieder, S. (1999) Angewandte, vergleichende Genetik am Beispiel des Melanoms beim Pferd. Dissertation Doktor der Naturwissenschaften ETH. Nr 13071 Zürich.

Rochambeau, H. Fournet-Hanocq, F., Vu Tien Khang, J., (2000) Measuring and managing genetic variability in small populations. Ann. Zootech, 49, 77–93.

Roed, KH., Midthjell, L., Bjornstad, G., Olsaker, I. (1997). Equine dinucleotide repeat microsatellites at the NVHEQ5, NVHEQ7, NVHEQ11, NVHEQ18 and NVHEQ24 loci. Anim Genet. 28, 381–382.

Rhoad, A.O., Kleberg, J.R. (1946) The developments of a superior family in the modern Quarter Horse. J. Hered., 37, 227–238,.

Roewer, L., Kayser, M., Dieltjes, P., Nagy, M., Bakker, E., Krawcack, M., Knijff, P. D. (1996): Analysis of molecular variance (AMOVA) of Y-Chromosome-specific microsatellites in two closely related human populations. Hum. Mol. Genet. 5, 1029–1033.

Romic, S. (1957) 450-Godisnjici Ergele Đakovacke / 450th Anniversary of Stud Đakovo (in „Veterinaria"), Sarajevo

Ruiz-Linares, A., Nayar, K., Goldstein, D. B., Herbert, J. M., Seielstad, M. T., Underhill, P. A., Lin, A. A., Feldman, M. W., Cavalli-Sforza, L. L. (1996): Geographic clustering of human Y-Chromosome haplotypes. Ann. Hum. Genet. 60, 401–408.

SAS Institute Inc. (1988) SAS/STATTM User's Guide, Release 6.03 Edition. Cary, NC: SAS Institute Inc.

Seielstad, M., Bekele, E., Ibrahim, M., Toure, A., Traore, M. (1999): A view of modern human origins from Y chromosome microsatellite variation. Genome Res. 9, 558–567.

Seltenhammer, M., Heere-Ress, E., Brandt, S., Druml, T., Jansen, B., Pehamberger, H., Niebauer, W. (2004) Comparative Histopathology of Grey-Horse-Melanoma and Human Malignant Melanoma. Pigment Cell Research, 17, 674–681.

Seltenhammer, M., Simhofer, H., Scherzer, S., Zechner, P., Čurik, I., Sölkner, J., Brandt, S.M., Jansen, B., Pehamberger, H., Eisenmenger, E. (2003) Equine melanoma in a population of 296 grey Lipizzan horses. Equine Vet. J., 35, 153–157.

Shiue, Y.L., Bickel, L.A., Caetano, A.R., Millon, L.V., Clark, R.S., Eggleston, M.L., Michelmore, R., Bailey, E., Guerin, G., Godard, S., Mickelson, J.R., Valberg, S.J., Murray, J.D., Bowling, A.T. (1999). A synteny map of the horse genome comprised of 240 microsatellite and RAPD markers. Anim Genet. 30, 1–9.

Skorecki, K., Selig, S., Blazer, S., Bradman, R., Bradman, N., Warburton, P. J., Hammer, M. F. (1997) Y chromosomes of Jewish priests. Nature 385, 32.

Sölkner, J., Filipcic, L., Hampshire, N. (1998) Genetic variability of populations and similarity of subpopulations in Austrian cattle breeds determined by analysis of pedigree. Anim. Sci. 67, 249–256.

Sponenberg, D.P., Beaver, B.V. (1983) Horse color – A complete guide to horse coat colors, Breakthrough Publications, USA.

Sponenberg, D.P. (1996) Equine color genetics, Iowa State University Press, Ames Iowa USA.

Sponenberg (2000) Equine colour genetics. Texas A. M. University Press 124 p.

Sponenberg, D.P. (2003) Equine color genetics, Iowa State University Press, Ames Iowa USA.

Sundberg, J.P., Burnstein, T., Page, E.H. (1977) Neoplasms of Equidae. Journal of the American Veterinary Medical Association, 170 (2), 150–152.

Sutovsky, P., Moreno, R. D., Ramalho-Santos, J., Dominko, T., Simerly, C., Schatten, G. (1999) Ubiquitin tag for sperm mitochondria. Nature 402, 371–372.

Swinburne, J.E., Hopkins, A., Binns, M.M. (2002) Assignment of the horse grey coat colour gene to ECA25 using whole genome scanning. Animal Genetics, 33 (5), pp. 338–342.

Swinburne, J.E., Marti, E., Breen, M., Binns, M.M. (1997). Characterization of twelve new horse microsatellite loci: AHT12-AHT23. Anim Genet. 28, 453.

Sykes, B., Irven, C. (2000) Surnames and the Y chromosome. Am. J. Hum. Genet. 66, 1417–1419.

Schäfer, M. (2000) Handbuch Pferdebeurteilung, Stuttgart

Schiele, Erika (1982) Araber in Europa. München, Basel, Wien

Schuster de Ballwil (1978) A. Plaisirs Equestres – Special le Lipizzan" , Paris

Schwark, H.J. (1984) Pferdezucht. Verlag J.Neumann – Neudamm, Melsungen

Schwark, H.J. (1988) Pferdezucht. 3. Auflage, BVL Verlagsgesellschaft, München.

Schwend, K. (2001). Untersuchungen zur genetischen Variabilität des Kärntner Brillenschafes. Inaugural-Dissertation der Veterinärmedizinischen Universität Wien, Austria.

Steele, D. (1944) A genetic analysis of recent thoroughbreds, standardbreds, and American saddle horses. Bull. Kentucky Agric. Exp. Stn., 462, 27.

Steinhausz, M. (1924) Lipicanac. Postanak i gojidbena izgradnja pasmine – Hrvatski štamparski zavod, Zagreb

Steinhausz, M. (1943) Linije pastuha i rodova kobila hrvatskog lipicanca – Gospodarska knjižnica, Zagreb

Tóth, S., Bodo, I., Soelkner, J., Čurik, I. (2004) Genetic Diversity of the Hair Colour in Horses, 55th Annual Meeting of the European Association for Animal Production (EAAP), September 5–9, 2004, Bled, Slovenia.

Tóth, S., Kaps, M., Soelkner, J., Bodo, I., Čurik, I. (2006) Quantitative genetic aspects of coat color in horses. Journal of Animal Science, 84 (10), pp. 2623–2628.

Tóth, L., Várady, J. (1980) A lipicai ló Magyarországon. The Lipizzan horse in Hungary. In Hungarian. Budapest.Mezőgazdasági Kiadó.

Tunnel, J.A., Sanders, J.O., Williams, J.D., Potter, G.D. (1983) Pedigree analysis of four decades of Quarter Horse breeding. J Anim Sci., 57, 585–593.

Underhill, P. A., Shen, P., Lin, A. A., Jin, L., Passarino, G., Yang, W. H., Kauffman, E., Bonne-Tamir, B., Bentranpetit, J., Francalacci, P., Ibrahim, M., Jenkins, T., Kidd, J. R., Mehdi, S. Q., Seielstad, M. T., Wells, R. S., Piazza, A., Davis, R. W., Feldman, M. W., Cavalli-Sforza, L. L., Oefner, P. J. (2000): Y chromosome sequence variation and the history of human populations. Nat. Genet. 26, 358–361.

Valera, M., Molina, A., Gutierrez, J.P., Gomez, J., Goyache, F. (2005) Pedigree analysis in the Andalusian horse: population structure, genetic variability and influence of the Carthusian strain. Livest. Prod. Sci., 95, 57–66.

van Haeringen, H., Bowling, A.T., Stott, M.L., Lenstra, J.A., Zwaagstra, K.A. (1994). A highly polymorphic horse microsatellite locus: VHL20. Anim Genet. 1994 25, 207.

Vila, C., Leonard, J.A., Gotherstrom, A., Marklund, S., Sandberg, K., Liden, K., Wayne, R.K., Ellegren, H. (2001) Widespread origins of domestic horse lineages. Science, 291, 474–477.

Wallner, B. (2001): Selektive Klonierung von Y-chromosomalen Markern beim Pferd mittels „Representational Difference Analysis". Diss., Vet. Med. Univ. Wien.

Wallner, B., Brem, G., Müller, M., Achmann, R. (2003) Fixed nucleotide differences on the Y chromosome indicate clear divergence between Equus przewalskii and Equus caballus. Anim Genet., 34, 453–6.

Wallner, B., Piumi, F., Brem, G., Müller, M., Achmann, R. (2004) Isolation of Y chromosome-specific microsatellites in the horse and cross-species amplification in the genus Equus. J Hered., 95, 158–64.

Weber, F. (1957) Die statistischen und genetischen Grundlagen von Körpermessungen beim Rind. Zeitschrift für Tierzüchtung und Züchtungsbiologie 69, 225–260.

Weymann, W. und Glodek, P. (1993) Zuchtwertschätzung für Exterieurmerkmale aus der Stutbuchaufnahme bei Reitpferden. Züchtungskunde, 65, 161–169.

Whitfield, L.S., Lovell-Badge, R., Goodfellow, P.N. (1991) Rapid Sequence evolution of the mammalian sex-determining gene SRY.

Wimmers, K., Ponsuksili, S., Schmoll, F., Hardge, T., Hazipanagiotou, A., Weber, J., Wostmann, S., Olek, K., Schellander, K. (1998) Effizienz von Mikrosatellitenmarkern des internationalen Standards zur Abstammungsbegutachtung in deutschen Pferdepopulationen. Züchtungskunde, 70, 233–241.

Witzel, T. (2004) Klinische Untersuchung computergestützter Zahnfarbbestimmung im Vergleich zu visueller Abmusterung durch das menschliche Auge, Dissertation, Klinik und Poliklinik für Zahn-, Mund- und Kieferkrankheiten, Medizinische Fakultät der Bayrischen Julius-Maximilians-Universität Würzburg

Wollinger, E., Mayrhofer, G. und Schleger, W. (1979) Verwandtschaftsstudien beim Lipizzaner. Die Bodenkultur 30, 317.

Wrangel, C.G. (1908) Die Rassen des Pferdes. 2 Bände, Stuttgart

Wrangel, C.G. (1893-1895) Die ungarische Pferdezucht in Wort und Bild, Band 1-4, Stuttgart

Wright, S., McPhee, H.C. (1925) An approximate method of calculating coefficients of inbreeding and relationship from livestock pedigrees. J. of Agric. Res., 31, 377–383

Xu, X. and Arnason, U. (1994) The complete mitochondrial DNA sequence of the horse, *Equus caballus*: extensive heteroplasmy of the control region. Gene, 148, 357–362.

Zechner, P., Sölkner, J., Bodo, I., Druml, T., Baumung, R., Achmann, R., Marti, E., Habe, F., Brem, G. (2002) Analysis of diversity and population structure in the Lipizzan horse breed based on pedigree information. Livest. Prod. Sci., 77, 137–146.

Anhang 1

Legende für folgende im Text und Tabellen vorwendete Abkürzungen:

Gestüte:

AND   Gestüt des Grafen Andrássy

B   Beclean, rumänisches Lipizzanergestüt

BA   Bábolna, ungarisches Arabergestüt

CAB   Cabuna, Jankovičer Zucht

D   Djakovo, kroatisches Lipizzanergestüt

DAR   Daruvar

F   Fogaras, rumänisches Lipizzanergestüt, vor dem ersten Wetkrieg Fogaras (ungar.)

HAV   Havransko, ehm. Lipizzanergestüt in Böhmen

KA   Karadjordjevo, serbisches Gestüt

KLA   Kladruby, tschechisches Kladrubergestüt

L   Lipica, slowenisches Lipizzanergestüt

M   Monterotondo, italienisches Lipizzanergestüt

ME   Mezöhegyes, ehem. ungarisches k.u.k. Militärgestüt

MO   Mozsgó, Bezeichnung für das Biedermannsche Lipizzanergestüt

ORL   Orlovnjak, ehm. priv. kroatisches Lipizzanergestüt

P   Piber, österreichisches Lipizzanergestüt

PET   Petrovo, darunter wird das Gestüt Stancic verstanden

PRO   Getsüt des Baron Pronay

PSZ   Pusztaszer, Bezeichnung für das Lipizzanergestüt des Grafen Pallavicini

RAD   Radautz, ehem. rumänisches k.u.k. Militärgestüt

SA   Sarajevo

S   Szilvásvárad, ungarisches Lipizzanergestüt

ST   Stancic, kroatisches Gestüt

T   Topol'čianky, slowakisches Lipizzanergestüt

TAT   Tata, Bezeichnung für das Lipizzanergestüt des Grafen Esterházy

TER   Terezovac, Bezeichnung für das Gestüt des Grafen Jankovič

TRA   Gestüt Trautmannsdorf

VRB   Vrbik, ehem. privates kroatisches Arabergestüt

VUK; E   Vukovar, Bezeichnung für das Gestüt des Grafen Eltz

YUG   Yugoslawische Gestützuchten

Rassenbezeichnungen:

OX   Orientalisches Vollblut

XX   Englisches Vollblut

BA   Barockpferde

FR   Fredricksborger

L   Lipizzanerasse

KLA   Kladruber

Anhang 2

LIPIZZANER STUTENFAMILIEN

I. - Klassische Stutenfamilie (Im K.u.K.Hofgestüt zu Lippiza gegründet oder benützt)

Mit lebenden Nachkommen in direkter Linie - LIF anerkannt

	NAME	GRÜNDERIN	GEGRÜNDET IN	DERZEITIG IN	DETAILS	MEISTBENÜTZTE NAMEN
1.	SARDINIA	Sardinia	(Lippiza, 1776)	Lippiza	Lipica, Piber, Topolcianky, Monterotondo, Dakovo		Betalka, Beja, Bravissima, Virtuosa
2.	SPADIGLIA	Spadiglia	(Lippiza, 1778)	Lippiza	Lipica, Piber, Topolcianky, Monterotondo, Dakovo, Karadordevo		Monteaura, Montenegra
3.	ARGENTINA	Argentina	(Lippiza, 1767)	Lippiza	Lipica, Piber, Monterotondo, Vucijak, Karadordevo		Slava, Sana, Adria
4.	AFRICA	Africa	(Kladrub, 1747)	Kladrub/Lippiza	Lipica, Piber, Topolcianky, Monterotondo, Dakovo, Vucijak, Karadordevo		Batosta, Basowizza, Brezja, Lipa
5.	ALMERINA	Almerina	(Kladrub, 1769)	Kladrub/Lippiza	Lipica, Piber, Monterotondo, Szilvásvárad, Dakovo, Vucijak, Karadordevo	Szilvásvárad: 32sz kancacsalad	Santa, Sistina, Serena, Slavina, Slavonia, Sitnica, Avala
6.	PRESCIANA / BRADAMANTE	Presciana/Bradamante	(Kladrub,1782/1777)	Kladrub/Lippiza	Lipica, Piber, Topolcianky, Monterotondo, Szilvásvárad	Möglich auch in Sambata de Jos	Presciana, Bona, Romana
7.	ENGLANDERIA	Englanderia	(Kladrub,1773)	Kladrub/Lippiza	Lipica, Piber, Monterotondo, Dakovo		Allegra
8.	EUROPA	Europa	(Kladrub,1774)	Kladrub/Lippiza	Lipica, Piber, Monterotondo, Vucijak		Trompeta, Traga, Tiberia
9.	STORNELLA / FISTULA	Stornella/Fistula	(Koptschan,1784/1771)	Koptschan/Lippiza	Lipica, Piber, Topolcianky, Monterotondo		Stornella, Steaka, Saffa
10.	IVANKA / FAMOSA	Ivanka/Famosa	(Koptschan,1754/1773)	Koptschan/Lippiza	Piber, Monterotondo	**Für Lipica: sehe Munja**	Soja, Strana, Noblessa
11.	DEFLORATA	Deflorata	(Frederiksborg, 1767)	Kladrub/Lippiza	Lipica, Piber, Topolcianky, Monterotondo, Vucijak		Canissa, Capriola, Kremica
12.	CAPRIOLA	Capriola	(Kladrub, 1785)	Kladrub/Lippiza	Lipica, Piber, Monterotondo	Im KK Lipizza, Piber und Radautz geführt.	Capriola, Alea
13.	RAVA	Rava	(Kladrub,1755)	Kladrub/Lippiza	Piber, Topolcianky,	Im KK Lipizza 2 Generationen geführt.	Ravata, Rigoletta, Risanota
14.	GIDRANE	184 Gidrane	(Orig.Araber,1841)	Lippiza	Lipica, Piber, Topolcianky, Monterotondo, Dakovo, Vucijak, Karadordevo		Gaetana, Gaeta, Neretva, Jadranka
15.	DJEBRIN	100 Generale Junior	(Babolna,1824)	Radautz/Lippiza	Lipica, Piber, Monterotondo, Karadordevo	Im Stamm: 79 Djebrin, Rad. 1862	Dubovina, Darinka, Drava
16.	MERCURIO	60 Freies Gestüt ("Radautzerin")	(Radautz, 1806)	Radautz/Lippiza	Lipica, Piber, Monterotondo	Im Stamm: 231 Mercurio-8. Radautz 1826	Gratia, Gratiosa
17.	THEODOROSTA	Theodorosta	(Bukovina, vor 1870 - Baron Kaprii)	Lippiza	Lipica, Piber, Topolcianky, Monterotondo		Theodorosta, Wera, Watta, Theodora

LIPIZZANER STUTENFAMILIEN

Mit lebenden Nachkommen in direkter Linie - LIF anerkannt

II - Kroatische Stutenfamilien   (In traditioneller kroatischer Lipizzanerzucht gegründet)

	NAME	GRÜNDERIN		GEGRÜNDET IN	DERZEITIG IN	DETAILS	MEISTBENÜTZTE NAMEN
1.	RENDES	Rendes	(Türkisch, vor 1847)	Vukovar (Eltz)	Đakovo, Vucijak		Zenta, Krabbe, Jala, Ilova
2.	HAMAD-FLORA	111 Hamad	(Araber, Bábolna,1861)	Vukovar (Eltz)	Piber, Monterotondo		Flora, Kitty, Fabiola, Dagmar
3.	ELJEN-ODALISKA	Nanczi	(Vukovar, 1904)	Vukovar (Eltz)	Karadordevo		Odaliska, Arva, Omonka
4.	MISS WOOD	Miss Wood	(Irländerin, 1890)	Vukovar (Eltz)	Karadordevo		Caprice, Blanca, Garbe
5.	FRUSKA	Fruska	(Vukovar, 1857)	Vukovar (Eltz)	USA (privat!)		Vuka
6.	TRAVIATA	Traviata	(Cabuna, vor 1913)	Cabuna (Jankovic)	Đakovo, Vucijak		Trofetta, Tara, Drina
7.	MARGIT	Margit	(Cabuna, vor 1902)	Cabuna (Jankovic)	Đakovo, Vucijak		Mara, Bistrica
8.	MANCZI	Maros	(Cabuna, vor 1899)	Cabuna (Jankovic)	Karadordevo		Karasica
9.	MIMA/NANA	1 Vanda	(Daruvar, 1898)	Daruvar (Tüköry)	Đakovo, Vucijak	1 Vanda: v. 20 Maestoso Malva	Nana, Mima, Ukrina
10.	ALKA	Alka	(Dakovo, 1898)	Đakovo *(Lipizza?)*	Vucijak	Könnte Englanderia sein (DNA überprüft)	Pliva, Lisa, Cica
11.	KAROLINA	Karolina	(Dakovo, 1885)	Đakovo *(Lipizza?)*	Vucijak, Karadordevo	Sollte Deflorata sein	Janja, Lipica
12.	MUNJA	Munja	(Dakovo, 1905)	Đakovo *(Lipizza?)*	Lipica, Đakovo, Vucijak	Sollte Ivanka/Famosa sein (vom DNA widersprochen)	Munja, Rama, Strana
13.	ERCEL	Ercel	(Terezovac, 1880)	Terezovac (Jankovic)	Südafrika (privat)		Erdem, Erkelic, Elc
14.	CZIRKA	Czirka	(Terezovac, Mitte 19.Jh)	Terezovac (Jankovic)	Südafrika (privat)		Cintra, Cimbala, Cica
15.	502 MOZSGO PERLA	Komamasszony	(Terezovac, 1874)	Terezovac (Jankovic)	Szilvasvarad	30 sz. Kancacsalad	-
16.	REBECCA-THAIS	Rebekka I ox	(Araber, Visnjevci, 1914)	Vrbik (Reisner)	Lipica, Karadordevo	27 Thais I (Vrbik, 1926 v. Conv. Szeszely)	Thais, Vuka

© Atjan Hop/LIF Zuchtkommission, 1994-2009

LIPIZZAN INTERNATIONAL FEDERATION

LIPIZZANER STUTENFAMILIEN

Mit lebenden Nachkommen in direkter Linie - LIF anerkannt

III - Ungarische Stutenfamilie (In traditioneller ungarischer Lipizzanerzucht gegründet)

	NAME	GRÜNDERIN	GEGRÜNDET IN	DERZEITIG IN	DETAILS	MEISTBENUTZTE NAMEN
1.	542 MAGYAR KANCA	542 Original Hungarin (Ungarn, 1790)	Mezőhegyes	Szilvasvarad, Vucijak	1 sz. Kancacsalad	Pakra, Sava (in Kroatien und Bosnien)
2.	759 MOLDVAI	759 Original Moldauerin (Moldavia, 1804)	Mezőhegyes	Szilvasvarad, Sambata de Jos	7 sz. Kancacsalad	-
3.	2064 NEAPOLITANO LEPKES	134 Original Holsteinerin (Holstein, vor 1790)	Mezőhegyes	Szilvasvarad	16 sz. Kancacsalad - Linie aus Babolna/Mozsgó	-
4.	2070 MADAR VI (236 MOLDVAI)	236 Original Moldauerin (Moldavia, 1782)	Mezőhegyes	Szilvasvarad	18 sz. Kancacsalad - Linie aus Fogaras/Mozsgó	Madar
5.	2038 NEAPOLITANO JUCI	56 Siglavy Bagdady (Babolna, 1905)	Babolna	Szilvasvarad	6/15 sz. Kancacsalad - Arab. Linie, Babolna/Mozsgó	Julcsa, Juci
6.	2052 NEAPOLITANO SZERENA (= ALMERINA)	79 Szerena (Lippiza, 1913)	Tata (Esterhazy)	Szilvásvárad	32 sz. Kancacsalad - *Gründerin ist die 79 Serena, L.1913 (v. N.Capriola)*	Serena, Erna
7.	81 MAESTOSO SOSTENUTA	101 Siglavy II (Babolna, 1897)	Tata (Esterhazy)	Szilvásvárad	10 sz. Kancacsalad	Sostenuta, Sizilia, Saragossa
8.	TOPLICA - SIGLAVY	Siglavy II (Babolna, vor 1899)	Moszgó (Biedermann)	Đakovo, Vucijak	Arab. Linie, Mozsgó/Babolna	Toplica, Sutjeska
9.	2222 ALJAS/ e. ANNA	280 Galsár (Pusztazer)	Pusztazer (Pallavicini)	Szilvásvárad	20 sz. Kancacsalad	-
10.	2214 ALPAR/ e. ANGYAL	Arabella (Pusztazer)	Pusztazer (Pallavicini)	Szilvasvarad	22 sz. Kancacsalad	-
11.	PALLAVICINI LEPKE	Nusi (Pusztazer)	Pusztazer (Pallavicini)	Szilvasvarad	23 sz. Kancacsalad	-
12.	2004 ALNOK/ e. ANCZI	Hazzard (Pusztazer)	Pusztazer (Pallavicini)	Schweden (Privat)	4. "Pallavicinistute"	-
13.	501 KARST PARTA	Unbekannt	Lipizza ?	Szilvasvarad	26 sz. Kancacsalad - Gebrannte Lipizzaner Stute, unbekannter Abstammung	-
14.	ANEMONE	Maestoso XXXIX (Mezőhegyes, um 1865)	Mezőhegyes	Vucijak		Anemone, Bregava
15.	461 BUKOVINAI	461 Original Bukovinerin (Bukovina, vor 1830)	Mezőhegyes	Schweden (Privat)	5 sz. Kancacsalad	-
16.	555 GENERALE XXII	179 Mezőhegyeser Stute (Mezőhegyes, um 1800)	Mezőhegyes	Schweden (Privat)	8 sz. Kancacsalad. Im Stamm: 555 Generale XXII (Mez.1835)	-

LIPIZZAN INTERNATIONAL FEDERATION

LIPIZZANER STUTENFAMILIEN

Mit lebenden Nachkommen in direkter Linie - LIF anerkannt

IV - Rumänische Stutenfamilie   (Ursprünglich in traditioneller ungarischer Lipizzanerzucht gegründet, und im Staatsgestüt Sambata de Jos verwendet)

	NAME GRÜNDERIN	GEBURTSORT	GEGRÜNDET IN	DERZEITIG IN	DETAILS
1.	60 LIPITZER RACE	Mezőhegyes, um 1800	Mezőhegyes	Sambata de Jos	
2.	461 ORIGINAL MOLDAUERIN	Moldavia, 1782	Mezőhegyes	Sambata de Jos	
3.	410 TURTSY	Graf Karolyi, Siebenburgen,1801	Mezőhegyes	Sambata de Jos	
4.	48 FAVORY X-4	Fogaras, 1909	Fogaras/Mezőhegyes	Sambata de Jos	Verbindung mit Fogaras noch nicht gefunden; Mutter Gründerin v. Conversano Slatina
5.	5 FAVORY XV-8	Fogaras, 1912	Fogaras/Mezőhegyes	Sambata de Jos	Verbindung mit Fogaras noch nicht ge-funden; Mutter Gründerin v. Pluto
6.	14 TULIPAN-14	Fogaras, 1915	Fogaras/Mezőhegyes	Sambata de Jos	Begründerin entweder **52 HOLSTEINERIN** oder **156 ORIG. HUNGARIN** (Beide in Mez.,Ende 18 Jh)
7.	84 TULIPAN-4	Fogaras, 1916	Fogaras/Mezőhegyes	Sambata de Jos	Begründerin entweder **60 LIPITZER RACE** (No.1) oder **759 ORIG. MOLDAUERIN** (Ung.Fam. No.2)
8.	36 NEAPOLITANO-1	Fogaras, 1914	Fogaras/Mezőhegyes	Sambata de Jos	Mutter Gründ. sollte 63 C.Sardinia II (Fog.1900) sein (=PRESCIANA), aber diese starb 1911
9.	759 ORIGINAL MOLDAUERIN	Moldavia. 1804	Mezőhegyes	Sambata de Jos, Szilvásvárad	In Ungarn: 7sz. Kancacsalad
10.	49 HIDAS	Graf Andrassy. 1909	Simbata de Jos	Sambata de Jos	Begründerin aus Lipizzaner Privat-zucht; Mutter: v. Pluto Fantasca
11.	22 MAESTOSO BASOVICA	Privat, 1912	Simbata de Jos	Sambata de Jos	Begründerin aus Lipizzaner Privatzucht. Vater: Maestoso XII
12.	519 ORIGINAL HUNGARIN	Mezőhegyes, 1787	Mezőhegyes	Sambata de Jos	
13.	54 ROMANITO	Mezőhegyes, 1806	Mezőhegyes	Sambata de Jos	Begründerin v. Romanito , orig. Spanier Im Stamm: 318 Majestoso VII. Mez, 1835
14.	296 CONVERSANO XII-3	Fogaras (1913)	Mezőhegyes	Sambata de Jos	Vermutlich Rum.Fam.Nr 3 - NACHWUCHS **AKZEPTIERT** INNERHALB DER REINZUCHT

© Atjan Hop/LIF Zuchtkommission, 1994-2009

*V - Rumänische Stutenfamilie - NICHT AKZEPTIERT   (Im Staatsgestüt Sambata de Jos je verwendet, mit bisher ungeklärter Herkunft)   -   **B-Register***

	NAME GRÜNDERIN	HERKUNFT	DAMALS BENÜTZT IN	DETAILS
15.	MAESTOSO XII	Todireni	Sambata de Jos	Verbindung mit Fogaras noch nicht gefunden NACHWUCHS NOCH NICHT AKZEPTIERT
16.	3791 PLUTO FANTASCA	Todireni	Sambata de Jos	Weitere Abstammung (noch) nicht bekannt NACHWUCHS NOCH NICHT AKZEPTIERT
17.	297 CONVERSANO LEBADA	Todireni	Sambata de Jos	Weitere Abstammung (noch) nicht bekannt NACHWUCHS NOCH NICHT AKZEPTIERT
18.	FAVORY II-2	Todireni	Sambata de Jos	Weitere Abstammung (noch) nicht bekannt NACHWUCHS NOCH NICHT AKZEPTIERT

© Atjan Hop/LIF Zuchtkommission, 1994-2009

LIPIZZAN INTERNATIONAL FEDERATION

Tabelle I — Arabisches Blut, eingekreuzt nach 1918

LIF-anerkannt, Anhangs I, sub 4, gemäß

	Eingekreuzt	Vater / Mutter	Als Zuchttier benützt in	Wichtigster benützte Nachwuchs	Nachkommen benützt in	Derzeit vorkommend in
1.	Miecznik ox (Janow Podl. 1931)	♂ Fetisz ox (Janow Podl. 1924) / Koalicija ox (Radautz 1918)	Hostau	Harmonia (Hostau, 1944) (M.45 Gaetana II, D.Kap. 1932)	Lipica	Lipica
2.	Lotnix ox (Dobuzek, 1938)	♂ Opal ox (Janow Podl. 1933) / Mokka ox (Janow Podl. 1929)	Hostau	11 Capriola (Mansbach 1946) (M. 10 Capra, Lipizza 1938)	Lipica	Lipica, Vučijak
3.	Trypolis ox (Janow Podl. 1937)	♂ Enwer Bay ox (Janow Podl. 1923) / Kahira ox (Janow Podl. 1929)	Hostau	Galanta (Hostau, 1943) (M. 45 Gaetana II, D.Kap. 1932)	Wimsbach, Piber	Piber
4.	Kadina XXIII (Gorazde, 1932)	♀ 29 Siglavy III (Gorazde 1922) / 199 Kadina XV (Gorazde 1928)	Hostau	Favory Kadina XXIII (Hostau 1943) (V. Favory Blanca, Stančić 1928)	Lipica	Lipica
5.	413 Shagya X-5 (Radautz, 1912)	♂ Shagya X (Radautz 1899) / 117 Amurath-2 (Radautz 1898)	Đakovo	928 Darinka (Đakovo 1928)	Đakovo	Đakovo
6.	781 Amurath Shagya (Gorazde, 1932)	♂ 32 Amurath Shagya (Radautz 1909) / 162 Fatinica VIII (Gorazde 1924)	Lipik	132 Amurath Batosta XIX (Lipik 1950) (M.10 Batosta XIX, Stančić 1940)	Lipik, Kutjevo	Đakovo
7.	Shagya XXXIII (Bábolna, 1942)	♂ Shagya XXIX (Bábolna 1924) / 109 Shagya XXIII (Bábolna 1931)	Bábolna	2 Favory Shagya (Bábolna 1948) (M. 23 Favory XVIII, Bábolna 1942)	Bábolna	Szilvásvarad
8.	594 Hanka IIII (Karadordevo, 1966)	♀ 757 Siglavy II-4 (Karaðorðevo 1955) / 566 Hamdani (Karaðorðevo 1955)	Karaðorðevo	2629 Conversano Hanka (Kar. 1972) (V.29 Conv.Bravissima XI, Dakovo 1962)	Karaðorðevo	Karaðorðevo
9.	168 Darinka (Karadordevo, 1925)	♀ 21 Siglavy II (Gorazde 1909) / Arijana (Ilok 1920)	Karaðorðevo	2449 Favory Duklja III (Kar.1967) (V. 810 Favory Boka, Kar. 1955)	Karaðorðevo, Lipica	Karaðorðevo, Lipica
10.	Malla	♀ Maestoso Forella (N.Slankamen) / Machad (Arab. Stute)	Karaðorðevo	2528 Maestoso Aida VIII (Kar. 1970) (V. 242 Maestoso Slavina I, L.1955)	Karaðorðevo	Karaðorðevo, Lipica
11.	Lola (Forelle)	♀ Kholil ox / Forella (Gem.Lip.)	Novi Slankamen	30 Rusalka (N.Slankamen 1942) (V: Tulipan Anemone III, Kar. 1931)	Karaðorðevo	Karaðorðevo
12.	578 Fatiha IV (Gladnos 1957)	♀ 78 Kuhyalan Zaid III-4 (Karaðorðevo 1952) / 1 Fatiha (Ilok 1938)	Karaðorðevo	419 Conversano Fatiha IV (Kar.1966) (V. 517 Conv.Toplica II, Kutjevo 1956)	Karaðorðevo	Karaðorðevo

Tabelle II — Kladruber Blut, eingekreuzt nach 1918

LIF-anerkannt, Anhangs I, sub 4, gemäß

	Eingekreuzt	Vater / Mutter	Als Zuchttier benützt in	Wichtigster benützte Nachwuchs	Nachkommen benützt in	Heutzutage vorkommend in
1.	Noblessa (Kladrub 1907)	♀ Generalissimus (Kladrub 1897) / Formosa (Kladrub 1897)	Lippiza (K.u.K)	Favory Noblessa (Lippiza 1916) (V. Favory Sarda, L.1907)	Lippizza (Ital.)	Lipica, Monterotondo

Mitarbeiterinnen und Mitarbeiter an diesem Werk und ihre Institution (alphabetisch)

Dr. Roland Achmann
Institut für Tierzucht und Genetik
Veterinärmedizinische Universität Wien
1210 Wien

Prof. Dr. sc. Dr. h.c. Imre Bodó
Univ. Vet. Sci Budapest
Lehrstuhl für Tierzucht
H-1078 Budapest
István u. 2

Prof. Dipl. Ing. agr. Dr. Dr. habil. Dr. h.c. mult. Gottfried Brem
Institut für Tierzucht und Genetik
Veterinärmedizinische Universität Wien
A-1210 Wien

Ino Čurik, PhD.
Associate Professor
Faculty of Agriculture
University of Zagreb
Animal Science Department
Sveto_imunska 25
10000 Zagreb

Dr. Max Dobretsberger
Gestüt Piber
Piber 1
8580 Köflach

Prof. Dr. Peter Dovč
Biotechnische Fakultät
Universität Ljubljana
Groblje 3
1230 Domzale

Dr. Thomas Druml
Institut für Nutztierwissenschaften
Universität für Bodenkultur
Gregor Mendel Str. 33
A-1180 Wien

Prof. Dr. Franc Habe
Biotechnische Fakultät
Universität Ljubljana
Groblje 3
1230 Domzale

Atjan Hop
Baroque Consult
Maria Montessoripad 16
NL-2331 BL LEIDEN

Tatjana Kavar
Biotechnische Fakultät
Universität Ljubljana
Groblje 3
1230 Domizale

Dipl.-Ing. Constanze Lackner
Ossiachersee Süduferstr. 191
9523 Villach-Landskron

Prof. Dr. Sándor Lazáry
Departement für Klinische Forschung
Vetsuisse Fakultät
Universität Bern
Länggass-Str. 124
CH-3001 Bern

László Szabára
Univ. Vet Sci Budapest
Lehrstuhl für Tierzucht
H-1078 Budapest
István u. 2

Prof. Dr. Eliane Marti
Departement für Klinische Forschung
Vetsuisse Fakultät
Universität Bern
Länggass-Str. 124
CH-3001 Bern

Dr. Monika Seltenhammer
Klinik für Chirurgie
Veterinärmedizinische Universtität Wien
A-1210 Wien

Prof. Dr. Johann Sölkner
Institut für Nutztierwissenschaften
Universität für Bodenkultur
Gregor Mendel Str. 33
A-1180 Wien

Zsuzsa Tóth
Univ. Agriculture Debrecen
Institut für Tierzucht
H-4015 DEBRECEN

Dr. Barbara Wallner
Institut für Tierzucht und Genetik
Veterinärmedizinische Universität Wien
A-1210 Wien

Dr. Peter Zechner
Landesverband der Pferdezücher Oberösterreichs
Stallamtsweg 1
A-4651 Stadl-Paura